2013年全国地市级环保局长岗位培训优秀论文集

环境保护部宣传教育中心　编

中国环境出版社・北京

图书在版编目（CIP）数据

2013年全国地市级环保局长岗位培训优秀论文集/环境保护部宣传教育中心编. —北京：中国环境出版社，2013.4

ISBN 978-7-5111-1377-1

Ⅰ. ①2… Ⅱ. ①环… Ⅲ. ①环境保护—中国—文集 Ⅳ. ①X-12

中国版本图书馆CIP数据核字（2013）第049064号

出 版 人 王新程
责任编辑 张维平
封面设计 金 喆

出版发行 中国环境出版社
（100062 北京市东城区广渠门内大街16号）
网 址：http://www.cesp.com.cn
电子邮箱：bjgl@cesp.com.cn
联系电话：010-67112765（编辑管理部）
发行热线：010-67125803，010-67113405（传真）
印 刷 北京中科印刷有限公司
经 销 各地新华书店
版 次 2013年4月第1版
印 次 2013年4月第1次印刷
开 本 787×1092 1/16
印 张 20.25
字 数 460千字
定 价 62.00元

《2013年全国地市级环保局长岗位培训优秀论文集》

编委会

前　言

为了深入贯彻落实党的十八大和全国环保工作会议精神，进一步提高全国环保系统、特别是地市级环保部门领导干部的综合素质和业务能力，积极探索环保新道路，提高生态文明水平，在环境保护部各级领导的关心支持下，新的一期《2013 年全国地市级环保局长岗位培训优秀论文集》即将与读者见面了。

环境保护部宣传教育中心所承担的全国地市级环保局长岗位培训工作，是受环境保护部行政体制与人事司委托、旨在加强全国环保系统干部队伍建设、提高环保队伍的整体业务素质一项重要工作。全国地市级环保局长，不仅是解决本地区环境问题的实际操作者，也是国家在环境保护方针和环境政策方面的具体执行者。岗位培训班课程的设置着眼于提高局长们履行环境管理岗位职责和参与综合决策的能力，并为他们提供工作经验交流的平台。在培训过程中，学员们学习了环境管理基础理论知识、环保业务管理知识、国家环境保护最新政策动态和相关信息。结合本地环保工作的实际，学员们深入思考和总结，撰写论文，把在基层工作的宝贵经验和遇到的实际问题反映出来，为推进环保历史性转变、探索我国环境保护新道路、建设生态文明和美丽中国出谋划策。

成绩来之不易，经验弥足珍贵。国家“十一五”污染减排目标的圆满完成，与地市级环保局长们的艰辛付出是分不开的。为了更好地总结成果，分享各地经验，为“十二五”环保工作及环境管理决策提供参考，积极探索在发展中保护、在保护中发展的中国环保新道路，创新基层环境管理工作的新思路，环保部宣教中心遴选出学员的优秀论文，正式出版。

本论文集包括生态文明建设、重金属污染防治和地方环保工作感言等内容，精选了 2012 年地市级环保局长岗位培训班参训学员及工作人员所提交的 67 篇优秀论文，由论文集编委会进行整理汇编成册。

在论文的评选和汇编过程中，得到了地市级环保局长岗位培训班的学员们的大力支持和协助，在此表示衷心感谢。

由于水平有限，书中难免不足之处，敬请批评指正。

环境保护部宣传教育中心

2013 年 3 月 6 日

目　录

一、生态文明建设

二、污染物总量控制

三、污染物综合治理

四、农村环境保护

五、重金属污染防治

六、地方工作经验与感想

七、环境应急处置

八、环境行政执法

九、其 他

一、生态文明建设

坚持可持续发展
加强吉林省西部地区生态环境保护和建设

吉林省白城市环境保护局　夏万军

坚持以人为本，落实全面、协调和可持续的科学发展观，实施可持续发展战略，是我们党在20世纪90年代中期的现代化进程中提出的一项重大战略。树立和落实科学发展观，加强生态文明建设，与可持续发展有着密切的内在联系。如何以科学发展观为指导，把科学发展观落实到生态文明建设中去，加强吉林省地区的生态环境保护工作，对有效地保护吉林省中东部重要的产粮地区和工业城镇及生活环境，是一个非常重要而紧迫的问题。

通过参加由环境保护部宣教中心举办的第 88 期地市级环保局长岗位培训班，深受启发。下面，结合白城市的实际情况，就如何加强吉林西部地区的生态环境保护与建设，防治和减缓生态恶化趋势，为吉林省中东部地区布设生态屏障，谈谈自己的思考。

一、加强生态环境保护与建设，是实现可持续发展的必然选择

坚持可持续发展的科学发展观，从根本上提出了要统筹人与自然和谐发展的生态思维，明确提出要既满足当代人的需求，又不对后代人满足其需要的能力构成危害。

落实可持续发展，就要客观地分析现实的人口、资源和生态环境的现状。人口众多、资源相对不足、生态承载能力弱是基本的国情，同时也是我们的省情、市情。特别是随着经济快速增长和人口的不断增加，能源、水、土地、矿产等资源不足的矛盾越来越尖锐，生态环境的形势十分严峻，因此，在注重经济发展的同时，还要重视生态效益，不仅仅从自然中获取经济发展各种资源，而且要有计划、有步骤地开展生态环境保护和建设。要在保护中开发，在开发中保护，在思维中融入保护和建设生态环境的自觉性，以一种积极的、主动的态度来保护、建设、利用生态环境和资源。

白城地区地处吉林西部，多年来干旱少雨，大部分泡沼干涸、地下水位普遍下降、草原沙化碱化，退化严重，生态环境十分脆弱。正是基于严峻的生态环境现状，要求我们必须树立科学的发展观，立足长远，以可持续发展的生态思维，大力开展生态环境保护和建设。

二、西部地区主要生态环境问题及其对可持续发展的影响

国家和吉林省政府十分重视西部地区的生态环境保护和建设工作，近年来，对西部地区的生态保护和建设投入了大量的人力、财力，并给予了一定的政策支持和法制支持。目

前，国家每年都投入几千万元的资金用于生态保护和建设，促进了生态环境的保护和改善，取得了瞩目的成绩。但由于西部地区生态环境的特殊性和脆弱性，且资源粗放经营的经济增长模式还没有得到根本转变，随着城市化进程的加快，人口不断增加，自然资源开发的力度不断加大，以土地草原“三化”、土壤侵蚀和水土流失，水资源严重短缺为代表的生态环境问题仍很突出，生态保护形势仍很严峻。一是土地及草原“三化”仍然严重。目前，西部地区盐碱地面积已占总幅员面积的30%，沙化面积占12.3%。尤其是草原退化、沙化、碱化十分严重，已占总草原面积的50%。草地生产力水平持续降低，产草量逐年下降。二是林地面积小，森林覆盖率低，比全省低 30 个百分点。林种结构单一，经济林比重小，林分质量低。从吉林省资源卫星遥感影像地图上可以明显看出，西部地区显现出荒漠化地区的明显特征，这种荒漠化还在不断地向东推进。三是水利工程建设不足，现有江河水库蓄洪灌溉能力不强，丰水期大量过境水白白流失，造成水资源动态失衡。地下水超量开采，水源补给严重不足，地下水位下降严重，对农业生产影响很大。四是土壤侵蚀和水土流失严重。目前土壤侵蚀和水土流失面积多达 1 000 多万亩，土壤风蚀量达到每平方千米 0.5～0.8 t，养分大量流失，土壤肥力下降，养分入不敷出。五是水生态系统严重失调，江河断流，湖泊萎缩，地下水下降，湿地干涸，生物多样性受到破坏，许多野生动植物生存空间日益狭小，珍稀物种逐渐减少，一些珍稀候鸟已难得一见，有的候鸟群体也在相对减少。六是植被破坏严重，农业生态环境灾害频发。一些地方因垦殖和过度放牧而导致毁林、毁草现象仍然存在。干旱严重而频发，土地利用效率和价值降低，农田系统生产率下降。七是农村生态环境污染日益突出。由于乡镇企业、畜禽养殖业的迅速发展，农药、化肥、农膜的不合理使用，在一定程度上造成了农村生态环境的污染和破坏。

西部地区生态环境恶化的原因是多方面的，有受特定的地理环境和气候条件影响的自然因素，也有粗放式经营的人为因素。同时，西部地区生态环境存在的问题正逐渐呈现出多元化和复杂化的趋势，水、土、林、生物多样性等多重生态环境因素，已从单一的结构性问题向复杂的综合性问题演变，从单独的生态功能性向交错牵制的大生态系统发展，牵一发而动全局，互相支撑，相互制约，这就造成了西部生态系统的不稳定性，使生态问题更加复杂化。

西部地区较为恶劣的生态环境，已严重制约了地区经济和社会的发展，其负面影响是显而易见的，成为实施可持续发展战略的掣肘。面对现实，必须要充分认识到，搞好生态环境的保护和建设，是解决西部地区经济兴衰的根本问题，是实现可持续发展、改变城乡面貌的治本之策，是建设生态省，走可持续发展的必由之路，西部地区生态环境的治理与建设具有格外重要和特殊的意义。总结多年来西部地区生态环境保护和建设的经验教训，可以得到几点启示：

第一，生态保护与建设多部门分割的管理体制，已不能适应新时期生态环境保护与建设的需要。目前的生态环境保护与建设工作，林业、水利、国土资源、农业、畜牧、环保等多部门分割、切块管理，且多有重复交叉问题，这就导致了规划不能统一，项目不能合理安排，资金不能集中使用，投资效益和生态效益不能充分体现。生态环境保护与建设必须从实际出发，放弃部门利益，顺应可持续发展的需要，切实解决管理体制不顺的问题。

第二，生态环境保护与建设任务应与干部政绩考核联系起来，干部政绩考核不仅要考核 GDP 是否增长，还应考核干部任期内当地的生态环境质量改善状况，尽早实施绿色 GDP

考核，否则在干部任期内很难在生态保护与建设上有所建树。

第三，生态保护与生态建设具有系统性、长期性和复杂性的特点，仅靠简单的口号和制定规划是难以奏效的，为了保证生态保护与建设工作的延续性，关键要有配套的法规、政策来保障，并在组织实施上下功夫，这一点对西部地区来讲显得尤为重要。

三、对西部地区生态环境保护与建设的意见和建议

为有效推进西部地区生态环境保护与建设，从根本上改变西部的生态环境面貌，应注重抓好以下几项工作：

（一）建立考核评价机制

首先必须尽快建立与科学发展观相适应的全新的政绩观和科学的政绩评价机制。政绩观是发展观念的实践，只有树立了科学的发展观，形成正确的政绩导向，才能让各级干部明确政绩是为了造福人民，为了实现全面、协调、可持续发展。要抓紧建立和完善政绩评价标准及考核和奖惩制度，并进行监督检查和跟踪问效，使生态环境和建设工作与之紧密结合起来，形成正确的政绩导向，大力提倡绿色政绩，使各级党政领导干部真正做到绝不以牺牲生态环境为代价换取一时的经济繁荣，绝不能不顾人民利益来谋取个人政绩。要进一步完善党政领导干部生态环境保护工作实绩考核制度，建议制定党政领导干部生态工作实绩考核办法，要科学合理地制定生态保护与建设的目标任务，建立总量指标和质量指标完成情况考核制度，将生态环境保护与建设计划完成情况与领导干部业绩考核和当地经济工作考核相结合，并占有相应的比例，将考核结果作为考察干部政绩、选拔任用、评模选先的重要内容，实行一票否决权，提高责任感和使命感。

（二）改进管理体系机制

在生态环境保护与建设中，还存在着体制、机制不顺，生态建设布局不尽合理，政策措施不适应的问题，必须进一步解放思想、与时俱进，冲破旧体制障碍，挣脱旧框框的束缚，消除部门利益的影响，建立适应生态环境保护与建设的运转机制和政策体系，使政府调控与市场机制作用有机结合，努力实现生态环境保护与建设体系的管理模式和生态环境效益增长模式的根本性转变。一是制定吉林省局部生态环境保护与建设规划，由林业生态建设、水利开发建设、国土资源恢复整治、农业基本建设、环境保护等部门制定专项规划。在部门规划的基础上，由省政府根据生态环境功能恢复和完善的要求，从全局性、长远性和战略性目标出发，统一制定生态保护与生态建设规划，各业务部门按批准的规划和计划组织实施。也可以在生态省规划的指导下，统一搞好组织实施。二是由环保部门牵头，组建有财政、计划、监察及相关生态保护和建设部门参加的生态环境保护与建设办公室，负责组织生态环境保护与建设规划的具体实施，项目的审查、监督、检查验收，改变原来各专业部门分割管理、重复建设、盲目投入的局面，确保生态环境保护与建设取得实效。三是环保部门要按照“三统一”的要求，加强对生态保护与建设活动的监督，严格执行环境影响评价及审批制度。要理顺内部管理机制，彻底解决生态环境保护和建设中批、管分离的尴尬局面。要开展生态环境监理，对生态项目实施中出现的问题依法查处，健全生态监

察队伍，选准切入点，大力查处生态环境违法案件，树立环保部门的权威。

（三）推进三大工程建设

1．推进生态环境保护与建设的优先工程

既是加快“三区”建设、林草业建设、水利建设、土地资源整合与治理、生物多样性保护等最为直接的生态保护与建设工程，采取各种生物性和工程性措施加大生态环境保护与建设力度，采取各种有效措施，增加各种投入，开展各种可持续利用示范工程，为生态环境保护与建设提供经验和直接保证。以大工程带动大发展，是生态环境保护与建设的成功经验，也是生态保护与建设事业实现快速发展的重要途径。近年来，白城市相继开展了西部盐碱地综合治理、百万亩生态林草会战、“引霍、洮入向”等大型生态保护与建设工程，取得了显著的生态环境效益。同时，围绕合理开发利用，在发展生态经济上做文章，大力开展瀚海桑田等大型绿色产业开发项目，规划用六年时间完成桑树经济林 30 万亩，养蚕 20 万张，实现农业产值 2 亿元，做到生态与经济“双赢”。针对水资源严重短缺已成为制约白城市生态环境保护与建设瓶颈的问题，坚持以水利建设为核心，优化配置水资源，正在着手建设“引嫩入白”工程，建成后，将有效地解决白城市在生态环境建设、农牧业生产、人畜饮用等方面水资源严重短缺的问题，恢复和增强西部地区湿地生态系统气候调节、水土保持和维护生物多样性功能。

2．推进生态环境保护与建设的能力工程

西部地区在生态建设得到了前所未有的高度重视，在投资大、项目多、行动快、形势好、成效明显的同时，也存在着生态保护工作基础薄弱，特别是投入能力、监测预警能力不足、与经济社会发展不相适应的问题。如何提高生态环境保护整体能力，尽快遏制生态恶化趋势，是我们必须解决的重点问题。首先，要加大对生态保护的投入，各级政府要把生态环境保护纳入国民经济和社会发展年度计划，把“三区”建设，农村面源污染治理、生态保护监管能力、生态监测网络建设与运作等纳入财政预算，建立固定的生态保护投资渠道。其次，要建设健全生态监测、评价工作，提高保护能力建设，建立生态监测体系、科技支撑体系、提高生态保护与建设水平。特别是在监测预警能力上，应抓紧西部生态监测站建设，建立一个综合性的生态环境监测分析和预测系统，突出生态建设重点和优先发展方向，统筹安排近期和中远期监测项目，有目的、有针对性地进行生态环境监测、预测，实现信息资源的系统化、规范化和共享化，为西部地区提供生态保护和建设的决策信息。

3．推进生态环境保护与建设的保障工程

其一要在制定生态保护法规和政策上下功夫，研究制定各项生态保护与建设管理办法，以法律、法规或条例形式出台。比如在环境优美乡镇建设、有机食品开发、生态功能保护区等生态建设方面，环保部门制定了一系列的标准，做了大量的调查研究并大力加以推进，但缺少必要的前期投入，更没有与之相配套的法规和政策加以保证，没有必要的强制实施手段，在西部经济欠发达地区很难将这些工作深入有效地开展下去。在这种情况下，如果没有政府的大力推进，很难在短期内抓出成效来。其二要尽快建立生态效益补偿和评价机制，制定生态保护优惠政策体系、生态环境监测评价指标体系、农村生态环境建设标准体系，使生态保护管理工作有章可循，有法可依，逐渐走上标准化、法制化轨道。其三是生态保护与建设要与当地经济发展特别是群众的经济利益相结合。在工作重点上，既要

以经济建设为中心，又要注重生态环境保护；既要讲价值规律，又要推行循环经济；既要讲经济指标，又要注重生态环境指标。在生态建设中，既要保证生态效益的实现，又要兼顾群众的生态利益和经济利益。特别是在西部经济欠发达地区，在实施生态工程中，不能只注重生态效益，同时还要兼顾国家及个人的经济利益，这样才能更好地调动广大群众投入生态保护与建设的积极性，避免人口及经济收入与资源矛盾的激化，避免出现“年年退耕年年补，始终不见绿树生”的局面。国家要加大对贫困地区的资金支付力度，提高补助标准，搞好能源替代工程，合理进行产业结构调整，减少当地财政压力，在切实抓好生态保护与建设的同时，促进当地经济的发展和人民生活水平的提高。

加强生态环境保护，建设生态文明，实施可持续发展战略，既是科学发展观的基本要义，又是深入落实科学发展观的重要任务。我们将在吉林西部地区积极推进可持续发展战略，不断探索和建设生态文明，逐步解决生态环境问题。同时，还要创新发展观念、转变发展方式、提升发展质量、推进社会进步，为吉林省中东部乃至全省生态环境的保护和改善作出积极贡献。

在发展中保护　在保护中发展
着力建设“资源节约型、环境友好型”六安

安徽省六安市环境保护局　朱振涛

摘　要： 本文通过突出六安特殊的地理位置和环境功能区划，对本市十七大以来生态环境保护工作情况进行了回顾，介绍了六安市在生态环境保护工作主要经验和做法，分析了存在的问题和薄弱环节，提出了建设生态六安下一步工作建议。

关键词： 基层环境保护　生态建设　对策措施

六安地跨淮河、巢湖两大流域，是华东地区的生态屏障。巍巍大别山、滔滔淠史杭孕育了“青山碧水、蓝天白云、生物多样”的生态六安，为六安、合肥、淮南等皖西及皖中人民输送优质的生命之水，为皖、豫两省13个县市区的1 100万亩农田稳产高产提供丰富的水源。让六安肩负了既要加快发展、又要保护好生态的双重重任。

科学发展观和生态文明建设的提出，为六安经济社会环境可持续发展指明了方向。十七大以来，六安市坚持在发展中保护、在保护中发展，把生态环保工作作为促进可持续发展的固本强基的重要基础，紧紧扭住污染减排这个重心，突出淮河、巢湖流域水污染防治两大重点，按照“生态优先、防治并举，科学规划、统一实施，加大投入、强化监管”的方针，推进生态建设和环境保护各项工作，取得了一定的成效。圆满完成了“十一五”以来污染减排目标和各项生态环保工作任务，环境质量优良并持续改善，饮水安全，环境安全。

一、用生态引领经济社会发展全局

六安市始终把加强生态环境保护，构建资源节约型、环境友好型社会摆在重要战略位置，把生态环保工作放到经济社会发展的大局中统筹推进。2003年，率先提出了“生态立市”的战略决策，举生态旗，走生态路，在发展中解决生态环保问题。“十一五”以来，全市环境质量持续改善，地表水环境质量始终保持在Ⅲ类或Ⅲ类水质以上，城市集中式饮用水源地水质全部符合国家标准，城区空气质量稳定在二级，全年无酸雨困扰。先后被授予“中国人居环境范例城市”、“水环境治理优秀范例城市”、“ 国家级园林城市”等称号。

建立完善的规划、政策、制度保障体系。2005年，六安市颁布实施了战略性综合发展规划——《六安生态市建设规划（2004—2020年）》。从区域主要生态问题切入，因地制宜，统筹安排，着力打造生态系统健康、生态环境安全、具有生态活力、保持可持续发展的生

态市域。同时，按照《国民经济和社会发展五年规划纲要》，先后颁布实施了《“十一五”环境保护规划》、《“十一五”淮河流域水污染防治规划》和《“十一五”巢湖流域水污染防规划》。下发了《关于加强水污染防治工作的通知》、《六安市建设项目主要污染物新增排放容量管理办法（试行）》、《六安市级生态村创建管理办法》等系列文件和配套制度。生态环保工作走上制度化、规范化的道路。

强化各级政府的环境保护责任。市政府每年都和县区政府签订《环境保护目标责任书》，对县区政府环境质量、污染防治、污染减排等环境保护指标一年一考核，考核结果纳入领导干部考核范围。进入“十二五”以后，生态环保工作任务更加繁重。六安市进一步细化环境保护目标责任，不仅与县区政府签订责任书，还和国控、省控重点污染源企业及污水处理厂等污染减排项目签订责任状。严格实施环境保护目标责任“一票否决”制度，对未完成污染减排任务和《政府目标责任状》目标任务的地区，给予区域限批或相关项目限批，追究责任。

加大生态环保工作投入。“十一五”期间，全市列入国家“十一五”环保规划重点项目 21 个，总投资 8.05 亿元；全市投入污染治理及环境保护项目建设资金 20 多亿元，争取国家和省级污染治理资金近 3 亿元；建成 6 座城镇污水处理厂，2 座生活垃圾卫生填埋场，1 座医疗废物集中处置中心；重点工业企业全部建成污染治理设施，实现达标排放，国控和省控重点污染源全部实现联网在线监控。“十二五”期间，六安市进一步加大在生态环保方面的投入。2011 年是“十二五”起始之年，全市在生态保护、污染治理等方面投入已达 3 亿多元。瓦埠湖生态修复工程、六大水库库区饮用水源保护工程、“十二五”最大的污染减排项目凤凰桥污水处理厂工程、苏大堰和大雁河治理工程、农村环境连片整治工程等已经顺利启动并加快实施。

加强对工作的督察落实。市委、市政府主要负责同志和分管负责同志高度重视、高度关心环保工作，多次亲临生态环保和污染减排工作一线进行督察指导。人大、政协围绕饮用水源保护和污染减排工作多次开展执法检查和考察、视察活动，并接受安徽省 “江淮环保世纪行”活动监督。环保部门以环保专项行动为抓手，对各项水污染治理项目、减排项目、重点流域区域以及重点企业开展执法巡查检查，特别针对污水处理厂等污染治理项目建设运行情况，进行强力的督察、夜查。市直相关部门结合各自职责和工作任务，定期和不定期地开展执法检查活动，共同推进生态环保工作任务落实。

二、以环境保护优化经济社会发展

坚持把环境保护作为加快转变经济发展方式的重要抓手，以解决影响科学发展和损害群众健康的突出环境问题为重点，强化源头防控，深化综合整治，强化环境监管，提升生态文明建设水平，加快科学发展进程，致力于让群众喝上干净的水、吃上放心的食物、呼吸上清洁的空气。

强化减排措施，大力削减污染总量。先后印发实施了《主要污染物减排实施意见》以及《关于进一步深化节能减排强化机动车报废监督管理工作的意见》等一系列规范性文件；启动了污染减排黄牌警告和约谈制度，开展了报废机动车监督管理专项行动；加大了市政府督察力度，污染减排“一票否决”的责任落实到了各县区和相关部门。环保部门按照部署，进一步强化措施，落实责任，分解任务，加强督察，推进各项工作落实。至“十一五”末，全市化学需氧量（COD）和二氧化硫（SO_2）排放量顺利完成下降 11.55%和 17.83%的目标。2011 年，经环保部测算，全市化学需氧量、氨氮、二氧化硫均圆满完成了省政府下达的目标任务。

抓好源头防控，促进产业结构调整。围绕“工业强市”战略，坚持发挥环评审批作用，加强项目预审，严格环境准入，严格审批新上项目主要污染物总量指标。对生产工艺落后，产品质量低，能耗物耗高，环境污染重，不符合国家环保政策的项目，坚决予以拒批。加强监管，开展排查整改，确保环境影响评价和建设项目环境保护“三同时”制度落实。“十一五”期间，在全市范围内深入开展了工程建设领域环境保护突出问题专项整治。以城市基础设施项目、“861”项目以及扩大内需项目为重点，“边排查、边整顿、边改进、边规范”，着力解决工程建设领域存在的突出环境问题。目前，全市工程建设项目环评和“三同时”执行率达到 95%以上，“861”等重大项目环评和“三同时”执行率达到 100%，否决了一批不符合环保政策和污染较重的项目，取得了源头防污成效，促进了产业结构优化升级。

严惩违法行为，维护群众环境权益。深入开展整治违法排污企业保障群众健康环保专项行动，加强督查督办，强化部门联合执法，建立案件移送制度，对自然保护区、饮用水源保护区、城镇污水处理厂、垃圾填埋场、“两高一资”行业企业、钢铁企业、造纸和涉砷涉铅行业开展执法检查，严厉打击破坏生态环境资源、违法排污等环境违法行为。“十一五”以来，全市共出动环境执法人员 2 万余人次，出动执法车辆 2 000 余台次，检查企业 3 000 余家次，依法关闭 31 家“十五小”企业和 70 余家危害寿县八公山生态环境的石料开采加工企业，淘汰了 46 家落后生产工艺、生产能力企业。2011 年，全市累计出动执法人员近 7 000 余人次，检查企业 3 000 余家（次），立案查处 36 起，累计罚款金额 49.5 万元。关闭了 5 家铅酸蓄电池企业全部。安全处置了 600 t 医疗废物。包案督办、带案下访，及时解决了油烟、噪声、粉尘等污染扰民的环境难点问题。

统筹城乡环保，深化环境综合整治。充分发挥中央农村环保项目和“以奖促治”“以奖代补”政策扶持作用，以生态县、乡（镇）、村建设为抓手，一手抓农村环境综合整治，一手抓生态示范建设，典型引导、示范推动，着力解决群众最关心的生态环境问题。“十一五”期间，市本级和金寨、舒城、霍山被列为安徽生态省建设综合示范基地；霍山县率先在中西部地区建成第一个国家级生态县；启动了舒城县、金寨县省级生态县创建工作；着力实施了 9 个中央农村环境保护项目，有效收集处理了项目实施地的村庄生活污水，对生活垃圾实现了定点存放和及时清运，村庄面貌得到了极大的改善。2011 年，编报了 7 个总投资约 3.4 亿元的省级生态（低碳）经济示范基地项目；建立了全市土壤污染防治项目库。启动了霍山、金寨、舒城、裕安四县（区）农村环境连片整治工程，建成了一批污水处理设施和垃圾收运设施。目前，全市成功创建国家级生态乡镇 18 个，国家级生态村 3 个，省级生态乡镇 25 个，省级生态村 66 个，市级生态村 93 个，有效改善了农业农村生态环境。

加强水源保护，保障群众饮水安全。保障群众饮水安全是最大的民生工程。建市以来，六安市集中财力、人力、物力，先后对淠河总干渠城区段、老淠河城区段进行了综合整治。建造了橡胶坝蓄水工程和月亮岛整治工程，清理了河道和沿河排污口，打造了碧水穿城的两条“玉带”。2011 年 3 月，启动了《六安库区饮用水源保护和周边环境质量升工程三年行动计划（2011—2013 年）》。市政府成立主要负责同志为组长的领导组，以“政府主导，部门落实，三级联动”的实施格局，有机结合农村环境连片整治，用三年时间，进一步整治库区周边（涉及 41 个乡镇）的各种水污染行为，切实治理生活污染和经营性污染，逐步减少农业面源污染，建立“保护、建设、补偿、利用、监管”五位一体的综合决策机制。目前，已经制定并实施了《六大水库饮用水源环境保护办法》。出台了《六安市建设项目新增主要污染物总量控制管理办法》，建立了严格的饮用水源区招商引资项目准入制度。打捆实施了“农村沼气建设工程”、“农村清洁工程”、“规模化养殖场畜禽粪便污染治理”、“农村环境综合整治”等一批工程。集中清理了库区周边乡镇人口集中区的积存垃圾，依法取缔了饮用水源保护区内各类采砂行为。对水库网箱养殖开展了整治活动，建立了水库网箱退出补偿机制。对库区周边餐饮服务业和工业企业开展了联合执法整治，取缔了铸造、轧钢、采石场、塑料加工等 10 多家有污染的企业，封堵了 3 处生活污水排放口，否决了一批电子废弃物拆解、锡铅产品加工、大麻脱胶等污染项目。完成截污管网建设 4.6 km，整合涉农项目 11 个，完成资金 2 417 万元，占 2011 年计划投资的 39.9%。饮用水源一、二级保护区内均无工业源排污口。

加强环境宣教，营造生态文明氛围。将环境保护法、水污染防治法、环评法等法律法规纳入“四五”、“五五”普法规划，进行广泛深入的宣传。以“6・5”世界环境日环境宣传周、“12・4”法治宣传日、世界水日等宣传日宣传活动为契机，围绕宣传日主题，在全市范围内组织开展了一系列重大宣传活动。同时开展专业宣传，邀请省部级领导和专家举办循环经济等专题讲座；市四大班子领导定期听取环保专业工作和环保法律法规释义；安排环保专业技术人员进学校、进社区、进企业开设环保课堂，讲授环保法律法规；举行市级绿色社区等创建授牌仪式。另外，加强环境信息发布工作，定期编制地表水水质监测周报、水质月报、入河排污量和重点污染源监测季报以及年度环境质量公布向社会公布，按月向主要领导报送水环境质量简报、水环境监测工作通报。对新建项目可能影响环境安全的内容，在环评阶段进行公示，听取公众意见，接受社会监督。通过多层次、立体式、全方位的宣传教育，在全社会形成了加强环境保护、建设生态文明的良好风气。

三、加强环保部门机构能力建设

一支政治合格、作风过硬、业务精良、纪律严明的环保队伍，是开创全市环境保护工作新局面的重要基础。面对日益繁重的环保工作任务需要，市委、市政府高度重视、支持和关心环保队伍建设。历届党委、政府主要负责同志、分管负责同志都多次亲临环保一线开展调研，指导工作，鼓舞士气，解决难题。

壮大了高素质的环保队伍。2010 年，根据中央部署，把市环保局变革为政府组阁局，加大了机构人员编制和财力支持。增设了市辐射环境监测站、市经济开发区（集中区）环保办公室。变更市环保局污染控制科、监督管理科为总量科、环境审批科，强化职能职责。同时，结合市级干部人事工作实际，给予环保部门进人指标。目前，市环保系统干部职工 100 人，大专以上学历专业人员占 90%，研究生学历专业人才达 10%。2011 年，全市统一招考选拔了四个县（区）的环保局副局长职位，充实环保人才队伍。

加强了环保装备的配置。2010年，在环保部、省环保厅的大力支持下，作为全省污染减排体系建设重要内容的“市环境监察监测信息中心”建成使用。为确保该项目建设，市政府与省政府签订了目标责任书。兴建了一套辅助环境监察工作的高科技、自动化环境监察监控系统，集成、整合、优化了污染源在线自动监测系统、视频监控系统、环境空气在线自动监测系统、“12369”环境信访投诉系统等诸多系统，基本形成较为完善的区域环境监控体系，进一步拓展了环境监控覆盖面；对环境监测实验分析工作进行了设备增容和项目增设，使得市环境监测中心站实验室成为全市最先进的环境监测方面的实验室，位于全省同级监测站前列；兴建了多功能大厅，将监控大厅、报告厅、分析实验区作为环境教育的辅助场所，强化了环境宣教、信息公开和公众参与功能。2010年末，市环境监察机构、环境监测机构通过省环保厅标准化验收。

加强环境科学研究。“十一五”以来，六安市先后完成了《六安市第一次全市污染源普查技术报告》《六安饮用水水源地环境调查数据》《饮用水水源保护区功能区划分报告》《饮用水水源地工程项目规划报告》《全市环境容量核定》等科研技术报告，为环境管理提供了强有力的技术支持。《六安市第一次全市污染源普查技术报告》《全市环境容量核定》列为全市科技进步二等奖，并获得第一次全国污染源普查优秀技术报告三等奖表彰。

加强环保队伍建设。按照中央、省委和环保部部署，市委近年来在环保系统部署开展了解放思想大讨论、学习实践科学发展观和创先争优等一系列重大活动，要求环保部门立足服务经济社会发展大局，深入贯彻落实科学发展观，进一步解放思想，保持党的先进性和纯洁性，在科学发展中创先，在为民服务中争优。2011年，又在全市环保系统部署开展了推行廉政风险防范管理试点工作。要求环保系统围绕环境行政审批权、环境行政评审权、环境行政执法权、环保项目资金分配权、物资设备采购权、干部人事权等环保“六项权力”的监督制约和规范运行，强化源头防腐，推进科学管理，着力打造“学习型、服务型、法治型、和谐型、廉政型、节约型”等“六型”环保机关，营造和谐的政治生态环境，为开创全市环保事业新局面提供坚强的政治保证。环保部门不负重托，先后多次被评为文明单位、优质服务单位、效能建设先进单位等光荣称号。

四、问题、建议及努力方向

十七大以来，环境保护各项工作稳步推进，并取得了一定的成绩。但是我们也清醒地看到存在的众多困难和问题，主要表现在：减排压力仍然很大。尤其是氮氧化物，由于六安市无大的脱硝项目，仅靠淘汰机动车难以完成减排任务。重点流域污染防治规划项目配套资金缺口较大，项目建设难以达到预期要求。环保机构能力建设薄弱，人才匮乏，比如六安市市级环境保护机构行政编制仅8名，部分县区还没有环境监测机构，乡镇未设立相应环保机构，市县均未设立宣教机构，随着环境保护工作的不断深入，机构和队伍难以适应环境保护目标任务的需要。标准化建设、监控能力建设和减排“三大体系”建设距离国家要求差距较大。

建议国家和省能给予六安大别山区进一步的政策支持和资金倾斜。一是给予六安饮用水源地保护和周边环境综合整治及质量提升工程方面的项目及资金支持；二是深化六安大别山区农村环境连片整治示范工程，扩大在六安的示范建设范围；三是把六安重点流域、区域环境保护规划项目、水污染防治规划项目、污染减排规划项目纳入国家和省相关规划建设项目范围，给予项目及资金扶持，统筹实施；四是大力推进“合肥经济圈城市领导第三次会商会议”商定的“皖西大别山生态保护圈”建设，在省政府、省直有关部门的领导和支持下，通过合肥经济圈城市的共同努力，建设“保护第一、生态优先、关注民生、综合治理、科学利用”的“六安大别山生态保护圈”；五是支持六安环保机构能力建设及环保装备建设。

下一步，六安市将认真贯彻落实全国、全省“环保两会”精神，按照《国务院关于加强环境保护重点工作的意见》和省政府《实施意见》部署，紧紧围绕科学发展主题和“全面转型、跨越崛起、富民强市”主线以及提高生态文明水平新要求，坚持在发展中保护、在保护中发展，以改善环境质量为重点，以构建资源节约型、环境友好型社会为目标，走代价小、效益好、排放低、可持续发展的新道路，振奋精神，落实责任，强化措施，奋力拼搏，圆满完成年度环境保护各项目标任务，切实解决影响科学发展和损害群众健康的突出环境问题，推进环保事业新发展，促进经济发展方式转变和产业结构调整，以优异的工作成绩迎接党的十八大胜利召开！

推进生态文明城市建设　打造生态文明漳州

福建省漳州市环境保护局　魏建芸

漳州市委、市政府高度重视生态环境保护与建设，2006年10月，在市第九次党代会上提出以生态出优势，以生态创特色，以生态促发展，将漳州建成为海峡西岸港口大市、工业强市、生态名市的目标。2012年8月，漳州市十五届人大常委会第四次会议审议通过《漳州生态市建设规划》（修编），《规划》（修编）是漳州市生态市建设的指导性文件，将进一步推动漳州宜居生态城市建设的扎实开展。

一、生态环境保护主要成效

1. 污染物排放总量有效控制

强化污染减排责任落实，建立健全减排考核办法和联席会议制度，积极采取工程减排、结构减排、管理减排措施，实施466个工程及结构减排项目，努力削减主要污染物排放总量。围绕产业结构调整和增长方式转变，对国家明令禁止的小造纸、小化工、小制革、小冶炼坚决予以关停并转，取缔一批落后产能企业。实施工业废水深度治理回用和工业锅炉（窑炉）脱硫工程，降低吨产品COD排放量，有效削减SO_2排放量。强化减排设施运行监管，建成全市污染源自动监控中心三个县级分中心，确保减排设施有效运行。经考核，漳州市全面完成“十一五”减排目标任务。

2. 饮用水源保护成效显著

从保民生、保稳定的高度，加强饮用水源地保护，确保人民群众喝上干净水。深入开展饮用水源保护专项整治，全面排查饮用水源保护区安全隐患，坚决取缔饮用水源一级保护区内各类工矿企业、畜禽养殖场、采砂场，拆除违法违章建筑；取缔二级保护区内生产性、经营性排污口及违章建筑。全市共关闭水源保护区内25家采（堆）砂场，13家违规企业及114家禽畜养殖场；强制拆除1.8万m^2违章临时建筑物、767 m游泳点码头；搬迁了39家牛蛙养殖场、42家禽畜养殖场和2 029箱网箱养殖。积极完善饮用水源保护设施，建设38个饮用水源保护区标志牌、11个公路警示牌、6个宣传牌，以及11.32 km围网。积极开展水源地上下游联防联控，加强九龙江流域干支流入河排污口、库区水面日常巡查，及时排查水环境安全隐患，全力保障饮用水源安全。

3. 环境问题整治力度加大

结合环保专项行动，强化重点区域、重点行业、重点流域环境监管，坚持日常检查与专项督查相结合，加强化工、造纸、印染、电镀、食品、制革、建筑饰面石材等重点行业执法检查和隐患排查，严厉打击企业偷排、漏排和超标排放等环境违法行为；注重环境执法后督查，强化夜间、雨天、节假日突击检查，巩固整治成效，防止污染反弹。“十一五”

期间，全市共出动执法人员 24 226 人次，检查企业 8 224 家，责令限期治理 1 014 家，实施行政处罚 225 件。充分利用新闻媒体、环保投诉热线、环境信访等渠道，掌握企业违法排污线索，做到有诉必有查、有查必有果，2006 年以来，“12369”环保投诉热线共受理群众电话投诉案件 3 725 件，均在规定时限内依法办理，切实维护人民群众环境权益。

4．生态环境保护全面加强

深化城市环境综合整治，加快推进市区内河整治，2011 年又投入资金 7 480 万元，对中心城区内河进行清淤、疏浚、截污，提高内河排涝能力和水环境质量。扎实抓好饮食业油烟、建筑工地和交通干道扬尘、城乡结合部烟尘等污染专项整治；加强机动车环保年检管理，落实废旧机动车强制报废制度，有效控制大气污染。采取规模化、立体化、公园化的造林绿化模式，积极实施城市绿地系统建设，市区建成区绿地率 43.7%、绿化覆盖率 44.9%，人均公共绿地面积 12.46 m^2。“十一五”期间，各县（市、区）环境空气质量均优于二级标准，市区空气质量符合二级标准天数的比例为 97.9%。切实加强重点生态功能区保护，全市建成国家级自然保护区 2 个、国家级森林公园 4 个、国家地质公园 1 个、省级自然保护区 2 个、省级森林公园 1 个。

二、生态环境保护存在的问题

漳州市生态环境保护和建设取得了明显成效，但有限的环境容量与推进科学发展、跨越发展仍不相适应，环境形势不容乐观。

1．污染减排形势依然严峻

漳州市经济增长方式较为粗放，产业结构和布局还不尽合理，承载社会经济发展的环境容量严重不足，大部分已建污水处理厂因管网不配套、雨污分流不完善；部分污水处理厂运行及管理不够规范，污泥处置不及时。减排监测体系建设较为薄弱，国控和省控重点污染源有效性审核率偏低，部分企业治理设施和在线监控设备配置和维护不到位，超标超总量排放现象时有发生，影响了减排实效。

2．水环境整治任务较为艰巨

区域水环境质量有所下降，部分支流水质污染严重，一些省控断面水质时有超标，重点流域环境整治任务较为艰巨，禁养区养殖反弹现象时有发生，禁养区外散养户点多面广，禁养区外部分养殖场污染治理设施仍不完善，导致沼液直排或污水处理不达标。农村环境问题仍然突出，生活污染和面源污染仍未得到有效解决，建制镇污水集中处理设施建设滞后，乡镇普遍尚未设置环保管理机构，长效管理机制有待进一步建立。

3．环境安全隐患日益凸显

部分企业环境安全意识较为薄弱，环境风险防范措施不够到位，一些区域及部分行业仍存在一定的环境安全隐患。危险废物处置不规范，设施运行管理不善等问题，直接影响区域环境质量的改善。

4．环保监管能力相对薄弱

基层环保队伍人员少、经费缺、装备差同任务重、要求高、责任大的矛盾尚未根本解决，难以适应新形势环境管理要求。环境监管能力建设总体上仍然滞后，环境监测、环境监察、环境信息、辐射监管、环境宣教等机构的能力建设与国家标准化建设要求有较大的差距。企业环境行为信息公开和公众参与机制有待完善，对环境违法行为还缺乏及时有效的制裁，守法成本高、违法成本低的问题尚未得到有效解决。

三、“十二五”生态环保工作思路

“十二五”是漳州市全面推动科学发展、跨越发展，加快经济发展方式转变、保障和改善民生的重要时期，对正确处理好环境保护与经济发展的关系、环境保护与社会进步的关系、环境保护与民生民心的关系提出了更高的要求，环境保护和生态建设面临着改善环境质量、节能减排、防范环境风险三大压力的挑战。为此，“十二五”漳州市生态环境保护工作要紧紧围绕构建协调发展的生态产业体系、永续利用的资源保障体系、自然和谐的城镇人居环境体系、良性循环的农村生态环境体系、稳定可靠的生态安全保障体系、繁荣发展的生态文化体系，以削减污染物总量、改善环境质量、防范环境风险为着力点，强化工业污染防治，深化城乡环境综合整治，积极推动低碳经济发展，加快资源节约型、环境友好型社会建设。到 2015 年，全市主要污染物排放总量控制在省下达指标内，重点流域和城市环境质量显著改善；全市工业污染得到全面、有效控制，城市和农村面源污染得到有效治理；生态环境质量继续保持良好状态，自然资源得到合理利用和保护；环境风险防范与应急处置体系健全完善，环境监督管理能力进一步增强，环境安全得到有效保障；漳州经济、社会和生态复合系统向良性循环转变，可持续发展能力持续提升，生态文明水平进一步提高。

1．大力发展循环经济，构建环境友好型社会

以发展生态经济、循环经济、低碳经济为重点，从企业、工业园区和区域经济三个层面建立生态工业体系，促进资源循环利用和产业链延伸，优化经济增长方式，推进资源节约型和环境友好型社会建设。①关停淘汰落后产能。②全面实施清洁生产。③促进资源节约利用。

2．推进生态文明城市建设，提升生态文明水平

坚持生态优先、环境在前，以更大的气魄爱护好、建设好漳州生态环境，构筑以九龙江水系、沿海重要绿化带和北部连绵山体为主要框架的区域生态安全体系。①扎实开展生态示范创建。已通过国家生态示范县命名的要率先创建国家级生态县，其他各县（市）结合新农村建设和小城镇综合改革建设试点，扎实推进生态乡镇、生态村，以及绿色学校、绿色社区和环境友好企业等建设，不断扩大生态文明示范建设覆盖面。②推进重点生态功能区建设。积极实施漳州市生态环境功能区划，切实加强现有各类（级）自然保护区、风景名胜区、森林公园、地质公园的建设管理，抓好生态脆弱地区的综合整治与恢复重建，新建、扩建一批生态功能保护区，促进生物多样性保护。③加强森林矿产资源保护。强化森林生态系统的保护与建设，加快推进沿海防护林体系、生态公益林体系、水土保持林、绿色通道和城乡绿化一体化工程建设，保持森林覆盖率居全省前列；强化矿产资源开发的生态环境监管，落实矿山生态环境治理保证金和恢复治理制度，遏制新的人为生态破坏，保护好漳州青山绿水。

3．强化工业污染防治，有效控制排放总量

落实污染减排目标责任制，综合应用经济、法律、技术和必要的行政手段，积极采取结构减排、工程减排、管理减排措施，完成化学需氧量、氨氮、二氧化硫、氮氧化物四项约束性指标削减任务。①严格控制水污染物排放量。②强力削减大气污染物排放量。

4. 推进重点流域整治，保障饮用水源安全

强化九龙江、漳江、鹿溪和东溪等重点流域综合整治，严格落实河长责任制，积极探索实施流域上下游生态补偿机制，健全流域长效管理机制，提升重点流域水环境质量。①严格控制流域新增污染。②推进养殖业综合治理。③保障饮用水源安全。

5. 深化环境综合治理，优化改善人居环境

深化城市环境综合治理，积极推进环保模范城市建设，营造整洁优美、和谐有序、宜居舒适的城市环境，在提升城市形象的同时让百姓得到了更多的实惠。①实施水环境综合整治。②加强大气污染防治。③改善声环境质量。

6. 实施环境连片整治，推进农村环境保护

贯彻落实农村环境“以奖促治”、“以奖代补”政策，扎实推进农村家园清洁行动，以及九龙江流域各县（市、区）农村环境连片整治，解决一批群众反映强烈、环境问题突出的村庄，逐步建立起符合漳州市农村实际的环境安全保障体系。①实施“水源清洁”示范工程。②实施“家园清洁”示范工程。③实施“田园清洁”示范工程。④严格控制农村工业污染。

7. 加强固废污染防治，实行全过程监管

健全固废污染全防全控体系，严格实行工业固体废物申报登记制度，按照“减量化、资源化、无害化”原则妥善处理（处置）生活垃圾和工业固体废弃物。①加强固废源头控制。②强化危废日常监管。③完善固废处理设施。④加强进口废物管理。

8. 加强自身能力建设，提升环境监管水平

建立健全环境保护机构和队伍，加强环境管理、环境监测、环境监察、环境科研和环境教育能力建设，为推进漳州科学发展、跨越发展提供环境支撑。①加强环境监察能力建设。②加强环境监测能力建设。③加强辐射监管能力建设。④加强环境信息系统建设。⑤加强环境宣教能力建设。

九江市生态环境保护探索与实践

江西省九江市环境保护局　黄先才

九江市是位于江西省北部的地级市，辖九江县、武宁县、修水县、永修县、德安县、星子县、都昌县、湖口县、彭泽县等九县，瑞昌市，浔阳、庐山两区，九江经济技术开发区、共青城市和庐山风景名胜区管理局，面积 18 823 km^2，人口 473 万。全市地貌较为复杂，地形变化大，地势东西高，中间低，南北略高，向北倾斜，平均海拔 32 m，市区平均海拔 20 m。境内山地丘陵、平原皆备。中部为鄱阳湖平原，水网交错；西部为丘陵、山区，层峦起伏；九岭、幕阜两大山脉分立西部南北两侧，九岭山九岭尖海拔 1 794 m，是九江最高峰。全市山地占总面积的 16.4%，丘陵占 44.5%，湖泊占 18%，耕地 365.22 万亩，俗称“六山二水分半田，半分道路和庄园”。长江自西向东流经北沿，境内长度 151 km。气候温和、雨量丰沛、四季分明、日照充足等优越的自然条件为九江市生态环境始终保持优良提供了保障。

2007 年 4 月，温家宝总理在九江视察时感受到九江良好的生态环境后给予高度评价并发出殷殷嘱托：要保护鄱阳湖的生态环境，使鄱阳湖永远成为“一湖清水”。这是总理对九江生态环境的肯定，同时又是对生态环境保护的期待。改革开放后九江市在生态环境保护方面进行的探索与实践，取得了一定的成效，产生了积极的作用。

一、自然保护区建设与扩展

20 世纪 80 年代初期，九江市的山地丘陵一度光秃秃，野生动物濒临灭绝。人为地开山造地不仅造成水土流失，而且生态极为脆弱，许多专家学者深感忧虑，纷纷献计献策。建设自然保护区就是迫于当时的现状而采取的最直接、最便捷的保护措施之一。

1981 年 8 月，庐山自然保护区成为九江市第一个自然生态保护区，保护面积 30 452 hm^2，以庐山森林景观、人文遗迹为主要保护对象。随后建设第二个：彭泽桃红岭梅花鹿自然保护区，保护面积 12 500 hm^2，以南方梅花鹿及其栖息地为主要保护对象。当时的桃红岭基本上没有乔木，灌木等级也比较低，四周的老百姓上山砍柴割草比较普遍，为了保护梅花鹿，采取的做法就是在划定保护区范围内禁止人类的各种活动，封山禁牧，很快这种措施见到成效，植被恢复，林木迅速生长，梅花鹿数量明显增加，其他动物种类也不断有新发现。建设自然保护区，投入少、见效快，这种模式得到专家和业内人士的普遍认同。1983 年 12 月，永修县成立吴城候鸟保护区，划定保护面积 22 400 hm^2。1992 年，都昌县连续建设武山、宫祠、幸福 3 个野生动植物保护区。1997 年，永修云居山列为省级自然保护区。2000 年后，全市保护区建设速度加快，永修县先后建设青山、鹤田、七里源、泉祠坳、杨家岭、野鸡坑、泡桐 7 个县级保护区；湖口县建设付垅、森林公园、天然阔叶林、屏峰4个县级保护区；九江县建设姑塘湿地、赛城湖候鸟2个县级保护区；德安县建设共青南湖湿地保护区；星子县建设蓼花池湿地保护区；彭泽县建设芳湖、太泊湖候鸟保护区，海形生态保护区、浪溪湿地保护区；都昌县设立候鸟保护区；武宁县设立伊山自然保护区；瑞昌市设立南方红豆杉保护区；修水县设立修河源五梅山省级自然保护区、程坊、黄龙山县级自然保护区等。至2010年末，全市共建成各类自然保护区36个，保护面积234 247 hm^2，占国土总面积的12.5%。在自然保护区的基础上，有关部门扩展建设地质公园、风景名胜区、森林公园以及生态功能区等，丰富了保护区的内涵。

自然保护区建设与扩展的探索是以林业、农业等部门为主进行的，环保部门予以协助、配合并统筹规划协调，其产生的作用和效果是多方面的。首先，主要保护对象得到了有效保护；其次，保护区内退化的生态功能，经适当的生物和工程措施得到恢复和提升；最后，零散和成片的自然保护区构筑了九江生态环境的本底。

二、建立珍稀濒危植物种质资源库

1987年9月，江西省环境保护局在九江市林科所建立“九江市珍稀濒危植物种质资源库”，作为长江中下游各省珍稀濒危植物的引种保护基地，基地面积20 hm^2，当时引种栽培珍稀植物69科146属365种，国家一、二、三类重点保护植物达到106种。采取以移地保护和就地保存珍稀濒危植物为主，利用九江林科所、庐山植物园以及国内外知名专家、教授等技术力量进行繁殖研究，对特别濒危和具有特种经济用途的物种，优先繁殖、重点开发保护，为长江中下游珍稀濒危植物的保护起到积极的作用，同时成为青少年认识各种野生植物、进行环保教育的基地。

建设珍稀濒危植物种质资源库，主要是从专业的角度探索生态保护的方法，提升物种多样性的技术保障能力。

三、创建生态县、生态乡、生态村

1995年开始，国家环保局以创建“全国生态示范区”为平台，推动全国的生态环境保护工作。九江市共青城参加第一批试点。按照可持续发展要求，运用生态经济学原理，重点发展高效生态农业，建设万亩粮田，万亩棉田，万亩水面，万亩果园，万头猪场，十万只规模的蛋鸡场，百万羽规模的肉鸭饲养基地，形成以鸭鸭工程、粮食工程、林果工程为主的生态农业，以“公司+农户”的基本组织形式，形成“种养加工一条龙，农工商贸一体化”的特色发展模式。在城区建设“煤气工程”，使千家万户都用上水煤气；在农村推广“猪—沼—果”工程，以沼气替代木柴、秸秆等农村原有能源。1999年5月，共青城的创建工作顺利通过国家环保总局的验收。

随着“示范区”更名“生态县”，创建标准逐步统一，九江市各县区积极参与创建工作，对照标准找差距、补漏洞。1999年12月，武宁县列为全国第四批生态县试点；2004年，修水县列为全国第九批生态县试点；2010年，星子县加入创建生态县试点。

在创建生态县的同时，生态乡、生态村的创建活动也随之展开。2008年，武宁县鲁溪镇通过创建工作验收，获省级“环境优美乡镇”称号，同年4月，又获“全国环境优美乡镇”称号，成为九江市第一个“生态乡镇”。2010 年 2 月，武宁县罗坪镇长水村在启动创建生态村一年后，获江西省“省级生态村”称号；4 月，又获得环境保护部授予的“国家级生态村”，成为九江市第一个“生态村”。2012 年 3 月，全市共有百余个生态乡镇、生态村。

生态县、生态乡、生态村的创建主体是县、乡、村级政府。按照环保部门设立的考量生态环境状况的指标，创建单位达到相应的标准，经审查、考核达标后，由审批部门最终批准。这种创建方式简单、易于操作，创建过程就是对生态环境改善提升过程。

四、以流域为单元进行综合保护

修河，是位于九江西部的一条河流，也是鄱阳湖五大河流之一。2004 年 4 月，九江市人大常委会牵头组织“环保修河行”活动，邀请有关单位、新闻媒体参加，检查过程中发现许多比较突出的环境问题，针对修河流域生态环境问题，当年 12 月 22 日，九江市人大常委会作出《关于加强修河流域生态环境保护和建设的决定》，提出以流域为单元进行综合保护的构想。之后，流域各县立即行动，按照《决定》要求迅速组织有关部门、单位进行落实，关停一批小造纸、小矿山，迁出格林化工等污染型企业。2006 年 8 月 25 日，九江市人民政府印发《加强修河流域生态环境保护与建设实施方案》，对修河流域综合保护具体进行部署。随着《方案》的全面实施，修河流域生态环境状况改善，流域内各县生态指标指数明显高于市属其他县区。

以流域为单元进行综合保护的探索与实践，实际是以政府部门为主体，以宏观调控、合理布局、优化配置资源、有序有度开发为手段，以生态保护为目标运行的可持续发展模式。

五、鄱阳湖生态经济区建设

2008 年，江西省委、省政府提出以鄱阳湖为核心，以鄱阳湖城市圈为依托，以促进生态和经济协调发展为主线，以体制创新和科技进步为动力，转变发展方式，创新发展途径，加快发展步伐，把鄱阳湖地区建设成为全国生态文明与经济社会发展协调统一、人与自然和谐相处的生态经济示范区和中国低碳经济发展先行区的方案。2009 年 12 月，国务院批准《鄱阳湖生态经济区规划》，鄱阳湖生态经济区建设全面启动。九江约占鄱阳湖水面 2/3 的面积，是鄱阳湖经济区建设的重点。根据《规划》，沿湖各县区启动绿色生态建设七大专项行动：工业园区未经处理污水零排放专项行动、修河源头保护区污染物零排放专项行动、城市中心区有毒有害气体零排放专项行动、二级饮用水源保护区内污水零排放专项行动、城市污水处理设施建设专项行动、淘汰燃煤锅炉（窑炉）专项行动、尾矿库专项整治行动。用三年时间分批建设好工业园区集中式污水处理厂，实现未经处理污水零排放，即达标排放；对修河源头保护区及干流沿线陆域 1 km 范围内的污染企业污水零排放；对市中心区有毒有害气体零排放；对饮用水源二级保护区内的排污口实施零排放；各县建成生活污水处理设施；淘汰落后的燃煤锅炉（窑炉）；对所有尾矿库进行集中整治，消除污染隐患。到 2010 年，专项行动全面完成，为鄱阳湖生态经济区建设起到了环境安全保障作用。随着鄱阳湖生态经济区全面建成，美丽的鄱阳湖将会更加亮丽。

鄱阳湖生态经济区建设的探索与实践，是高规格、高起点的发展与保护相结合的生态发展模式。由江西省委、省政府牵头，并且列为国家战略；确定“一流的水质、一流的空气、一流的生态、一流的人居环境”为建设标准；严格按照《规划》分步进行实施。

六、生态功能保护区建设

以实施可持续发展战略，改变粗放生产经营方式，走生态经济型发展道路为中心，以改善区域生态环境质量，维护生态环境功能为目标，把生态环境保护和建设与经济发展相结合，统一规划，加强法制，严格监管，实现区域经济、社会和环境的协调发展是生态功能保护区建设的指导思想。2001 年，国家环保总局将鄱阳湖湿地列为国家级生态功能保护区试点，面积为 20 000 km^2。2004 年 8 月，江西省环境保护局将修河水源涵养地定为修河源生态功能保护区试点，面积 2 062.2 km^2。2008 年 4 月，江西省环境保护厅把柘林湖列为生态功能保护区试点，确定保护面积 2 618.3 km^2。

生态功能保护区建设的探索与实践，是环保部门在借鉴相关部门有效做法的基础上，结合本部门工作特点提出的一种保护生态环境的工作模式，通过投入适当的资金，针对性地保护特殊的生态功能，总体效果良好，尚有许多方面需要完善和提升。

七、把生态环境指标纳入政绩考核

2007 年江西省县域经济目标考核中首次将环境保护的相关指标纳入。将大气质量、水环境质量、污染物总量控制和解决突出环境问题等环保指标，作为领导班子和领导干部考核的重要内容，评先创优实行环保“一票否决”。明确规定，县（市、区）政府和有关部门完不成环境保护目标责任书确定的工作目标和任务，或者发生重大环境污染或生态破坏事故的，取消当年先进集体和领导干部先进个人评选资格。党政领导和公职人员违反环境保护法律法规或因决策失误，造成重大环境污染和生态破坏事故，以及包庇、放任、纵容环境违法和监管不力，甚至干预环境执法的，要依法依纪严肃追究责任，所有工业项目都要严格执行环保“三同时”制度，从源头上防止污染发生。连续多年的考核使环境保护工作、地位以及环境质量得到大幅度提高，取得了意想不到的效果。

把生态环境指标纳入政绩考核的探索与实践，由上一级政府和环境保护部门负责评分，要求各级政府扎扎实实做好当年的各项环境保护工作，从决策、从源头控制污染，是一项行之有效的生态环境保护措施。

八、开展生态环境保护的国际合作

1991 年，九江市环境保护局与日本政府合作开展为期两年的“鄱阳湖底质调查”环境保护合作项目，利用国外的资金与技术进行生态环境保护方面的研究，开启生态环境保护国际合作大门。2000 年，九江市环境监测站与韩国农业振兴厅及农业科学院合作开展为期三年的“鄱阳湖农业面源污染管理研究”，探讨研究农业面源污染问题，借鉴韩国的科技力量和管理经验，取得了一定的效果。

这种探索与实践，开拓了生态环境保护的视野和领域，“走出去”、“请进来”，扩大了对外交流，同时也是对地方生态环境保护能力的提升，积蓄做好生态环境保护的知识与能量。

通过生态环境保护探索与实践，加之适宜的自然、气候、水文等条件，使得九江在经济高速发展的同时，生态环境没有随之恶化，“一湖清水”始终保持良好。这是九江环保人为之感到自豪的荣耀，同时，也是荣耀背后最大的忧虑。这种忧虑是份责任，更是做好生态环境保护工作的动力和压力。面对各种经济开发活动，由于认知水平限制，许多环境问题一时半会儿看不见，特别是不可逆的生态破坏，一旦发现，为时已晚。因此，面对已经取得的成绩，依然不可掉以轻心，需要始终保持高度的警惕，擦亮眼睛，勤于探索，才能确保把“一湖清水”留给子孙。

建设生态文明　构建和谐新保山

云南省保山市环境保护局　余卫芳

党的十七大首次把生态文明建设作为建设中国特色社会主义伟大事业总体布局的重要组成部分写进了党章，2008 年习近平视察云南时提出了云南要争当全国生态文明建设排头兵的要求，2009 年云南省委、省政府下发了《中共云南省委、云南省人民政府关于加强生态文明建设的决定》。为深入贯彻落实党中央、省委、省政府建设生态文明的相关要求，推进保山市生态文明建设步伐，笔者结合保山实际和环保部门的工作要求对保山开展生态创建工作提出一些粗浅认识。

一、深化市情认识，形成生态文明建设整体合力

1．良好的生态优势是保山实施生态立市战略的基础

特殊的地理环境和气候条件，造就了保山丰富的资源优势，为区域经济社会发展提供了环境支撑和保障。充分发挥保山生态优势，推进生态立市战略，把环境、资源优势转化为经济优势，获得持久的发展动力，是确保保山经济社会持续、快速、健康发展的必要条件，保护和建设好生态环境已成为发展保山市经济和提高人民生活水平的迫切需要。市委、市政府在深化市情认识、科学论证和集思广益的基础上，明确提出实施生态立市战略，提出了全面建设生态市、县（区）的发展目标。为把生态环境保护和建设的各项目标任务落到实处，市政府成立了以市长为组长的生态建设领导小组，建立和完善了生态保护与建设的工作机制，主要领导挂帅、相关部门参加、实施统一监管，各职能部门分工负责，在全市形成了一级抓一级，层层抓落实，齐抓共管的工作格局，生态保护和建设工作在全市扎实有效地推进。

2．实施生态立市战略，是实现经济社会可持续发展的要求

科学发展观要求，经济发展必须实现人口、资源、环境的协调发展，充分考虑长远的综合利益，形成经济与生态环境效益的统一。实施“生态立市”战略，通过引进生态理念，转变经营和发展思路，从根本上促使资源开采由盲目无序向合理有序转变，由资源消耗型向资源转化再生型转变，全面整治生态破坏，有效控制环境污染，最大限度地改善环境质量，实现资源合理开采利用与环境保护的有机统一，才能确保经济、社会的可持续发展。

3．实施生态立市战略，是产业优化升级的要求

目前，生态产业、绿色产品以及环保型企业成为时尚和人们追求的目标，用生态学理论指导经济与社会、环境与资源的开发将成为新的发展趋势。实施“生态立市”战略，目的就在于顺应宏观经济转型的趋势，在改造传统产业的同时，建立一批知识、技术密集的高效、生态型产业化项目，为市域经济和社会发展注入丰富生态内涵，促进产业不断优化

升级，确保区域经济健康、快速、持续发展。

二、开拓创新，落实科学发展，全面推进生态文明建设

1. 积极发展生态农业

农业是保山的支柱产业，保山作为农业大市，推进“生态立市”战略，农业是基础，抓生态经济建设必须首先抓生态农业。围绕全面提升农业层次和市场竞争力，大力促进产业间的良性互动，加快形成农业循环经济的新模式。打造生物链，发展复合型产业，实现产业生态化。打破高消耗、单一结构的传统经济发展模式，最大限度地整合利用资源，达到结构优化合理、系统生态平衡、资源永续利用，努力实现经济效益与社会效益的“双赢”。

2. 着力发展生态工业

发展生态经济，工业是主导。现代化的工业是生态经济强有力的支撑。保山在确定“生态立市”战略的同时，坚持“工业强市”和“科教兴市”战略，坚持走新型工业化道路，促进工业经济向低能耗、高科技、低污染方向发展，加速新型工业化进程。结合现有工业园区改造，加快生态工业园区建设。建立生态工业园区和循环经济型工业园区。在项目引进中把好环境准入关，严格实行环保一票否决制，对污染重、能耗高、影响生态环境的项目不立项、不审批。同时，结合保山资源优势重点培植水电、矿产、建材、能源化工和食品加工等支柱产业，大力发展循环经济，努力构建具有保山特色和比较优势的新型工业化体系。

3. 加快发展生态旅游业

在大力保护生态环境的同时，充分利用境内丰富生物多样性资源优势，科学规划和构建保山生态旅游体系。一是以腾冲、隆阳为主线，五县（区）结合区域特点，加大扶持旅游和相关产业，发展生态旅游经济，增强经济实力；二是以恢复和保护自然资源为根本保障，优化资源配置，整合资源，提高经济发展的资源保障能力；三是以推动和发展生态文明为内在动力，深入发掘“哀牢文化、永昌文化、腾越文化、丝路文化、抗战文化、侨乡文化”丰富内涵，积极开发户外旅游、生态旅游，突出特点，打造“中国面向南亚最富有特色的生态文化名市”品牌，培育生态文化载体，使生态文明深入人心；四是以保护和改善生态环境为重要内容，切实保护好三江（澜沧江、怒江、伊洛瓦底江）流域生态环境和重点区域生物多样性。

4. 深入挖掘资源潜力，着力培育发展优势

保山丰富的生态资源，蕴含着巨大的发展潜力和上升空间。实施“生态立市”战略，最终目标是建设经济稳定发展、资源能源高效利用、生态环境良性循环和社会文明高度发达的新保山，实现这个目标的关键，是充分发挥自身优势，按照科学发展观的要求，对各项资源进行整合、开发和经营，最大限度地把保山的资源优势转化成现实生产力和特色竞争力。一是要抓好资源保护，创造环境优势。环境本身就是一种资源。抓环境就是抓发展。牢固树立“大环境、大治理”的思路，把全市作为一个整体来考虑，立足长远，着眼当前，实行综合治理。二是要抓好资源开发，发展新兴生态产业。正确处理好眼前与长远的关系，坚决克服短期效益思想，着眼于资源的永续利用，对资源实行选择性开发，坚决避免破坏性、掠夺式发展。三是要抓好资源经营，提升城市形象。通过市场化的手段，把全市的各

种资源在更广阔的范围内有效地加以配置、整合、利用，抓好品牌经营的同时。将其作为一个整体包装起来，推介出去，产生优于其他地方的丰富资源和综合竞争力。

保山生态市建设是一个新的起点，是保山社会经济发展的重要里程碑，是深入贯彻落实科学发展观、实施可持续发展、构建和谐保山的重要举措和有效载体，是普惠民生，促进全面建设小康社会的客观要求，也是每一位公民应尽的责任和义务。加快生态市建设，实现绿色梦想，需要最广泛的公众参与。推进生态市建设，是我们每一个公民应尽的职责和义务，加快生态文明建设，必须从每一个人做起，从现在做起，从一点一滴的小事做起，为建设我们美好的绿色家园作出新的更大的贡献！

试论昭通市生态文明建设中的环境保护

云南省昭通市环境保护局　陈泽平

加强生态文明建设，基本形成节约能源资源和保护生态环境的产业结构、增长方式、消费模式。主要污染物排放得到有效控制，生态环境质量明显改善，是党在十七大做出的重要战略部署，也是新时期做好环保工作的重要指南，更是环保系统贯彻落实科学发展观，积极推进生态文明建设的具体体现。按照省委、省政府确立的生态立省、环境优先的发展战略，结合自身发展和基本条件，“十二五”时期环境保护工作如何在生态文明建设中发挥主力军作用，推动和促进昭通经济社会又好又快跨越式发展。本文从生态文明特征、生态文明与环境保护关系、昭通生态环境保护现状等方面提出生态环境保护在生态文明建设中的措施，以供商榷。

一、对生态文明的理解和认识

1．生态文明建设基本特点

（1）生态文明建设的全面性。生态文明有着非常丰富的内涵，涵盖了生态文化繁荣、生态产业发展、生态消费模式、生态环境保护、生态资源节约、生态科技发展及制度创新，涉及经济社会发展的方方面面。

（2）生态文明建设的阶段性和长期性。环保部周生贤部长指出，生态文明既是理想境界，也是现实目标。生态文明作为一种崭新文明形态，标志着人类文明质的提升和飞跃。在经历原始文明、农业文明、工业文明之后，人类开始对生存与发展的深刻反思和探索。转变经济发展方式，发展循环经济，走资源节约型、环境友好型发展道路已成为生态文明建设的重要部分。随着生产力的发展，社会的进步，生态文明建设要素将会得到不断的充实、完善和提高。

（3）生态文明建设的多样性。生态文明以生态系统为中心，以自然、社会、经济复合系统为对象，以各个系统相互协调共生为基础，以生态系统承载力为依据，以人类持续发展为总目标。不同时期、不同地域、不同行业部门中所取得的经验成果丰富多彩，共同推进了生态文明的各项建设。

2．生态文明建设与环境保护的关系

（1）环境保护是生态文明建设的基础。200 多年前人类进入工业文明，继农业文明之后取得了许多成就，但也带来一系列严重的问题，其中最突出的表现就是资源短缺和环境恶化。20 世纪 60 年代，美国生物学家蕾切尔·卡逊撰写的《寂静的春天》，这本著作引发了公众对环境问题的注意，开始对自身与自然关系进行反思。1972 年，联合国在斯德哥尔摩召开了“人类环境大会”，通过了《人类环境宣言》，90 年代以后，以《21 世纪议程》

为代表的一系列纲领性文件问世，标志着实现人与自然和谐发展已成为共识。新中国成立后的短短几十年时间内，工业化取得了令人瞩目的成绩，但是为此也付出了惨重的环境代价；生态危机步步紧逼，大气污染造成的气候异常现象频频出现，生态环境的负面影响日趋突出。原有环境的生态平衡和正常功能遭到破坏。旧的环境问题还未根本性解决，新的环境问题又不断呈现。环境容量不断减少，污染速度已经远远超过了环境的自净能力。从这个意义上说，生态环境成为我们赖以生存和发展的前提。因此，环境保护在建设生态文明、促进人与自然和谐发展中发挥着基础和引领作用。

（2）环境保护是生态文明建设的主阵地和根本措施。李克强副总理多次强调，环境保护是生态文明建设的主阵地和根本措施。这一论述，进一步明确了环境保护在推进生态文明建设中的作用，为环境保护发展指明方向。生态文明作为人类文明发展的高级阶段，基本内涵就是尊重和保护环境，推动发展方式转变和产业结构调整，以环境保护优化经济增长，促进经济社会的全面协调可持续发展。

秦光荣省长在“七彩云南保护行动计划”实施三周年撰文而作的《感悟造化天道，涤荡尘世心灵》和在第 40 个世界环境日到来之际，谈到个人对生态环境保护的理解时认为，“生态环境也是生产力，建设生态就是建设生产力，保护生态就是保护生产力。”充分体现秦省长对人与自然和谐相处的新思考，说明人类生存发展与自然环境和谐相处的关系，生态建设与生产力发展是一种相生而非相克的关系。没有了良好的生态环境，生产就失去了基本要素，生活就失去了根本保障。因此，环境保护工作的历史进程将直接决定生态文明建设的发展进程。

（3）努力实现环境保护和经济发展同步共赢，共同推动昭通生态文明建设。发展是人类永恒的话题，昭通市将建成西部重要的能源产业基地、新型载能产业基地、生物产业基地、产业转移承接基地和烟草、能源、煤化工、矿冶建材加工、农特产品加工、文化旅游六大产业，这些都将以水能资源、土地资源、矿产资源、生物资源等资源合理利用和保护作为经济发展的前提条件，在资源、能源开发利用过程中，只要始终坚持依靠科技进步，走资源利用率高、安全有保障、经济效益好、环境污染少和可持续发展的道路，积极引进资金雄厚、技术先进、环境污染小，在本行业排名前列的大企业、大集团参与战略资源的开发，认真执行国家环境保护相关法律法规、政策、技术和规范等，在环保等部门的监管下才能朝着有效保护和利用资源，提高资源综合利用率方向迈进；如果只顾经济发展，忽视对资源的循环利用，污染物排放超过环境容量，必然会导致生态环境的失衡，经济的发展也会因环境问题受到制约。周生贤部长在中国生态文明研究与促进会成立大会上指出，离开经济发展谈环境保护必然是“缘木求鱼”，离开环境保护谈经济发展势必是“竭泽而渔”。忽视任何一方都背离了生态文明建设初衷，只有遵循自然规律，正确把握环境保护和经济发展关系，结合自身职能，将环境保护定位于服务经济发展，提升环保理念，优化产业结构，严把准入门槛，探索“代价小、效益好、排放低、可持续”的环保新路，努力实现环境保护与经济发展相生相融，只有这样，昭通市生态文明建设才能真正得到落实。

二、昭通市生态环境保护现状

昭通市位于云南省东北部、金沙江下游右岸，长江上游，地处滇、川、黔三省结合部，属云贵高原向四川盆地过渡的倾斜地带。自2007年5月起，昭通开展了以环境法治行动、环境治理行动、环境阳光行动、生态保护行动、绿色创建行动、绿色传播行动、节能降耗行动为主要内容的“七彩云南·昭通保护行动”，标志着昭通市生态文明建设已开始启动。环保部门始终抓住污染减排、城乡环境综合整治、集中式饮用水源保护等重点工作，开展整治违法排污保障群众健康环保专项行动，加强建设项目“三同时”管理，开展农业面源污染防治，加强农村环境治理，提升环境监察和环境监测工作能力和水平。通过实施工程减排、管理减排和结构减排三大措施，到2010年底，完成了“十一五”减排任务，实现SO_2减排3 703 t、COD减排2 259.03 t。划定饮用水源保护区，明确管理机构，制定管理制度，解决70万人的饮水安全问题，生态乡镇示范创建工程初见成效，人民群众的环保意识不断增强、低碳的生活方式也在逐步推行。

评估表明：“十一五”时期昭通市环境质量进一步改善，市区空气质量达到二级标准的天数保持在320天以上，主要污染物排放总量得到一定控制，重点工业废水排放达标率、重点工业废气综合排放达标率、固体废物处理与处置率、危险废物、医疗废物和放射性废物安全处置率等有所提高，污染综合防治能力有所提高，环境质量有所改善。但是由于昭通市基础设施建设相对滞后，人口压力大，贫困面广、产业基础薄弱、支柱产业尚未根本建立等原因，制约着昭通生态文明建设水平。目前，昭通正处在工业化、城镇化、产业化发展的加速期，同时又是环境污染的高危期，生态环境压力有所加大，环境形势依然严峻，主要表现在以下几个方面：

1. 生态环境脆弱，自然灾害频繁

昭通位于金沙江分水岭地带，是川南丘陵向云贵高原过渡地段，这里多为碳酸盐岩喀斯特集中连片分布和发育的高山峡谷区，受金沙江水系强烈切割，山高谷深，地势高低悬殊，25°以上坡地占43.5%，1/3以上的坡耕地受环境影响已不适宜耕作。水资源时空分布不均，降水集中，加之过度开垦，导致水土流失严重，石漠化趋势呈扩大趋势。崩塌、滑坡、泥石流等自然灾害频繁，是云南省地质灾害发生较多的一个区域，制约了地方经济社会发展，同时对长江中下游地区也造成一定的生态安全隐患。

2. 生态环境与资源利用矛盾突出

（1）水能资源方面。由于全市水能资源具有水系发达，河网密度大，雨量充沛，河流落差大等特点，表现出极为丰富的水能源，水能蕴藏量居全省第一。虽然水电开发可以提高水资源的利用率而基本不改变水质，不排放污染物，改善空气的质量，具有可代替部分火电、核电，形成人工湿地改善环境小气候、促进旅游发展和改善航运等优点，但在三大水电站水电开发建设过程中如对环境保护不当也会造成区域自然综合体，生物物种、种群结构、生物多样性包括长江上游珍稀特有鱼类呈下降趋势。加之昭通市境内溪洛渡、向家坝、白鹤滩三个大型梯级电站都分布在沿江的巧家、永善、绥江和水富等亚热带湿润常绿阔叶林生态区，山脉纵横、河谷深切，生态环境异质性和敏感性较高，开发过程中的每一次人为影响，都可能会对生态环境造成严重的、难以恢复的破坏。

（2）土地资源方面。全市土地面积约为3 300万亩，随着工业化、城镇化的加速发展，需要为工业、基础设施建设、城镇建设提供更多的土地资源空间，农业可耕面积将有所减少，石漠化、土壤侵蚀敏感区域且程度呈扩大趋势。人口众多，可供农业生产种植的土地面积正在减少，土地基础力不断下降，保水保肥性能不足，靠大量使用化肥、农药、农膜和灌溉用水维持低增产，土壤被污染面积大，耕地整体状况呈现出“低、费、污”现象，土地资源质和量都不同程度受到破坏。

（3）矿产资源方面。矿产资源作为一种不可再生的重要矿产资源，提供的矿物资源和原材料是工业经济发展赖以生存的物质基础。昭通市的矿产较为丰富。发现各类矿产 33 种，242 个矿区。有大型矿床 19 处、中型 24 处、小型 28 处、矿点 171 处。其中煤炭、硫铁矿、铅锌矿、石灰石、硅石等资源储量大。现阶段，由于生产技术总体不高，资源利用率较低，利用总量较少，加上环保设施不配套，造成对地形地貌的破坏和“三废”的排放。目前昭通以煤矿的开采为主，大量的洗煤废水、烟气和固体废弃物排出，浪费了资源，还造成了严重的环境污染，处理不当，废渣中含有重金属及有害元素对大气、江河、农田造成污染，造成水资源损失和破坏，直接诱发水资源短缺，威胁到农田灌溉和人民群众的饮水安全。如不实现开发与保护并重，局部生态环境恶化状况无法得到根本遏制。

3．工业化进程加快，污染物减排难度进一步加大

昭通市目前正处于工业化初期向中期转变阶段，产业结构以自然资源利用、初级原料加工基础上形成的传统工业体系为主，工业园区建设、工业企业技术改造、扶持中小企业发展、节能减排等方面的经费投入严重不足。近年来，昭通市重工业特别是载能工业发展迅猛，规模以上电石、化工、铅锌采选、建材等企业创造的工业增加值占全市规模以上工业的一半。“十二五”期间拟建的新项目，也以高耗能企业居多，国家确定的主要污染物在化学需氧量、二氧化硫两项基础上增加了氨氮、氮氧化物两项指标。污染减排作为一项约束性指标，在经济快速发展的同时，既要控制污染物增量，又要再削减存量，为昭通市的减排工作带来较大压力。

4．小城镇和农村环保基础设施建设滞后，环境管理薄弱

昭通小城镇和农村的环境问题是一个由历史原因和客观现实原因构成的。在全市 582 万人口中，农业人口就有 500 多万，是典型的农业大市。多年来，市委、市政府高度重视“三农”工作，在农业基础设施、农村生态环境建设、农民扶贫攻坚、农村饮水安全和沼气池工程等方面都取得了较大的成绩。2009 年 7 月，省政协主席王学仁率队深入昭通，围绕保增长、保民生、保稳定，高度重视农村生态文明建设，切实加强小城镇和农村环境保护工作开展调研期间肯定了昭通市在农村养殖、垃圾和粪便转化为可持续发展的做法。但在全市 143 个乡镇（办事处）、1 201 个行政村和 1.3 万个自然村的背景下，如何开展好农村环境治理，解决“污水靠蒸发、垃圾靠风刮”这一小城镇与农村普遍存在问题，不是一个政策，或者是资金补助方式就能解决问题。昭通市城镇化水平目前仅为 25%左右，怎么来逐步推进，成为一个需要解决的重点和难点问题。乡镇环境管理机构匮乏，环境执法力度、环境监测水平在广大农村地区还很有限，生活污水大都未经治理直排入当地河流，生活垃圾未经有效处置且垃圾收运系统匮乏，农村公共绿地建设步伐缓慢，人均公共绿地面积小，小城镇基础设施还不配套，功能还不完善，投入不足，缺乏规划。部分乡镇所在地的采矿、选矿等工矿企业由于工艺落后、环保设备简陋，所产生的废水、废渣及扬尘未得到较好的处理，给当地空气环境、水环境造成严重污染等，使农村的饮水安全得不到保障，农村生态环境安全受到威胁。

5．全市各级自然保护区保护与开发矛盾日益凸现

通过多年建设，滇东北珍稀独特的生物物种和珍稀濒危野生动植物物种得以延续，生物多样性下降的趋势得到了遏制，自然生态系统得以改善，截至2010年，全市共建立各种类型不同级别的自然保护区15处，保护区总面积179.7万亩，自然保护区面积占国土面积的5.2%，全市森林覆盖率为32.6%。数据表明，2006年起，昭通市自然保护区的数量增长已基本呈停滞状态，保护区总面积甚至出现减少的趋势。自然保护区一般都蕴藏着丰富的自然资源，而日益突出的保护与开发的矛盾也是保护面积减少的主要原因。随着昭通市经济社会的快速发展，涉及自然保护区的能源、资源、交通、旅游等开发建设活动日益增多，不合理的开发建设活动削弱了保护区的功能，降低了保护价值；对有代表性的自然生态系统、珍稀濒危野生动植物物种的集中分布、自然遗迹等保护对象带来负面影响。

三、昭通生态文明建设的对策建议

1．转变经济发展方式 调整优化经济结构，是昭通生态文明建设的重点任务

（1）遵循生态文明发展理念，走循环经济发展之路，构建现代生态工业，引领新型工业化发展。发展循环经济，建设节约型的工业园区，实行清洁生产，从生产的源头和全过程中充分利用资源，使每一个企业生产过程中的废物最小化、资源化、无害化。

（2）按照昭通特色新型工业化道路的要求，大力发展高技术、高效益、低污染、低能耗的“两高两低”先进产业，积极探索“代价小、效益好、排放低、可持续”的环保新路。淘汰落后产能，实践探索“压小上大”调结构，为新上符合国家产业政策的工业项目腾出宝贵的环境容量。

（3）依靠科技推进其向精深加工、高科技含量、高附加值、低消耗方向发展。加快减排技术产业化推广，尤其要在化工、煤炭、电力等重点行业推进传统工业的技术改造和升级。

（4）“十二五”期间，昭通市对环境容量指标将大幅增加，需要积极向省级以上有关部门争取更多支持，争取额外环境容量指标，满足昭通市重化工产业发展的需求。

2．正确处理资源利用与环境保护关系，是昭通生态文明建设的基础

（1）加强水能资源的生态环境保护。党的十七届五中全会《关于制定国民经济和社会发展第十二个五年规划的建议》指出，要在保护生态的前提下积极发展水电，进一步突出了生态优先的理念，是今后做好昭通市水电开发环境保护工作的重要指针。加强昭通市三大巨型水电站和小水电站的日常环境监管将对长江上游生态屏障的建立起到十分积极的作用。水电建设项目须严格执行环境影响评价制度，加强水电建设“三同时”监管，按照环评审批文件要求不定期对已制定施工期环境措施情况进行监测和监察，建立和完善流域生态补偿机制，水资源开发生态保护制度，开展重点生态功能区的评估，确保各项生态环保措施得以落实。

（2）加强土地资源的生态环境保护。因地制宜，制定科学合理的土地利用规划，把有限的土地资源开发利用做到最优；在农业生产过程中，依靠科学技术进步，大力推广配方施肥，按照无公害农产品种植方式逐步改善昭通市土壤质量和结构，提倡生态农业种植模式，减少化肥、农药施用量，提高土地的综合生产能力，向绿色、有机食品的生产种植方式迈进；做好水土保持，防止水土流失，对于25°以上的坡耕地实行退耕还林；大力发展林业，进一步提高森林覆盖率，防止土地沙漠化与盐碱化，提高抗灾减灾能力。

（3）加强矿产资源的生态环境保护。落实企业在矿产资源开发过程中的生态环境保护责任，履行环境保护主管部门在矿产资源开发中的生态环境保护监管责任。依法关闭、取缔并查处在保护区内采矿的矿山企业，淘汰采用落后生产能力和落后生产工艺装备的矿山企业，环境监察部门制订监管方案，做好环境监测工作，查处违反环境影响评价和“三同时”制度的矿山企业，查处破坏生态、污染环境的矿山企业，排查整改矿山企业环境安全问题等。

3．切实加强自然生态保护工作，建设长江上游生态屏障，是昭通生态文明建设的重要组成部分

（1）不断提升各级自然保护区的日常监管能力，促进生态文明建设。加强涉及自然保护区开发建设项目监管，对涉及自然保护区开发建设项目的环境影响评价文件，项目可能造成的对保护区功能和保护对象的影响作出科学预测，切实保护好区内的野生动植物、自然生态系统和自然遗迹；强化执法监督，协调各主管部门开展各级自然保护区专项检查，全面开展自然保护区基础调查工作，防止开发建设活动对自然保护区的负面影响；加大资金投入，以自然保护区和重要生态功能区为重点，建立完善的保护区生态补偿制度。保护好滇东北生物多样性，实现资源的合理利用，推动昭通市自然保护区从数量型向质量型转变，真正体现“生态环境也是生产力”这一科学论述。

（2）明确责任，突出重点，切实加强农村环境保护，推进农村生态文明建设。昭通市目前农村环境治理工作正处于起步探索阶段，环保部门在农村环境保护中应该明确做什么，怎么做，与其他部门一道共同推进农村生态文明建设。第一，要以规划为引导，做好试点示范，优化村落布局。结合昭通市 2010—2012 年村庄规划工作总体目标要求，积极争取国家、省、市资金支持，探索农村环境治理新思路，从饮用水的安全保障和整个饮用水源地保护，乡村生态绿化，小城镇和农村生活垃圾治理和生活污水处理等方面集中整合各部门资金，形成更强大的综合推进力。在农村生产生活中挖掘治污方面行之有效的净化方法，提倡土洋结合，找到一种既能推广，又最省钱，运行维护费用最低，农民朋友也最易接受的治污新路，使我们的小城镇和农村治理工作取得更快、更好的成效，从根本上改变农村村容村貌脏、乱、差现象。第二，农村畜禽养殖污染防治。昭通市农村畜禽养殖面比较宽，规模化养殖和分散养殖相结合。以散养为主，点多面宽，造成了农村畜禽养殖污染点位较为分散。“十二五”又将把畜禽养殖污染减排纳入污染物总量控制进行考核，故畜禽污染的防治就显得尤为重要。昭通市昭阳区永丰镇三甲村通过回收利用再循环模式，将养殖污染变废为宝，在污染防治的措施、手段方面结合地方实际，采取集中处理和分散处理相结合的方式，在畜禽污染防治中取得较好的经济效益，同时村容村貌也得到根本性改观，值得借鉴推广。第三，工矿企业对农村环境污染防治。建立农村和生态环境监察制度，做好农村生态环境监测工作，减小部分乡镇所在地的采矿、选矿、砂石料厂对农村生态环境造成的影响。在“以奖促治、以创促治、以考促治”推动下，深入推进农村环境保护工作。

（3）加快生态示范创建步伐，树立生态立市发展理念。生态示范创建工程作为七彩云南生态文明建设规划纲要中生态行为的重要组成部分，是生态文明建设的具体体现，创建的质量也就直接影响到生态文明建设的总体进程。第一，打基础，促创建。形成以省级生态乡镇为主，生态村、生态示范区、生态社区、绿色学校共同均衡协调发展的创建态势，逐步向生态县市过渡。第二，由点到面逐步推动农村环境保护事业发展。通过“以奖代补”等政策支持，结合市委、市政府确定打造的11个特色乡镇和40个重点集镇区域和农村环境综合治理工作，整合资源，统筹城乡发展，有序推进新农村建设，加快农村生态文明建设步伐。第三，建立队伍、长效管理，巩固生态创建成果。农村环境整治的特点是突击容易长效难，因地制宜地将环保机构逐步延伸至乡镇是整治的关键。第四，强化生态创建宣传教育，提高公众生态文明意识。以生态创建为契机，以农村环境综合整治工作为载体，发挥环保宣传教育的引导监督作用，使 “生态环境也是生产力，保护生态环境就是保护生产力，建设生态就是发展生产力”理念转化成大家“共建生态文明，共享绿色未来”的一种自觉行动。

以生态文明理念指导环保工作
加快建设生态宜居城市

新疆生产建设兵团八师石河子市环境保护局　粟志峰

党的十七大提出“建设生态文明，基本形成节约能源资源和保护生态环境的产业结构、增长方式、消费模式。生态文明观念在全社会牢固树立”。这是“生态文明”第一次写入党代会报告，这是国家治国理念的一个新发展，是环境保护历史性转变的深刻体现，它表明环境保护已经成为一种强大的国家意志。新疆第八次党代会提出“环保优先、生态立区”作为推进新疆经济社会科学跨越、后发赶超的首要任务，环境保护已成为转变经济发展方式的重要内容。环境保护是公众利益，关系到每个人的身心健康。山川秀美、空气清新、天蓝水碧、和谐宜居是我们对美好生活的共同向往和追求。多年来，石河子市环境保护工作紧紧围绕建设宜业宜居宜游城市的目标，坚持以“环保优先、生态立市，走资源开发、生态环境可持续发展”理念为指导，以创建国家环保模范城市为总抓手，深入实施“蓝天碧水工程”和“让森林走进城市，让城市拥抱森林”等，强力推进污染减排，全市环境质量实现了整体提升。

石河子市位于新疆天山北麓中段，准噶尔盆地南缘，玛纳斯河畔西岸，独具风情的“丝绸之路”上。常年气候干燥，具有典型的大陆干旱性气候特征，自然条件差，生态环境非常脆弱。

作为兵团新兴的工业城市，石河子市是国家最早对外开放的城市之一。目前已建成城西轻、纺、塑、重化工、煤化工等工业区，城东高新技术工业区，城南建材、能源工业区和周边农场星罗棋布的乡镇工业区的战略布局。她是一座年轻美丽的新城，绿色是这座城市的神韵，醉人倾心的绿茵铺满大街小巷，有半城绿树半城楼的美称。多年来被国家评价为公园城、生态城，是联合国“人居环境改善良好范例城市”、中国首届“人居环境奖”城市。2002 年，在西北 11 省区又率先荣获国家园林城市称号。她以优美的环境、独具特色的文化被誉为“戈壁明珠”而闻名海内外。特殊的地理气候、自然资源构成了特殊的生态环境，形成了以资源消耗为特点的产业结构和经济发展趋势。

近几年来，随着经济不断发展，也带来了有突出特点的环境污染、生态恶化及突发性污染事故安全隐患等问题，给生态环境造成重大影响。这既暴露当前一些企业管理上的问题，也暴露出环保管理体制上的问题。改革现行的环境管理体制，强化环保监管职能是摆在环保部门面前的一个亟待解决的问题。因此加强石河子市生态环境保护，改善人民群众生存环境和生活质量，对于维护石河子市生态安全、维护社会稳定、推进石河子市生态文明建设具有十分重要的意义。

一、充分把握生态建设和环境保护的重要意义，不断增强建设生态石城的责任感和使命感

党委、政府高度重视环境保护工作，是贯彻落实“环保优先、生态立市”和“两个可持续”作为推进石河子市经济社会科学跨越、后发赶超的重点。师、市主要领导多次深入基层调查研究，召开专题会议，解决关系长远、关系民生、关系发展的难点、重点和热点问题。石河子市第七次党代表大会对环境保护工作提出了新的、更高的目标和要求。明确提出：“坚持‘两个可持续’，加快建设‘两型’社会。牢固树立环保优先、生态立市理念，把保持良好的生态环境作为石河子市最突出的竞争优势之一，遵循先规划后开发的原则，科学合理进行产业布局和资源开发，坚决防止无序开发和圈占资源，绝不走先污染后治理的老路。以防治水污染和空气污染为重点，推进重点领域节能减排和环境综合整治。”进一步明确责任，强化重点行业和企业污染治理，抓好“减排工程”，严格控制新增量，把化学需氧量、二氧化硫、氨氮和氮氧化物排放总量牢牢控制在国家下达的指标之内；确保脱硫转接项目的综合脱硫效率达到90%。以减排促建设，以建设抓减排，真正形成减排量，加快落实减排任务到位。确定了环境保护优化经济发展的突出地位，显示了确保山川秀美、绿洲常在的强大决心，提振了环保工作者的信心。

推进生态建设和环境保护，是全市上下的民心所向。近年来，石河子市把生态文明建设摆在重要战略位置，深入开展“五治三化”和城市风貌整治，打响城乡环境综合治理攻坚战，大力实施蓝天、碧水、宁静、生态等环境保护“四大工程”，城市环境不断改善，城市功能逐步完善，城市面貌焕然一新，环境质量保持优良。这些举措和成果，获得了全市上下的高度赞同，反映了市民心声，代表了人民利益，进一步激发了全社会的环保意识，增强了广大市民对生态建设、城市建设的认同感、归属感、荣誉感和责任感。

二、紧紧抓住生态建设和环境保护的工作重心，全力实现科学发展、跨越发展、率先发展

坚持科学跨越发展。坚定“三化”建设步伐，以新型工业化为第一推动力，以增量带动结构调整，以创新促进产业升级，千方百计“好中求快、以快促好”，实现科学发展。积极推进“三大减排工程”。按照“减存量、控增量、挖潜力”的工作思路，深入推进污染物减排工作，着力推进结构减排、管理减排、工程减排三大重点减排工程。在“减存量”方面，突出结构减排。严格执行国家产业政策，加快淘汰落后产能，着力降低污染物排放强度。在“控增量”方面，强化源头管理。发挥环境影响评价的“调节器”和“控制阀”作用，严把项目准入关，严格控制“两高一资”和产能过剩企业，有效减少主要污染物总量控制因子的新增量。在“挖潜力”方面，要强化化学需氧量和氨氮工程减排。系统提升城镇污水处理水平，进一步完善污水收集管网。推进重点领域二氧化硫和氮氧化物工程减排。推进建设农业源减排工程。以规模化畜禽养殖场为重点，推进清洁畜禽养殖工程，实施废弃物资源化利用。

抓好“三种污染整治”。一是加强工业污染整治。全面实施重点排污企业挂牌整治，

对逾期未完成整治任务的企业实施停产整治。实施重点企业强制性清洁生产审核，开展污染企业环境绩效评估，探索企业污染责任保险。加快循环经济生态工业园区建设，促进资源循环利用，逐步达到废水、废气、废渣零排放。加强工业固废污染防治，对工业企业废弃场地进行风险评估和治理修复。二是深化城市污染整治。大力治理城市污染顽疾，加强恶臭、噪声、扬尘、餐饮油烟等污染治理，对问题集中区进行专项整治。加强机动车污染防治，加快淘汰黄标车。按照国家要求逐步提高城市大气环境监测标准，到 2015 年全面开展 $PM_{2.5}$ 监测。三是加强环保目标考核和责任追究制度，与有关部门、街道办事处、企业、团场、乡签订《环境保护目标责任书》。切实将环保工作放在各级党政工作的重要位置，进一步加强对环保工作的领导，落实好各项环保目标任务，将环境质量、污染物排放总量、重点环保工程等各项目标，细化分解到各部门和每一个基层单位。进一步深化“以奖促治”、“以奖代补”政策，推进农村环境连片整治，集中整治存在突出环境问题的集镇和村庄，防止污染向农村转移。强化畜禽养殖污染治理，每年挂牌整治一批规模化畜禽养殖企业和养殖小区。

开展“三大生态建设”。一是生态区域建设。切实加强城市形象尤其是“南山新区”建设，做到“一片区域一个景，一栋建筑一幅画”，体现城市形象、彰显城市魅力。积极推进团场城镇建设。坚持“立足当前、着眼长远、少留遗憾、二十年不落后”的原则，强化规划引领，突出“大绿地、大水面、大空间”的田园风光特色，形成镇区、中心连队、生产作业区统筹协调发展的城镇规划体系，不断提高生态环境质量。二是生态文明建设。全力打造军垦文化旅游首选地。坚持以现代文化为引领，大力弘扬军垦文化特色。进一步提升兵团军垦博物馆、周总理纪念馆、军垦第一连建设水平，加快小李庄军垦遗址、驼铃梦坡等综合旅游项目开发。三是开展多种形式环保法律法规宣传。积极倡导生态文明观念，大力弘扬生态文化，鼓励绿色消费模式，让生态文明理念深入人心，动员公众积极参与生态文明创建。四是生态经济建设。树立绿色发展理念，加快发展生态经济，着力引进投资规模大、技术含量高、资源综合利用好、产业辐射带动力强的大企业大集团大项目。把好选商关，注重招商引资综合效益，坚决拒绝高污染、高耗水、高排放项目。走科技含量高、经济效益好、资源消耗低、环境污染小的新型工业化发展道路，实现经济的可持续发展。

创新“三种执法手段”。进一步创新执法手段，实行全方位、全覆盖、动态化的环境监管新格局。一是要积极开展在线监测设施、运行、管理专项整治工作，对国控重点企业逐一监控，积极推动在线监测数据在环境监管中的应用，在兵团率先开展有效性数据审核工作；健全污染源监控工作档案，为准确掌握污染源排放状况，做好污染源自动监控系统的运营工作打下了良好的基础。二是要以开展“整治违法排污企业，保障群众健康”环保专项行动为契机，严厉打击环境违法行为，解决危害群众健康和影响可持续发展的突出环境问题为重点，巩固“十一五”污染减排成果，专项行动实施方案，重点对番茄企业进行专项治理，对未按要求完成的企业给予行政处罚；在整治重金属排放企业环境违法问题专项检查中，对涉重金属、“两高一资”的治理设施、含重金属危险废物储存、转移进行核查，严防重金属污染事故的发生。同时对于不符合环保产业、能源、规划、安全等方面政策法规的中小企业，特别是对玛河沿岸的中小企业，实行拉网式专项检查，对存在环境违法行为的企业进行了立案查处。通过专项行动，进一步加大了环保执法力度，查处一批群众反映强烈、制约经济健康协调发展的环境违法企业。三是要加强各类减排项目的监督检查，确保按计划实现污染物减排任务。按照自治区、兵团主要污染物减排工作要求，对重点的五个二氧化硫、一个COD减排工程的排污企业进行现场核查、审核督促企业建立健全减排台账，收集整理各类原始记录和佐证材料。掌握企业减排措施落实情况和动态，适时掌握反映各项目进展情况，采取通报、约谈、行政处罚等各种有效方法加大督促力度。四是认真做好建设项目审批和监管工作。按照"坚持联系实际、解放思想、解决突出问题"的要求，认真梳理师、市建设项目计划，对需要做环评工作的项目及早介入，加强与开发区管委会、西工业区、北泉镇工业园区的联系，加强与业主单位的沟通，对师、市重点项目做好环评手续办理的指导与服务，在严格坚持工作程序的同时提高工作效率，配合企业及早及时地完成环评审批，并将审批的建设项目在环保局局域网进行公示。进一步加大"环评"和"三同时"监管力度，对未批先建、边批边建、批小建大以及治污设施不运行或以试生产为由长期违法排污的企业，依法进行了严肃查处。

三、努力实现生态建设和环境保护与城市建设的有机融合，争创"环境保护模范城市"

建设资源节约型、环境友好型社会。倍加珍惜军垦三代人创造的生态良好、宜业宜居宜游的优美环境，更加注重生态建设和环境保护。认真组织实施循环经济试点工作，着力抓好节能减排，大力实施清洁生产，促进资源能源节约集约利用。加强水资源管理，合理控制地下水开采，高效利用地表水，突出抓好水生态保护、水环境治理和水资源节约各项工作。严把招商引资、项目建设、产业发展的环境准入关，加大环境执法力度，加强对工业污染、生活污染和农业面源污染综合治理，建设生态园区、花园式工厂，确保石河子市空气质量优良天数占全年天数在94%以上，进一步优化天蓝、地绿、水清、夜明的良好人居环境。大力开展植树造林，加强绿化体系建设。到2015年，石河子市绿化覆盖率达到41%，团场城镇绿化覆盖率达到35%。努力创建"环境保护模范城市"。

四、以生态文明理念指导环保工作，加快建设生态宜居城市，努力做好以下几点工作

1. 创建生态文明，打造宜业宜居宜游城市

在创建国家环保模范城市的同时，抓住石河子市推进城乡一体化、加快转变经济发展方式的重大历史机遇，凝聚各方面的力量和智慧，齐心协力推进生态文明建设。

2. 坚持民生为本，建设宜居石城

把解决关系人民群众切实利益的突出环境问题和有效改善环境作为各项环保工作的出发点和落脚点，进一步加大环保基础设施建设力度，改善环境质量。进一步严格执法，把维护好人民群众健康，把为公众提供良好的生产生活环境作为环保工作最高目标。

3. 坚持全程监管，保障宜居石城

借力科技支撑，不断完善环保监管体系，建立自动化、数字化和经常化的环境监控新模式。强化源头控制，深化污染治理，推进清洁生产和循环经济，实现以尽可能小的环境代价支撑更大规模的经济发展，用适当的环境治理成本，把经济社会活动对环境的损害降

低到最小限度。

4．坚持重点突破，推进宜居石城

继续把减排作为硬任务，作为转变发展方式、调整经济结构的突破口和重要抓手，下大力气、下真功夫予以落实。大力加强农村环保工作，使农村环保工作实现与城市同步，实现“清洁田园、清洁水源、清洁家园”的目标。

5．坚持全民参与，共享宜居石城

环境质量的好坏直接关系群众的生活质量和幸福指数。环保工作的成效，则系于全民的评判。要进一步加大宣传和公开力度，建立企业环境信用制度，公开污染源环境信息，鼓励检举各种环境违法行为，强化社会监督，形成全民参与的新局面。

二、污染物总量控制

节能减排任重道远

内蒙古自治区二连浩特市环境保护局　谢润林

二连浩特市位于内蒙古正北部，与蒙古国最大的口岸城市扎门乌德市相隔 9 km，辖区面积 4 015 km^2，城市建成区面积 27 km^2，下辖 1 个苏木（包括 4 个嘎查和 1 个生态移民区）、8 个社区，现有人口近 10 万。

二连市是一座口岸城市，农牧业基础薄弱，无大中型矿产及加工企业，口岸出入境货物 1 200 多万 t，仅有工业企业大多为口岸进出口货物加工，边境贸易及物流发展较快，大气污染主要来自冬季取暖锅炉，境内无地表水，环境监管任务相对较轻。

一、"十一五"期间减排完成情况

"十一五"期间，分配到二连市的主要污染物排放指标是二氧化硫排放量控制在 930 t，化学需氧量控制在 590 t。5 年来，二连浩特市认真贯彻执行国家、自治区有关主要污染减排工作精神，制定了切合本地实际的减排计划，认真落实工程减排、结构减排、管理减排三大体系，努力推进减排工程项目建设，圆满地完成了"十一五"主要污染物减排项目考核，在全盟 13 个旗县考核中位居第三。

在结构减排方面，认真落实国家产业政策。针对二连市大气污染主要来自冬季取暖锅炉排污现状，几年来关停了一批无除尘脱硫设施的燃煤锅炉，关停了二连宏力供热公司和二连富达物业有限责任公司供热站；停用公安局锅炉房；拆除部分分散民用小锅炉 100 余座，积极推进集中供热工程。

在工程减排方面，加大对城市污水处理厂的建设力度。二连市化学需氧量排放主要来自城市生活污水和少量肉食品加工业。为确保完成二连市"十一五"期间主要污染物化学需氧量减排任务的完成，市环保局积极协同各部门共同督促城市污水处理厂按期完工，二连浩特市污水处理工程于 2010 年按期完工，同年 6 月投入运行，10 月通过验收，现已稳定运行，并建立了污水处理厂的减排台账。该污水处理工程采用百乐克工艺，日处理污水 1.5 万 t，日回用污水 1.2 万 m^3，出水能够达到国家排放标准一级 B。污水处理厂的建成为二连市化学需氧量的减排作出了极大的贡献。

在管理减排方面，从严把关，严格控制新增污染源，认真落实建设项目环境影响评价制度和"三同时"制度，新建项目坚持"总量控制"和"容量许可"双重控制。严格审批程序，新建项目符合行业发展规划，符合节能减排要求，并加强"三同时"建设项目的检查验收，督促落实"三同时"制度，确保项目污染治理设施稳定运行，确保减排效果。

二、未来减排工作存在的困难

二连市作为无工业基础的口岸城市，污染物排放很集中，二氧化硫排放以冬季取暖锅炉为主，化学需氧量以城市生活污水为主，便于集中控制管理，但也存在一定的困难。

一是可持续减排能力不强。"十一五"期间的减排主要依赖工程建设，城市污水处理厂建成运行承担了化学需氧量削减的主要任务，而二氧化硫的削减则依赖于推进集中供热，合并城市供热管网等工程。随着工程体系的完善，减排的潜力也随之下降，要进一步地深入挖掘减排的潜力必须通过增加新的处理工艺和加强对已建减排设施的监管来完成。

二是缺乏促进削减的长效机制。污染物排放总量控制缺乏具体性的政策法规指导，排放标准不完善，环境监管执法能力偏弱，统计、监测、考核"三大体系"基础偏弱，配套制度缺乏，减排缺乏准确有效的基础数据保证，减排政策执行力不能支持持续的污染减排。

三是环境定量化管理受经济社会发展的影响，存在不可控性。减排的最优先任务是控制新增量，因此减排目标的实现不可能脱离GDP、能耗、水耗、产业结构等经济要素孤立存在，"十一五"期间排放基数的制定，是以当时的工业企业为依据，因此工业不发达地区排放基数定得较低，"十二五"期间随着二连城区扩大和人口增长，再加上口岸加工业亟需发展，各项减排目标的实现压力不降反增。

四是污染减排目标实现主要依靠行政手段，和市场机制结合不够，没有激励性和惩罚性的经济政策来发挥持续性的减排效益，污染减排不够经济有效。

三、未来如何更好地完成污染减排

环境保护是一个长期而且艰巨的任务，环境的恶化最终也将阻碍社会经济的健康发展，为了未来的经济发展和环境质量，我们必须建立一个长期的排放总量控制思路，故此我们首先应该做到以下几点：

一是引进先进实用的控制技术。引入各行业先进且可行性高的污染物控制技术，通过推荐或作为行业标准强制要求等方式将其引入排污行业，从而对重点污染源建立有效控制。

二是建立促进削减的长效机制。建立环境基础数据的长效常态管理办法，完善各类监测的管理台账，确保有效监控，有效管理，完善各行业的排放标准。

三是控制好经济发展和污染减排的平衡点。经济发展与污染减排并不是对立的关系，长期的经济发展必须依靠良好的环境作为保障，而污染减排目标的最终实现也必须以转变经济发展方式为前提条件，两者的最终目标是一致的，即实现长期的可持续性发展。因此我们在未来的城市建设中要掌控好两者的平衡，注重单位GDP的水耗、能耗，以资源节约、循环经济、清洁生产为标准，杜绝高耗能、高污染企业落户二连市。

四是积极运用市场经济手段促进减排。可以尝试使用市场经济手段促进污染减排，使污染减排更加的经济有效。比如建立落后产能退出的经济补偿机制、推行排放指标有偿取得和排污权交易、完善污水和垃圾处理收费政策、制定和实施脱硫脱硝的鼓励性政策等。但无论是何种经济政策，都要仔细核定行业相关污染物的平均和边际削减成本，已确定合理的有偿使用价格和补贴价格。

五是加强环境行政执法能力和监管水平，保证污染减排落到实处。再好的政策法规都需要实际的执行能力支持，只有执法监管能力提高了，才能保证各项制度和政策的有效施行，才能实现污染减排的目标，使环境得到改善。

四、“十二五”展望

“十二五”期间，污染物排放考核指标在二氧化硫和化学需氧量基础上，又增加了氨氮和氮氧化物。在二连市经济发展持续增长的前提下，提高了减排工作的难度。二连市下一阶段的工作，除了加强冬季供热锅炉的脱硫脱硝以外，还有污水处理厂增加新的处理工艺，建设机动车尾气检测站，加大集中养畜业污染治理力度，发展生态农业等。同时，二连浩特的环境保护也不仅仅局限于总量控制的考核指标，作为严重缺水的荒漠化地区，加强防风固沙，做好草地保护和生态恢复工作，建设水源地保护区，实施重大节水技术改造工程等工作对于二连市的环境质量改善来说与主要污染物的总量控制同样重要。

对亳州市“十二五”主要污染物总量减排工作的几点思考

安徽省亳州市环境保护局　张孟臣

亳州市地处皖西北边陲，辖三县一区，2011年全市总人口约600万，其中城镇人口约152万，城市化率为31.21%，工业化率为30%，主要经济作物以小麦、玉米、大豆和中药材种植为主。建市以来，市委、市政府高度重视环境保护工作，目前，市、县（区）均建成了城市污水处理和城市生活垃圾处理设施，“十一五”期间较好地完成了省政府下达的主要污染物减排任务。但也存在许多环境问题，如城市环境基础设施滞后，投入减排的经费不足等。“十二五”以来，国家对减排指标由2项调整为4项，污染减排任务更加严重。省政府要求到2015年，全市4项主要污染物排放量要在2010年的基础上，化学需氧量（COD）削减6.4%，氨氮（NH_3-N）削减3.8%，二氧化硫（SO_2）削减9.8%，氮氧化物（NO_x）削减3.8%。为确保完成上述减排目标任务，本人结合亳州实际，谈几点思考意见。

一、必须明确4项污染物具体的减排任务

完成“十二五”减排任务，必须明确本地区污染物减排量，而4项污染物减排量不仅仅指削减目标量，它应包括两个部分：一是存量（目标削减量）；二是增量。一个地区每一种污染物的减排任务应是上述两个量之和。

1. 减排存量的来源

此量是在2010年4项污染排放基数上按“十二五”应削减的目标比率计算得到，来源于2010年污染源普查数据。根据亳州市2010年4项污染物排放量的实际，全市“十二五”期间应削减污染物的存量是：COD约4 750 t，NH_3-N约655 t，SO_2约2 040 t，NO_x约900 t。

2. 减排新增量的来源

此量是由于社会经济发展，包括城镇常住人口增长、GDP增长和总煤耗增加、规模化畜禽养殖场（小区）和养殖专业户的养殖总量以及机动车数量增加所带来的污染物新增量。

根据亳州市“十二五”经济社会发展规划预测：“十二五”期间，全市COD新增量约为15 000 t，NH_3-N新增量约为1 500 t，SO_2约为5 000 t，NO_x约为10 000 t，需要减排的新增量是存量的3～5倍，其中氮氧化物减排新增量是存量的10余倍。

由此分析，“十二五”期间，全市完成总量减排任务需削减：COD 20 000 t，NH_3-N 2 000 t，SO_2 7 000 t，NO_x 11 000 t。就COD而言，“十二五”期间，全市要完成的化学需氧量减排任务是“十一五”的两倍还多。因此，“十二五”总量减排任务更加繁重。

二、必须掌握现有的减排工程与完成任务的差距

大家知道，算清任务是为了找出差距，明确今后工作方向。COD 和 NH_3-N 减排任务（不含农业源）主要靠城镇污水处理厂来实现，而目前，亳州市、县（区）均属淮河流域，在“十一五”期间已率先建成了城镇生活污水处理厂，实际处理能力都已达到设计处理能力的 80%以上，“十二五”期间，即使全部满负荷运行，最多也只能完成全市 COD 和 NH_3-N 减排任务的 10%。

农业源 COD 和氨氮减排主要靠规模化畜禽养殖场和养殖小区建设污染物贮存、处理设施和废弃物综合利用来实现。2011 年，全市 40 家最大规模化畜禽养殖场列入了减排计划，通过治理，COD 和 NH_3-N 的减排量也只有 550 t 和 51 t，如果不是在养殖数量零增长的情况下，很难完成年度减排任务，假如“十二五”期间，全市规模化畜禽养殖数量每年增长 3%测算，全市完成农业源的减排任务每年至少需要近百家规模化畜禽养殖场上马污染物处理、贮存设施和综合利用工程，而目前全市有近千家规模化养殖场，已建成减排工程的不足 5%，与国家减排要求的 80%相差较大，任务极为艰巨。

二氧化硫和氮氧化物减排更加困难，目前亳州市无燃煤发电厂和较大工业燃煤锅炉，SO_2 减排主要靠关停砖瓦窑厂来实现，但环保部这两年原则上不予认可，如果到“十二五”末仍不认可亳州市关闭砖瓦窑场的减排量，全市将无法完成“十二五”二氧化硫减排任务。

亳州市没有电力企业，氮氧化物减排的主要措施是淘汰黄标车，但淘汰老旧车辆减排氮氧化物的量非常有限，且不足抵挡新增机动车带来的新增量。

综合以上分析，亳州市完成“十二五”污染减排的任务有四大差距：一是 4 项污染减排的任务量与目前能够实现的减排工程有较大差距，特别是现有城镇污水处理厂减排潜力较小，新建的污水处理厂尚不能形成减排能力。二是规模化畜禽养殖场中，多数畜禽养殖企业没有建设废弃物贮存、处理设施，养殖业产生的粪便和污水综合利用率较低，与国家要求差距较大。三是城市化发展迅速，城市人口增加带来的污染物新增量与减排工程建设的投入及形成的减排能力不同步。由于“十一五”期间亳州市城镇化率全省最低，那么“十二五”期间提高城镇化率将是市政府优先考虑的方向，而由此带来的新增污染物减排任务将比较严重，因此，只有建设新的污水处理工程才能完成减排任务。四是新注册车辆增长较快，特别是重型载货车量一年比一年多，据预测，今后几年，全市净增机动车数量每年都将在 10 万辆左右，而淘汰黄标车相关政策还不配套，机动车氮氧化物减排任重道远。

三、必须加快解决污染减排工作中存在的突出问题

污染减排是一项系统工程，不仅涉及经济层面，而且涉及政治，本人只从具体工作谈几点看法：

（1）鉴于“十二五”期间污染减排任务更加严重，市、县政府领导必须高度重视污染减排工作，在保证经济社会平稳发展的同时，应加大减排经费投入，保持基本建设及相应的减排能力同步提高，协调一致，切实实现经济发展、社会发展与污染减排“双赢”。

（2）必须强力推进新建一批污水处理工程，新建污水处理厂工程必须满足城镇化率提

高带来的新增污染物削减能力，到“十二五”末，市区和县城所在镇要实现污水全收集、全处理，所有重点建制镇、环境优美乡镇都要建有污水集中处理设施。

（3）加大对规模化畜禽养殖业污染治理工作力度。一是加大污染治理工作经费投入，加快现有规模化畜禽养殖场污染治理和综合利用工程进度；二是严格新增项目管理，对今后新建和改建的规模化养殖场，必须落实环评，配套建设固体废物、废水贮存及处理设施，实现废弃物综合利用；三是落实目标任务，确保到“十二五”末，全市80%以上规模化养殖场和养殖小区完成配套建设固体废物和废水统一储存处理，实现废弃物综合利用的任务。

（4）积极推进一批重点工业、企业和重点行业污染治理工程，实施污染治理深度工程和节能减排，实施脱硫和低氮燃烧改造。

（5）全面落实机动车环保检验合格标志管理制度，加大黄标车淘汰力度。对达到报废年限的机动车实行强制报废。全面落实机动车尾气排放检验和环保标志核发工作，确保机动车污染防治工作落到实处。

（6）必须解决好环境监管中存在的企业违法排污，监管缺位和能力不足，减排三大体系建设滞后等减排工作中的突出问题。

从以上分析可以看出，污染减排是一项硬指标、硬任务，是环保部门的主要工作职责，作为一名分管领导，必须明确任务，找出差距，当好参谋，在今后工作中经常提出自己的意见和建议，供政府领导决策，以推进各项减排措施的落实。

西部欠发达地区推进污染减排的对策与建议

甘肃省武威市环境保护局　段育斌

一、近年来推进污染减排采取的措施

为进一步改善环境质量，有效控制主要污染物排放总量，全面完成主要污染物总量削减目标任务，武威市加快环境基础设施建设，加大监督检查执法力度，全面推进环境污染整治，通过控制增量、工程减排、结构减排和监管减排等措施大力推进污染减排工作。

一是制定了减排计划、规划，明确减排目标任务。二是落实责任，明确污染减排职责。始终把污染减排作为一种施政理念、一种发展模式、一项硬性指标贯穿于环保工作中。三是优化结构，落实关停政策。督促县区政府关闭淘汰不符合产业政策的落后产能，严防不符合国家产业政策的企业死灰复燃。四是严格项目准入，落实总量控制目标。建立部门联系沟通机制，重大项目环保早介入，在建设项目管理中始终坚持把总量控制目标作为环评审批的必备条件，对不执行“三同时”和长期不验收的项目责令停止生产，把污染物减排工作贯穿于项目建设的全过程。五是强化工程措施抓减排。实行领导包抓全市重点减排项目制度，对重点减排项目采取一企一策、一厂一计的办法和政府财政资金补贴、环保部门现场监督指导、专业公司技术把关、企业自主施工等方式明确目标，限期完成治理任务。六是严格管理措施抓减排。加强了重点排污单位监督检查力度，安装了在线监控设备，确保重点排污单位稳定达标排放。开展强制性清洁生产审核工作，从源头上控制了污染物排放情况。通过采取以上措施，武威市顺利完成了“十一五”减排目标任务，主要污染物全部控制在甘肃省下达的总量控制目标以内。

二、存在的困难和问题

随着“十二五”国家减排工作的不断深入，武威市欠发达地区的减排形势越来越严峻。因历史欠账较多、经济发展水平低等多种因素的制约，污染减排工作面临困境，存在不少困难和问题。

一是减排空间越来越小。为完成“十一五”主要污染物减排目标任务，“十一五”期间，武威市基本关闭了所有的小造纸厂，淀粉厂实施了集中供热，关闭了城区小散锅炉，对重点污染源进行了治理，建成了 2 家城市生活污水处理厂，可以说削减量较大的企业已基本完成治理任务，能够核算减排量的企业已经不多。二是城镇基础设施建设资金不足。重点乡镇、工业园区污水、垃圾处理设施都在争取立项阶段，没有实质进展。由于地方财政困难，建设基础设施全靠国家投资，如果没有国家投资，规划建设的基础设施基本上都不可能按期建成，已经建成的污水处理厂由于进厂水量偏小、水污染物浓度偏高，按国家核算办法无法按实际情况核算减排量。三是环保基础工作薄弱。一些法律文书不全，影响正常减排量的核算。例如一家造纸企业，污染源动态更新调查排放化学需氧量较大，国家也认可了动调数据，但没有超标排放的罚款证明和到银行的缴款证明，2012年减排核算时不按超标排放核算。四是畜禽养殖规模小、变化大，实际核算减排量小。根据统计数据，武威市畜禽养殖量较大，主要污染物排放量占全市的比重大，新增量基数大，减排量核算不了新增量。且畜禽养殖污染源分布广，缺少合理区划，减排核算手段与减排措施都尚欠明确。

三、下一步主要对策

为全面完成减排目标任务，应重点采取以下措施。一是控制增量，调整和优化结构。继续严把土地、信贷“两个闸门”和市场准入门槛，严格执行项目开工建设必须满足的土地、环保、节能等必要条件，控制高污染行业过快增长，加快淘汰落后生产能力，完善促进产业结构调整的政策措施，积极推进能源结构调整，制定促进服务业和高技术产业发展的政策措施。二是加快实施重点工程建设，多渠道筹措减排资金，推动工业园区污水处理工程、重点乡镇生活污水处理工程、水泥厂脱硝工程建设。三是加大资金投入，确保减排项目按期完成。进一步加大财政对污染减排的支持力度，采用补助、奖励等方式，支持减排重点工程、环保能力建设及污染减排监管体系建设。健全政府、企业、社会多元化环保融资机制，拓宽污染减排工作融资渠道。确保项目按期开工、建成，稳定运行并达标排放。四是夯实基础，强化减排管理。高度重视环境统计工作，严格数据质量，提高统计人员业务水平，逐步提高污染减排统计信息化水平。加强环境统计信息化建设，提高数据储存、传输和共享等信息化水平。确保减排统计数据的需要。加强清洁生产审核力度，提高管理减排水平。五是完善政策，形成激励和约束机制。完善有利于减排的财政政策，积极推进主要污染物交易政策落实。拓宽融资渠道，促进金融机构资金向减排领域倾斜。六是加大监督检查执法力度。开展减排专项执法检查，对未按期完成的主要污染物减排项目加大处罚力度，督促按期完成。七是建立严格的污染减排考核体系。制订了《环境保护目标责任书考核细则》，建立了严格的污染减排成效考核和责任追究体系，将污染减排作为政府领导干部综合考核评价和企业负责人业绩考核的重要内容，实行“一票否决”制。八是从源头控制畜禽养殖污染。通过不断优化种养方式、提高种养技术、强化管理、合理规划等措施从源头减少单位产量污染物的产生量，从源头有效遏制污染物排放。九是推进农业废弃物资源化利用。农业废弃物资源化是农业源减排的主要途径。畜禽粪便以肥料化为主要手段进行综合利用，畜禽养殖业污水以能源化、无害化为主要手段进行综合利用与治理，以减少污染物排放。十是加强宣传，提高全民节约意识。组织好世界环境日、地球日等重大节日宣传活动。把保护环境理念渗透在各级各类的学校教育教学中，从小培养儿童的节约意识。将发展循环经济、建设节约型社会宣传纳入2012年“科学发展，共建和谐”重大主题宣传活动。

四、几点建议

为公平合理承担减排任务，建议对欠发达地区减排指标进行合理分配、考核。一是欠发达地区经济相对落后，企业经济效益差，有的企业如果正常运转污染防治设施，就没有任何经济效益，建议国家对这些地区企业减排项目建设给予资金支持。二是将国家基础设施建设项目向西部倾斜。特别是将重点乡镇污水处理厂、工业园区污水处理厂项目纳入国家规划，给予资金扶持，督促按期落实。三是建立完善核算体系。明确核查核算资料要求，按实际情况核算减排量，对无法提供完善的行政处罚等法律文书的根据实际情况进行核算，充分利用国家已认可的环境统计、监测报告等基础资料。四是对农业污染减排给予经济补偿。制定农业污染源减排经济补偿政策，实施养殖污染经济补偿政策，费用直接补贴到各类处理设施建设及运行费用上，增加西部地区农业环保专项资金。加强对以畜禽粪便为原料的有机肥厂建设的资金扶植，有计划、分阶段建设一批畜禽粪便有机肥厂。对进行全过程污染治理的养殖企业按“以奖代补”的方式给予资金补贴，提高养殖企业污染治理的积极性。对污染物达标排放的企业给予污染治理设施运行费用补贴。五是规范农业源污染减排考核制度与方法。制定农业源减排考核细则，形成减排考核制度。根据西部地区土壤有机质含量低、农民全部将畜禽粪便作为有机肥、蒸发量大于降雨量等实际情况合理确定西部地区养殖专业户排污系数。六是加强农业源污染减排技术指导。加强农业污染物产生和转化的机理研究，开展农业污染物控制与治理工作，加大农业废弃物资源化利用、环境友好型种养技术示范和推广力度，加快高新技术在环保领域的应用，推动环保产业发展。

海东地区“十二五”污染减排问题的思考

青海省海东地区环境保护局　米京跃

污染减排是“十一五”期间我国在贯彻落实科学发展观的实践中提出的，是在环境、资源矛盾日益突出的困境中实施的一项重大举措，经过几年艰苦卓绝的工作，我国主要污染物减排取得了初步成果，化学需氧量和二氧化硫两项污染物排放指标连续三年实现了“双下降”。为应对全球性气候变化、应对生态环境危机，我国“十二五”期间将会继续推进污染减排，海东地区作为西部一个欠发达省份的农业地区、一个工业基础相对落后的地区，在“十二五”期间如何做好污染减排工作是一个值得思考的问题。

一、海东地区污染减排现状

“十一五”期间，海东地区污染减排工作立足区情，面对现实，认真贯彻落实科学发展观，落实国家及省关于减排工作的总体部署，将污染减排作为环境保护工作的硬抓手，加大资金投入，实施“工程、结构和管理”三大减排措施，较好地完成了各年度减排目标和任务。通过减排工作的推进，全区县城污水处理厂建设进展顺利，工业企业污染治理全面落实，结构关停措施到位，产业水平得到提升，环保部门能力建设不断加强，环境监管力度不断加大，减排成效明显，区域环境质量逐步改善。

1. 主要污染物排放总量得到有效控制

海东地区工业企业主要为以硅铁为主的黑色金属冶炼业，水泥、碳化硅、砖瓦为主的非金属制品业，电解铝为主的有色金属冶炼业，马铃薯和油脂加工为主的农副产品制造业，酿酒为主的白酒制造业，污染物排放主要以粉尘、烟尘为主。现正常生产且具有一定规模的企业中，硅铁企业10家、水泥企业9家、碳化硅企业12家、电解铝企业3家、淀粉加工企业3家、油脂加工企业1家、酿酒1家。到2009年年底主要污染物化学需氧量排放22 767 t，氨氮排放 1 180 t，二氧化硫排放 14 595 t，烟尘排放 19 429 t，工业粉尘排放21 158 t，均在可控范围之内。

海东地区自开展污染减排工作以来，已累计减少了化学需氧量排放2 217 t，其中：实施工程减排项目2个，减少化学需氧量排放1 386 t；实施结构减排项目27个，减少化学需氧量排放831 t。累计减少了二氧化硫排放1 043 t，其中：实施工程减排项目18个，减少了二氧化硫排放114 t；实施结构减排项目36个，减少了二氧化硫排放929 t。

2. 减排工程建设取得突破性进展

海东地区以城镇污水处理厂建设为主，加大化学需氧量减排工程项目实施力度，强化对造纸、淀粉加工、食品加工、酿酒、碳化硅工业废水的治理。

在城镇污水处理厂方面，2012年5月民和、平安两县污水处理厂将建成运行，10月互助、乐都两县污水处理厂也将建成投运，这 4 个污水处理厂的建成投运，不但会为“十一五”的减排工作作出贡献，同时也为“十二五”的减排工作打下坚实的基础。

在工业废水治理方面，以酿酒、造纸、化工、医疗、淀粉行业为重点，对重点污染源进行限期治理，前两年落实了青海青稞酒集团、青海青乐化工机械有限公司、青海艾达纸业有限公司、民和威思顿精淀粉有限公司等企业及重点医疗单位的废水处理设施，2012 年力抓碳化硅企业的污染治理，督促青海丹峰磨料磨具有限公司、汇恒冶炼有限公司、圣戈班冶炼有限公司等 7 家企业配套建成了工业废水处理设施。截至目前，全区除 2 家马铃薯淀粉和 1 家碳化硅企业外，所有重点涉水污染源均已实现达标排放。

3．结构减排取得突破性进展

为有效落实减排任务，改善环境质量，海东地区坚持“整合做大，减小建大、节能减排、循环利用、产业升级”的原则，不断淘汰落后产能，提升产业结构，淘汰关停了一批高耗能、高排放企业，淘汰落后产能工作取得了较大进展。民和县采取强有力措施，依法彻底关停了华电铁合金有限公司等 16 家铁合金企业的 32 台硅铁矿热炉、民和天利铝业有限公司的 18 台电解槽和民和金属镁厂，使县城环境空气质量得到了明显改善。同时，加大油脂、屠宰、砖瓦土窑等小企业的关停力度，截至 2009 年底累计淘汰关停了 6 家 12 个石灰窑、4 家黏土砖厂、6 个植物油加工点、3 个屠宰加工点、2 家小酒厂。

4．管理减排取得较好成绩

通过“三大体系”建设，国控重点污染源基本安装了在线监控设施，中控系统进一步完善，管理水平有了较大提高，同时通过加强环保执法检查，企业达标排放水平稳步提高，有效巩固了减排成果。

一是认真落实《青海省主要污染物总量减排统计监测考核办法》，抓紧实施污染源自动监控项目建设，努力提高污染减排管理能力。全区 11 家国控重点企业完成了在线监控系统建设，安装自动监测设备 15 套，并组织完成了对比监测，目前正在进行验收和移交工作。投资 203 万元的地区监控平台全面建成并投入运行。二是认真实施《排污许可证》制度，规范排污口建设。全区 45 家重点排污单位依法申领了《排污许可证》，做到了持证排污，按量排污，并开展了重点水污染源排污口规范化整治，督促青稞酒集团、艾达纸业、青乐化工机械厂等重点水污染源建设了规范的排污口，设立了明显的排污标志。三是加大环境执法力度，制定出台了《企业违法排污行为约谈制度》和《重点污染源巡查制度》，采取定期检查、不定期抽查、节假日和夜间突查及专项检查等方式，增加现场检查频次，对擅自停运环保设施偷排、超排的环境违法行为依法严格查处，确保环保设施的正常运行。对上年结转的互助艾达纸业、民和威思顿精淀粉有限公司两个国控企业的减排项目派驻环境监理员，驻厂监督废水处理设施的运行，确保设施运行并发挥减排效应。四是加强监督性监测。对全区 13 家国控企业和 9 家省控企业每季度监测一次，对 23 家地控企业半年监测一次，增加了监测频次，准确掌握污染源排放状况，为环境执法提供了有效的数据支持。

二、污染减排存在的主要问题

1．部分县和企业对污染减排工作重视不够

把追求政绩、GDP 增长作为硬指标，污染减排工作作为软任务，减排工作的主动性不

强，被动地执行减排任务，工作抓得不牢不实，有的只考虑本地区经济发展利益，存在地方保护主义，在一定程度上影响了环境执法，纵容了部分企业对环保问题存在投机、违法行为。一些企业存在侥幸心理，对污染减排工作存在等待观望思想，治污行动迟缓。

2. 经济快速增长与节能减排的矛盾日益突出

进入“十二五”期间，海东地区经济建设也步入了经济增长的快车道，但工业结构仍然是以高投入、低产出、高排放的粗放型经济增长方式为主导，工业中高耗能、高污染行业的增长超过整个工业增长，这种增长方式虽然一方面促进国民收入的增加、GDP的增长，但另一方面不仅导致资源能源需求压力加大，主要污染物排放量逐年增加，也给节能减排工作带来巨大压力，矛盾日益突出。

3. 污染减排监管能力十分薄弱，难以适应当前污染减排工作的需要

海东地区环保部门特别是县级环保部门机构不健全、人员编制少、工作条件简陋、监管能力弱等问题比较突出，远不能适应污染减排工作的需要。到2009年底，全区环保机构21个，地级机构4个，县级机构17个；从事环境保护工作人员只有121人，其中环境监察人员59人，环境监测人员41人。环保专业人员少、无法适应减排工作的要求。另外，三大体系建设近两年虽有投入，但由于历史欠账多、机构改革等因素，造成环境监管和环境监测能力弱，致使大部分县无监测机构、无监测设备、无专业人员，影响污染减排工作科学有序地开展。

4. 化学需氧量减排任务繁重

一是从减排工作自身看，随着工作的深入，以污水处理厂建设为重点的工程减排空间日益缩小，减排难度逐步加大；二是已建成治污工程运行不稳定，去除效率下降，治污工程效果发挥不充分；三是污水处理厂因日处理能力较低，运行成本高，运行无法满足减排要求；四是海东地区涉水企业较少，无法安排减排项目。

5. 二氧化硫减排形势严峻

一是现有硅铁、水泥、电解铝所有企业均完成污染治理，减排空间很小；二是二氧化硫产生主要来自煤的燃烧，要减少二氧化硫排放，只能上脱硫设施，以海东地区现有的经济状况，能上脱硫设施的企业寥寥无几。因此，二氧化硫减排只能依靠淘汰关停落后产能之类的减排措施。

三、污染减排应采取的措施

1. 强化减排目标责任制

一要强化减排目标责任考核。为有效落实全区总量控制目标和污染减排目标，将污染减排工作列为地、县政府和环保系统年度目标责任考核的重要内容，通过强化考核促进污染物总量减排工作的开展。二要制订污染减排计划。每年年初在全面调查挖掘项目工程的基础上，结合自身实际，制定下发全区年度主要污染物总量减排计划，明确工作目标、总量计划、削减项目、主要措施和工作要求。并将减排任务分解落实到各县政府、相关职能部门和重点减排单位，使整个减排工作目标明确、责任落实、措施有力。三要狠抓减排项目的督查。按照减排工作要求，各相关部门通力协作，强化沟通协调，切实落实分配的减排责任，定期对重点减排项目进行现场督查，确保减排项目的落实，使减排工作逐步形成了一个政府牵头、部门配合、齐抓共管、合力推进的工作格局。

2. 着力推进工程减排

治污工程是减少污染排放的重要保证，"十二五"期间，一是继续狠抓县城污水处理厂建设，力争循化县污水处理厂建成投运，发挥减排效应，化隆群科新区污水处理立项建设。两化污水处理厂的建设，要积极吸取和发扬海东地区其他几个污水处理厂建设中的管理经验，切实发挥县政府在减排项目工作中的主导作用，县政府与县城环局，县城环局与减排单位层层签订了目标责任书，明确建设期限、责任和质量要求，以主管县长为行政责任人、城建局长为项目法人、城建局专业技术人员为技术负责、环保监督员，保证污水处理厂建设每个环节都要有人盯、有人管、有人负责。加强污水处理厂建设的督查督办，地区定期对项目进展情况进行现场督查，对工作进展缓慢、措施不到位的县及时提出整改要求，确保污水处理厂的建设进度。二是狠抓重点工业污染源治理。以酿酒、造纸、化工、医疗、淀粉行业为重点，继续对不达标排放的重点污染源进行限期治理。"十二五"期间，对已配套建设了废水处理设施的青海青稞酒集团、青海青乐化工机械有限公司、青海艾达纸业有限公司、民和威思顿精淀粉有限公司、青海丹峰磨料磨具有限公司、汇恒冶炼有限公司、圣戈班冶炼有限公司等企业及重点医疗单位，加大监管力度，一旦发现废水不达标排放，立即责令停产治理，直至达标排放为止，督促未落实工业废水处理设施的1家马铃薯淀粉和1家碳化硅企业配套建设废水处理设施，使全区所有重点涉水污染源均实现达标排放。三是积极推广清洁能源，狠抓煤改气、改电工程。平安、乐都、民和、互助四县继续有计划地对县城燃煤锅炉淘汰拆除，加大天然气采暖并网面积，逐步改善县城煤烟型污染状况。沿湟四县加大工业企业煤改气、改电工程力度，使企业提高清洁生产水平，有效削减污染排放量。四是以清洁生产促进减排工作。随着工业的快速发展，单纯实施末端治理这一污染控制模式已不能满足当前减排工作的需要，实施清洁生产，提高资源利用效率，从源头削减污染，是实现可持续发展的必由之路，"十二五"期间，首先要加强推行清洁生产工作的指导，做好清洁生产法规的宣传教育，制定推行清洁生产的规划，支持指导企业开展清洁生产工作；其次要在建设项目管理中，引入清洁生产理念，加强对建设项目的管理。

3. 着力推进结构减排

淘汰关闭落后产能是实现污染减排的一项重要措施，也是污染减排要达到的一个重要目标。多年来，海东地区高耗能、高排放产业发展较快，在有力带动全区经济发展的同时，产业布局分散、能源消耗高、环境污染严重等结构性矛盾日益凸显，资源、环境对工业发展的约束不断加大，因此，淘汰落后产能，推进工业结构调整具有重大意义。"十二五"期间，一要淘汰 18 500 kVA 硅铁矿热炉，淘汰 6 300 kVA 以下碳化硅冶炼炉，淘汰 25 000 kVA 以下及开放式电石炉；淘汰所有机立窑水泥生产线。二要推进建筑领域使用环保型建筑材料，鼓励使用免烧砖，逐步淘汰烧结砖的使用，减少燃煤量和二氧化硫排放量。三要综合运用经济、法律、行政等多种手段深入推进，确保完成淘汰落后产能目标任务。进一步完善落后产能退出机制，对淘汰落后产能企业，引导帮助其转产其他符合国家产业政策、技术起点高的项目，引导帮助其兼并重组开创新的发展空间。

4. 着力推进监管减排

一是加大环境执法力度，按照制定的《企业违法排污行为约谈制度》和《重点污染源巡查制度》，采取定期检查、不定期抽查、节假日和夜间突查及专项检查等方式，增加现场检查频次，对擅自停运环保设施偷排、超排的环境违法行为依法严格查处，确保环保设施的正常运行。二是加快重点污染源在线监控系统建设。认真落实《青海省主要污染物总量减排统计监测考核办法》，抓紧实施污染源自动监控项目建设，努力提高污染减排管理能力。“十一五”期间全区11家国控重点企业完成了在线监控系统建设，安装自动监测设备15套。“十二五”期间努力实现省控重点企业和部分地控重点企业以及污水处理厂完成在线监控系统建设并联网，确保环保设施正常运行。三是认真实施《排污许可证》制度，规范排污口建设。要让全区所有重点排污单位依法申领《排污许可证》，做到持证排污，按量排污，对重点水污染源排污口规范化整治，设立了明显的排污标志。四是加强监督性监测。要按要求对全区国控企业和省控企业一季度监测一次，对地控企业半年监测一次，准确掌握污染源排放状况，为环境执法提供了有效的数据支持。

5. 严控建设项目排污增量

坚持建设项目“增产不增污”、“增产减污” 和“区域削减”的原则，严格落实建设项目“环评”和“三同时”制度，源头控制建设项目新增排污量。一是提高项目准入条件，严格项目审批。在建设项目审批中坚持“五不批”，即：对选址不符合县城总体规划和环境功能区要求的项目坚决不批；对不符合国家产业政策，明令淘汰的落后生产能力、工艺、产品的项目坚决不批；对污染物不能实现达标排放的不批；对污染严重的企业，老污染问题未解决，且也没有列入治理计划或无法通过“以新带老”解决，而要新增污染物排放的项目坚决不批；对污染物排放总量超过区域环境承载能力或新增排污量无法在本区平衡的项目坚决不批。在项目审批和监管中，把清洁生产标准纳入环境影响评价中，引导企业从原材料选用、能源资源消耗、污染防治措施等各个环节选用清洁生产技术，最大限度实现废物资源化，减少污染物排放量。二是强化措施，加强监管。通过现场督办、发函督办、约谈督办、联合执法督办等形式，不断加大项目“三同时”制度的督办力度，对未落实“三同时”试生产的项目加大处罚力度，使违法行为及时得到整改，确保环保措施的落实。三是优化产业布局，加快工业集中区建设。按照“园区引领、产业集中、县域有别、培育主体、提效增量”的要求，新建项目在已规划的工业园区和相对集中区发展，有效解决工业布局乱、规模小、环境效益差的问题。

6. 加强宣传力度，普及节能减排知识

继续广泛深入开展“节能减排全民行动”，积极倡导节约型的生产方式、消费模式和生活习惯，提高全民意识，形成良好的节能减排社会氛围。在全国节能宣传周、中国城市无车日、世界水日、中国水日、全国城市节水宣传周、“6·5”环境日、能源紧缺体验日等不同时间，以节油节电和生活节能为重点，深入开展节能减排宣传教育，普及节能环保知识。开展“汽车节能环保驾驶”、“拒绝使用一次性用品”、“创建节约型家庭”、“节约型办公室”等活动，大力宣传节能环保理念。新闻媒体要加大节能减排报道力度，宣传先进经验，曝光反面典型，尤其是对不按规定出车等浪费行为给予曝光，发挥舆论的引导和监督作用。

三、污染物综合治理

合肥市城市水环境保护研究

安徽省合肥市环境保护局　李　军

城市是经济社会发展的重要载体，水环境是城市生态环境的重要组成部分。合肥市高度重视水环境保护工作，在经济社会快速发展的同时，不断改善和提升城市生态环境，在全国城市中率先实现污水全收集和处理。本文旨在通过对合肥城市水资源现状调查，总结近年来水环境保护工作的成效，分析当前水环境保护存在的困难与问题，研究城市水环境保护的思路、目标和重点工作，探索合肥城市水环境保护可持续发展之路。

一、合肥城市水资源保护工作基本情况

1．合肥城市水资源现状

合肥地处江淮之间、巢湖西北岸，被江淮分水岭划分为长江和淮河两大流域。境内有河流 12 条，农业干渠 3 条，湖泊、水库、公园水体 23 个，河流总长度为 425 km，农业干渠 222 km，湖泊、水库、公园水体面积 284 km^2。合肥市多年来平均产水量 21 亿 m^3，年际变化较大，一般年份产水量在 18 亿～25 亿 m^3。董铺水库最大总库容量为 2.42 亿 m^3，正常蓄水 5 400 万 m^3。全市地下水资源贫乏，水资源主要由水利系统开发，由于巢湖富营养化较严重，城市优质饮用水源相对缺乏。

合肥市域分为五个水系，即巢湖水系、滁河水系、瓦埠湖水系、高塘湖水系和池河水系，其中巢湖水系、滁河水系属长江流域，其他水系属淮河流域。城市地表水属巢湖水系，包括巢湖西半湖，南淝河及其支流（店埠河、板桥河、二十埠河）、十五里河、塘西河、派河和丰乐河，及董铺水库和大房郢水库，面积 3 469 km^2，占巢湖流域总面积的 26%，占全市总面积的 49%。

2．合肥城市水环境保护阶段性进展

近年来，合肥市坚持经济建设与环境保护协调发展，深入推进治污减排，加快水环境基础设施建设，依法加强水环境监督管理，促进水资源综合利用，在经济社会快速发展的情况下，水环境质量总体保持稳定。

“十一五”时期，巢湖总体水质由重度富营养化转为中度富营养化，巢湖西半湖水质呈好转趋势，2010 年主要指标氨氮、总氮和高锰酸盐指数均值比 2006 年分别下降 49.6%、19.2%和 24.8%；南淝河、十五里河、派河等主要入湖河流水质不同程度好转或保持稳定。与“十五”末比，城市日供水能力从 87.5 万 t 增加到 115 万 t，日新增供水能力 27.5 万 t，主要水源地董铺水库及大房郢水库库容分别为 2.5 亿 m^3 和 1.84 亿 m^3，水质稳定在Ⅲ类，符合国家标准。合肥市水环境综合治理的基本经验：

（1）领导重视、责任落实是保证。合肥市委、市政府把水环境治理工作放在突出的位

置，坚持生态立市、环保优先，加快建设生态宜居的现代化滨湖大城市。市委九届五次全会上提出“到2010年底基本不让一滴污水流入南淝河”。市政府实行严格的目标责任考核，每年与各县区及相关部门签订环保目标责任书，明确由“一把手”负责，完不成目标任务的实行一票否决和责任追究。水环境治理纳入“大建设”统筹，与路桥工程、民生工程并重，同步实施。

（2）完善规划、科学治理是前提。一是编制完善污水处理专项规划，打破行政区域界限，按河流水系将水环境治理分为南淝河、十五里河、塘西河和派河等片区，分流域治理。二是坚持治湖先治河、治河先截污，河道截污充分尊重水情和地形特点，实行“随坡就势、全线覆盖”，已实施完成南淝河、十五里河、塘西河等河道市区段全线截污工程。三是在全面截污的基础上，优化污水处理设施布局，提高污水处理标准。污水处理设施及配套管网建设坚持“大小结合、优势互补”，“厂网并举、管网优先”，充分发挥污水处理设施的减排效益。

（3）优化产业结构、转变发展方式是核心。坚持走新型工业化发展道路，围绕汽车、家电等八大重点产业，推动企业技术改造和节能减排，加快发展高新技术产业，推动产业结构调整优化，高新技术产业增加值占全市规模以上工业增加值一半以上。全市16个省级以上工业园区全部完成规划环评，环评实行“四个不批”，“十一五”时期拒批项目100多个。2005—2010年，单位GDP能耗（吨标煤/万元）从1.00持续下降到0.8以下，累计下降21.7%。加大工业废水回用力度，2005—2009年，工业污水排放总量从5 602万t下降到2 035万t，占全市工业废水排放量50%的马钢（合肥）公司实现零排放；工业废水中COD排放量从0.85万t下降到0.14万t，单位工业增加值污染减排成效显著。

（4）加大投入、完善工程设施是关键。“十一五”以来，水环境治理工程已投入46.11亿元，是“十五”时期的2倍多。COD等主要污染物排放总量连年下降，全面完成省下达的减排目标任务。2005—2010年，城市污水处理能力从43.5万t增长到95.2万t，日污水集中处理量从36.4万t增加到71.9万t，污水管网里程从515 km增加到1 977.4 km，城市生活污水集中处理率达95%。先后建成西南部生态补水工程和南淝河生态补水工程，完成塘西河全流域综合治理，开展完善排水设施百日会战。同时，积极做好农业面源污染治理，发展绿色农业和有机农业，专项整治畜禽养殖污染。

（5）完善制度、依法监管是重点。出台《合肥市水环境保护条例》、《合肥市城市节约用水管理条例》、《合肥市城市排水管理办法》等法律法规，为依法监管提供坚实保障。加强水环境监测能力建设，设立巢湖水质自动监测子站，设置国控、省控和市控三级地表水监测断面27个，开展河流断面考核制度，安装污染源在线监测装置134台套。连年开展环保专项行动，检查企业1.5万家次，集中整治化工、电镀等30多个涉水行业的突出环境问题，有效保障环境安全。

二、当前合肥城市水环境保护存在的困难与问题分析

近年来，合肥市水环境综合治理取得了积极的成效，但依然面临着优质水源缺乏、地下水资源贫乏、水资源利用效率不高、水生态环境脆弱等突出问题。具体分析有以下原因：

1．湖泊、河流水环境先天条件差

由于特殊的地质结构，巢湖水体含磷量本底值较高，继 20 世纪 60 年代巢湖、裕溪二闸建成后，巢湖又成为人工控制的半封闭性水域，几乎丧失了与长江水体交换能力。城市主要河流普遍缺乏生态基流，南淝河在董铺水库、大房郢水库修建后上游来水被拦蓄，雨后水量涵养能力下降，主要依靠污水处理厂尾水补给；十五里河截污后演化成典型的缺乏生态基流的易污染河流。

2．污染物排放绝对量增长

近年来虽然合肥市污水处理能力不断提升，但城市规模扩大仍然会带来总量增长，在污染物显著削减情况下，2009 年排放总量比 2005 年增加 15%，还需要进一步系统加强减排。

3．面源污染日趋突出

据统计，在农业面源污染方面，巢湖流域化肥施量高于全国平均水平，畜禽养殖粪污处理率低，农村生活污水和垃圾没有得到有效处置。同时，随着城市化步伐的加快和城市生活生产污水集中收集处理，城市面源污染日趋突出，污染物浓度较高的初期雨水直接进入城市河道影响了水质。据测算，南淝河干流城郊段 63%～81%的污染负荷来自面源污染。

4．河流治理水平亟待提升

长期以来，由于缺乏对河流保护与修复的设计理念和工程手段，在河流和水系治理过程中，因填埋水面、侵占湿地、裁直水系、封堵沟渠、截引基流、硬化河道等不当行为，加重了水生态环境恶化。

5．环境监管有待加强

部分工业园区，特别是乡镇工业集聚区环境基础设施建设滞后，企业污染治理水平低，不能够做到稳定达标。有法不依、执法不严的问题时有发生，环境违法处罚和执行力度有待提高。

三、关于水环境保护中的几个关系的思考

1．水环境与水资源的关系

合肥地处江淮分水岭，地下水资源贫乏，人均水资源量 310 m^3，相当于全省平均水平的 1/3 和全国平均水平的 1/6，符合相应功能区标准的优质水更少，供需不平衡的矛盾突出。市区水资源除水库和湖泊，主要是雨水、河水和污水处理厂尾水，因此，改善水环境质量必须从这三种水的污染高效治理和资源化合理利用两个方面入手。要大力推进循环利用水资源，建设节水型社会，对城市优质源水进行合理调度，有效扩充环境容量。

2．治河与治湖的关系

巢湖是流域人民的珍贵资源和宝贵财富，保护巢湖是流域各市共同的责任。治理巢湖水环境，在积极推进湖泊内源治理和生态修复的同时，要把入湖河流的综合治理摆在更加突出的位置，进一步减少入湖污染负荷。要按照分区治理的要求，着重做好合肥市控制区和南淝河、十五里河及派河等控制单元的综合治理。

3．点源与面源的关系

据测算，巢湖流域农业面源污染排放的化学需氧量、氨氮、总磷和总氮占流域总量的

40%、30%、65%和 54%（引自省发改委组编，省水利水电勘测设计院、省环境科学研究院、省经济研究院、省工程咨询院编制的《巢湖流域水环境综合治理总体方案》，2010 年 6 月）。随着工业和生活污水集中处理，点源污染得到显著有效的控制，面源污染防治工作显得更加紧迫。因此，在抓好污水处理厂提标升级、推进工业废水深度治理和循环利用的同时，必须高度重视城乡面源污染防治工作，加快治理种植业和畜牧业污染突出的问题，扭转面源污染防治滞后的局面。

四、城市水环境保护的重点工作

城市水环境保护工作涉及面广点多，是一项高度复杂的系统工程，需要从技术、工程、管理三个方面协同推进。

1．把饮用水安全保障放在突出重要的地位

董铺水库、大房郢水库属于丘陵型水库，岸线长，水源地涵养林、水土保持林面积有限，周边村庄人口密集，工业发展迅猛，必须进一步加强搬迁污染点源、退耕还林和执法巡查等措施，采取最严格的措施保护城市饮用水水源地，保证群众饮用水源安全。

（1）加大退耕还林力度。据统计，董铺水库和大房郢水库 30 m 高程内有一半土地已经退耕还林，要逐步将该区域用地调整为水源保护用地，制定优惠补偿政策，鼓励退耕还林，同时，启动保护区村庄的搬迁和治理。一级保护区 200 m 范围内的村落全部搬出，短期不能外迁的，生活污水、人畜粪便及初期雨水要引入净化塘或建设小型污水处理厂、沼气工程等就地处理。保护区禁止车辆、人员随意通行，逐步实行全封闭管理。

（2）加快截污工程建设和点源污染治理。建成运行双凤、岗集污水泵站，完善蜀山汊支渠污水截流工程，彻底实现周边工业园区的雨污分流。搬迁取缔周边畜禽养殖、餐饮、建材企业等环境污染隐患。

（3）加快农业产业结构调整步伐。董铺水库和大房郢水库流域面积 80%为耕地，农药、化肥随地表径流排入水库形成的污染不容忽视。要大力发展生态农业和节水灌溉工程，从资金、技术等方面加大饮用水源地面源污染防治工作。

（4）提高饮用水源地监测预警能力。目前合肥市饮用水源地采取人工手段进行监测，应同时建设自动监测系统，提高水质监测的覆盖面、实效性和自动化。此外，针对城市饮用源地周边工业、道路运输带来的安全隐患，要完善饮用水源地环境应急预案，提升应急处置能力，确保绝对安全。

2．长期持续改善入巢湖河流水质，削减污染负荷

合肥市境内流入巢湖的南淝河、十五里河、派河径流量分别占巢湖总径流量的 10.3%、1.9%和 9.4%，累计约 21.6%，据分析化学需氧量、氨氮、总磷和总氮等主要污染物对巢湖的贡献率达 40%、85%、73%和 70%。加强河流流域综合治理持续提升河道入湖水质是水环境保护的关键。

（1）合理规划，加快污水处理设施及配套管网建设。“十二五”时期，合肥处于城市化、工业化的关键时期，加快建设区域性特大中心城市，对污水处理能力提出新的要求。要根据城市空间的拓展和人口的增长，对污水处理系统进行扩容和优化，加快布局谋划建设一批新的污水处理厂，对污水管网暂时覆盖不到的区域可建设小型化、分散化污水处理厂。重点镇和环湖乡镇污水要逐步实现污水全处理。“十二五”时期，预计合肥市需新增污水处理能力 67.5 万 t/d，每年可增加化学需氧量、总磷、总氮削减量 54 933 t、973 t、5 493 t。同时，坚持“厂网并举，管网先行”，加强配套管网的规划建设，推进老城区雨污分流改造，完善各县县城及工业园区污水管网建设。

（2）推进污水处理提标升级，促进再生水回用。再生水是南淝河、十五里河和塘西河等重要补给水源，要继续加快完成部分污水处理厂出水一级 A 标准改造，并借鉴北京等地经验，在技术、经济可行条件下，将污水处理厂尾水排放标准提高到水环境功能区设定的Ⅴ类以上标准。试行分质供水，“十二五”时期应重点推进再生水在景观补水、工业利用、生活杂用、绿化、施工等领域的使用。

（3）深度治理工业污染点源。目前合肥市工业废水排放量约占废水排放总量的 9%，“十二五”时期，合肥市加快承接沿海地区产业转移，必须严控工业污染，力争实现工业“增产不增污”乃至“增产减污”。要严格环境准入标准，贯彻执行《巢湖流域水污染防治条例》，把好涉水项目审批，推进清洁生产，加大重点行业的深度治理，提高工业用水重复利用率，努力实现“零排放”。限期关停尚存的造纸、化工、电镀等行业的不达标企业，淘汰落后产能。

（4）完善河道生态补水机制。合肥市河流缺乏生态基流，地表水自然产流约占 50%，即便是污水处理厂尾水提标排放，预计仍然无法彻底解决河道水质差的问题。上海、杭州等多个城市的河道治理，一条重要经验是通过不间断地利用清洁水源对市区河道实施补水，增加水体流动。南淝河等市区主要河道，在完成截污和清淤工作后，要根据雨量气温等因素，适当进行小流量生态补水。此外，十五里河、塘西河下游等短程景观河段可研究利用巢湖补水。

3．加强巢湖西半湖综合治理

近年来，巢湖流域综合治理主要集中于工业和城镇点源治理，城乡面源污染尚未全面展开。研究推进面源污染防治，将有利于西半湖水质改善和生态修复。

（1）推进农村和农业面源污染治理。据测算，巢湖流域农业面源污染化学需氧量、氨氮、总磷和总氮约占污染物排放总量的 40%、30%、65%和 55%。合肥市有肥东县、肥西县、包河区的 8 个乡镇与巢湖直接接壤，必须加快农村生活污水、畜禽养殖和种植业污水治理。一是积极推进农业清洁生产，推广使用有机肥、缓释肥和控释肥，推广高效、低毒和低残留的化学农药。二是开展农村环境整治，建设污水处理设施和农村生活垃圾处理系统。三是下大力气控制畜禽养殖污染。目前合肥市规模化畜禽养殖场和养殖小区 200 家左右，污染排放量大，防治工作滞后于工业项目。“十二五”时期，国家将畜禽养殖污染治理纳入污染减排的范围。合肥市要抓住机遇，加快实施规模化畜禽养殖场整治，力争“十二五”末畜禽粪便综合化利用率达到 80%以上。

（2）加强城市面源污染治理。城镇初期雨水（＜10 mm）是城市地表径流污染浓度最高的部分。在建成区可改造城市绿地、河道雨水系统，建立初期雨水调蓄池，送至污水处理厂处理后再生利用。新区或新开发项目，应按 LID（低环境影响开发）理念规划、建设和管理。初步测算，滨湖新区如设置初期雨水处理设施，地表径流污染负荷可削减 70%～80%。

（3）加强沿湖生态修复建设。一是植树造林，重点建设环湖周边生态防护林带，抓好肥东县富磷地层的水土保持，防范水土流失。二是采取技术和工程措施，实施西半湖主要入湖河道和湖区清淤，削减内源污染，增加河道蓄水量和水体自净能力。三是建设生态湿地，在南淝河、十五里河等的河口圩区建设规模化的人工湿地，在巢湖西岸可利用底泥吹填环湖湿地，进一步净化入湖水质。

（4）促进引江济巢工程研究和实施。通过“引江济巢”工程，恢复江湖自然沟通，对改善巢湖水环境、支撑全省水资源配置、发展江湖航运、促进省会经济圈和全省发展有重要意义。目前引江济巢绝大部分专题已经编制完成，部分专题进行评估论证。据估算，引江济巢工程实施后，年均新增引江水量约12亿 m^3，约占巢湖正常库容的70%，基本恢复至建闸前水平，结合巢湖流域污染源治理，预期全湖水质将得到明显改善。

五、建立和完善城市水环境保护长效工作机制

要按照远近期结合、标本兼治、统筹兼顾的要求，通过建立科学的目标考核体系，有效的奖惩激励措施，相适应的环保标准，严格的执法手段，坚实的科技支撑，以及全社会的共同参与，持之以恒地推进水环境保护工作。

1．实行水质跨界断面考核

《环境保护法》规定地方政府对本辖区环境质量负责。合肥市将继续实行主要污染物减排目标责任考核，实行“一票否决”和责任追究制。要扩大水环境质量指标在考核体系中的比重，实行河流水质跨界断面考核并定期通报，对水质不达标可参照外地做法扣缴生态补偿金。

2．结合实际提高环保标准

作为“三河三湖”重点治理区域之一，合肥市可研究制定更严格的、适应地方经济发展和污染防治水平的污水排放标准。结合实际选择试点对污水处理系统进行深度改造，提升出水标准，大部分指标提高到地表水Ⅴ类乃至Ⅳ类以上标准。

3．运用法律和经济手段推动水环境治理工作

一是完善水环境保护立法和标准。认真执行《合肥市水环境综合治理条例》，配套落实相关实施细则，使水环境综合治理的各项建设、管理和执法工作有法可依。二是推进节水型社会建设。强化经济手段，对地表水和地下水的水资源费进行核算调整，对洗浴、洗车等服务行业，执行限时用水措施，超量提高收费标准。三是开展排污权交易研究。研究制定化学需氧量、氮磷等主要污染指标有偿使用制度，实行排污权有偿取得和交易，提高环境资源的配置效率。

4．严格水环境预警与执法

一是增强水质监测预警能力。合理设置水段监测断面，增强水质自动监测能力，加强水环境质量的监测、评估和分析，提高对蓝藻等突出水环境事件的预警和处置能力。二是严格执行规划环评。以资源、环境和生态三大要素为依据，对城市建设、资源开发等重大规划进行强制性规划环评。三是加强对排污单位的日常监督检查，积极运用互查、“飞检”等措施检查排污单位，确保重点污染源稳定达标排放，对违法排污单位要处罚到位、整改到位、责任追究到位。四是加快普及污染源在线监控。运用科技手段对重点污染源进行在线监控，实时掌握企业设施运行及排污情况。加快推进水污染许可证管理，严格限定各类

企业排放污染物的浓度和总量。

5．强化水环境治理的科技支撑

“十一五”时期，国家重大科技水专项依托科研机构在巢湖流域相关试验工作，“十二五”时期，将重点依托地方需求开展科技攻关。合肥市应抓住有利机遇，重点做好污水处理厂尾水提标与污泥处置、河道综合治理、雨水综合利用、巢湖蓝藻控制、湖滨生态岸线修复等方面关键技术的研发和应用，发挥新技术、新工艺、新设备在城市水环境保护方面的积极作用。

6．提高全社会水环境保护意识

一要要求各级领导干部加强学习，树立环保政绩理念。二要引导企业经营者将环保意识落实和贯穿到产品的生产、流通和消费的全过程中，切实履行保护环境的责任。三要加强环境信息公开，鼓励社会公众积极参与环保事业。

持续抓好渭河污染治理
探索和谐共生的可持续发展道路

陕西省宝鸡市环境保护局　黄军林

近年来，宝鸡市紧紧围绕陕西省委、省政府提出的全面建设为黄河主干流，从甘肃省定西市发源，经甘肃省天水市、陕西省宝鸡市、陕西省咸阳市、陕西的污染治理为龙头，全面加强环境保护和生态建设，有效地改善了城乡环境，有力地促进了全市经济社会全面协调快速发展，初步走出了一条环境与经济相互促进、人与自然和谐共生的可持续发展道路。宝鸡市先后荣获了国家卫生城市、国家环保模范城市、国家园林城市、国家节水型城市、国家森林城市、全国环境优美城市、中国人居环境奖等一系列荣誉称号。我们的主要工作是：

一、坚定不移地把渭河污染防治作为生态立市，实现环境吸引力走在西部前列的有力抓手

宝鸡地处陕西省关中平原的西端，渭河中上游，生态环境脆弱。如何走出一条经济增长与生态环境相协调的发展路子，是历届市委、市政府十分重视的战略性问题。2005年创模成功后，为巩固拓展创模成果，放大创模效应，全面推进可持续发展，提出了生态立市的发展思路，并在城乡开展了一系列生态创建活动。市委、政府每年把渭河治污、生态创建、污染减排、农村环保等重点环保工作写入工作报告，作为全市的中心任务，市政府先后印发了《渭河宝鸡段水污染防治规划》、《宝鸡市渭河流域水污染防治三年行动实施方案》等6个规范性文件，确定了干流控制、支流突破、工业与生活防治并重的思路，强力推进。特别是2011年换届后，新一届市委、市政府把生态环保摆到更加重要的位置，提出了“六个走在前列”，特别是环境吸引力走在西部前列的奋斗目标，作为扩大对外开放、加快宝鸡发展的重要工作全面加以推进，广泛动员群众参与，在全市上下掀起了新一轮治理污染、保护环境的热潮。

经过全市上下的共同努力，宝鸡市在西北地区率先建成了第一个生态示范城镇群，极大地改善了人居环境和投资环境，全市呈现出经济快速发展、环境清洁优美、生态良性循环的喜人态势。近两年来，全市国民经济保持了14%以上的增长速度，综合实力名列全国百强。城乡环保基础设施跃上新的台阶，生态环境品位全面提升，空气质量优良天数稳定保持在80%以上，水环境和声环境达到国家标准，公众对城市环境保护满意率达到85%以上，宝鸡的知名度、美誉度进一步提高。

二、围绕改善渭河生态环境，着力实施五大生态工程

渭河是宝鸡重要的工农业水源，全市94%以上的水污染都汇集在渭河流域。长期以来，宝鸡市委、市政府始终将渭河治污作为环保工作的重中之重，提出了“渭河治理、宝鸡先行”的总体要求，多渠道筹措资金，突出实施五大工程建设，2012年上半年，渭河流域（宝鸡段）出境水质基本达到了Ⅲ类水体；小韦河出境水质化学需氧量浓度已由2011年同期的月均值319 mg/L，下降到60 mg/L以内，低于陕西省下达的考核指标要求。

1．实施产业结构调整工程

市委、市政府把节能减排作为促进经济结构转型、实现工业强市战略的大事来抓，实施重点产业发展规划战略环评，积极鼓励和支持科技含量高、经济效益好、资源消耗低、污染排放少的项目；对不符合国家产业政策、达不到环保标准要求和高耗水、重污染的项目，提高新建项目环保准入门槛，坚决不予放行。在“十一五”关停45家造纸、化工企业的基础上，2012年先后三次召开了关停、关转的造纸、化肥企业法人座谈会议，对企业落实省上的关转措施提出相关要求和时限，强力推进产业结构调整。对北方照明和宝鸡印染厂实施破产，关停宝嘉应用化学有限公司等18家污染企业，对24家小电镀、小皂素进行了集中取缔。

2．实施企业深度治理工程

市政府出台了《宝鸡市主要污染物总量控制规划》，按照“淘汰一批、治理一批、重点监管一批”的思路，把减排指标落实到每个企业、对应到每个项目上。先后投资1.5亿元建成了3家制浆企业的“碱回收”和废水治理工程。投资1 500万元建成了5家废纸造纸企业废水“零排放”工程。2012年，对烽火集团、宝氮化工等35家涉水企业限期治理，青岛啤酒宝鸡公司、高新通家汽车公司等19家企业投入环保治理资金1.2亿元，减少COD排放量200余t。加大清洁生产审核和节能降耗推广力度，全面开展石油机械等50家企业的评估认证工作，华祥纸厂、万利纸厂等6家企业投资2 000多万元建成了废水“零排放”工程。

3．实施环保基础设施建设工程

按照“企业建厂、政府建网、市场运作、社会缴费、在线监管”模式，市政府打包贷款6.2亿元，规划建设的12座城镇污水处理厂、10个垃圾处理场全部建成投运，在全省率先实现了县城污水处理厂、垃圾处理场全覆盖。2012年启动了现有12座县城污水处理厂进行除磷脱氮改造和工业园区污水处理设施建设，目前，凤州科技园和汤峪旅游园区污水处理厂已完成土建，金台区工业园等5个园区已开工建设，岐山蔡家坡、眉县等5座污水处理厂采用了BOT模式，十里铺等3座污水处理厂采用了TOT模式。并把污水处理厂建设向镇、村一级延伸，全市已建成县级污水处理厂12座、镇村污水处理厂6座，全市日污水处理总能力达到31.1万t，年减少COD排放量3.2万t，年减少氨氮排放量0.28万t。61个重点企业全部安装了在线监测设备，建成了省、市、县三级联网的污染源自动监控平台，实现了全过程和全天候监控。

4．实施渭河生态治理工程

以绿色宝鸡创建为契机，先后投资近20亿元，大力实施退耕还林、封山育林、天然

林保护和“三北”防护林建设，全市森林面积125.4万hm^2，森林覆盖较创建前提高了11个百分点。围绕建设市区南山、北坡绿色生态屏障，先后建成渭河公园、金台森林公园、石鼓山公园等七大绿化工程。在渭河沿岸利用“山、水、塬、林”具有的优势，建成了金渭湖、渭河公园、渭河生态园、石咀头蓄水工程等，“两条林带，一片水面，城在林中，水在城中，依山傍水”的现代化生态园林大城市景观基本形成。

5．实施环保严打工程

宝鸡市持续组织开展了“严查水环境违法行为遏止污染反弹专项行动”、“严查渭河流域水环境违法行为专项行动”、“渭河清水行动”、“环飓风行动”等多项涉水企业执法活动，采取定期检查和巡查相结合、专项检查和普查相结合、明察和暗访相结合，加大了监测和现场检查频次，始终保持了对不法排污行为的高压态势。2011年以来，市政府对8家环境违法案件进行了挂牌督办，对22家整改落实不到位的企业下达了限期治理，对检查过程中存在违法行为的23家企业实施了行政处罚，对15家不正常使用水污染物处理设施超标排放的单位进行了通报批评，行政处罚137.8万元，各县（市）区政府也对37家重点环境违法案件进行了挂牌督办，并通过新闻媒体予以曝光，接受社会的监督，对违法排污企业产生了极大的震慑作用。

三、坚持抓点示范，以农村环境综合整治促进渭河污染防治

宝鸡市坚持把统筹城乡环保作为统筹城乡发展的重要组成部分，按照“城乡联动、树立典型、示范引导、全面推进”的思路，探索形成农村环保“宝鸡模式”。2009年把农村环境综合整治试点列入“十件实事”，投入8900多万元完成了14个乡镇和266个村的集中整治。2010年把生态环保工程列入“率先发展八大工程”，在全市实行农村保洁员制度，设置了9 500多个公益性岗位，基本建立了农村生活垃圾处置体系。2009年6月，省政府在宝鸡市召开了农村环境保护暨生态创建工作会议，推广了宝鸡市农村环境整治的经验和做法。2009年11月，全市开展了首届“宝鸡最美乡村”评选活动，采取电视传媒等竞赛形式，评选出10个“宝鸡最美乡村”，成为农村生态环境建设的新标杆。目前，全市建成国家生态示范区10个，国家环境优美乡镇10个，市级以上生态村200个，数量居全省之首。

经过积极探索、有效尝试，农村环保“宝鸡模式”已在全市推广。规模化畜禽养殖污染防治方面，从2006年树立了扶风秦川牛养殖小区引进日本蚯蚓分解牛粪转化生成有机复合肥；陈仓区田犇牛业公司采取“养牛-沼气-蔬菜”的模式发展农业循环经济。在农村生活垃圾处理方面，从2007年树立了千阳农村生活垃圾“户分类、村收集、乡运转、县处理”处理模式，并在全市推广。在农村生活污水处理方面，树立了凤县“农户净化、统一收集、湿地处理”模式，全市12个省级重点镇有6个镇和50多个村建成污水处理设施。

2012年新春伊始，全市农村环境综合整治现场会在眉县隆重召开，宝鸡吹响了向农村“脏、乱、差”宣战的冲锋号，全市上下积极响应，按照全市农村环境综合整治三年实现根本性改观的目标，成立机构，制定方案，全面启动了新一轮农村环境综合整治工作。借助渭河污染治理“东风”，中省农村环保资金项目正在抓紧实施，32个项目将于年内完工，可直接惠及42个乡镇362个村的28万农村群众。2012年，由市级相关部门共同发起，以

“新乡镇、新农民、新阵地”为主题，开展“全市最具魅力乡镇”评选活动。借助评选活动，有力地推进了农村环境综合整治持续深入开展，宝鸡新农村正在逐渐露出秀丽“容颜”。

四、坚持政府主导，各方参与，形成举市一致抓渭河污染防治的整体合力

渭河污染防治是一个区域性、社会化的系统工程，既需要政府部门的主导组织，更需要全社会的共同参与。市政府专门成立了渭河流域水环境综合整治工作领导小组，先后多次召开专题会议，研究部署渭河污染防治工作，市人大每年将渭河治污作为陈仓环保世纪行活动的主题，市政协组织政协委员视察检查渭河污染防治进展情况，各县区和市级相关部门坚持把环保工作纳入一把手工程，做到责任、措施、要求三到位。市委、市政府督查室和市考核办，定期开展巡回检查和重点督办。同时，团委、妇联、科协以及有关新闻媒体、民间组织等，积极参与环境保护，通过开展形式多样的主题实践活动，大力宣传环保法律法规和生态文明理念，有效地形成了各界响应、全民参与的大环保格局。

同时，我们把环保任务和环境指标作为民生工程，严格实行目标考核管理，并将考核结果纳入领导干部的政绩考核。制定出台了《渭河流域（宝鸡段）水污染生态补偿办法》，并将考核结果纳入综合目标管理；建立了分析研判制度，每 2 个月对水质改善中存在的问题进行研判，查找原因，制定整改措施；建立了重大环境问题警示约谈制度，对辖区环境质量明显下降、存在重大环境安全隐患、发生重大环境违法事件的相关县区、工业园区、企业，分别由市政府和环保部门进行警示约谈。建立环保责任追究制度，对渭河治理工作中出现的重大问题，由市政府督办室、市监察局进行责任追究。

青海省海东地区工业污染现状及防治对策

青海省海东地区环境保护局　米京跃

环境保护是我国的一项基本国策，是实现经济社会可持续发展的基础，近几年来，尤其是“十一五”以来，海东地区环境治理工作迈上了新的台阶，各县政府和环保主管部门认真贯彻执行国家的环保法律法规，结合海东地区的实际，采取有效措施，加强对环境的统一监管，使全区生态环境的保护和建设得到并重，工业污染防治力度不断加大，城镇环境整治步伐明显加快，但因经济基础薄弱，发展滞后，公众的环保意识不强等诸多因素，全区环保事业的发展与实施可持续发展战略的要求仍有很大差距。随着工业化、城镇化进程的不断加快，农业产业化的不断发展，旅游业、服务业的不断拓展，资源开发力度不断加大，环境问题显得十分突出，为了掌握海东地区工业污染现状，更好地做好污染防治工作，对海东地区的环境污染状况做了深入的调查和分析研究，找出了存在的问题，提出了防治的措施和对策。

一、工业污染现状

1. 企业概况

工业污染调查企业539个，大型企业1个，中型企业11个，小型企业527个。主要涉及造纸及纸制品业、黑色金属冶炼及压延加工业、有色金属冶炼及压延加工业、水泥酿造等行业。

2. 工业废水的排放情况

全区工业用水总量847.44万t，其中城市自来水取水109.89万t，自备水378.78万t，重复用水量358.81万t。工业废水产生量332.19万t，其中废水实际处理量为27.36万t，直接排入环境水体量273.21万t。废水中COD产生量11 495.59 t，排放量10 669.19 t，氨氮产生量85.15 t，排放量79.34 t。废水主要类型有水泥制造废水、造纸纸浆中段废水、白酒制造废水、镍钴矿采选废水。有废水治理设施的企业14个，设施15套，设施总投资958.84万元，运行费用68.12万元，耗电量27.36万kW · h。淀粉及淀粉制品的制造业、液体乳及乳制品制造中产生的废水量最多、排放量大。两个行业的废水产量分别是112.80万t和61.96万t，占总产量的34%、18.6%，废水排放量分别是107.87万t和61.81万t，占总排放量的39.48%、22.62%。淀粉及淀粉制品的制造中COD排放量9 707.19 t，占排放总量的84.44%，BOD_5排放量4 842.33 t，占排放总量的85.17%，氨氮排放量40.6 t，占总排放量的47.68%。民和湟乳乳制品有限责任公司、青海民和威斯顿精淀粉有限责任公司和青海振青农业科技开发有限公司是废水产生量、排放量最大的企业。废水产生量分别是58.3万t、34.26万t、30.78万t，占总产生量的17.55%、10.31%、9.26%，排放量分别是58.3万t、

34.26 万 t、30.78 万 t，占总排放量的 21.33%、13.63%、11.26%。青海民和威斯顿精淀粉有限责任公司是废水污染物产生量、排放量最大的企业，废水中 COD 分别是 3 780.62 t、3 483.47 t，占总产生量的 33.67%、30.3%；BOD_5 分别是 1 930.81 t、1 737.73 t，占总产生量的 33.96%、30.56%，占总排放量的 32.57%、36.19%。

3．工业废气排放情况

全区工业废气治理设施实际处理废气量 784 932.8 万 m^3、废气排放量 3 489 390.7 万 m^3。废气中烟尘产生量 199 403.49 t，排放量 16 932.64 t；二氧化硫产生量 4 505 t，排放量 4 422.24 t；工业粉尘产生量 138 094.08 t，排放量 21 522.76 t，氟化物产生量 1 718 526.45 kg，排放量 1 718 526.45 kg。排放废气量大的企业主要有：水泥制造业废气排放量 1 150 728.3 万 m^3，占总排放量的 32.97%，铝冶炼业废气排量 506 341.96 万 m^3，占排放总量的 14.51%。青海丹峰磨料磨具有限公司烟尘产生量为 3 583.85 t，占产生总量的 1.79%，排放量为 3 583.85 t，占排放总量的 21.16%。青海泰宁水泥有限公司烟尘产生量为 15 106.17 t，占产生总量的 7.57%。全区业粉尘排放量最大的企业是化隆先奇铝业有限责任公司，其工业粉尘排放量为 6 443.1 t，占工业粉尘排放量的 29.93%。全区二氧化硫排放量最大的企业是民和湟乳乳制品有限责任公司，其二氧化硫排放量为 292.72 t，占二氧化硫排放量的 10.30%。全区氟化物排放量最大的行业是铝冶炼业，最大的企业是化隆先奇铝业有限责任公司，其氟化物排放量为 1 425 913 kg，占氟化物排放总量的 82.97%。

通过对工业企业的调查结果显示，本区的工业废水、废气排放量较大，但与“十一五”主要污染物氨氮 1 500 t、化学需氧量 19 000 t、二氧化硫 23 500 t、烟尘 20 000 t、工业粉尘 43 000 t、工业废水 946.31 万 t 排放总量相比完全控制在指标内，这与海东地区近几年狠抓重点污染企业的污染治理和限期治理产业结构调整等措施有关。据监测结果显示，海东地区水、大气污染企业达标率达 98%和 95%以上。

二、存在的问题

根据污染调查数据和环境质量数据分析，本区环境问题突出表现在以下几个方面：一是湟水河由于受海东段上游生活污水、工业废水的污染及区内生活、工业、农业面源等污染，使湟水河海东段水质污染严重，水质呈有机污染型，主要超标因子为氨氮。二是局部地区污染严重，表现为以硅铁、水泥、碳化硅、电解铝等高耗能企业为主的结构性污染。三是产业结构单一及发展方式对环境的影响。总体来看，海东的环境污染不管是湟水河污染、县城及其周边地区的大气污染，还是开采资源对生态环境的影响，都与工业发展模式和产业结构有着直接的关系。

从实际情况看，资源、环境、生态问题是与特殊的产业结构紧密联系在一起的。近年来，海东地区大力调整产业结构，促进传统产业新型化，产业结构得到了提升。但是，行业仍然以硅铁、水泥、电解铝、碳化硅冶炼及食品加工为主，经济发展基本上走的还是“两高一低”的路子。这些高耗能企业基本以大量消耗资源和粗放经营为特征，属于“高资本投入、高资源消耗、高污染排放”发展模式，必然对环境造成严重影响，因此该区最大的环境问题，实质是发展问题，是产业结构畸重、增长方式粗放的问题。这些高耗能企业规模小、分布分散，带来的环境污染是结构性的，仅靠污染末端治理解决不了根本问题。因此，节约能源、资源，保护环境最有效的措施是产业结构优化，而非末端治理。只能采取点上治理、产业结构优化辅以末端治理，才能有效解决重点环境问题。

三、对策与措施

1. 调整产业结构，优化产业布局

（1）合理调整产业结构。把发展循环经济和建设资源节约型社会作为全面贯彻落实科学发展观、构建和谐社会的重要战略举措，贯穿于优化产业结构，培育优势产业的全过程。加强传统行业宏观调控，坚持控制总量，淘汰落后产能，优化结构，调整布局，提高集约化水平，进一步改造、提升、巩固、拓展硅铁、水泥、碳化硅、电解铝等产能。引导鼓励投资节能型、环保型项目，投资提升经济发展质量的高科技、低耗能、低污染的项目，逐步改变结构单一的传统工业。

（2）优化产业布局。按照远离交通沿线、远离人口聚集区、远离生态保护区的原则，确定合理的工业集中区和工业园区，优化冶金工业区域布局，推动生产要素向优势企业集聚、向工业园区集中。

（3）提升产品结构。按照减量化、再利用、资源化的原则，推进工业产业链延伸组合，实现能源资源循环利用，推动企业大力开展固体废物、废水、废气为重点的资源综合利用。实施大企业、大集团战略，形成一批硅铁冶炼产业一体化的企业集团。

（4）加快县城污水处理厂建设，削减城镇生活污染物排放。按照“集中和分散”相结合的原则优化布局，根据当地特点合理确定设计标准，选择处理工艺。到“十一五”末，互助、乐都、平安、民和、循化三县建成县城生活污水处理厂，并投入运行，化隆县完成前期工作。并按照“管网优先”的原则，大力推进城镇污水管网建设，不断提高城镇污水收集的能力和效率。要运用市场机制和工程措施，因地制宜协调好供水、用水、节水与污水再生利用工程设施建设，有条件的地区要逐步考虑中水回用。

（5）限期治理涉水工业源，实现污染物达标排放。工业水污染防治以湟水河流域为重点。科学分析湟水流域和重点区域水环境容量，统筹社会经济发展，扶持优势企业进行高起点的技术改造。扎实推进水污染物排放许可证管理工作，重点控制酿造、农副食品加工等行业的污染物排放。严格核定企业污染物排放量，禁止无证或超量排放，对超标或超总量排放污染物的企业实施限期治理，逾期未完成的责令其停产整治，全面推进流域水污染企业实现达标排放。

2. 防治大气环境污染，改善城镇大气环境质量

突出水泥、电解铝、碳化硅、硅铁等重点行业和区域，加大污染治理力度，限期治理超标排污企业。对超标排污的重点企业，根据所处地理位置，当地的污染状况，企业的运行情况等，分行业、分区域，按照“先易后难”的顺序，制定分期治理的规划，按期实施治理任务。对列入治理计划而未按期完成治理任务的，要采取强硬措施，依法关闭企业或责令停产，待完成治理任务，污染物排放达标验收后，方可恢复生产，从而实现污染治理目标的实际效果。

3. 严格环境执法，强化环境监管

（1）加强项目环境管理，防止新增环境污染。一是推进规划环境影响评价，在规划的

编制和控制中充分考虑环境因素，着力解决建设项目的合理布局问题，努力从决策源头防止建设项目与环境功能交叉错位。二是规范项目联动审批机制。实施环境保护前置审批管理制度，把环评审批和环保“三同时”制度作为对企业供水、供电，办理土地使用证、生产许可证、营业执照、银行信贷等各种证照或者登记的前置条件，充分发挥环保审批的作用。三是严把项目“三关”。首先把好新建项目的选址关。按照“园区引领、产业集中、县城有别、培育主体、提效增量”的原则，抓好工业相对集中区和工业园区的规划和建设，使新建工业项目相对集中，逐步解决工业布局乱、规模小、效益低的问题。其次把好新建项目环保准入关。严格控制“两高一资”行业过快增长，加强对钢铁、建材、机械等产业的控制与监管，对选址不符合县城总体规划和环境功能区要求的项目、国家明令禁止的项目、不符合国家产业政策明令淘汰的项目、企业老污染源治理问题未解决而新增污染物排放的项目、污染物排放总量超过区域承载能力或新增排污量无法在本区平衡的项目不予审批。再次，严把项目环保验收关。建立和完善新建项目的全过程环境监管，切实落实“三同时”制度。完善环境管理、监察、监测联动机制，不断提高环保治理设施“三同时”验收率。

（2）加大环保执政执法力度和加重对违法企业的经济处罚额度，确保污染防治设施正常持续的运行。

（3）多措并举，强化环境管理。一是严格实施主要污染物排放总量控制制度。推进排污许可证制度，依按总量控制要求发放排污许可证，把总量控制指标分解落实到污染源。二是加强对重点工业污染源监管。重点工业污染源要安装自动监控装置，实行实时监控、动态管理。三是增加污染物排放监督性监测和现场执法检查频次，重点监测和检查有毒污染物排放和应急处置设施情况。

（4）推进重点企业的清洁生产审核。按照国家清洁生产要求和《青海省清洁生产审核暂行办法》，加强对清洁生产实施的监督和清洁生产审核。对污染物排放超过国家排放标准或者超标排污（简称第一类企业）和使用有毒有害原料进行生产或者在生产中排放有毒有害物质的企业（简称第二类企业），依法实施强制性清洁生产审核。通过推行清洁生产，促进企业提高达标排放水平，达到“节能、降耗、减污、增效”的目的，实现环境效益和经济效益的统一。

（5）积极探索环境保护工作的市场经济手段。形成明确的经济导向，按照“谁开发谁保护、谁破坏谁恢复、谁排污谁付费、谁治理谁受益”的原则，制定和完善有利于环境保护的经济政策，充分发挥市场机制的作用，运用经济杠杆，激励企业依法生产。积极探索实施排污权交易、流域上下游环境补偿机制、“绿色信贷”、“绿色贸易壁垒”、环境污染责任保险等有利于节能减排的市场化调控手段，进一步调动企业治理污染的积极性。

关于对乌鲁木齐市大气污染治理工作的几点思考

新疆维吾尔自治区乌鲁木齐市环境保护局　张新友

在社会经济快速发展，生活水平不断提高，人民群众愈发关注生活质量的今天，如何创造一个自然、和谐、优美的人居环境，保持社会经济的可持续发展，是当前环保工作的核心任务。乌鲁木齐作为新疆维吾尔自治区的首府，严重的大气污染，已经成为实现跨越式发展和长治久安两大历史任务的最大瓶颈。中央要求必须重点抓好以乌鲁木齐为重点的大气污染治理工作，自治区明确提出用 4～5 年时间全面改善环境质量的目标任务。高起点、高水平、高效益地做好大气污染防治工作，是顺应人民群众过上美好生活新期待，维护各族群众身心健康的迫切需要，是践行科学发展观，贯彻“环保优先、生态立区”战略，确保山川秀美、绿洲常在的迫切需要。下面我结合工作实际，就乌鲁木齐冬季大气污染治理问题浅谈几点思考。

一、基本概况

乌鲁木齐市地处天山山脉中段北麓、准噶尔盆地南缘，是世界上距离海洋最远的城市。市区三面环山，东南高西北低，平均海拔 800 m。属中温带半干旱大陆性气候，春秋短冬夏长，年均降水 236 mm。现辖七区一县［天山区、沙依巴克区、新市区（高新区）、水磨沟区、米东区、头屯河区（经济开发区）、达坂城区，乌鲁木齐县］，总面积 1.4 万 km^2，其中建成区 350 km^2；常住人口 311 万，城市人口占总人口的 92%以上，是全国城市化率最高的省会（首府）城市，也是全疆唯一特大型城市。

二、大气污染治理取得的成效

自 1998 年乌鲁木齐市启动大气污染治理工作以来，乌鲁木齐市委、市政府带领广大干部群众做了大量的工作，通过实施能源结构调整、热电联产、拆并分散燃煤锅炉、既有建筑节能改造、加强重点企业监管和机动车尾气治理等措施，城市环境空气质量恶化的趋势得到初步遏制。特别是“十一五”以来，乌鲁木齐市大气污染治理工作得到了党中央、国务院和自治区党委、人民政府的高度重视和关心。在 2010 年召开的中央新疆工作座谈会上，明确提出了要重点抓好乌鲁木齐市等中心城市大气污染防治的要求。在环保部的大力推动和帮助下，李克强同志两次对乌鲁木齐大气污染治理问题做了重要批示。自治区党委、自治区人民政府将乌鲁木齐市大气污染治理工作确定为重点民生工程，成立了主要领导挂帅的乌鲁木齐市大气污染治理领导小组，张春贤书记、努尔·白克力主席亲自向国务院专题汇报乌鲁木齐市大气污染治理工作，并多次赴环保部、发改委、财政部等部委进行协调对接，积极争取政策和资金支持，乌鲁木齐市委、市政府将大气污染治理作为当前中心工作，全力组织实施了综合治理工程，环境空气质量逐年好转，“十一五”以来，全市累计实现减排二氧化硫 67 681.6 t，空气质量达标天数由 2008 年的 261 天增加到 2011 年的 276 天，达标率由 2008 年的 71.3%增加到 2011 年的 75.62%。

1. 组建了强有力的领导机构

成立了由市委、市政府主要领导负责的乌鲁木齐市大气污染治理综合协调总指挥部，组建机构，抽调人员，将大气污染治理作为最大的民生工程全力推进。通过积极争取，乌鲁木齐市被列为国家“十二五”重点区域大气污染联防联控重点城市、$PM_{2.5}$ 监测试点城市和国家城市空气质量改善试点示范区，同时乌鲁木齐市大气污染治理项目已被纳入《国家环境保护“十二五”规划》。

2. 切实加大了环保投入

市委、市政府克服自身财力十分紧张的困难，举全市之力，多方筹措资金，2010 年以来累计投入 76 亿元用于大气污染治理，有力推动了治理工作的深入开展。2012 年投入 121 亿元，采取更加有力措施，以城市能源结构调整为突破口，用不到一年的时间将中心城区所有燃煤供热锅炉全部进行“煤改气”。

3. 供热能源结构调整得到强力推进

加快推进热电联产热网建设和天然气输配系统建设，截至目前，已实现热电联产供热面积 4 905 万 m^2，天然气等清洁能源供热面积 2 880 万 m^2，累计完成新建改造节能建筑 4 034 万 m^2，拆并燃煤锅炉 2.9 万台。

4. 重点污染减排项目建设进展顺利

全市所有主力电厂全部完成脱硫设施建设，国家政策要求关停的 13 台小火电机组已全部关停。70 家排污企业完成了高效脱硫除尘限期治理，20 家化工等污染企业进行了搬迁、关停或转产。

5. 城市环境综合治理力度不断加强

实施机动车环保标志分类管理，加强以绿化为主的城市生态环境建设，实施荒山绿化 10.27 万亩，新增城市绿地面积 18.13 万亩，严格控制扬尘污染，提出了建筑施工工地扬尘污染防治“五个百分之百”的要求。

6. 环境执法和环境科研水平进一步提高

市委专门成立督查组，加大督查和执法力度，对重点污染企业采取驻厂监察、减排监察、监督性监测等方式严格管理。新建 13 个空气质量自动监测站点，购置 2 辆流动监测车，形成了固定监测站点、流动监测车、在线监测系统组成的，全区域、全天候、多方位的空气质量立体监测体系。聘请国内专家开展了大气污染成因及治理对策课题研究，并在此基础上编制完成了《乌鲁木齐市大气污染综合防治规划》、《冬季大气污染防治实施方案》、《大气污染防治建设项目规划》。

三、造成大气污染的因素

通过对大气污染进行的分析结果表明，乌鲁木齐市全年环境容量大约为二氧化硫 6.7 万 t、烟（粉）尘 4 万 t。在冬季采暖期内环境容量大约为二氧化硫 2.5 万 t、烟（粉）

尘2万t。然而，2011年全市二氧化硫排放量达12万t，烟（粉）尘排放量达5.5万t，氮氧化物排放量达15.2万t，污染物排放量远远超过环境容量，加之周边地区污染物排放逐年增大等其他各方面因素综合作用，是导致乌鲁木齐市大气污染严重的主要原因。

1．特殊的山地城市气候导致大气环境容量十分有限

第一，市区东、西、南三面环山，地势东南高、西北低，落差高达300～500 m，不利于污染物的水平扩散；第二，乌鲁木齐处于天山山脉北坡、乌鲁木齐河谷之中，导致冬季受逆温频率高，逆温层平均厚度在500～1 000 m，距地面高度100～300 m，不利于大气污染物的垂直扩散；第三，冬季受气压差和地形“狭管效应”共同作用，达坂城、南郊至乌拉泊一带东南风频发，但城区不在地形“狭管效应”之中，城区以东的区域多为偏东风，以西的区域多为偏西风，城区处于地面东西风的汇合区，造成大气污染物在市区聚集。在中国环境规划院环境规划与政策模拟重点实验室所做的《基于空气污染指数的中国城市大气环境承载度评估》中，乌鲁木齐市的城市大气环境承载度在全国333个地级以上城市中排列倒数第7名，为低承载度。第四，由于近年来全球温室效应的影响，加之乌鲁木齐市人口的快速增加，城市热岛效应日益增强，冬季空气湿度呈逐年上升趋势，在空气流动性本来就很弱的情况下，湿润的空气使得污染物扩散条件越来越差，加剧了空气中污染物的形成。

2．城市能源结构不合理

与国际国内城市相比，伦敦1980年煤炭消耗量占总能耗的比例控制在了5%，北京2010年煤炭消耗量占总能耗的比例控制在30%以下。而乌鲁木齐市2011年全社会煤炭消费量达到2380万t，在乌鲁木齐市一次能源消费结构中所占的比重达72%以上，其中冬季工业及供热耗煤量约占全年耗煤总量的2/3以上。同时，乌鲁木齐市中心城区需要供热的建筑总面积约1.34亿m^2，其中燃煤锅炉供热的面积就占到总供热面积的42%，加之供热总建筑面积的44%为非节能建筑面积，采暖期平均耗煤量是国家标准的近2倍，极大地增加了污染物的排放量，大气污染呈现出明显的煤烟型特征。

3．工业污染源能耗居高不下

据统计，2011年乌鲁木齐市规模以上工业企业万元工业增加值能耗约4.27 t标煤，远高于国家1.91 t标煤/万元和自治区3.13 t标煤/万元的平均水平，仅13家重点工业企业原煤消耗量就占全市原煤消耗总量的86%以上，二氧化硫、氮氧化物排放量占全市排放总量的72.1%和66.1%，电力、钢铁、石化、水泥、建材和冶金等一批高耗能高排放工业企业的布局，对首府城市已成包围之势，特别是城市周边电厂、八钢、乌石化、中泰化学等大型工业企业，因扩产扩能，企业能耗和排放量呈持续快速增长势头，工业企业污染物排放扩散范围已覆盖整个中心城区，加剧了首府大气污染的程度。

4．城市扬尘污染严重

乌鲁木齐是全世界离海洋最远的城市，全年干旱少雨，周边的荒山、裸地包围着城市，生态环境十分脆弱。2012年上半年的降尘浓度比2010年同期增加了28.4%。同时，随着城市的大开发、大建设，中心城区各类建筑工地遍地开花，扬尘污染十分严重。通过高考期间全市建筑工地全面禁止施工时段的监测数据与平时施工时段监测数据比较，禁止施工时段，空气中可吸入颗粒物的平均浓度为 0.078 mg/m^3，而在施工时段，空气中可吸入颗粒物的平均浓度为0.126 mg/m^3，增幅达61.5%。

5. 机动车尾气污染呈上升趋势

目前，全市机动车保有量已达 52 万辆，年增长率超过 30%，加上外埠车辆和其他车辆近 60 万辆，其中在籍黄标车约 4.4 万辆，同时外埠和其他车辆没有纳入机动车尾气环保标准分类管理，致使氮氧化物等污染物排放呈现较快增长趋势，建成区内机动车排放的氮氧化物和一氧化碳占大气污染物浓度的比重已分别达到 40.1%和 94.1%，成为 $PM_{2.5}$ 的主要排放源，大气污染呈现出由煤烟型污染向煤烟、机动车混合型污染转变的趋势。

四、下决心应对挑战

虽然乌鲁木齐市采取了大量措施，但环境空气环境质量差的状况仍未得到根本改善，与国家、自治区的要求和各族市民群众的期望相比还有较大差距。在环保部公布的 2012 年上半年城市空气质量排名中，乌鲁木齐市位列之末，是全国唯一一个劣三级的省会城市。在今后的工作中，我们必须痛下决心，义无反顾地去拼搏，踏踏实实地把国家、自治区环境保护方针政策，把市委、市政府确定的大气污染治理“八个一律”的要求和既定工作方案、措施落到实处。

1. 转变经济发展方式，严格控制新增污染物

从优化城市产业布局和产业结构调整等宏观调控的角度入手，用“环保优先、生态立区”的理念来指导确定首府经济社会发展方式、产业布局结构及产业准入门槛。对不符合国家产业政策的项目一律不批；对环境污染严重、污染物不能达标排放的项目一律不批；对环境质量不能满足环境功能区要求、没有总量指标的项目一律不批。实施能源资源转换、产业升级战略，促进工业项目向园区集中，以工业园区为载体，对园区产业提出“能效准入门槛”和“污染物排放绩效准入门槛”，从源头上加强能耗与污染排放的控制管理，有效推动能效的显著提高和污染物排放的总量削减。

2. 深化工业污染综合防治，确保稳定达标排放

所有工业企业一律不得保留和新建自备电厂。从 2012 年起对重点防控区域内的 10 家工业企业自备电厂进行关停搬迁，同时将甘泉堡工业区内新上自备电厂引导至准东区域建坑口电厂。对所有工业企业一律采取最严格的环保措施，所有热电厂和工业企业，都要执行各行业清洁生产一级标准及国家相关标准中最严格限值的要求，提升企业脱硫、脱硝、除尘等污染防治设施的建设水平。全市 9 家国控重点污染企业实施 25 项大气污染治理项目，93 家重点节能单位在 2013 年 12 月底前完成节能目标。

全面启动污染企业的搬迁、关停。2014 年前完成中心城区 35 家化工、建材等污染企业搬迁工作。积极引导工业企业实施改造升级，推行清洁生产，对属于国家产业政策规定淘汰范围的生产工艺和设施全部予以关停，设立淘汰落后产能和关闭污染小企业专项资金，重点支持关停对首府空气质量产生严重影响的燃煤锅炉、周边小煤矿、部分化工污染类企业等“十五小”和“新五小”企业。

严格落实建设项目环境保护“三同时”制度，所有建设项目达到国家或地方相关环保标准后方可投产运行。对环保重点企业批建不符、久拖不验、不落实环保“三同时”制度、超标排污等情况坚决要求停产整改。对污染物排放未达标、不按期完成限期治理任务的区域、单位和企业，不予审批新建和改扩建项目。没有污染防治设施或建而未用，达不到环

保要求的项目一律不得开工生产。

3．加快实施供热能源结构调整，积极推进建筑节能和供热体制改革

按照“气化新疆”的要求和“谁污染、谁治理”的原则，所有燃煤供热锅炉一律改为天然气等清洁能源供热，对现有的各类燃煤供热锅炉房全部实施“煤改气”。从2012年起，不再新增燃煤供热设施，凡新建建筑一律采用天然气等清洁能源供热方式。加大工业燃煤锅炉清洁化改造力度，2014年10月底前对首府城区内292家规模以上工业企业的400台燃煤锅炉实施“煤改气”，明确所有新上工业锅炉一律采用清洁能源。同时在水文地质条件、电网容量、太阳能资源满足要求的中心城区、旅游风景区等区域的公共建筑中大力推广地源热泵、电热采暖、太阳能跨季储热供暖、太阳能与地热能复合供暖。力争将达坂城区及乌鲁木齐县打造成为“可再生能源建筑应用示范区”。

加快推进建筑节能和供热体制改革。全面执行《严寒和寒冷地区居住建筑节能设计标准》。编制出台新建建筑75%的建筑节能标准，通过政策和标准加快引导和开展绿色建筑、75%节能标准建筑和超低能耗建筑及被动式建筑的建设。加快既有居住建筑供热计量及节能改造步伐。结合国家“节能暖房工程”建设，在确保完成“十二五”期间国家下达的1 621万m^2改造任务的同时，力争对首府中心城区所有具有改造价值的既有居住建筑进行供热计量及65%节能改造。对公共机构新建建筑实行更加严格的建筑节能标准，健全政府办公建筑及大型公共建筑的节能监管体系建设，完善公共机构能源审计、能效公示和能耗定额管理制度，并逐步推进高能耗公共建筑的节能改造，政府办公建筑全面实行按热量计量及收费制度，全面降低公共建筑单位面积能耗。

4．大力发展绿色交通，实施机动车环保标志分类管理

优化城市功能布局，完善道路交通规划，以“公交都市”建设为契机，优先发展以大运量快速轨道交通为骨干，常规公交气电车为主体，出租车等其他公交方式为补充的城市公交体系。合理设置自行车道和人行道系统。积极倡导绿色出行方式，鼓励发展清洁能源汽车，试验示范推广电动汽车，建设充电桩系统。

严格执行机动车环保标志分类管理制度，凡达不到环保排放标准的车辆，一律不得上路行驶。加快“黄标车”的更新淘汰进度，从2012年起，3年内完成首府辖区内各级党政机关、兵团所有公务用车“黄标车”的淘汰，到2015年力争全面完成4.4万辆“黄标车”的淘汰。提高车用油品质量，力争2013年执行机动车排放“国Ⅳ”标准，切实降低机动车尾气超标排放给大气环境带来的影响。

5．大力开展生态环境建设，加强对扬尘等无组织排放源的管理

加大城市周边生态防护林建设，重点加强区域北部沙漠边界防护林的整治和建设。大力开展城市绿化工程，见缝插绿，见空补绿，提高绿化覆盖率，促进城市周边植被恢复，切实增强空气的自然净化能力。加快首府城市周边生态恢复和治理，逐步对首府行政辖区内分布在乌鲁木齐县南山片区、米东区、达坂城区以及中心城区周边的82家煤矿进行整治和关停。进一步加大对周边砂场、碎石场的治理和关闭力度，2年内完成乌拉泊区域砂场、碎石场、采石场的关停，并完成砂坑的回填及生态恢复治理工作，促进生态环境改善。

以建筑工地扬尘污染防治为重点，制定建筑绿色施工标准，对各类料堆、渣堆、灰堆全部采用密闭料仓贮存，对各类堆场加装防风抑尘网或建设防风围挡墙。制定载货车辆运输管理标准，所有进入乌鲁木齐市的载货车辆特别是重型载货运输车辆必须采取密闭、清洗等防尘措施。进一步加大对企业生产原料、原煤等运输、装卸、存储等环节的监管力度，督促各大电厂必须采取密闭煤仓、密闭带式煤炭输送方式。大力开展清洁城市运动，严禁露天焚烧垃圾、废旧轮胎、塑料、秸秆等，生活垃圾必须密闭收集，及时清运，保持市容环境整洁。加强道路洒水保洁作业，扩大清扫保洁范围，市区车行道机扫率要达到80%以上，有效抑制交通扬尘。

6．落实主体责任，不断完善联防联控机制

严格落实区域大气污染联防联控实施方案，成立由自治区分管领导牵头，乌鲁木齐市、昌吉市、阜康市、五家渠市（农六师）及自治区发改委、经信委、环保厅、气象局以及兵团有关部门参加的乌鲁木齐区域大气污染联防联控常设办事机构，办公机构设在自治区环保厅，乌鲁木齐市、昌吉市、阜康市、兵团环保局、五家渠市（农六师）、农十二师抽调专人，具体负责乌鲁木齐区域大气污染联防联控日常工作，严格落实联防联控机制，建立污染物排放会审制度，集中审批项目环评，严格控制污染项目落地，定期组织对各地州市落实区域联防联控工作情况进行监督考核。联防联控区域内建设项目实行“统一规划、统一布点、统一审批、统一监管”。

实行大气污染防治“一把手”负责制，自治区、军区、兵团、武警、中央驻乌各单位要落实主体责任，无条件服从首府大气污染治理工作大局，各司其职、各负其责，协同配合、齐抓共管，形成合力，共同做好首府大气污染防治工作。

7．加大环境执法监察力度，提升防治效果

进一步加大环境执法监察力度，加强执法队伍建设，严格环境监管，对违反大气污染防治法律法规的行为，依法从严从重处罚。对拒不配合开展大气污染治理工作，未按期限完成工作任务的部门、单位，进行通报，并挂牌督办，取消评优评先资格，并追究单位和有关人员的责任。

8．保证大气污染防治投入，不断提升防控技术水平

自治区发改、财政等部门，在国家已有资金支持渠道、补助比例和标准的基础上，协调相关部委提高对首府大气污染防治建设项目的资金补助比例，利用 3～5 年时间，通过争取国家补助、引导企业自筹等方式，筹措 100 亿元用于首府大气污染治理。在积极争取国家专项资金支持的同时，利用融资、债券等措施，多渠道筹措资金，确保大气污染治理资金需求，加快推动首府各项污染防治项目的实施。制定《自治区排污费征收使用管理办法》，明确将乌鲁木齐市排污费连续 5 年 100%用于首府环境监管能力建设。

9．完善政策法规体系，保证各项防治措施有效推进

加强对乌鲁木齐及周边地区的环境承载能力、产业发展规划及布局、地理地形及气候条件等综合因素的分析。开展冬季大气污染与气象条件、地理条件和污染源的关联性研究，摸清空气污染物迁移转化和扩散规律。重点围绕“区域大气环流、局地气象条件与大气污染形成机理之间的关系”及“形成通风道、打破逆温层”的关键技术进行深入调查研究。制定出台《乌鲁木齐区域大气污染联防联控工作条例》、《乌鲁木齐市机动车排气污染防治条例》，制定电热采暖优惠电价政策，修订完善建筑节能标准体系，研究出台加快推进节能减排、推广使用清洁能源及提高重污染行业污染物排放标准、煤炭质量控制标准等促进大气污染防治工作的政策措施，强化对超标排放的行政处罚力度和责任追究，为推进首府大气污染治理提供政策法规保障。

10．广泛宣传发动，提高全社会环境保护意识

通过各种渠道，在全社会广泛宣传“在发展中保护环境，在保护环境中谋求发展”的理念，积极引导各族群众支持参与首府大气污染治理，大力倡导绿色、环保、低碳的生活方式，努力实现经济效益、社会效益、资源环境效益的多赢。同时，积极开展环境保护知识进社区（村）、进校园、进企业、进机关、进部队的“五进”活动，让大气污染治理成为每一个公民、每一个市民的自觉行动。

改善首府的环境空气质量状况是全市各族群众的共同心愿，也是构建多民族和谐宜居城市的必然要求。作为乌鲁木齐市环境保护局长，我坚信在环保部、自治区党委、自治区人民政府的大力支持下，在市委、市政府的坚强领导下，在全市各族干部群众共同努力下，我们一定会打好乌鲁木齐市大气污染治理这场攻坚战。

四、农村环境保护

全面加强农村环境保护
推动农村经济社会可持续发展

山西省晋城市环境保护局　李作富

近年来，伴随着经济社会的快速发展，城市工业逐步向农村地区转移，农村环境形势日益严峻，一些农村环境问题已经成为危害农民身体健康的重要因素，制约了农村经济社会的可持续发展。在新的历史条件下，面对新的机遇、新的压力和新的挑战，如何加强农村环境保护，推动农村经济社会可持续发展，是我们必须认真思考和探索的重要课题。

一、加强农村环境保护，是实现农村经济社会可持续发展的必然选择

长期以来，由于环境保护工作重城轻乡，农村环境保护工作始终没有得到应有的重视，各类农村环境问题日益凸显，点源污染与面源污染共存，生活污染和工业污染叠加，各种新旧污染相互交织，危害群众健康、制约经济发展、影响社会稳定，已成为农村经济社会可持续发展的制约因素。

（1）农村环境保护意识淡薄。由于农民整体受教育程度不高，以及受传统生产生活习惯的影响，农民环境保护意识普遍低下。同时，一些基层政府对环境保护不重视，导致环保责任考核不到位。

（2）农村环境基础设施建设滞后，生活污水、垃圾处理缺乏有效的治理方案。由于农村环境保护规划滞后，各乡镇、村庄居住分散，规模小，功能不齐全，生活及生产功能区划分不清，家庭庭院式养殖较为普遍，人畜混居的现象仍然存在。大多数农村没有生活污水、生活垃圾处理设施，垃圾靠风刮，污水靠蒸发，污染治理还处于空白状态。

（3）工业及城市污染向农村转移、发达县域的污染向欠发达县域转移的现象普遍存在。

（4）农村环保监管力量薄弱。从晋城来看，大多数乡镇没有配备专职的环保员。兼职环保员主要精力不在环保工作上，多数是兼而不管，有的甚至只是挂个名。加之有些基层干部对环境保护工作认识不足，基层环保力量现状与日益繁重的农村环保工作要求不相适应。

二、不断加大农村环境保护力度，为推动农村经济社会可持续发展奠定坚实的环境基础

近年来，晋城市委、市政府认真贯彻落实全国农村环境保护电视电话会议精神，把加强农村环境保护作为推进社会主义新农村建设、统筹城乡全面协调可持续发展的重要内

容，以改善农村环境质量、保障农民群众身体健康为目标，不断加大工作力度，取得了明显成效，农村环境质量显著改善。

1．以保障群众饮水安全为着力点，突出抓好农村饮用水源地保护

饮水安全关系到广大人民群众的生命与健康，关系到社会和谐稳定。2007年以来，在对全市10个城镇集中式饮用水源地进行集中整治的基础上，全方位开展了农村饮用水源地综合整治，市政府制定下发了《晋城市农村饮用水水源地专项整治实施方案》，重点加强了乡镇集中式饮用水源地和农村分散式饮用水源地的环境保护工作。一是全面完成了乡镇集中式饮用水源地的调查摸底及保护区划定工作。二是编制完成了乡镇集中式饮用水水源地环境保护区划分技术报告。三是完成了对69个乡镇集中式饮用水源地、2 455个农村分散式饮用水源地的环境保护档案建立以及定桩、立界、防护网设立等工作。

2．以社会主义新农村建设为载体，扎实推进生态环境建设

近年来，晋城市在社会主义新农村建设中，将环境保护与生态建设有机结合起来，不断加强生态环境建设。一是积极开展生态示范创建活动。建成了陵川、沁水两个国家级生态示范区；创建了4个国家级生态乡镇、2个国家级生态村、34个省级生态乡镇、84个省级生态村、33个生态示范矿井、8个规范化畜禽养殖示范项目。二是按照“山上治本、身边增绿、突出重点、打造精品”的原则，在全市大力实施六大造林绿化工程（通道绿化、交通沿线荒山绿化、村镇绿化、厂矿区绿化、环城绿化、城市绿化），大打了一场城乡一体建设生态晋城的总体战。目前，全市森林覆盖率达到39.2%，全省排名第一。2008年4月，晋城市被全国绿化委员会命名为“全国绿化模范城市”。三是扎实推进了生态市、生态县建设以及煤炭开采生态恢复治理工作，编制完成了晋城市、高平市、泽州县、阳城县生态市、生态县建设规划。完成了晋城市、高平市、泽州县、阳城县、沁水县煤炭开采生态恢复治理规划。

3．以改善农民生活环境为目标，大力实施农村环境综合整治

一是坚决取缔污染严重的土小企业，拆除落后生产设施，恢复地形地貌。二是积极推广清洁能源。将沼气、秸秆气普及工作列为新农村建设“农字一号”工程，投资4亿多元，实施农村沼气、秸秆气化综合利用工程，全市14万余户农民用上了清洁能源，居全省第一，被列为全国10个循环农业示范市之一。三是实施农村环境连片整治。2011年以来，积极实施了农村环境连片整治示范项目，即一个连片一个点（“连片”即沁水县18个村庄，“点”即泽州县巴公镇东四义村）。主要任务就是以改善农村生产生活环境为目标，以实施农村环保“两清”（清洁种植和清洁养殖）、“两减”（农药和化肥减量化生产）、“两治”（农村环境综合整治和规模化畜禽养殖污染防治）、“两创”（创建全国环境优美乡镇和创建国家生态村）等示范工程为主线，以点带面，逐步健全和完善农村环保长效机制，有效解决各种影响农村可持续发展的突出环境问题。为了确保整治项目顺利实施，多方争取资金，共争取各级资金2 772万元（其中：中央和省级资金1 920万元，市级配套资金426万元，县级配套资金426万元）。四是推进农村生活污水处理工作。因地制宜，对城镇周边和邻近城镇污水管网村庄优先接入城镇生活污水处理系统进行统一处理；对居住相对集中的规划布点村庄，建设小型设施进行相对集中处理；对地形地貌复杂、污水不易集中的村庄采用相对分散的方式进行处理。建成了泽州县东四义村、城区洞头村等一批农村生活污水处理设施，并实现了稳定正常运行。

4．以保障农民身体健康为落脚点，大力整治农村面源污染

一是积极开展了土壤污染调查。根据环保部和省环保厅的要求，晋城市于 2007 年在全省率先开展了土壤污染调查工作，成为全省土壤污染调查试点，并于 2008 年全面完成了土壤污染调查的采样、送样和土壤分析等工作。二是全面加强水土流失及面源污染治理。建立了工程、生物、耕地相结合的防治体系，深入到农村排查威胁村民饮用水源的污染隐患，通过控制化肥和农药施用量、规范畜禽养殖业等措施防治农业面源污染，消除农业污染源对饮用水水质的影响，保障了广大农民的身体健康。

三、全面加强农村环境保护，推动农村经济社会可持续发展

农村是环境保护的重点区域。“十二五”时期全国环境保护工作的重心将由城市逐步向农村转移。作为晋城来讲，必须坚持“统筹规划，因地制宜，依靠科技，创新机制，政府主导，公众参与”的原则，全面推行“以奖代补”、“以奖促治”政策，以生态示范创建活动为载体，以实施农村环境连片整治示范项目为抓手，全面加强农村环境保护，推动农村经济社会可持续发展。

1．加大农村环保宣传教育力度

广大农村群众既是农村环境保护工作的受益者，也是主力军。应加强指导、培训、宣传教育，充分利用广播、电视、报刊、网络等媒体，开展多层次、多形式的舆论宣传和科普宣传，积极引导广大农民从自身做起，自觉培养健康文明的生产、生活、消费方式。农村领导干部，在农村环保中具有导向性作用，应采取有效措施，着力提高其环境保护意识。

2．进一步加强农村饮用水水源地保护

把保障饮用水水质作为农村环境保护工作的首要任务。对饮用水源地周边的各类污染源进行拉网式排查和集中整治，对饮用水源保护区范围内的排污口进行全面拆除，对影响并污染农村饮用水水源地水质的企业坚决实施关停、搬迁。加强分散式饮用水水源地周边环境保护和监测，及时掌握农村饮用水水源环境状况，防止水源污染事故发生。制订饮用水水源保护区应急预案，强化水污染事故的预防和应急处理。

3．大力推进农村生活污染治理

以农村环境连片整治为载体，因地制宜开展农村污水、垃圾污染治理。推进县域污水和垃圾处理设施的统一规划、统一建设、统一管理。针对城乡一体化发展的新需要、新期待，加大公共财政对农村生活污水、生活垃圾的支付力度，减少“空白点”，增强普惠性。积极探索创新机制，实施市场化运作。制定相应的政策，坚持“谁投资，谁受益”的原则，引导企业、社会和农民投入，逐步建立多层次、全方位、多渠道的投资机制，激活投入主体；对一些重大农村环境基础设施项目进行直接投资或资金补助、贷款贴息的支持，吸引各方人士主动参与项目建设。有条件的小城镇和规模较大的村庄应建设污水处理设施，城市周边村镇的污水纳入城市污水收集管网，对居住比较分散、经济条件较差村庄的生活污水，采取分散式、低成本、易管理的方式进行处理。逐步推广户分类、村收集、乡运输、县处理的方式，提高垃圾无害化处理水平。

4．严格控制农村地区工业污染

加强对农村工业企业的监督管理，严格执行企业污染物达标排放和污染物排放总量控

制制度，防治农村地区工业污染。采取有效措施，防止城市污染向农村地区转移、污染严重的企业向欠发达的县域转移。严格执行国家产业政策和环保标准，淘汰污染严重和落后的生产项目、工艺、设备，防止土小企业在农村地区死灰复燃。

5. 加强畜禽养殖污染防治

强化养殖业污染防治，科学划定畜禽饲养区域，改变人畜混居现象，改善农民生活环境。鼓励建设生态养殖场和养殖小区，重点治理规模化畜禽养殖污染，实现养殖废弃物的减量化、资源化、无害化。对不能达标排放的规模化畜禽养殖场实行限期治理等措施。加强水产养殖污染的监管，禁止在一级饮用水水源保护区内从事围栏养殖；禁止向库区及其支流水体投放化肥和动物性饲料。

6. 积极防治农村土壤污染

利用全市土壤污染调查的成果，积极开展污染土壤修复试点。加强对主要农产品产地、工矿废弃地等区域的土壤污染监测和修复示范工作。

7. 实行“以奖促治”加快解决农村突出环境问题

实行“以奖促治”，重在推进农村生产与生活污染的治理，改善农民的生产和生活环境。“以奖促治”资金主要用于奖励农村地区的环境综合治理，鼓励因地制宜采取多样化的治理措施，重点支持开展村庄饮用水源地保护、畜禽养殖污染治理、生活污水和垃圾处理、历史遗留的乡镇工矿企业污染的治理、农业面源污染和土壤污染防治、村容村貌的综合整治以及生态创建等活动，力争使各类危害农民身体健康、威胁城乡居民食品安全、影响农村可持续发展的突出环境问题逐步得到解决。今后，我们将着重从三个方面推进“以奖促治”工作。一是支持一些影响大、矛盾突出、群众反映强烈的村庄开展环境专项整治，争取在 2～3 年内使一批严重影响农民身体健康的突出环境问题得到有效解决或控制；二是鼓励重点乡镇、区域开展农村面源污染特别是种养殖业的污染治理，优化产业结构调整与布局，增加科技含量，树立一批发展循环经济和生态经济的先进典型，推动建立一批有机食品基地；三是督促一些基础和条件较好的乡镇、村，加大城乡统筹环境保护的力度，分片推进农村环境综合整治，建成一批“国家级生态乡镇”和“国家级生态村”。

8. 加强农村环保队伍建设

在乡镇设立专职环保员，逐步建立大学生村官环保监督员、信息员、联络员制度。提高基层环保工作人员的福利待遇，鼓励环保专业大学生积极投身到农村环保工作中去。

城市环境与农村环境唇齿相依，是不可分割的有机整体。农村环境保护不好，不仅损害农民的利益，还会影响城市居民的菜篮子、米袋子、水缸子。我们要继续把农村环境保护作为全市环境保护工作的重中之重，不断加大农村环境综合整治力度，努力改善广大农民的生产生活环境，推动农村经济社会可持续发展，着力建设水源清洁、田园清洁、家园清洁的社会主义新农村。

统筹城乡发展　打造生态农村

——长沙市农村环境综合整治实践与思考

湖南省长沙市环境保护局　邓　峰

加强农村环境保护是建设生态文明的必然要求，是统筹城乡发展的重要任务。2007年以来，长沙市以国家深化“以奖促治”政策、开展农村环境连片整治示范工作为契机，率先进行了农村环境保护的探索与实践。

随着经济的快速发展和农村居民生产生活方式的改变，农村环境污染防治滞后于经济发展的问题越来越突出，长沙市农村环境形势一度十分严峻：畜禽养殖污染严重，2006年全市仅畜禽养殖污水直排水体总量达8 000万t、化学需氧量13.5万t，是城市总排放量的2.5倍；生活垃圾污染泛滥，农村地区每年产生垃圾147万t，为城市的1.6倍；生活污水排放混乱，农村地区排水管网规划与建设严重缺失，污水处理设施基本为零，每年1.4亿t生活污水直排各类水体；农药化肥使用失范，2006年，农药、化肥等农业面源污染排入水体的总氮12 691 t、总磷1 495 t，分别占同期水体主要污染物的48%和63%；工业企业污染加剧，2006年，仅造纸行业废水排放就达6 000万t、化学需氧量1.12万t，超过城市排放量的总和。为此，长沙市在全国率先开展了农村环境综合整治，并取得了令人瞩目的成绩，受到国家和湖南省的肯定与推介，得到广大群众的赞扬与支持。

一、长沙农村环境综合整治取得明显成效

长沙市委、市政府高度重视农村环境保护，坚持以“两型”发展为总纲、以城乡统筹为总揽，以防治农村环境“五大乱源”为主要内容，于2007年在全国率先开展农村环境综合整治，以农村环境连片综合整治为抓手，推动全市农村环境综合整治工作全面开展。经过五年的探索与实践，逐步实现发展经济与保护环境的统一，城市环境与农村生态的统一，行政管理与市场机制的统一，资源利用与无害化处理的统一，取得了四个方面的成效：

——率先建立农村环境污染防治体系。全面完成500头以上生猪养殖污染治理。实现乡、村垃圾收集处理体系全覆盖，农村垃圾收集处置率达到85%以上。县城污水处理覆盖率100%，乡镇污水处理厂建设率80%，园区污染防治设施配套率100%，新建工业项目入园率100%，重点企业达标排放率100%。

——率先推进城乡生态环境同步改善。大中型水库基本退出投肥养殖，集中饮用水水源地水质达标率由71%提高至100%，农村饮用水卫生合格率100%，空气质量常年优于国家二级标准。4个县（市）全部通过国家生态示范区验收。城市水环境功能区水质达标率由62.7%提高到100%，湘江出境水质常年优于入境水质。空气质量优良率由67.1%提高到

93.4%，稳居中部省会城市前列。

——率先构建城乡“两型”产业格局。“三高一低”落后污染产业基本淘汰退出。先后引进高端制造、电子信息、新能源、新材料等工业企业1 500多家，总投资近1 000亿元。工程机械产业成为省内首个千亿产业集群，逐步构建以高新技术产业、先进制造业、文化创意产业、有机绿色农业为主的“两型”产业格局。

——率先实现环境与发展的共生共赢。与2006年相比，长沙在GDP增长2.14倍的情况下，化学需氧量（COD）排放强度下降58%。全市农村居民人均可支配收入增长1.4倍，高于城市居民人均可支配收入20个百分点。

长沙的农村环境整治工作得到环保部领导和省委、省政府的充分肯定。《人民日报》等多家媒体广泛报道了长沙农村环保村民自治模式；农村环保“长沙模式”得到了环保部的充分肯定；2010年，省政府在长沙召开全省农村环境保护现场会；2011年，长沙市被联合国环境规划署授予“环境规划示范城市”称号；农村环境综合整治“金塘模式”获得了环保部的高度评价，并在全国范围内推广。在针对千家农户的民意调查中，农村环境综合整治被农民群众誉为近10年来最大的实事、最满意的好事。

二、长沙农村环境综合整治的主要做法

在推进农村环境综合整治过程中，我们逐步探索出以“政府主导、村民自治、城乡统筹、科学发展”为主要特色的长沙模式：

1. 抓宣传发动，积极营造农村“两型”发展氛围

以活动促氛围形成。2007年，在107个行政村实施“百村千户”环保示范工程，分别由市委、政府、人大、政协领导和市环保局联系指导。开展了“市委书记讲环保课、市长送环保书籍、环保局长给村支书写信”活动，在社会上引起了强烈反响。深入开展“新农村、新环保、新生活”农村环保行动，共有5 000人次的环保义工、1 300多名大学生、100多位环保专家和学者下村入户，开展专家咨询、讲课300余场（次），张贴环保宣传挂图7 000余套，向农户发放宣传手册2万余份、宣传单10万余份，印制环保宣传标语10万余处，广大农村环保意识普遍得到了增强。以教育促观念转变。市环保局与市委组织部每年组织举办乡镇主要领导干部环保轮训班和镇、村环保专干轮训班，共培训乡镇领导干部359人次，环保专干、保洁员3 000余人次，形成了市、县、乡三级抓环保培训的格局。组织乡镇党员群众开展“五看五比”教育活动，望城区、浏阳市通过农民环保学校开展环境教育培训300余次，培训群众2.1万人次。加强青少年环保意识培养，在中小学中开展了“小手牵大手，生态环保行”、环保演讲比赛等系列环保教育活动。以宣传促知识普及。在全市每村开辟一个环保宣传栏、开办一所“农民环保学校”。市环保局与市委宣传部组织县乡开展“百万农民共赏环保戏”宣传活动。在长沙晚报开辟“乡镇书记谈环保”、评选十佳绿色村支书等专栏。与长沙电视新闻频道策划推出全国第一部环保科普电视专栏《绿色家园》，共104期，连续三年每周一期播出。区、县（市）电视台、报纸分别开辟专刊专题，宣传报道环保新闻1 710余条（次）。

2. 抓重点环节，大力整治农村环境“五大乱源”

养殖污染治理“化害为利”。市政府颁布《长沙市畜禽养殖管理办法（试行）》，将长

沙市城区划定为禁养区，2013 年底实现畜禽养殖全面退出；出台了治理补助政策，给予养殖户每平方米栏舍面积 30～40 元补助。县（市、区）也配套相应资金投入，并出台畜禽养殖业发展规划。针对农村地区养殖特点，科学推进养殖污染治理。明确要求新建养殖场必须符合养殖规划，开展环境影响评价，实施环保"三同时"保证金制度；畜禽养殖污染治理列入市、县、乡三级环境执法日常监管。通过五年综合治理，农村地区规模化养殖场污染治理全面完成，基本实现了"户户治理、场场达标"，全市每年减少畜禽污水排放 3 700 万 t，削减化学需氧量 6.4 万 t、氨氮 4 400 t。生活垃圾污染治理"分类减量"。根据"一镇一站、一村一池、一户一桶"建设要求，给予每个乡镇 30 万～50 万元不等的建设资金，每村每年 1.2 万元的运行资金，全市共建成乡镇垃圾中转站 110 个、村级垃圾收集站 1 200 个、各类垃圾收集池（桶）65 万个；成立垃圾资源化回收机构 270 个，建立了 1.6 万人的专（兼）职保洁员队伍，农户垃圾收集处置体系建设率 100%。在全市建立"农户分类减量、镇村回收利用、县少量填埋、市考核奖励"垃圾分级处理方式，农村每年减少生活垃圾丢弃 120 万 t 以上。开展全市垃圾整治"十佳十差"乡村评比活动，乡镇开展了环境卫生"最差农户"、"最差村（社区）"评选，评选结果在县（市、区）主要媒体上进行公布，对最差乡镇和村（社区）进行挂牌督办。生活污水治理"正本清源"。近五年，给予乡镇污水处理厂最高 345 万元/座的建设补助，每座每年 8 万元的运行补助，共投入资金近 15 亿元，完善了县（市）、乡镇、农户三级生活污水处理设施。启动了 71 家集镇污水处理厂及配套管网建设工作，长沙县率先实现了集镇污水处理设施全覆盖。在农村中心村建设家用式生活污水处理设施 33.5 万套。农村地区新增污水处理能力 4 600 万 t/a，可减少化学需氧量排放 1.2 万 t。科学制定饮用水水源地保护规划，建立市、县、乡三位一体的饮用水水源保护区体系。在山塘水库、饮用水水源地全部退出投肥养鱼，如宁乡县通过给予渔民生态补偿（每口鱼箱 1.4 万元，共投入 102 万余元），在靳江河饮用水水源区全面退出网箱养鱼。农业土壤污染治理"防控结合"。在全国首创制定《关于加强土壤污染防治工作的意见》和《长沙市土壤环保认证管理办法》，该项创造性工作得到了环保部的高度认可。推行科学施肥，实施测土配方施肥 1 650 万亩次，五年累计节约化肥约 5.8 万 t（折纯）；推广秸秆还田技术，实施秸秆资源化利用 1 687 万亩，减少化肥用量 5%。按照《农田土壤环境质量监测技术规范》要求，完成全市水稻土壤污染监测评价。建立 8 个农业环境长期监测点，重点监控农药、化肥、农膜、畜禽粪便等造成的农业面源污染，及时掌握耕地环境质量的变化趋势。农村工业污染治理"关口前移"。严格项目准入，先后否决高污染、高能耗、工艺落后项目 140 余个，涉及资金 40 亿元。推进企业整治与整合，综合整治 110 家造纸企业，全面退出 39 家涉重金属企业，取缔关闭治理无望的涉水污染企业 390 余家；规范农村工业发展，工业项目必须进园区，园区必须配套污染防治设施，污染排放必须达标，重点工业企业达标排放率 100%。

3．抓多元联动，科学构建农村环保长效机制

① 引入市场机制。建立全国第一个农村环境建设投资有限公司，将各类资金整合，统一管理、专项使用于农村环境综合整治。以乡镇为单位与畜禽污染治理公司签订全域畜禽污染整治合同，实施"合同环境服务"。大型猪场成立清洁能源公司，统一建设沼气池、统一实施定期配送、统一收费标准，使无养猪户也能使用清洁能源。推广农村垃圾处理市场付费制度，根据农户垃圾的产生量和自行分类处置量确定收费价格，其缴费作为私营保

洁公司或个体保洁员的收入。建立市场化的垃圾回收运行机制，在县乡推行私人组建垃圾回收合作社。如浏阳市普迹镇组建13家再生资源回收站，每年回收各类废旧物品近千吨、产值1 600万元，在财政没有投入的情况下，减少垃圾集中处置量20%，产生经济效益20余万元。② 推行精细管理。建立乡镇垃圾分类处理“四率”评价标准，要求乡镇生活垃圾人均填埋率和费用率持续下降，人均回收率和就地处置率持续上升；建立“五个百分百”治理标准，即农户减量执行率、资源回收率、村民参与率、市场化运行率和无害化处理率均达到100%。建立畜禽污染治理“七个必须”技术标准，即必须沼气池正常使用、必须建设四级化粪池、必须雨污分流、必须干湿分离、必须已配套相应的林（菜）地、必须配套管网设施和必须高压喷枪冲洗栏舍。建立农业土壤环保认证标准体系和技术规范。③ 实施环境考评。各县（市区）都成立农村环境综合整治领导小组办公室，各乡镇设立环保监管机构和环保专干，负责农村环境综合整治日常工作和考评工作。建立区域环境保护评价制度，每年对县、乡区域内环境质量进行评价，并将污染减排和环境质量作为各级领导干部绩效考核的重要内容。在全国率先推行党政干部任期环保审计制度，审计结果作为干部选拔任用和奖惩的依据。④ 出台经济政策。2008年，长沙率先全省建立环境资源交易所，在全国首次成功实施排污权交易拍卖。2009年，率先实施环境风险责任保险制度，出台《长沙市境内河流生态补偿办法（试行）》，在湘江长沙境内四大支流实施断面考核与生态补偿，年补偿金额达1 160.5万元。2010年，市政府在全国出台《关于实施环境经济政策的指导意见》，建立生态环境资源补偿、绿色信贷、绿色税收、绿色财政等较为完备的环境经济政策体系。

三、农村环境综合整治的几点体会

1. 始终注重经济质量、环境质量、生活质量的“三质提升”

针对农村环保历史欠账多、治理难度大的实际，我们提出“整体推进、持之以恒”的工作方针。在治理空间上不搞试点示范，坚持整乡整县推进；在治理领域上不搞单一片面，坚持“五大乱源”同抓同治；在治理时间上不搞一阵风、运动式，坚持防治常年性、常态化。必须紧紧围绕经济质量的提升。近年来，我们致力于转变农村传统的生产方式和思维模式，增强农村经济可持续发展的环境资源承载力。推进土壤污染整治，为培植绿色农业，发展附加值较高的有机农业生产奠定基础，如长沙县金井镇湘丰茶业有限公司发展有机茶园2.78万亩，产品通过了“绿色食品认证”、“质量管理体系认证”和“有机茶认证”，如今年产值过亿元，成为中国科学院有机茶示范基地、中国茶业十大品牌之一。推进农村污染企业整治，推动企业通过技术改造、淘汰落后工艺、实施清洁生产，调优调大调强企业综合实力，形成产业和产区的绿色竞争力，如浏阳市大瑶镇过去造纸作坊几乎是“村村点火、户户冒烟”。2007年，大瑶镇将小造纸关闭整合，整体建设造纸工业园，配套建设排水、治污等基础设施，218家企业先后落户大瑶，2010年全镇财政总收入实现过亿元，较2006年翻了一番。开展水污染防治、优化水生态环境、促进水资源可持续利用，变农村水资源为市场化的水资产，如百威、青岛、珠江啤酒先后落户望城区、长沙县、浏阳市。必须紧紧围绕环境质量的提升。我们尊重生态环境系统相互贯通的内在规律，将畜禽粪便、农村垃圾、生活污水、土壤污染和工业污染五大治理科学安排、整体推进、有序布局，污染排放逐年下降、环境质量稳步提升。全市化学需氧量强度由2006年的3.6 kg/万元降至1.54 kg/

万元，全市地表水氨氮浓度下降14%，浏阳河下游等多处劣Ⅴ类水质提升至Ⅳ类水质标准。必须紧紧围绕生活质量的提升。各级党委、政府将农村环境综合整治作为民生工程来抓，“既重视GDP，也重视COD（化学需氧量）”，“抓环境保护也是政绩”，成为各级领导干部的共识，“让老百姓喝上干净的水、呼吸到新鲜的空气、吃上放心的食物”成为重要的考评标准。通过环境综合整治，农民群众认同度、满意度和归属感增强了，“污水流出变清泉，沼气农肥样样全，垃圾出门分类放，公园就在家门前”成为老百姓争相传诵的歌谣，全市农村污染投诉较2006年下降42%，公众对环境保护的满意率保持在85%以上，高于全国平均水平22个百分点。

2．始终遵循治理的无害化、减量化、资源化的“三化标准”

我们根据环境保护的基本要求、遵循污染治理的基本规律，针对农村环境千差万别的实际情况，坚持“三化”治理基本准则，着力探索集约式、科学化的治理模式。始终遵循治理无害化。通过实施“雨污分流”、厌氧发酵、微生物分解、植物吸收等方法，最大限度地实现生活污水无害化处理。如望城区乔口镇污水处理厂，在正常处理工艺的基础上增加生态浮岛环节，利用浮岛上水生植物发达的根系进一步吸收排水中的污染物质，经生态浮岛“过滤”的水中化学需氧量可控制在20～30 mg/L，远远低于国家排放标准。始终遵循处置减量化。着眼长远、坚持引导农民科学分类减量，避免简单就地填埋焚烧造成二次污染。如菜叶、剩饭菜等可降解垃圾入堆沤池堆沤，玻璃瓶、塑料包装等可利用垃圾送回收机构回收，电池、农药瓶等有毒有害垃圾由保洁员统一收集处理。通过分门别类、分别处置，大大减少了垃圾转运量和填埋量。始终遵循防治资源化。改畜禽粪便废料为沼气清洁燃料，实现畜禽粪便无害化、资源化。如宁乡县坝塘镇保安村统一配送大型猪场的畜禽粪便到没有养猪的农户置沼气，每年可消耗畜禽粪便4 000 t，制成的清洁能源可持续供应1 100余户农家全年烧水做饭。浏阳市镇头镇清泉养殖场年养生猪2万头，将沼气发电供暖照明、沼渣制有机肥、沼液喂鱼和种植青饲料，实现污染“零排放”。

3．充分发挥党政领导、村民自治、市场机制的“三大作用”

坚持党政领导，形成合力。长沙市委、市政府对各级各部门年度考核中环境保护分值占5分，权重远高于招商引资、经济建设项目；岳麓区在部门、乡街执行绿色GDP考核体系，望城区区长在大会上提出“环境保护搞不好的干部不是好干部”，长沙县主要领导坚持环境整治一季度一点评，浏阳市实施《城乡统筹环境同治三年行动计划》，市委书记定期主持召开调度会，宁乡县“四大家”每年听取环保专题汇报。坚持村民自治，发挥主力。农民是农村污染的制造者、受害者，同时也是农村污染的治理者。长沙市农民群众在政府和部门的正确引导下，通过自我教育、自主创新、自愿投入、自觉管理，最终实现了自己受益。在环保部门引导下，农村普遍制定了环保“村规民约”，组建农民环保促进会，建立环境保洁与监管队伍，编制村级环保规划，600余个行政村创建为农村环保自治村。坚持市场运作，激发活力。遵循市场运行规律，不断发挥市场作用，引进治理资金、引进治理技术、引进治理人才；通过市场机制，实现专业化的治理、标准化的管理、规范化的监督。长沙县通过公开竞标，引进上市公司桑德环保对乡镇污水处理厂统一建设、统一运营，其污水处理费用由过去的2.0元/t降至0.9元/t，节约财政运营资金55%。

4．始终注重管理模式、治理方式、技术形式的“三个创新”

与城市相比，农村地区存在生产生活方式不同、发展水平不一、污染成因不同、污染状况不一的特点，在环境保护知识、技术、资金的需求上也不尽相同，因此，农村环境综合整治的管理形式、治理方式和技术模式一定要实事求是、因地制宜。在管理模式的选择上，始终注重激励为先。实行奖优罚劣的考核体系。建立以整治绩效考核、断面水质考核、区域环境评价考核、干部任期审计为主体的考核体系，与干部的政治经济待遇和升迁任免挂钩，与县乡的综合排名和评优评先挂钩，形成了你追我赶的工作氛围。实行便于监督的信息公开，建立以政策全文公布、媒体定期跟进、问题随时曝光为信息公开体系，使广大干部群众参与对农村环境保护的管理和监督。在治理方式的选择上，始终注重对症下药。对土壤污染治理以技术手段为主，辅以资金支持；对垃圾污染防治以行政手段为主，辅以市场机制运用；对集镇污水处理以财政资金支持为主，辅以技术引导；对工业污染防治以依法监管为主，辅以宣传教育。同时根据污染分布状况不同、污染程度不同、污染对象不同，按照轻重缓急分类处置、预防与治理互相结合的原则，统筹推进农村环境保护工作。在技术形式的选择上，始终注重因地制宜。根据农村污染源不同类别、不同规模、不同地域，推行科学易行、经济实用、持久有效的技术方法，让乡村干部和广大农民都看得懂、学得会、做得到。如在畜禽污染治理上，我们没有复制投入成本高的城市污水处理技术，也没有采用运行投入大的大型养殖场生化处理技术，而是推广成本低、易操作的“猪—沼—林”、“猪—沼—稻”等种养平衡的技术模式。

四、长沙市农村环境存在的问题

1．农村环保长效机制尚待建立健全

长沙市农村环保基础设施已基本完善，但设施设备维护、运行成本较高，如每座乡镇污水处理厂运营管理资金需 30 万元/a，每个乡镇垃圾收集转运处理费用需 20 余万元/a，高额的运行费用使当地财政难以承受；畜禽污染治理与市场对养殖业的需求矛盾突出，导致畜禽养殖业环境监管难度较大。

2．土壤污染形势严峻

土壤中重金属含量超标给长沙市土壤生态环境、农产品安全构成严重威胁，仅浏阳市七宝山乡重金属污染土壤面积就高达 2 040 亩。工矿场地污染问题突出，工矿企业历史遗留污染问题治理难度大，部分乡镇（如浏阳市七宝山乡、永和镇）由于历史上长期大规模和超强度的资源开发，矿渣废渣堆积严重，导致当地生态环境失衡，生态修复任务艰巨。

3．城郊结合部环境问题凸显

城郊结合部作为特殊区域，一直是城市管理的短腿。由于城市急剧扩张，城郊结合部范围日益扩大，污水处理、垃圾收集处理等基础设施配套却相对薄弱，加之“三高两低”和“五小”企业大量存在，环境监管难度日益增大，环境状况不容乐观。

五、加强农村环境保护工作的建议

1．建立农村环保长效管理联动机制

建议进一步加大农村环保资金投入力度，各级政府逐年增加农村环保财政预算。建议建立健全农村环保长效管理联动机制，各相关部门按照职能分工进一步加强乡镇污水处理

厂的运营管理与监督工作；进一步规范畜禽养殖场建设与布局，积极探索畜禽养殖污染治理新技术；进一步探索农村垃圾就地分类减量工作模式。

2．建立土壤污染防治体系

建立市、县、乡、村“四级一体”的土壤基本生态控制线管理体系。通过对重要水源、农田、耕地、林地等区域实施生态功能管理，划定禁止开发区、限制开发区和适度开发区。以农村“菜篮子”、“米袋子”、“水缸子”、“果盘子”为主体，建立涉农土壤环境分级认证管理体系，通过开展土壤环境质量评估和等级划分，控制农业面源污染和工矿污染对涉农土壤的影响，以达到“以认证促治理、以认证促保护”的土壤污染防治目标。

3．建立湘江长沙段水环境预警体系

2012年年底，湘江长沙综合枢纽工程将正式蓄水通航，库区蓄水后水位抬升、湘江流速减缓，水体自净能力减弱、水环境容量将大幅度下降。而湘江库区长沙段几条主要支流全都位于广大农村地区，所以建议尽快建立涵盖广大农村地区的湘江长沙段水环境预警体系，在湘江干流长沙段及浏阳河、捞刀河、靳江河、沩水河等重要支流与水体建设全方位、全时段的水质自动监测体系，实现任何流域水质异常可在半小时内发出预警；建立完备的水质异常应急管理机制，确保库区投运后长沙市居民饮水安全。

井冈山市农村环境污染存在的问题及对策

江西省井冈山市环境保护局 肖宁社

井冈山市位于江西省西南部，地处湘赣两省交界的罗霄山脉中段，是江西省的西南门户。1927年10月，毛泽东、朱德等老一辈无产阶级革命家在这里创建了中国第一个农村革命根据地，开辟了“以农村包围城市，武装夺取政权”的具有中国特色的革命道路，鲜为人知的井冈山被载入了中国革命历史的光辉史册，被誉为“中国革命的摇篮”和“中华人民共和国的奠基石”。

井冈山环境优美，风光绮丽，森林覆盖率达86%。井冈山风景名胜区面积261.43 km^2，分为11个景区，76处景点，460多个景物景观。不仅有全球同纬度迄今保存最完整的次原始森林7 000 hm^2，更有被联合国环保组织誉为全世界同纬度仅有的常绿阔叶林。近年来，井冈山市先后被评为全国首批5A级风景旅游区、全国园林绿化先进城市、国家卫生城等荣誉称号。

“红色摇篮、生态井冈、精神家园”。依托红色历史文化和优美的自然景观，井冈山成了中国红色旅游的首选地。2011年，接待来山游客671.08万人次，旅游总收入49.36万元，门票收入超2亿元。随着来山游客的迅猛增加、粗放农业的加速发展、乡镇企业的日益增多，井冈山市的农村环境污染问题也越来越严重，农村环境综合整治工作到了非抓不可的地步。可以说农村环境污染问题不解决好，势必将影响到井冈山市的可持续发展。

一、井冈山市农村环境污染现状

井冈山市下辖21个乡镇场、街道办事处，106个行政村、13个居委会，国土面积1 297.5 km^2，人口16.21万，其中农业人口12万多人。近年来，由于农药、化肥和除草剂在农业生产上的大量使用，养殖业迅猛发展，农业废弃物随意排放，以及乡镇企业的粗放型生产经营方式，成了农村环境污染的主要污染源点。农村水质变坏、土壤污染、大气浑浊恶臭，直接危害农业生产，影响居民健康。2011年井冈山市农业源造成化学需氧量排放380 597 kg、氨氮流失92 399 kg、总磷流失量34 881 kg、总氮流失量305 185 kg。

1．化肥、农药施用过度

由于大多数农民对科学用药、平衡施肥知之甚少，只认识到使用化肥、农药简单、方便。不能根据作物生长规律、土壤养分状况进行科学施肥，只是一味单纯地加大剂量滥施农药、盲目施肥。导致化肥利用率低，流失率高，产生农田土壤污染，造成农药残留，重金属超标，还通过农田径流造成水体有机污染和富营养化污染，甚至形成地下水污染和空气污染。2011年该市农作物播种面积16 777 hm^2，施用各类化肥7 677 t、农药185 t，均超过国家每亩平均施用量。

2．养殖业污染日益严重

随着该市养殖业迅猛发展，养殖业与种植业日益分离。传统的种植、养殖业正逐步向集约化、专业化方向发展。不仅污染总量大幅增加，而且污染呈相对集中趋势，出现了一些较大的“污染源”。2011 年该市集中化畜禽养殖业户、场 51 个，水产养殖户、场 36 个，全年共出栏生猪 80 637 头、牛 7 023 头、羊 3 572 头、兔 3 272 只、家畜 908 700 只。随着养殖业规模的日益扩大，大量畜禽粪尿未经处理就直接排放，对地表水造成有机污染和富营养化污染，对大气造成恶臭污染，甚至对地下水造成污染，其中所含病原体也对人群健康造成了极大威胁。禽养殖业现已成为农村一大新的污染源。也是该市农村干部群众环境投诉的焦点、主要污染物减排工作的重点和难点。

3．农村生活污水治理、生活垃圾处理系统不完善

长期以来，该市大小五井、茅坪八角楼、菖蒲古村、朱毛会师地龙市镇等广大农村和 11 个景区景点交织在一起，生活污水和环境治理投入严重不足，积累了大量环境问题。广大农村缺乏基本的排水和垃圾清运处理系统。红色旅游、乡村旅游带来了大量流动游客，使人口更为集中，对农村环境的破坏和污染令人担忧。餐饮消费使清洗宰杀家畜的废水、废弃物大量增多，肆意破坏植被、任意盖房搭棚、胡乱堆放垃圾的情况屡见不鲜，乡村旅游环境管理处于散乱、不规范的状态。到目前为止，该市除市区生活污水和垃圾集中处理率已经达标外，广大农村生活污水集中处理率还不到 10%、生活垃圾处理率不到 30%。

4．乡镇企业污染时有发生

虽然井冈山大型工业企业不多、旅游景区景点没有工业企业，但农村乡镇企业、中小企业数量众多。企业“三废”污染也时有发生，2011 年对企业的环境投诉就达 60 多起。农村工业化实际上是一种以低技术含量的粗放经营为特征、以牺牲环境为代价的反积聚效应的工业化，不仅造成污染治理困难，还直接或间接地导致农村环境和农业环境污染与危害。

二、农村环境污染防治中存在的主要问题

1．思想认识不到位，环境意识不强

该市农业人口超 12 万人，人口多而分散。大多数农民在农业生产过程中，片面追求数量而忽视农产品质量，忽视农药、化肥大量使用对土壤以及河道的污染，盲目施肥，结果不仅造成化肥、农药利用率不高，还存在肥料之间结构不合理现象，严重污染环境。不少农村干部、群众缺乏最基本的环保意识和环卫常识。很多村组经常存在垃圾收集点收不到垃圾，而河道、道路两旁垃圾成山的现象；存在上级来检查时规范、整洁，检查完后环境依然脏乱差等。

2．农村环境综合整治资金不足，农村污水管网建设严重滞后

资金问题一直是农村环境综合整治及其长效管理的最大制约因素，这势必给农村环境综合整治及其长效管理带来更大的难度。该市虽然是旅游城市，城区环境整治投入资金巨大，但农村环境综合整治近五年投入资金是少之又少。除了 4 个乡、村争取了 50 万～80 万元不等的中央环保专项资金外，财政几乎没有投入。广大农村生活污水基本上是直接排放。

3. 农村生活垃圾“户收集、村集中、乡转运、市处理”的模式还没有真正建立起来，无害化处理率较低

虽然目前投资2 500万元的市垃圾填埋场已建成投运，各乡镇也都兴建了垃圾中转站，配备了垃圾收集转运设备和保洁人员，但真正将生活垃圾全数收集、全数运至垃圾填埋场处置的镇还不多。有的乡镇仍然将收集到的生活垃圾就地就近填埋，甚至露天堆放，偏远村组的生活垃圾收集率和无害化处理率则更低。夏秋季节的秸秆焚烧现象在部分乡镇仍较严重。

4. 缺乏实用的污染治理技术

农村环境问题情况复杂，处理难度大、费用高，必须探索出适合农村情况的污染物治理方法。以生活污水为例，按照城市标准建设污水处理厂，前期投入和后续成本都难以承受，而传统的化粪池又难以满足处理要求，因此需要找到新的污水治理技术。

5. 政策、制度不够完善

农村建设中配套的政策不够完善，造成了农村整治工作推进中重点不明确，分配不合理等诸多问题。保洁人员保障制度不够完善。农村保洁人员待遇过低、保障制度不完善，导致农村保洁人员的严重匮乏。

三、农村环境污染防治对策

1. 加强宣传，提高认识

农村环境污染防治，关键是要把广大农民群众发动起来，充分利用各种媒体，通过各种有效方式，广泛开展贴近实际、贴近生活、贴近群众的环保宣传和科普教育，在农村营造一个学习生态环境保护知识、宣传环境保护政策、贯彻落实生态环境保护措施的热烈氛围。

2. 加大资金投入力度，大力开展农村环境综合整治

农村环境综合整治包括：畜禽养殖及集镇生活污水的污染治理，生活垃圾的统一收集填埋，河道“三清”（清淤、清障、清水面漂浮物） 以及控制水土流失。这都要求政府加大资金投入力度，多渠道筹措资金。要借助全国开展农村环境综合整治的东风，整合新农村建设资金、水利建设资金、环保专项资金，启动民间资金，采取多种渠道、多种办法解决农村环境综合整治问题。

3. 积极发展生态农业，将农业面源污染降到最低

要进一步加强农业科技的推广工作，积极推广使用高效、低毒、低残留的新农药，推广病虫草害综合防治和秸秆综合利用技术。进一步提高畜禽养殖业集约化、工厂化水平，鼓励新建规模化畜禽养殖场。

4. 严格乡镇工业企业达标排放

严把招商关，坚持招管并重，在建设工业园区时完善园区排污管网等环境基础设施建设，实现污水集中排放、集中治理、循环利用；非工业园区原则上不安排企业落户。

5. 加强农村自然生态环境保护

一是加强生态公益林工程建设，逐步提高生态公益林补偿标准，二是推广使用沼气、太阳能等清洁能源，在农村推广普及电饭煲、太阳能热水器等家电产品，转变农民的生活用能方式，提高节能意识。

6．建立健全长效机制

建立健全农村环境整治的法律法规、政策措施，建立健全农村环境监测、信息统计、质量评价等标准、方法体系，尽快完善农村生活污水和垃圾处理技术规范；建立健全乡镇环保机构，为农村生态环境保护提供可靠的领导和组织保障；积极开展农村生活污水生态化处理等农村环境污染防治技术研究与试点，探索农村治污的新途径和新方法。

定西市农村环境保护突出问题及对策措施

甘肃省定西市环境保护局　汪爱平

一、概述

近年来，随着中国农村经济社会快速发展，城乡一体化进程不断加快，农村地区环境污染问题日益凸显，农村地区污染情况正在引起中国政府和广大人民群众高度关注。胡锦涛总书记、温家宝总理多次做出重要指示，要求把农村环境保护纳入国家环境保护总体战略，统筹加以推进。2007年年底，国务院办公厅转发了《关于加强农村环境保护工作的意见》，2008年7月24日，首次由国务院召开的全国农村环境保护工作会议，表明了党中央、国务院加强农村环境保护的决心，也表明了把农村环境保护与城市环境保护统筹考虑、全面推进的决心。

农村环境保护工作是我国环境保护管理的难点所在，在城市环境得到逐步改善的同时，如何正确处理好社会主义新农村建设与农村生态环境可持续发展是我们顺利实现全面建设小康社会宏伟目标亟待解决的重要问题之一。在干旱半干旱的我国西部山区，农村环境污染问题越来越突出。定西地区作为西北干旱山区典型代表，农村环境污染问题及农村环境保护对策对于生态极其脆弱的西北来说，具有一定的代表性，研究定西市农村环境保护工作，对于甘肃乃至西北五省农村环境保护具有一定的借鉴作用。

二、定西市农村环境保护开展情况及取得的成绩

1．农村农业发展概况

定西市属于黄土沟壑丘陵地貌，位于甘肃中部，故称“陇中”，素有“陇中疾苦甲天下”之说。随着西部大开发战略的进一步实施和国家投资力度的加大，全市经济保持了快速健康的发展。近年来，定西市紧紧围绕打造“中国薯都”、“中国药都”的战略部署，培养形成了由区域特色和比较优势的马铃薯、中医药、畜牧业三大支柱农业，安定、陇西、岷县、渭源四县区分别被命名为中国“马铃薯之乡”“黄芪之乡”“当归之乡”“党参之乡”“马铃薯良种之乡”。马铃薯、中药材、畜牧等支柱产业的产值占农业总产值的比重达到73.7%，农民人均纯收入的72%来自这些支柱和特色产业。

（1）马铃薯产业。2011年全市马铃薯种植323.45万亩，产量60.64万t。建立了马铃薯标准化基地242.3万亩，全市万吨以上马铃薯加工龙头企业发展到19家，精淀粉及其制品生产能力达到35万t，产业总产值18.8亿元，农民人均从中获益630元，占人均纯收入的23%。

（2）中医药产业。2011 年全市中药材种植 108.91 万亩，同比增加 7.84 万亩。据不完全统计，全市现有较大规模的中药材加工企业 78 家，其中省级以上农业产业化重点龙头企业 10 家，产品已发展到中药饮片、中成药、保健、美容化妆品等多个系列，其中中药饮片粗精加工企业 64 家，年实际加工中药材 5.3 万 t，加工产值 4.34 亿元。

（3）畜草产业。2011 年全市大牲畜存栏 58.17 万头，猪存栏 86.18 万头，羊存栏 83.83 万只，鸡存栏 318.49 万只；全年猪出栏 90.01 万头，羊出栏 38.09 万只，鸡出栏 253.79 万只。全市肉类总产量 8.27 万 t，禽蛋产量 9 554.7 t，牛奶产量 4970 t。实现畜牧业增加值 12.65 亿元，较上年增长 5.1%。目前，全市养殖上千头（只）的规模化养殖场达 537 个，注册畜牧业合作社 301 个，高级畜草产品加工企业达 30 家，发展规模养殖户 4.6 万户，初步形成了以生猪、肉牛养殖为主，家禽、特色养殖为支撑的畜牧业产业化发展格局。

2. 农村环境保护开展情况及取得的成绩

近年来，随着全市社会经济发展以及广大人民群众环保意识不断提高，定西农村环境保护工作取得了较大的进步。“十一五”期间定西市政府制定了《关于加强全市农村环境保护工作的意见》，“十一五”末又制定了《定西市“十二五”农村环境保护规划》，进一步明确了全市农村环境保护工作的指导思想、发展目标和主要任务。从 2008 年开始，环保部启动农村环保“三统筹”机制试点工作，实施了农村环境综合整治“以奖促治”项目，定西市先后争取和实施项目 7 个，完成投资 766.2 万元，其中中央专项资金 508 万元，地方配套和群众自筹 258.2 万元。通过实施农村环境综合整治项目，七个项目村面貌大为改观，环境质量明显提升，生活垃圾清运处理率达到 75%，户用沼气池达到 53%，乡村饮用水源地保护实现 100%，探索出了一条生产发展、生活宽裕、生态良好的发展路子。

2011 年 3 月，国家发改委、财政部、环保部将甘肃省纳入第二批全国农村环境连片整治示范省，在省财政厅、省环保厅的大力支持和帮助下，将定西市 7 县区 65 个乡镇的 140 多个行政村纳入全省农村环境连片整治示范项目，规划在未来 3 年内通过农村环境连片整治示范，使项目村垃圾收集转运率、重点集中式饮用水水源地保护率达到 100%，规模化畜禽养殖废弃物综合利用率达到 75%以上，彻底解决农村环境“脏乱差”的问题，整治区 70 多万群众受益。通过努力，全市已创建国家级生态乡镇 1 个、生态村 4 个，省级生态乡镇 6 个、生态村 9 个。目前，2011 年已下达投资计划的 44 个村全面启动实施，2012 年上半年将完成建设任务；2012 年列入计划的 53 个村完成实施方案编报，将于近期下达投资计划，年内完成建设任务。

三、定西市农村环境保护工作面临的突出问题

随着定西市全力推进马铃薯、中医药、畜牧业三大支柱产业产业化步伐和社会主义新农村建设，农民收入日益增多，农村基础条件普遍改善，农民生产生活水平有了较大提高。但随着农村社会经济较快发展和城乡一体化进程的不断加快，农村生态环境遭到严重破坏，农村社会经济的较快发展与有限的农村环境容量之间矛盾日益突出，形势十分严峻。目前定西市农村环境保护工作面临的突出问题主要表现在：

1. 农村生活污染基础防治设施建设严重滞后

随着城镇建设进程的加快，部分城镇虽然编制乡镇总体建设规划，但配套基础设施建

设普遍未能到位，农村环保基础设施建设严重滞后。农村生活垃圾、秸秆废物没有得到有效处置和利用，生活污水随意倾倒、随意排放，是农村生活污染源的主要源头。“室内现代化，室外脏乱差”，成为一些地方的形象写照，“雨水是清洁工，涨水是搬运工”是农村垃圾处理的真实反映。目前，全市乡镇一级尚未建成一家城镇生活污水处理厂，污水收集管网的铺设仅局限于乡镇很少一段街道，生活垃圾的收集、处置无专门机构，仅有个别乡镇建有小型生活垃圾填埋场，而且处置极不规范，存在一定污染隐患。

2. 农村饮用水存在安全隐患

定西市地处干旱半干旱山区，匮乏的水资源严重制约着全市社会经济发展，部分山区农村人畜饮水存在较大困难。近年来，随着全省“121”雨水集流工程及“大地之爱，母亲水窖”工程的实施，在一定程度上缓解了全市山区农村饮水困难。但随着农村环境受到多方面的污染，对于本来就捉襟见肘的农村水环境无疑是雪上加霜，畜禽养殖污水、农药、化肥的使用已严重污染着地表水，且正在向地下水蔓延，农民能否喝上安全放心的水已成为各级政府、部门关注的重点，农村饮水环境安全存在一定隐患。

3. 农村地区生态环境破坏严重

近几年来，由于林业保护还处于起步阶段，森林火灾、人为任意砍伐、公路和铁路建设条件需要，农村的山林植被在不断地减少和被破坏。加上矿石的无规划开采以及采用落后的生产方式开采石料、小金矿等逐年增多，不仅直接破坏了农村土地资源和植物资源，而且引发泥石流、滑坡、地面沉降等地质灾害和景观的严重破坏，并致使山体保水功能和水位下降，植被破坏，水土流失。铁路、公路建设以及矿石开采中剩下的弃渣、尾矿、岩石等废弃物大量堆存，既造成了水环境和大气环境的污染，又占用了大量土地，造成土地的闲置和浪费，还使一座座青山千疮百孔，有碍观瞻。

4. 牲畜养殖粪尿废水污染防治压力较大

随着全市畜草产业的迅速发展，畜禽养殖业污染已成为定西市农业污染的重要污染源。“猪圈半边屋、猪儿到处跑、粪便到处流、臭味满寨飘”是农村畜禽养殖的普遍现象。全市大部分养殖企业规模小、治理设施投资少、畜禽粪尿综合利用率不高、处理达标率低，不仅带来地表水有机污染、富营养化污染、空气恶臭污染，甚至污染影响到地下水，畜禽粪便中所含病原体对人群健康也造成了极大威胁，畜禽养殖废水污染防治压力较大。

5. 马铃薯淀粉生产加工及中药材深加工废水处理难度大

为实现“中国薯都”“中国药都”战略目标，全市积极推进马铃薯、中药材产业，经过多年的努力，全市马铃薯及中药材产业化格局已初步形成，从田间种植到产研销一体化进程正在加快推进，马铃薯精淀粉、变性淀粉生产加工以及中药材饮片、制剂加工研发已初具规模。但马铃薯和中药材产业的发展在带来经济效益、增加农民收入的同时，其生产加工产生的高浓度有机废水却给生境本来脆弱的定西环境带来了不小的冲击。全市万吨以上的19家马铃薯淀粉加工企业及大部分中药材加工企业，建成了以生化-氧化工艺为主的生产废水治理设施，但由于受生产周期、治理技术，特别是资金等因素制约，造成现有的生化处理设施无法满足高浓度有机废水的处理要求，大多数企业的生产废水无法实现达标排放，污染问题没有得到彻底解决。马铃薯、中医药制品生产加工高浓度有机废水将成为定西市今后一段时间内污染防治工作的重中之重，也是定西市社会经济环境可持续发展亟待解决的问题之一。

6．基层环境管理薄弱

基层环境管理体制、机制不健全，土壤污染防治、畜禽养殖污染防治等农村环境保护方面的法律制度不完善，农村广大干部、群众参与保护环境的意识不强、自觉性低，乡镇一直没有环境保护专门机构从事农村环境保护工作。据统计，全市 121 个乡镇（街道）尚未成立环保机构，基层环保力量现状与日益繁重的农村环保工作要求不相适应。

四、定西市农村环境保护工作对策措施

1．充分认识农村环境保护工作的重要性和紧迫性

近年来，定西市加大农村环境综合整治力度，积极推进新农村建设，农村环境保护工作取得了一定成效。但是，农村环境形势依然十分严峻，点源污染与面源污染共存，各种新旧污染相互交织；生活污水和垃圾无害化处理率低，畜禽养殖污染和农业面源污染严重，农村饮水安全和农产品质量安全受到严重威胁；农村环境保护的体制、机制不够健全，环保基础设施滞后，环境监管能力薄弱；农村环境问题已成为危害农民身体健康和财产安全的重要因素，制约了农村经济社会的可持续发展。各级政府要充分认识农村环境保护的重要性和紧迫性，从全局发展战略高度出发，处理好社会主义新农村建设、全面建设小康社会同农村环境保护的关系，努力开创社会经济发展同保护环境双赢的新局面。

2．着力解决突出的农村环境问题

（1）突出抓好农村饮水安全。水是生命之源。要把解决全市 264.4 万农村居民喝不上干净水的问题摆在更加突出的位置，实施好全市农村饮水安全工程“十二五”规划，加强农村饮用水水源的环境保护，建设清洁水源。要科学划定农村集中式饮用水水源保护区，依法取缔保护区内的排污口，加强对分散水源地监测与管理，防止发生水源污染事故。

（2）加大农村生活污染治理力度。清洁的环境是农民生产生活的基本保障。一方面，要着手开展重点污染治理工作，针对那些严重危害农村居民健康、群众反映强烈的突出污染问题，因地制宜采取有力措施集中进行整治。要在重点流域、重点区域要优先建设一批农村生活污水处理示范工程，结合农村沼气建设与改水、改厕、改厨、改圈，逐步提高生活污水处理率。对经过整治污染问题得到解决的村镇，实行“以奖促治”。另一方面，要继续推进生态示范创建工作，加快农村生活污水、垃圾处理设施建设，发展清洁能源，加强绿化美化，对经过建设生态环境达到标准的村镇，实行“以奖代补”。整治农村环境一定要从实际出发，注意尊重农民意愿，切忌搞形式主义，因地制宜建设清洁家园，务求取得实际成效。

（3）加大畜禽养殖污染防治力度。科学划定禁养、限养区域，禁养区内已有的畜禽养殖场要限期搬迁或关闭。规模化养殖场必须建设污染治理和综合利用设施，实现污染物达标排放，对不能达标排放的实行限期治理。对于新建、改建、扩建的规模化畜禽养殖企业必须严格执行环境影响评价和“三同时”制度，对现有污染物排放进行限期治理。鼓励生态养殖场和养殖小区建设，建成规模化畜禽养殖场废弃物治理与综合利用示范工程。通过发展沼气、生产有机肥等措施，实现养殖废弃物减量化、资源化和无害化。

（4）加快推进产业入园，重点解决马铃薯及中医药产业废水污染问题。全市已有马铃薯淀粉生产加工企业和中药材切片、饮片、制剂等生产加工企业建设分散、环保投资少、

污染防治设施简陋、工艺落后导致污水处理达标率低，同时马铃薯及中药材产业产生的高浓度有机废水处理难度大，处理工艺不成熟，造成企业污水超标排放现象较为严重。要解决这一突出区域环境问题，一方面需加强高浓度有机废水处理工艺研究，整合现有资源，充分利用同各大学、科研院所的合作，彻底解决高浓度有机废水的处理问题；另一方面调整区域规划，加快推进产业园区建设，建成马铃薯产业园区和中医药产业园区，为实现高浓度有机废水集防集控创造便利条件。这样不仅能够解决污染防治问题，而且进一步促进了产业结构调整和产业合理布局，能够取得较好的社会、经济、环境效益。

（5）加强农村自然生态保护。从保护和恢复生态系统功能为出发点，坚持开展环保专项行动，以整治乱采滥挖、肆意砍伐、建设施工生态破坏为重点，强化行政执法，坚决打击环境违法行为。坚持生态保护与治理并重，加强对农业、水利、旅游等资源开发活动的监管，努力遏制新的人为生态破坏。重视自然恢复，保护天然植被。加快水土保持生态建设，严格控制土地退化和荒化。努力营造人与自然和谐的农村生态环境。

3．建立健全农村环境保护工作长效机制

（1）建立健全农村环境保护管理机制。加强农村环境保护，是各级政府义不容辞的责任。要将农村环保工作作为环保目标责任制的重要内容，纳入各地经济社会发展评价和领导干部考核体系，作为干部选拔任用和奖惩的重要依据。要建立“政府主导、农民主体、部门协同、联合推进”的工作机制。各有关部门要在当地政府的统一领导下，切实履行职责，密切配合，协调行动，共同做好农村环境保护工作。

（2）建立健全农村环保投入机制。农村环境保护是公益性事业，要逐步建立政府资金引导、社会资金支持、农民积极参与的多渠道投入机制。各级财政预算用于农村环境保护资金的比例应逐年增加，每年征收的排污费应安排一定比例的资金用于农村环境保护。要按照“谁投资、谁受益”的原则，运用市场机制吸引各类社会资金参与农村环境基础设施建设。要积极探索建立农村生态补偿机制，研究有利于农村环境保护的经济政策。

（3）加强农村环境保护能力建设及科技支撑。重点加强县级职能部门硬件设施、技术手段和人员队伍建设，逐步建立较为完善的农村环境预警监控体系。有条件的县级职能部门应在辖区中心乡（镇）设立分片管理派出机构。乡（镇）人民政府应明确一名领导分管环境保护工作，指导制定村规民约，组织村民参与农村环境保护，把环保工作职责落实到位。

（4）加大农村环保宣传力度。各地、各有关部门要充分利用广播、电视、报刊、网络等媒体手段，开展多层次、多形式的农村环保宣传教育，提高农村环保意识，树立生态文明理念，普及农村环保知识，提高农民参与农村环保的能力。要充分尊重农民的环境知情权、参与权和监督权，切实维护农民的环境权益。

浅谈农村环境整治　探索整治长效机制

新疆维吾尔自治区博尔塔拉蒙古自治州环境保护局　王连贵

一、落后面貌使农村成我国环保短板

“垃圾靠风刮，污水靠蒸发”，曾经有人这样形容农村环境状况，农村成我国环保短板。农村“脏、乱、差”的落后面貌，是城乡环境差距的主要原因之一。当前我国农村仍普遍存在生活垃圾乱堆乱放，生活污水肆意排放，厕所卫生状况极差，违规棚舍搭建严重，逐步受到工业污染威胁等现状。全面建设小康社会最艰巨、最繁重的任务在农村，而农村的重点又在环境这块“短板”。因此，重视农村环境的治理、修复和重建成为乡镇政府工作中不可或缺的重要内容。

二、六大原因剖析农村环境问题根源

农村环境差，污染源点多面广，治理难度大，产生农村环境问题的原因主要有以下六个方面：一是经济和制度制约农村环境整体提升速度。实施分税制后，中央与地方虽然划分了财权，但事权仍是模糊交叉的，形成了财权层层上收，而事权层层下放，乡级基层政府财权和事权越来越不对称的局面。尤其对一些经济实力薄弱的乡镇，本身财力不足，配套资金无法到位，环境治理就难上加难。二是落后的农村基础设施牵绊农村环境发展。农村环境规划和环保基础设施建设的滞后，造成了农村生态环境较差，对农民的健康构成了严重威胁，同时也造成了农民生产生活诸多基本需求难以改善。三是协调管理不够到位影响农村环境整治顺利开展。近年来上级批准下达了较多新农村建设项目，大大促进了农村环境的优化，但由于工作中涉及机构较多，机构之间职能交叉，扯皮推诿时有发生，影响了农村环境工程的顺利开展。四是环境项目质量不高无法实现良好效果。一些环境整治项目由于未能广泛听取意见建议，未经过反复论证、设计并建设一个比较切合实际的样板工程供参考，然后再进行全面推广，因此达不到高标准、高质量的要求，无法实现卫生、环保的良好效果。五是缺乏适应农村实际、可操作性强的环境监管体制机制。随着城市化、工业化进程的不断加快，环境污染问题开始由城区向广大基层农村扩散，农村环境保护的形势也越来越严峻，而农村环境监管基本处于盲区和半盲区状态。六是多数农村居民缺乏环保意识，环境整治难以长效。农村部分居民的不良生活习惯导致垃圾随意抛弃、堆积，生活污水随便排放的现象比较普遍，环境整治难以长效。

三、五个方面确保农村环境整治顺利破题

农村环境整治是一项涉及面广、任务重的系统工程，在整治中，应统筹兼顾、突出重点，找准切入点，全面改善农村生态环境。一要科学规划，加大对农村环境综合整治的指导力度。要抓紧编制农村环境综合整治规划，立足本地实际，与农业产业结构调整紧密结合，与促进农民生产生活方式转变紧密结合，与镇村布局和村庄建设规划紧密结合，统筹推进实施。要紧紧抓住规划这个“牛鼻子”，通过落实项目、资金，推进环境整治，解决农村突出环境问题。二要清洁水源，突出抓好饮用水水源保护。加强组织协调，集中各方力量，全面开展乡、村集中式饮用水水源地的污染整治工作，切实提高农村饮用水水源的安全保障能力。因地制宜地探索符合农村实际的低成本、高效率的污水处理方式，完善农村生活污水处理设施，逐步建立农村生活污水处理系统，采用氧化塘、人工湿地、地埋式生活污水净化池、生物技术、土地利用、沼气工程等适宜处理技术。三要清洁村庄，强化农村生活污染治理。完善“村收集、乡转运、集中掩埋、无害化处理”的运行体系，农村垃圾集中收集处理实现全覆盖。提高农村生活垃圾集中收集处理率，并试行农村生活垃圾分类收集。农村中小企业产生的工业废物、危险废物纳入当地危险废物集中收集处置系统；农村医疗废物统一纳入城市医疗废物收集处置系统。开展文明生态示范村、科学发展示范村创建活动，推进农村环境综合整治，改善农村面貌。四要清洁生产，科学开展农业面源污染防治。按照农业技术生态化、农业生产清洁化的要求，大力发展高效、生态和安全农业。积极实施农业标准化，推广测土配方施肥等技术，引导农民科学使用化肥、农药、饲料、兽（渔）药等农业投入品，推动无公害农产品、绿色食品和有机食品的规模化生产。切实加强畜禽养殖污染防治工作，在重点流域区域及饮用水水源地等生态敏感区划定畜禽禁养区，确保畜禽养殖场的选址、布局达到环境保护的要求。五要优化布局，着力提高乡镇工业污染防治水平。要推进乡镇企业集中布局、集约发展。乡镇企业要加快向各类工业园区和工业集中区集中，实行污染集中控制、集中处理、集中监管，避免出现村村点火、到处冒烟现象。

四、六项举措确保农村环境整治持续长效

一要强化组织领导，提高整治工作的组织程度。乡党委、政府要高度重视，把农村环境整治工作放在乡镇重要工作议程中，成立乡村两级工作组织机构，建立党政“一把手”亲自抓、分管领导具体抓、职能办公室牵头抓、各村积极配合的工作机制，形成上下齐抓共管，共同协作，合力推进的工作格局。二要强化宣传发动，营造整治工作的浓厚氛围。农村环境整治工作可谓面广量大，抓宣传、抓发动、造氛围至关重要。通过发放倡议书、悬挂横幅、张贴标语、现场推进等多种形式、多层次、多角度的宣传，切实把农村环境卫生综合整治工作的目的和意义宣传到基层，争取群众的理解、支持和广泛参与，让群众作为农村环境综合整治工作的主体，变群众被动接受为主动参与的良好工作局面，使整治工作扎实有效开展。同时把教育与管理有机地结合起来，通过生动活泼、健康向上的宣传教育活动的开展，增加群众对农村环境综合整治工作的责任感和使命感。三要强化示范带动，

力促整治工作的重点突破。按照突出重点，梯次推进和典型引路的原则，根据不同的基础条件选树几个攻坚行动样板村。并通过集中整治，分别打造整治行动的样板。四要坚持以投入为根，使农村环境整治更具务实性。要不断增加对环境卫生管理的经费投入，对重大的环境卫生设施建设项目，纳入财政年度计划；要切实加强对农村环境卫生维护的管理，按年度安排一定比例的经费，用于环境卫生管理和设施维护；要不断拓展环境卫生经费的来源渠道，按照“多方共建、资源共享、事业共管”的原则，鼓励支持农民主动参与到对农村环境卫生整治工作上来，激发他们维护管理的热诚，逐步形成乡、村以及个人共同投资的多元化共建机制。五要加强专项资金和项目的管理和监督。要进一步健全内部管理制度，从各项内部控制入手，加强农村环境整治专项资金和项目的管理，对专项资金项目的申报、批复、项目实施、竣工验收、工程决算以及项目后期管护和长效管理进行全过程跟踪监督，确保实事工程、民心工程产生良好的经济效益和社会效益。六要强化机制建设，保障整治工作持续长效。建立健全各项规章制度，做到落实制度与完善管理相结合、定期检查与规范管理相结合、突击整治与长效管理相结合，逐步将农村环境整治工作引到规范、长效管理的轨道上来。积极探索适合农村特点的“村民自治、乡镇督查、县市监管”的农村环境保护体系，调动村民参与农村环境保护的积极性和主动性，鼓励和引导村民开展环境保护自治，通过制定村规民约、建立基层农村环境保护协会、召开村民代表大会等方式，组织村民参与农村环境保护。

五、三点建议探讨农村环境整治工作方法

第一，因地制宜，固化管理长效机制。目前农村环境处于由整治与建设向管理转变的节点，乡政府要积极引导各村因地制宜、因村制宜，建立体现实效的环境建设管理机制，在实践中逐步固化下来，推动环境管理向制度化、规范化、科学化方向发展。第二，灵活掌握，盘活农村土地资源。土地指标紧缺已成为制约村庄环境整治的一个瓶颈问题，没有土地指标，村庄的各项建设很难开展、各种配套设施无法落实。农村环境整治不是搞大拆大建，也不是专靠外延的扩张来解决问题，不能以土地紧缺为由加以推托，而应积极立足本地实际，努力盘活土地资源。要充分利用村内空闲地、闲置宅基地等存量建设用地和丘缓坡及“四荒地”等，尽量不占或少占耕地。有条件的地方，要在充分尊重农民意愿的前提下，在依法依规的基础上，以宅基地置换的方式，引导农民集中建房，以集中促进节约集约，提高农村建设用地的利用率。第三，加强农村环境科研工作。在政策上，要将农村环境科学技术的研究和开发优先列为国家、地方和部门的中长期科技发展规划和年度计划；在经济上，努力开辟多种渠道，对农村环境科研给予财政上的支持，尤其是要确保超前性科研经费的投入，发挥科技先导作用，使科技成果尽快转化为治理能力；在奖励政策上，对在农村科技进步中作出重要贡献的集体和个人进行奖励兑现。

五、重金属污染防治

关于重金属污染防治工作的对策探讨

河北省衡水市环境保护局　张久显

近年来，重金属污染问题呈现高发态势，特别是 2011 年以来，全国各地发生多起因企业违规排放重金属污染物造成环境污染的恶性事件，严重影响了人民群众身体健康和环境安全，甚至对社会稳定也造成极大威胁。做好当前及今后的重金属污染防治工作对各级环保部门提出了更高的要求。

一、衡水市重金属污染防治工作开展情况及成效

衡水市始终将解决环境难点问题、改善环境质量、保障群众健康作为环保工作出发点和落脚点，尤其是对于严重影响群众健康、危害环境安全的重金属污染问题更是给予高度重视，不断强化工作措施，明确工作目标，摸清污染底数，加大监管力度，扎实有效地开展重金属污染综合防治工作，取得了明显工作成效。

1. 明确责任，细化分工，为重金属污染防治工作提供坚实的制度保障

衡水市根据国家《重金属污染综合防治“十二五”规划》要求，精心编制了《衡水市重金属污染综合防治规划（2011—2020）》、《衡水市重金属综合污染防治“十二五”规划》和《2011 年度重金属污染防治实施方案和 2012 年度规划实施方案》。为确保《规划》所明确的任务落到实处，成立了以主管副市长任组长，市环保局、发改委、工信局、监察局、司法局、住建局、工商局、安监局、城管局、水务局、电力公司主管负责同志为成员的重金属专项行动领导小组，负责指导、协调和督促重金属污染防治工作。同时，明确了责任分工：市环保局对重金属污染防治工作实施统一监督管理，督促各县市区政府和市直有关部门落实好重金属污染综合防治的各项任务；市发改委负责组织实施规划中提出的需要国家和省支持的项目，并做好落后产能的淘汰工作；市安监局负责指导、协调全市涉重金属企业安全生产工作，组织、指挥和协调涉重金属企业安全生产应急救援工作；工商部门及时注销、吊销被依法关闭企业的营业执照；电力部门要按照政府决定，对环保部门移交的违法排污企业采取停电、限电措施；监察部门加大责任追究制度，严肃追究责任者的责任。另外，衡水市积极完善协调机制，加强部门协调联动，形成重金属污染防治合力，有效防范重金属污染事件的发生。

2. 加强环境应急体系建设

制定了《衡水市重金属污染突发事件应急预案》，组织实施环境监管能力建设规划，建立健全应对重金属污染事故的快速反应机制，不断加大环保投入力度，提高应急装备和技术水平。近两年来，共投入 300 多万元，用于应急建设。同时，认真开展应急事件处置能力培训，组织开展了 6 次全市性的重金属污染突发环境事件应急演练，使应急处置能力

得到了明显提高。

3．加大执法监管力度

衡水市将整治重金属违法排污企业作为全市整治违法排污企业保障群众健康环保专项行动的重点，按照衡水市制定的《衡水市重金属污染排放企业排查整改标准》，全面排查涉重金属企业，做到底数清、任务明，针对摸排情况，加大执法力度，对辖区内不能稳定达标排放，生产工艺落后的重污染企业进行了限期治理和关停取缔。近两年来，共关停拆除5家，停产7家，限期整改22家，并取缔非法新建的小制革、小电镀28家。同时，严把重金属项目审批关，提高重金属排放项目准入门槛，保障周边群众健康。2012年3月以来，又联合发改委、工信局等部门在全市开展了环保综合执法春季行动，对重金属排放企业污染防治情况进行了重点检查，全面排除环境风险隐患，取得了良好成效。通过严肃监管、严格审批、严厉处罚，2007—2011年衡水市涉及重金属排放的重点行业——铅蓄电池制造业实现了逐年减量优化，重金属排放企业管理工作得到进一步规范。衡水市涉重金属排放企业均已完成环境应急预案的编制，省、市《规划》中的重点重金属项目已完成清洁生产的审核工作，各重金属排放企业危废的储存、处置台账、储存场所、标志牌等设施已基本完善。

4．落实企业责任，推进重金属污染防治

企业是污染治理的责任主体，全面调动企业治理污染、防范环境风险的积极性可以起到事半功倍的效果。为此，衡水市充分发挥企业主观能动性，督导企业健全环境应急预案，完善环境污染事故应对措施，并进行日常培训和演练，提高重金属企业员工环境风险防范意识。督促建立重金属污染物产生排放台账，公布重金属污染物排放和环境管理情况，做到环境保护档案资料齐全。通过严格要求，企业积极开展自查，制定整改计划，落实整改措施，污染防治设施能够正常运行。重金属排放企业每日监测，每日报告给县（市）级环保局，每月第七个工作日前将上月自检报告报送到市环保局，使环保部门对重金属排放企业形成了有效监督。截至目前，衡水市境内从未发生涉重金属突发环境事件及涉重金属突发公共卫生事件。

二、重金属污染防治工作中存在问题及对策探讨

虽然在重金属污染防治工作中做了大量工作，取得了明显成效，但我们应该充分认识到重金属污染防治工作依然任重道远。通过研究发现，当前各地还存在一些共同的、急需解决的难点问题。这些问题如果处理不当，极有可能造成严重后果。一是涉及重金属的“十五小”尤其是小电镀、小硝染屡禁不止，个别区域仍有反弹现象。二是历史遗留重金属废物堆场或已关停企业生产场地的重金属残留存在污染隐患，威胁群众身体健康。三是企业生产管理方式粗放，污染治理设施老化，运行不正常或管理不到位导致不能达标排污，环境风险较大。

针对以上问题，应着手从以下三个方面加强重金属污染防治工作：

1．严格环保审批，优化产业结构，从源头控制重金属污染的产生

（1）严格执行环境影响评价制度。一是制定重点防控区产业发展规划、重点防控行业专项规划，必须进行规划环境影响评价，并将其作为受理审批区域内和行业相关项目环境

影响评价文件的前提。二是严格项目审批准入条件。实行建设项目环评前置审批，严格控制重金属污染物排放项目的总体规模，严格限制排放重金属污染物的投资项目，进一步提高涉及重金属生产企业在节能、环保、安全等方面的准入条件。未通过环评审批的，一律不准开工建设，投资主管部门不得批准项目可行性研究报告、核准企业投资项目，人民政府不得供应土地，金融机构不得提供信贷支持。三是做好监督管理工作。建立重金属排放企业环境影响后评价制度，开展重金属排放企业场地和周边区域环境污染状况评估试点工作。未经环评审批的在建项目或者未经环保“三同时”验收的项目，要一律停止建设和生产。对停止建设和生产的项目，当地政府要组织开展环境与健康风险评估，对达不到要求的项目，由所在地县级以上人民政府予以关闭。

（2）严格实行强制性清洁生产审核。一是按照《中华人民共和国清洁生产促进法》的要求，制定《重污染企业强制性清洁生产审核方案》，对所有涉重金属污染企业实施强制性清洁生产审核，并对审核情况开展评估验收，将通过评估验收作为企业申请污染治理补助资金的前提条件，未通过评估验收的要限期整改，对拒不改正的企业加大处罚力度。二是大力推广清洁生产技术。大力发展循环经济，推动重金属废弃物减量化和循环利用。

（3）加强政策引导，进一步优化产业布局。一是制定和实施有利于环保产业发展、有利于重金属污染防治的宏观经济政策和项目管理措施，鼓励并引导涉重金属企业实施同类整合和园区化集中管理，推进涉重企业入园进区。二是加大落后产能淘汰力度，扩大重点防控行业落后产能和工艺设备的淘汰范围，依法淘汰一批工艺设备落后、污染严重而又治理无望的企业，促使其关、停、并、转、迁。

2．强化污染治理，加强重金属污染防治监测

（1）扎实开展专项检查，加强执法监管。一是对辖区重金属排放企业及其周边区域环境隐患进行筛网式排查，明确工业企业重金属污染重点防控区域、重点防控行业分布状况以及具有潜在环境危害风险的重点防控企业数量和分布状况，有效防范重金属污染问题的发生。限期治理不能达标排放的企业，停产整顿已经造成严重环境危害的企业。对污水处理厂的污泥进行无害化处置，对生活垃圾填埋场的渗滤液要实现达标排放。进一步加大对违法建设和污染严重的涉重金属企业的关停取缔力度，防止死灰复燃，切实维护人民群众的环境权益。

二是加强重金属类危险废物处理处置的监管。严格监管重金属污染产生单位和危险废物经营单位，推进重金属危险废物的市场化运作。重金属排放企业产生的危险废物要依法送交有资质的单位处置，要坚决取缔无经营许可证企业从事危险废物利用处置经营活动。

（2）加强监测体系建设。一是完善重金属污染监测网络和在线监控，加强对河流和土壤中铅、六价铬、汞、镉、砷等重金属项目的监测，逐步建立重金属污染源的在线监控体系，完善重金属污染监控数据的传输、管理、分析、审核与发布工作。二是制定重金属污染突发事件应急预案，加强重金属污染风险预警和应急体系建设，提升重金属污染应急能力，储备必要的应急物资，提高应对突发事件的能力和技术水平。

（3）实施重金属污染治理与修复示范工程，妥善解决历史遗留重金属污染问题。在重点防控区域，明确重金属污染责任主体，进行污染评估，因地制宜地采用经济高效的修复技术，组织开展受污染土壤、场地、水体和底泥等污染治理与修复试点示范工程。对于责任主体明确的历史遗留重金属污染问题，由责任主体负责解决。对于无法确定责任主体的历史遗留重金属污染问题，当地政府应统筹规划，逐步加以解决。

3. 加强考核，完善保障体系建设

（1）建立考核体系，明确责任分工，落实责任追究制度。将重金属污染防治成效纳入经济社会发展综合评价体系，作为领导干部综合考核评价和企业负责人业绩考核的重要内容，对未完成任务以及发生重特大环境污染事故的必须追究相关人员责任，并实行区域限批，将领导责任、管理责任、监督责任落到实处。

（2）加强科普宣传教育，营造良好氛围。大力宣传重金属污染防治工作的意义、目标和措施，采用多种形式对公众普及重金属危害、预防、应急防护等方面知识，提高全社会的重视程度和参与热情，增强自我保护与防护意识。

（3）实施政策创新，推行污染责任保险机制。全面推行环境污染责任保险工作，将涉重金属污染的主要企业纳入环境污染责任保险工作范围，将排放有毒污染物或者危险废物的企业，垃圾填埋场、污水处理厂等公共服务行业，使用危险化学品或物质作为主要原料的企业，危险废物经营企业列为实施重点，实行环境污染责任保险金缴纳制度，增强企业防范重金属污染、确保环境安全的积极性。

滨州市重金属污染防治情况简介

山东省滨州市环境保护局　王建青

山东省滨州市位于黄河下游，黄河三角洲尾闾，与河北省沧州市隔漳卫新河相望，是山东省的北大门。滨州交通便利，济青高速、威乌高速、滨莱高速、京滨高速、津汕高速和205、220国道穿越境内，是连接苏、鲁、京、津的重要通道。滨德高速、黄大铁路滨州段、中国滨州大高通用航空城、滨州万吨级港口等一大批基础设施建设项目正在加紧建设。

滨州市自然资源丰富。拥有土地94.5万hm^2，其中已开发的耕地46.7万hm^2。自2003年年底开始的以防潮堤为屏障的“北带”开发扎实推进，新增土地61万亩。黄河贯穿东西，淡水资源充足。已探明的矿产资源有29种，已开发15种。石油和天然气储量丰富，是全国第二大油田——胜利油田的主采区。海岸线长240 km，是山东省重要的原盐生产基地。

2011年滨州市实现生产总值1 817.58亿元，按可比价增长12.0%。第一产业实现增加值178.07亿元，增长4.9%；第二产业实现增加值972.29亿元，增长13.1%；第三产业实现增加值667.22亿元，增长12.3%。完成进出口总额50.92亿美元，齐星铁塔、滨化股份、鲁丰股份3家公司成功上市，共募集资金32亿元。

一、重金属污染防治现状

1．重金属污染物产生和排放量基本情况

根据2007年第一次全国污染源普查结果，全市废水中铬、铅、砷等重金属排放量为10 392.06 kg；列入《国家危险废物名录》的含铬、铅的危险废物产生量为130.97 t；皮革及其制品业和金属表面处理及热处理加工两个行业排放量占全部工业总排放量的95%以上。而在2009年的污染源调查更新中，全市废水中铬、铅、砷等重金属排放量为4 210.42 kg。在2010年的污染源调查更新中，全市废水中铅、铬、砷等重金属排放量为2 859.12 kg。

2．重金属污染防治工作开展情况

为切实做好重金属污染防治工作，滨州市环境保护局高度重视，具体情况如下：

（1）2007年成立了以局长为组长的滨州市突出环境问题集中整治领导小组，并明确每年的6月份为全市“突出环境问题集中整治月”，配合山东省和滨州市环保专项行动及时解决企业发展中产生的较为突出的环境问题。

（2）为切实做好滨州市重金属污染防治工作，从环境监测上下功夫，2009年底在城市出（入）境断面、县（区）出境断面、重金属集中排放区域下游、园区污水处理厂等位置设置常规监测点，确保每月不少于两次的特征污染物监测，发现问题及时上报。

（3）为摸清滨州市重金属产生和排放企业底数，结合2007年度全国污染源普查和2009

年、2010年度的污染源普查动态更新，对全市重金属产生和排放企业进行全面梳理，并对照监测数据对企业排放量进行核对，以确保数据的合理性和准确性。

（4）2010年初，为切实做好国家海河流域水污染发展工作，迎接国家六部委对滨州市的现场核查，滨州市对所有重金属排放企业安装了特征污染物在线监测装置，并通过省市两级环保部门的验收。

（5）2010年下半年，滨州市结合省环保厅下发的《关于环境安全防控体系的实施意见》（鲁环发[2009]80号）的要求结合滨州市实际情况，初步建设完成了集合突发环境事件应急指挥、突发环境事件快速反应、市控以上废水重点污染源在线监控、省控以上废气污染源在线监控、机动车尾气检测在线监控、污水处理厂和燃煤电厂DCS数据实时上传等滨州市突发环境事件应急指挥平台，为确保全市环境安全、合理调度资源提供了强有力的保障。

（6）2011年8月开始对全市涉汞污染源进行现场核查，经核查滨州市主要涉及滨化东瑞化工有限公司和滨州市海洋化工有限公司，两家企业均填写完成了《全国汞污染源调查表》，并按时完成2010年度和2011年度的网上申报。

（7）2011年初，根据国家和山东省的要求，滨州市按时完成了《滨州市重金属污染防治“十二五”规划》，并上报市政府批准实施。2011年底完成了对《规划》涉及项目的调度和现场核查，有关情况及时上报省环保厅。

（8）2011年以来，滨州市切实加强对铅酸蓄电池生产企业的现场检查和执法，滨州市涉及的滨州市光明蓄电池有限公司已根据国家和省环保厅的有关最新要求及时完成了整改，做到了稳定达标排放。2012年5月，我们将按照国家的要求对该企业进行环保核查。

二、重金属污染防治存在的主要问题

1．重金属来源多、分布广、污染底数不清

重金属污染在滨州市涉及各个县（区）的皮革及其制品业、金属表面处理及热处理加工、铅蓄电池制造业和化学原料及化学制品制造业等4个行业的近200家企业，除沾化县城北工业园、博兴县兴福镇项目集中区外，其他涉重企业分布较分散。虽然滨州市开展了针对重金属污染源的排查，但县（区）环保部门对本项工作重视程度不够、涉重企业的污染物排放对人体健康的危害程度掌握不准。此外，滨州市乃至全省尚未开展环境空气中重金属污染物的监测、还没有开展污染源废气中重金属污染物的例行监测，导致目前废气中重金属污染物产生和排放情况的底数不清。

2．产业结构不合理，结构性污染突出

2009年涉重企业工业增加值仅占全市工作增加值的2.3%。但铬的排放量在全省重点区域列第二位。污染物排放强度较高，部分涉重企业不能实现重金属污染物稳定达标排放，结构性污染比较突出。

3．重金属污染监管能力不足，防控力度亟待加强

各县区环保部门普遍存在监管人员不足、重金属污染物监测能力不够等问题，再加上个别企业恶意偷排现象时有发生，重金属污染防控工作难以落实。河流断面、城市空气自动监测站和工业污染源重金属自动监测能力不足，重金属污染预警体系、应急体系需要进

一步完善。

4．地方法规制度建设滞后，标准未严格落实

省内缺乏重金属污染治理和土壤污染治理的地方法规。在目前的标准中对重金属的控制要求，还没有得到严格贯彻执行。

5．重金属污染防治技术滞后

重金属污染防治的科学研究、技术政策等还远远滞后于污染防治的迫切需求，缺乏成熟的重金属污染防治的处理处置及生态修复技术，缺乏有关专家和技术人才。

三、下一步工作重点

（一）切实转变发展方式，加大重点行业防控力度

1．加大落后产能淘汰力度，减少重金属污染物产生

严格落实《产业政策调整指导目录（2011）》（发改委 2011 年 9 号令）、《山东省轻工业调整振兴规划》、《山东省皮革工业调整振兴指导意见》等相关规划和政策，实施重点行业的落后产能淘汰措施，淘汰一批技术装备落后、资源能源消耗高、环保不达标的落后产能。重点防控行业完成以下任务：

（1）化学原料及化学制品制造业：淘汰隔膜法烧碱装置（2015 年前）；

（2）皮革及其制品业：淘汰年加工能力 10 万标张牛皮、年加工蓝湿皮 5 万标张以下的制革生产线。

对未经环保部门审批以及治理无望、实施停产治理后仍不能稳定达标排放的企业，地方政府依法予以关停。改善土地利用计划调控，依照《禁止用地项目目录》，禁止为高氯化汞触媒项目、开口式普通铅酸蓄电池项目等办理用地相关手续。支持优势企业兼并、重组，淘汰落后产能。

2．提高行业准入门槛，严格限制排放重金属相关项目

严格准入条件，优化产业布局。坚持新增产能与淘汰产能“等量置换”或“减量置换”的原则，实施“以大带小”、“以新带老”，实现重点重金属污染物新增排放量零增长。制定和完善行业准入条件，新、改、扩建涉重企业必须按照本规划清洁生产相关要求进行建设，新建铅锌冶炼企业、铅蓄电池制造企业、皮革鞣制加工企业、金属表面处理及热处理加工企业必须入园管理。

新建、改建相关项目必须符合环保、节能、资源管理等方面的法律、法规，符合国家产业政策和规划要求，符合土地利用总体规划、土地供应政策和产业用地标准，并依法办理相关手续，禁止向重金属相关行业落后产能和产能严重过剩行业项目提供土地。将环境风险评价作为重金属建设项目环境影响评价的重要内容。

建设排放重金属污染物的项目时，要科学确定环境安全防护距离，保障周边群众健康。对现有重金属排放企业，严格按照产污强度和安全防护距离要求，实施准入、淘汰和退出制度。以下项目纳入限制类审批：

（1）30 万 t/a 及以下热镀锌板卷项目；

（2）20 万 t/a 及以下彩色涂层板卷项目；

（3）1 450 mm 以下热轧带钢（不含特钢）项目。

（二）加强监管，实施污染源综合防治

1. 加大执法力度，确保污染源稳定达标排放

全部涉重企业均纳入市控重点污染源管理；所有重金属废水排放企业要在 2013 年前安装特征污染物自动监控装置，实行实时监控、动态管理。所有重金属污染物产生或排放的企业要针对特征污染物开展自行监测，对车间排放口和总排放口每班进行一次监测；有涉重危险废物产生的企业必须将危险废物交有资质单位处置，并在危废转移过程中严格执行《危废转移联单管理办法》。涉重企业每月要将重金属污染物自行监测情况向所在地的市级环保部门报告，市级环保部门定期发布达不到环保要求的涉重企业名单。

所有涉重企业按照《关于构建全省环境安全防控体系的实施意见》（鲁环发[2009]80号）等相关规定的要求，建立环境风险源动态管理档案并及时更新，各县（区）档案更新情况于每年 1 月 15 日前报市环保部门备案。各县（区）环保部门要督促涉重企业每年进行两次环境风险隐患自查，并对辖区内涉重企业每年组织两次全面排查，对发现问题的企业进行环境风险评价，并根据评价结果进行整改，在整改完成前不得生产。

建立企业环境报告制度，促进企业信息公开，全市涉重企业必须按年度定期发布企业环境报告书，企业须将其重金属污染物产生、排放及处理处置情况等进行如实的披露，接受社会监督。

2. 积极推行清洁生产，实施污染源综合防治

坚持控新治旧，强化从源头防控重金属污染，在现有企业中大力推广安全高效、能耗物耗低、环保达标、资源综合利用效果好的先进生产工艺，减少重金属污染产生量和排放量。全部涉重企业必须在 2012 年前完成清洁生产审核，从 2011 年起，重点企业每两年进行一次强制性清洁生产审核，相关企业应将审核结果依法向有关部门报告。

大力发展循环经济，推动含重金属废弃物的减量化和循环利用。新、改、扩建企业必须采用以下技术：氯碱生产应采用离子膜碱工艺装备；电石法聚氯乙烯企业应采用低汞触媒或无汞触媒技术；钛白粉企业应采用沸腾氯化生产技术；铅蓄电池制造业应采用无铅扣式碱锰电池技术，实现普通电池无铅、无汞、无镉化，新建铅蓄电池项目规模应大于 50 万 kVA • h，技改规模应大于 20 万 kVA • h；新建皮革鞣制加工项目年产量不低于 20 万张（折牛皮）且应采用无铬鞣制工艺。

加强重金属污染治理设施建设，抓好工艺技术、技术装备、运行管理等关键环节，鼓励企业在达标排放的基础上进行深度处理，加强回用，减少排放，减少环境风险。

（三）一区一策，实施区域综合整治

以重点区域为核心，推进环境风险隐患较大的重金属污染区域综合整治。制定重点区域污染综合防治规划，突出区域特征，强化产业结构调整、清洁生产、污染物末端治理等防治措施，明确各重点区域的防治任务，按照一区一策、分区指导的原则，提出防治对策和相关配套政策。在重点区域实施重金属污染物排放量明显下降。

（四）做好修复试点，逐步解决历史遗留污染问题

1．开展调查评估，建立污染场地清单

围绕重点区域、重点企业和重要历史遗留污染问题，结合第二次全国土地调查、全国土壤现状调查等，自 2011 年开始，开展重金属污染场地环境调查与评估，实施加密监测，力争到“十二五”末基本完成基础调查工作，建立重金属污染场地数据库和信息管理系统，并实现动态管理。

2．强化结构调整，综合防控土壤重金属污染

加强污染场地环境管理，重金属污染场地土地利用方式或土地使用权人变更时应进行重金属污染调查，并建立相关档案。对污染企业搬迁后的厂址和其他可能受到污染的土地进行开发利用时，环保部门要督促有关责任单位或个人开展污染土壤风险评估，明确修复和治理的责任主体和技术要求，降低土地再利用特别是变更为居住用地对人体健康的影响。区域性或集中式工业用地拟改变其用途的，环保部门要督促有关单位对污染场地进行风险评估，并将评估结果作为规划环评的重要依据。对于污染较重、短期内难以实施有效治理的场地，应加强监管，封闭污染区域，阻断污染迁移扩散途径，防止发生污染事故。

3．开展修复技术示范，启动历史遗留污染问题治理试点

因地制宜地采用生物、工程、物理化学等措施，实施综合性治理措施，分阶段解决重金属历史遗留污染问题。建成针对性强、技术涉及面广、经济适用的工程技术示范项目，为进一步引导和实施修复计划奠定基础。

（五）强化监管能力建设，提升监管水平

1．构建全市安全防控体系

全面构建由应急队伍、应急专家库、应急处置技术、应急物资贮备库（信息库）、应急装备库、应急预案、应急演习、污染事故后评估、警示教育等要素构成的市、县（区）、企业三级环境安全防控体系，确保全市环境安全。

按照《关于加强重金属污染防治工作实施方案》等相关规定的要求，在涉重企业车间排放口、城镇（含园区）污水处理厂进水口、涉重企业聚集区河流下游临近断面、市县出境河流断面设置预警监测点；市级环境监测机构每半月对设区市和县（市、区）出境断面和城镇（含园区）污水处理厂进水口进行一次监测，县（区）环境监测机构每天对涉重企业车间排放口、城镇（含园区）污水处理厂进水口以及涉重企业聚集区河流下游临近断面进行一次监测。逐步增加地下水、土壤的环境监测点位和监测频次。在重点区域的出境断面、城市空气自动监测站和重要饮用水地表水源逐步增加重金属自动监控装置。

落实报告制度。不论涉重企业、城镇（含园区）污水处理厂、地方环保部门，发现重金属物质超标后，应在两小时内向上级报告直至省环保部门。

2．健全重金属污染健康危害监测与诊疗系统

加强重点区域重金属污染生物检测、健康体检和诊疗救治机构和能力建设，规范开展重金属污染事件高风险人群体检。重点区域所在的县（区）和设区市要确定定点医疗机构，根据当地重金属污染特征，配备必要的重金属检测设备，加强人员培训，保障工作经费。定期对重点区域内食品、饮用水进行重金属监测，对幼儿和中小学生等高风险人群进行生

物监测，发现人体重金属超标及时报告。

健全重金属污染健康危害评价、体检及诊疗和处置等工作规范。开展环境污染健康影响调查和风险评估，对可能发生的环境污染健康危害进行预警。建立环境污染健康危害事件高风险人群定期体检制度，对确诊患者给予积极诊疗。重点区域和企业要加强职工安全防护，提高职业病防治水平。

（六）加强产品安全管理，提升民生保障水平

1. 加强应急民生保障

对因重金属污染导致生产生活基本条件丧失，且短期内难以根本改善的，地方政府应妥善做好安置、补偿、医疗保险和社会保障等工作，并实施必要的移民安置、避险安置，正确引导舆论，切实维护群众利益，确保社会稳定。

2. 提升农产品安全保障水平

开展农田（耕地）土壤、大中城市周边土壤、矿区土壤重金属污染调查，加强重点区域农产品重金属污染状况评估。对主要农产品产地进行小比例尺加密调查，对重点区域实施定点监测，建立农产品产地安全档案。建立农产品产地重金属污染风险评价与预警体系，摸清各类产地安全质量状况，进行产地适宜性评估，完成农产品产地安全质量分类划分，实施农产品产地安全分级管理。严格控制污灌区面积，严格污水灌溉管理，确保灌溉用水符合农田灌溉水质标准。加强执法监管，禁止在受污染耕地上种植食用作物。加强粮食蔬菜、肉禽蛋奶、水产品和饲料等重金属监测评估，加强生产、流通、消费市场监管，确保食品安全。

3. 减少含重金属相关产品消费

减少含铅油漆、涂料、焊料的生产和使用，强化对农药、化肥、除草剂等农用化学品的环境管理，严禁使用砷类农药，严格控制在食品及饲料中使用含重金属添加剂。采取综合性调控措施，逐步抑制含重金属相关产品的市场需求。

加强电器电子产品生产的全过程管理，贯彻落实《废弃电器电子产品回收处理管理条例》，认真实施《电子信息产品污染控制管理办法》，加强电器电子产品中使用重金属的控制和管理。推进电器电子产品中重金属替代与减量技术研发、试点和推广应用。明确生产厂商在电器电子产品使用、维修和回收的防控责任，鼓励其建立回收网络。在荧光灯生产企业推广固汞替代液汞技术。

完善政府绿色采购制度，剔除目录中不符合环保要求的重金属相关企业及产品名单，运用市场机制对生产和消费行为进行引导，提高全社会的环境意识，推动企业技术进步；鼓励企业研发重金属替代技术，生产环境友好型产品。

生命不能承受之“重”

——谈重金属污染防治

上海市奉贤区 环境保护局　方　卫

随着我国经济迅猛发展，工业化进程加快，以及过去发展积累和遗留下来的历史问题的影响，重金属污染问题越来越严重，重金属污染事件频频发生，已成为全社会高度关注的环境热点之一。加强重金属污染防治，不仅关系到环境质量改善，关系到群众身心健康，而且关系到社会的和谐稳定。

重金属是指原子量大于55的金属。从环境污染方面所说的重金属，主要是指汞、镉、铅、铬以及类金属砷等。这些重金属在水中不能被分解，能够在植物和动物体内积累并进入食物链，或通过污染空气进入人的呼吸道。重金属进入人体后和蛋白质及酶等发生强烈的相互作用，使它们失去活性，也可能在人体的一些器官中累积，危害健康。

近年来，各级政府部门高度重视重金属污染防治，充分认识到重金属污染防治已刻不容缓。国务院总理温家宝在十一届全国人大五次会议上作政府工作报告时指出，2012年要“加强环境保护，着力解决重金属、饮用水源、大气、土壤、海洋污染等关系民生的突出环境问题。”可见政府治理重金属污染的决心。2011年2月18日，备受瞩目的《重金属污染综合防治“十二五”规划》获得国务院正式批复，成为首个获批的“十二五”规划。规划明确了全国14个重金属污染综合防治重点省区和138个重点防治区域，并且首次提出重金属总量控制的目标，这意味着重金属污染防治将采取总量控制与浓度控制相结合的思路。环境保护部已多方动员和部署全国各级环保部门严加监管，着力推进重金属污染问题解决。上海市于2012年初发布了《上海市“十二五”重金属污染综合防治规划》，明确提出要用最严的执法、最严的标准和最严的管理，加强对涉重金属企业的执法监管。

就奉贤区而言，涉重金属企业较多，分属多个行业类别，各个企业生产规模与生产工艺先进水平参差不齐。从涉重金属行业自身特点分析，具有老、小、散、低、简、乱6个特点。很多重金属企业投产日期很早，没有环保手续，例如：奉贤区22家电镀企业中有5家建于20世纪六七十年代，有7家建于20世纪80年代，都没有相应的环保手续；企业规模偏小，全区只有2家电镀企业产值达到1亿元以上，3家电镀企业年产值不到500万元，甚至只有100万元左右；涉重金属企业分布非常分散，全区8个镇、3个主要工业开发区都有涉重金属企业，分布极为散乱，绝大部分都不在工业区内，没有形成涉重金属企业产业积聚，例如全区5家铅蓄电池生产企业就分别分布在南桥镇、庄行镇（2家）、柘林镇和星火开发区；部分企业生产设备简单，自动化程度不高，生产不连续，时开时停；部分企业治理设施简陋，难以保证污水和废气达标排放；部分企业管理混乱，现场跑、冒、滴、漏现象严重。

立足奉贤区实际情况，奉贤区采取通过实施涉重金属行业结构调整，严格控制新建涉重项目，提升现有涉重企业环境监管水平，逐步削减重金属排放量，防范重金属污染风险。

一、实施涉重金属行业结构调整

1. 铅蓄电池生产企业结构调整

近年来，国家对于铅蓄电池及再生铅行业污染防治提出了一系列工作要求和部署，环保局根据工作要求，对区内铅蓄电池制造、组装加工企业加强了环境监管，提高了环境监察监测频次。特别是2011年上海市浦东新区康桥地区发生了群体性血铅超标事件之后，根据国家“六个一律”的要求，对奉贤区内5家铅蓄电池生产企业进行了对照梳理，检查发现5家铅蓄电池生产企业中有4家企业均不符合卫生防护距离的要求，且未在工业区，立即要求这4户企业全部实施停产。环保局积极与区经委等部门进行沟通，已正式将这4户企业纳入2012年产业结构调整目标任务中，力争在2012年底之前全部完成结构调整。对符合相关条件的铅蓄电池生产企业也将按照最严格的标准强化监管。

2. 制定水源地重金属风险企业结构调整计划

为进一步完善水源地生态补偿制度，推进饮用水源保护工作的开展，充分发挥生态补偿资金的效益，制定了奉贤区年度水源地生态补偿转移支付方案。在2012年的方案中，特别注重水源保护区内重金属污染企业的关停和结构调整工作，将水源保护区两家涉重企业全部列入2012年产业结构调整计划中。

3. 持续推进电镀企业进行结构调整

由于奉贤区电镀企业大多建于20世纪七八十年代，这些企业多为乡镇及村办企业，污染治理设施相对简陋。部分企业未按要求对各种重金属污水分别处理，而是简单混合处理，不能保证重金属达标排放。同时，少数企业污水治理设施陈旧，故障多，运行不正常。因此加大对一些周围有敏感目标、环境投诉较多或不能稳定达标排放的电镀企业进行结构调整的力度，2012年有2家电镀企业已进入产业结构调整名单，今后几年奉贤区将继续加大产业结构调整力度，将一些布局不合理、环境风险大的以及信访矛盾比较突出的电镀企业坚决纳入淘汰落后产能名单。

二、积极推进清洁生产审核

依据清洁生产自愿和强制性审核原则，通过组织清洁生产示范，进一步强化工业清洁生产审核工作。凡符合国家产业政策、手续完备的涉重金属企业必须进行清洁生产审核，对国家规划的重点企业至少每两年开展一次强制清洁生产审核，列入《上海市“十二五”重金属污染综合防治规划》重点企业至少每三年开展一次，列入区重点监管企业名单至少每四年开展一次。目前奉贤区已有一半左右的涉重金属企业已开展清洁生产审核，其中环境污染相对严重的22家电镀企业中已有14家开展了清洁生产审核。通过清洁生产审核，大力推广成熟、先进适用的重金属污染防治技术，最大限度减少重金属污染物的排放。

三、强化涉重企业环境监管力度

加大对涉重企业环境监察监测频次。规定对一类污染物排放企业至少每两个月开展一次环境监察，每季度开展一次监督性监测，对列入《上海市“十二五”重金属污染综合防治规划》的重点企业每季度开展一次环境监察和监督性监测，对其他涉重企业要求不少于半年开展一次环境监察和监督性监测。同时每季度还开展一次由局领导带队，局业务科室、环境监察、环境监测部门共同参与的主要针对涉重企业的突击检查。通过定期开展各项专项整治行动，以及日常监管，确保污染处理设施正常运行，重金属污染物达标排放。

四、坚决从源头控制新建涉重项目

严格控制新、改、扩建涉重金属排放项目，坚持新增产能与淘汰产能“等量置换”或“减量置换”的原则，确保废水、废气中五类重金属排放总量不超过2007年排放水平。

五、加强宣传培训，提高重金属污染认识

重金属污染与其他污染物相比，有其独特性，其量虽然小，但危害大。而且在视觉上，具有欺骗性，多数重金属废水是无色透明的，不了解的人会把重金属废水当做清洁水。虽然近年全国各地重金属事件频发，但人们对此认识仅仅通过新闻媒体，对重金属危害认识不清、感受不深。因此我们邀请了市环保局污防处处长对全局环保人员和各镇、开发区、社区环保人员100多人进行了重金属污染防治的集中培训。通过各种培训和宣传教育活动，提高社会对重金属污染的持久性、危害性、严重性和灾难性的认识。

由于重金属污染物属于持久性污染物，无法从环境中彻底清除，只能改变其存在的位置或存在的形态，因此对于重金属污染重在“防”。只有通过控制重金属污染排放，有效预防和遏制突发性重金属污染事件，才能使人民群众的生命财产安全得到有力保障。

宿迁市2011年度重金属污染综合防治规划实施工作情况汇报

江苏省宿迁市环境保护局 骆 敏

2011年，宿迁市的重金属污染防治工作在市委、市政府正确领导下，在省厅的帮助指导下，紧紧围绕着“转方式、调结构、促增长、惠民生”这一主线，以提高环境质量、确保区域安全为根本，坚持环保优先发展方针，全面落实科学发展观要求，严格按照国家、省、市“十二五”重金属污染防治规划的要求，明确工作任务，严格环境准入，加大产业结构调整力度，强化环境执法监管，完善政策措施，全力推进年度计划的实施，顺利完成年度重金属污染综合防治工作任务，现将有关情况汇报如下：

一、重金属污染物减排项目落实情况

2011年宿迁市共落实重金属关闭项目7个、清洁生产项目8个、污染物综合整治项目2个，共削减铅排放量75.035 kg、汞0.000 35 kg、镉2.82 kg、铬5.92 kg、砷31.1 kg。除因2008—2010年涉铅企业数量增加造成铅排放量增量外，其他4项重金属指标全部完成年度目标。

二、环境质量状况

按照国家、省《重金属污染防治“十二五”规划》和省2011年度实施方案的要求，宿迁市3个城镇集中式地表水饮用水源地和3个地表水国控断面五种重点重金属污染物指标全部达标。2011年全市未发生涉及重金属突发环境事件和涉及重金属突发公共卫生事件。

三、重金属污染防治工作推进情况

2011年，宿迁市重金属污染防治工作，以编制和实施规划为抓手，深入开展涉重行业专项整治，取得了预期工作成效。

1. 积极编制重金属污染防治规划

根据《国务院办公厅转发环保部等部门关于加强重金属污染防治工作指导意见的通知》（国办发[2009]61号）和《环保部重金属综合污染防治规划编制指南》，宿迁市于2011年7月编制完成《宿迁市“十二五”重金属污染综合防治规划》及列入省重点区域的《泗洪县青阳镇“十二五”重金属污染综合防治规划》。2011年7月22日获市政府批复（宿政复[2011]21 号）并印发各地执行。根据国家规划要求，宿迁市还于 2011 年 6 月印发了《2011 年度宿迁市重金属污染防治工作实施方案》，并按照国家下发的年度计划编制大纲进行了补充完善。

2．深入开展涉重行业的专项整治

根据国家和省统一部署，2011 年宿迁市全面开展了涉重行业的专项整治。一是按照国家要求对辖区内 2 家制革企业开展环保核查，督促其认真落实环保部的整改要求，目前 2 家制革企业全部通过环保部核查。二是开展“十五小”和“新五小”企业专项整治。全市共排查企业 473 家，筛查出“十五小”或“新五小”企业 78 家，一批土法炼铅、小炼钢等重金属排放量大，危害群众健康的企业被依法取缔关闭（淘汰）。三是针对全市涉铅行业污染较重的状况，持续开展涉铅行业专项整治。目前全市 30 家铅蓄电池生产、组装及回收企业，经集中整治后，正常生产的企业 16 家，停产整改的企业 8 家，关闭取缔的企业 5 家，在建企业 1 家。四是开展汞污染源调查与评估。全市共筛查出涉汞企业 4 家，全部按要求制定了综合整治方案。

3．严格涉重项目的环保准入

宿迁市严格执行国家和省有关项目审批的权限划分，按照 “四个不批、三个严格”的环评审批要求，严控“两高一资”项目和涉及重金属污染的有色金属行业审批，对备案制的建设项目，坚决做到先备案后审批，对涉及重金属的金属表面处理及热处理加工业、含铅蓄电池制造业等涉重金属污染物的建设项目报省级以上环保部门审批，对不符合产业政策的建设项目坚决予以劝退、否决。

4．积极推进重金属污染治理工程项目的实施

宿迁市列入国家规划的重金属污染治理工程项目共 2 项，已全部完成。一项是宿迁楚霸体育器械有限公司电镀废水处理升级改建工程。该项目投资 230 余万元，采用反渗透废水处理技术实现年处理电镀废水 7 万 t，处理后的含镍废水约 4.5 万 t 全部回用不外排，年可减少硫酸镍使用量 7 200 kg、硫酸铜使用量 1 800 kg；2011 年实现减铬 0.92 kg。项目环评于 2010 年 5 月获得批准，2011 年 6 月投入试运行，2011 年 9 月通过验收。另一项为江苏金枫蓄电池制造有限公司废气治理工程。金枫蓄电池项目是在原有的金能蓄电池基础上建设而成。金能蓄电池有限公司建成后因污染严重、经营不善等原因一直处于长时间停产状态。因破产全部资产由金枫蓄电通过法院拍卖取得。金枫蓄电池取得资产后，通过重新环评（2011 年 3 月获批），投入资金约 1.5 亿元，对项目进行全新改进，其中环保投资达 1 600 万元，制粉、合膏、灌粉、封底分片刷耳等工段铅尘采用脉冲式布袋除尘器处理。项目于 2011 年 7 月通过“三同时”验收。

5．切实推进涉重企业的强制性清洁生产审核

为了进一步规范涉重企业的环境行为，宿迁市将所有列入整治范围的涉重企业全部纳入了强制性清洁生产审核计划，并及时将省厅转发的《浙江省铅蓄电池行业污染综合整治验收规程和浙江省铅蓄电池行业污染综合整治验收标准的通知》中的环保标准作为清洁生产中高费方案编制和实施的依据，要求各地环保部门及各清洁生产咨询机构在指导涉铅企业实施清洁生产过程中，严格对照标准，认真组织实施，确保各项环保整改要求全部高标准落实到位，促进了涉重企业的技术装备、生产环境、污染防治水平得到大幅提升。目前，全市 37 家涉重企业，已有 22 家开展强制性清洁生产审核，2012 年上报重金属清洁生产审核计划22家，按照两年一轮的总体要求，实现涉重企业全覆盖，其中有7家涉重企业已开展第二轮审核。

6．采取最严格的措施，加强涉重企业环境监管

宿迁市将涉重企业按照国控重点源的标准进行管理，增加现场执法检查和监督性监测频次，实施动态常效管理。为提高企业污染防治设施的运行处理效果，确保做到稳定达标排放，执法监管工作采取突击检查、区域交替检查、地毯式清查等多种方式，始终保持高压监管态势。同时工作中，注重对已查实问题落实整改情况的后督查，对国家、省、市环保部门检查中查实的问题，逐一实行跟踪督办，明确整改措施和整改时限，落实责任部门、责任人和督办人，定期将整改进展情况和处理意见，向上级汇报，并及时通报所在县、区政府对存在问题的企业加强监管，督促企业认真落实整改要求。

四、下一步工作打算

宿迁市的涉重整治工作虽然取得了阶段性成效，但还存在着达标排放脆弱、企业分布零散、缺少专业园区、监管能力不足等问题。下一步，我们将在此次重金属规划实施考核的基础上，进一步抓好以下工作：

一是按照宿迁市“十二五”重金属污染防治规划，进一步细化2012年年度工作计划，将涉重污染防治任务和污染物减排指标落实到具体企业，对未完成2012年整治任务的企业坚决予以关闭。

二是进一步加强对涉重企业的环境监管，督促企业规范日常环境管理，全面落实劳动保护制度，做好污染事故的风险防范，杜绝各类事故发生。

三是加快重点区域涉重园区建设，积极推进企业提档升级、进园入区。

四是全面开展重金属污染场地调查，确定土壤污染的重点领域、区域，组织开展环境影响后评估，搞好重金属污染环境修复，改善环境质量，防范环境风险。

加强重金属污染防治　保障人民群众生命安全

湖北省黄石市环境保护局　王　刚

湖北省黄石市作为老工业基地城市，长期的矿产资源开采、加工以及工业化进程中累积形成的重金属污染问题近年逐步凸显，对生态环境和群众的健康构成了较大威胁。为彻底解决好这一突出问题，近年来，我们按照“不欠新账、多还老账”的要求，把重金属污染防治作为生态宜居城市建设的重要工作来抓，尤其是 2011 年以来，我们按照“查、纠、改”并举，“关、治、管”并重的思路，以环保部“六个一律”为行动标准，以关停取缔“五小”企业和整治危险废物经营处置企业为突破口，以涉重企业整治为重点，以壮士断腕的决心和信心，真枪实刀、大刀阔斧地开展环保专项整治行动，在全市范围内掀起了有史以来力度最大的“环保风暴”，取得了显著成效，得到了环保部、省环保厅的好评，人民日报、新华社、中国环境报、湖北日报、湖北电视台等多家媒体也进行了报道。我们的主要做法是：

一、强化组织领导，确保防治工作有条不紊开展

坚持把重金属污染防治工作作为落实科学发展观的大事来抓，作为事关全市经济社会能否可持续发展的急事来抓，作为保障群众生命安全的实事来抓，从组织领导、规划编制、资金保障等方面统筹安排，形成合力。一是加强组织领导。市政府成立了以分管市长为组长，市环保局、市发改委、市经信委等九部门负责人为成员的环保专项整治行动领导小组，制订了实施方案，明确了指导思想、整治重点、方法步骤及各部门工作职责，确保整治不留死角、不留尾巴、不留空间、不留隐患。市委、市政府多次召开会议，听取重点区域特别是涉重企业污染整治情况汇报，市领导多次深入企业，现场办公，现场解决实际问题。二是科学编制规划。按照一区一策和防治结合的原则，科学编制了《黄石市重金属污染综合防治规划》、《大冶市重金属污染综合防治规划》和《大冶市重金属污染修复示范项目建设方案》并上报环保部，明确重点防控区域，找准重点防控企业，确定重点企业的治理方案和完成时间，为科学治理重金属污染，不断改善全市环境质量提供了技术支撑。三是加大资金投入。2010 年以来累计投入资金 2.5 亿元，重点用于重金属污染防治，其中争取上级资金 7 000 万元、企业配套 1.8 亿元，一批污染源得到有效治理，环境质量得到明显改善。四是着力营造氛围。充分发挥新闻媒体作用，多层次、多渠道、多形式宣传环保专项整治行动，营造了良好的舆论氛围。大冶市政府发布了《关于开展涉重企业专项整治行动的通告》，在大冶电视台滚动播放一个多月，在各村、有色金属采选涉重企业等张贴 4 000 张。通过这些措施，营造了强大的声势，全市形成了良好的专项整治氛围，有力地推进了涉重企业专项整治的深入开展。

二、强化政策引导，推动涉重企业发展方式转变

加强政策引导，推动企业技术改造，自觉淘汰落后产能，实行源头控制。一是加大落后产能淘汰力度。严格执行国家产业政策及相关行业调整振兴规划，逐步扩大落后产能和重污染产业的淘汰范围，制定淘汰落后产能目标，明确各县区及相关企业的责任，限时整改，并严格控制落后产能和重金属污染企业向欠发达地区和农村地区的转移。二是严格执行“三同时”制度。制订了重点防控区域产业发展规划、重点防控行业专项规划，进行规划环境影响评价，并将其作为受理审批区域内和行业相关项目环境影响评价文件的前提。严格限制新建排放重金属污染物的项目，未通过环保审批的，一律不准开工建设。探索建立重金属排放企业环境影响后评价制度，开展重金属排放企业场地和周边区域环境污染状况评估试点工作。三是开展强制性清洁生产审核。依据重金属污染物排放企业专项排查情况，确定有色金属矿采选、有色金属冶炼、含铅蓄电池等重金属污染防治重点行业、重点防控企业名单，结合申报国家环保模范城，研究制定市重金属重点防控企业清洁生产工作实施计划，分批次组织企业开展强制性清洁生产审核。

三、强化项目建设，着力解决一批环境污染问题

按照“治旧控新、消化存量”，“以奖促治、带动全面”的思路，实施了一批重点项目，部分地区生态环境明显改观。一是加大重点污染源综合治理。突出“源头控制、过程阻断、末端治理”的全过程综合防治，完成了大冶有色金属公司冶炼厂备料废水处理等8个重点污染源治理项目。二是着力解决历史遗留问题。为有效解决黄石市铬渣污染问题，积极指导和督促铬渣产生单位振华化工公司开展铬渣综合整治。在国家发改委的大力支持下，新建14万t堆存铬渣转窑干法解毒及综合利用工程，无害化处置了历史堆存的14万t铬渣，完成了蒋家湾历史堆存铬渣的治理，并且做到铬渣当年产生、当年消化。三是大力实施生态修复工程。为有效治理重金属污染土壤问题，黄石市以武汉理工大学为技术依托单位，在大冶罗桥街道办事处双港村开展了重金属污染土壤综合整治示范工程。该工程占地110亩，采用化学调控及农艺措施修复和改善土壤，在重金属污染的耕地上改种花卉苗木、速生林木和生物质能源作物，收到了很好的效果。

四、强化专项整治，促进防治工作取得扎实成效

将专项整治行动与日常监管结合起来，与“五小”企业整治结合起来，按照“三个一批”的要求，采取“政府组织、市区联动、部门配合”和“断源断电断水”等措施，组织开展大型集中整治行动17次，出动执法人员2 380人次，起到了打击一起、震慑一片的效果。一是关停取缔一批。关停了大冶市吴远胜冰铜厂等10家违法涉重企业，其中责令关闭了全市唯一一家铅蓄电池企业。与此同时，按照“五子”（拔杆子、拆房子、拆机子、毁池子、平场子）的要求，强制取缔了62家死灰复燃的小洗矿、小选金和非法焚烧电子垃圾等违法企业，不给这些企业任何死灰复燃的机会。淘汰了大冶特殊钢股份公司2台烧

结机、大冶有色金属公司反射炉等一批落后的生产能力和工艺。二是停产整治一批。对大冶市虎成矿业有限公司等 54 家违法排污企业，按程序下达停产整治通知书，实行了停产整治。加大危险废物经营单位的整治力度，对全市所有持证危险废物经营处置企业全部实施停产整治，并经省、市环保部门验收，整治无望和验收不通过的一律吊销危险废物经营许可证且予以关停。加强危险废物转移的管理，对无证经营的发现一起，查处一起，坚决取缔，绝不姑息。三是督办整改一批。对大冶有色金属公司、振华化工公司等 47 家企业提出整改要求，要求企业在环保设施运行、在线监控、重金属治理项目、厂容厂貌等方面全面整改提高。组织重金属排放企业开展清洁生产审核，以点带面，引导涉重企业走清洁生产之路。通过专项行动，这些公司进一步规范了管理，提升了企业形象。

五、强化制度创新，健全涉重企业长效监管机制

一是实行“一票否决”制度。将重金属污染防治工作作为重要内容纳入年度目标考核，层层签订目标责任状，对专项整治行动进展缓慢的，实行通报批评，约谈主要负责人；对完不成整治任务的，实行环保“一票否决”；对出现重大决策失误，造成环境严重污染以及对环境违法行为查处不力，甚至包庇、纵容违法排污企业的，严格依法依纪追究责任。二是建立联合办案制度。坚持定期协商、联合办案制度和环境违法案件移交、移送、移办制度，强化联合执法，共同打击环境违法行为。环保部门加强挂牌督办、后督察等环境行政执法手段，联合相关部门对各类环境违法行为依法进行查处；经信委部门积极开展淘汰落后产能工作；监察机关联合环保部门开展了行政监察；司法部门积极推进环境法制宣传教育；建设部门加大城市污水处理厂建设力度和设施运营的监管；安全监管部门加强尾矿库安全管理，督促危险化学品企业严格防范生产事故的发生；电力监管部门积极配合环保部门和当地政府对关停企业实施停电、断电。三是建立监测预警制度。实施定期监测报告制度，对涉重企业开展监督性监测，基本摸清了涉重企业的排放情况，为环境监管提供了法律依据；建立监测预警制度，将重金属因子纳入涉重企业日常监测项目，发现超标等异常现象及时反馈管理部门，为环境监管提供第一手资料。四是建立应急管理体系。市政府修订了《突发环境事件应急预案》，完善快速反应的应急机制、统筹协调的管理体制。建立了环境应急专家库，开展环境风险源排查和标识工作，环保部门及相关企业处置环境应急事件切实做到了“四个第一”：第一时间报告基本情况、第一时间赶赴现场查处、第一时间开展应急监测、第一时间反馈查处结果。

近年来，虽然黄石市在推进环境保护方面特别是重金属污染防治上取得了一定的成绩，但与先进地区比，还有一定差距。我们将继续坚持以科学发展观为指导，认真贯彻落实第七次全国环保大会精神，按照这次全省环保大会和责任状的要求，以发展大产业、打造大园区、建设大城市“三大战略”为统领，以争创国家环保模范城市、建设生态宜居黄石为目标，严格落实环保责任，着力抓好污染减排、生态文明、环境安全等重点工作，着力解决影响科学发展和损害群众健康的突出环境问题，在破解制约黄石市经济社会发展的环境瓶颈上实现新突破，在探索代价小、效益好、排放低、可持续的环保新道路上寻求新成效，为促进生态湖北建设作出新的更大的贡献！

鄂州市重金属污染综合防治工作情况

湖北省鄂州市环境保护局 祝 健

一、基本情况

鄂州市是1983年8月经国务院批准，在原鄂城县、鄂城市的基础上成立的省辖市，辖鄂城、华容、梁子湖三个正县级行政区和葛店、鄂州两个经济开发区以及古楼、西山、凤凰三个直管街道办事处。位于湖北省东南部、长江中游南岸。西与武汉市洪山区、江夏区接壤，东南与黄石市毗连，北临长江，自西向东与武汉市新洲区和黄冈市团风县、黄州区、浠水县等地隔江相望。地跨东经114°30′～115°05′，北纬30°01′～30°36′。全市国土面积1 593.5 km^2，其中建成区面积47.3 km^2。

鄂州市虽然为湖北省重金属防治非重点区域，但是鄂州市紧邻武汉东湖高新开发区，按湖北省统一布局，2005年以来，逐步承接了许多与武汉东湖高新开发区配套的产业，其中包括涉重企业。目前，鄂州市主要涉重企业有三家，分别是长海新能源科技有限公司、鄂州富晶电子技术有限公司、武汉高科表面处理园有限公司，其中武汉高科表面处理园入驻了12家企业，入园企业中有8家企业开始试生产。鄂州市铅酸蓄电池的产量由2007年的3.5万kVA增加到2011年的9.7万kVA，增加铅排放量3.49 kg；金属制造业的表面处理由2010年的285 738 m^2增加到2011年的9 305 292 m^2，增加铬排放7.55 kg。鄂州市没有淘汰涉重落后产能的企业。

在重金属污染方面，鄂州市还存在一个历史遗留问题，即鸭儿湖氧化塘重金属污染问题。鸭儿湖氧化塘原是处理葛店化工厂（武汉市管辖）六六六等有机农药生产废水，现已废弃，但是氧化塘中存在的有机汞污染一直未得到妥善处理。

二、重金属污染防治工作进展

一是按国家和省厅的要求制定了鄂州市重金属防治年度实施方案，明确了相关目标指标、任务措施和要求，2011年，鄂州市按要求完成了《湖北省重金属污染综合防治规划》中污染治理项目。

二是加强对涉重企业的环境监管。目前，鄂州市涉重项目的废水排放口都配套建设在线自动监控系统，现场监察人员对重点企业每天至少巡查一次，及时发现问题，及时消除重金属污染隐患。对出现问题的涉重企业坚决实行停产整顿，直到问题得到解决，通过整改验收后才能恢复生产。经多次进行的监督性监测表明，鄂州市已投入正常生产的涉重企业重金属排放达标率为100%。

三是加强对涉重企业的服务支持工作。为企业的污染防治做好服务支持工作，积极争取资金支持，在相关政策上进行倾斜扶持，确保企业污染物达标排放，危险固废得到妥善处置。如富晶电子公司的电镀废水处理及回用工程我们积极向上争取资金，在该公司原有污水处理设施的基础上更新改造，在处理技术上更新换代，确保设施持续运行，废水达标排放。

四是对各涉重企业严格执行各项环境管理制度。在新项目审批时，按要求严格把关，严格执行“三同时”制度，环评执行率为 100%。对具备清洁生产审核条件的涉重企业全部开展了强制清洁生产审核。目前实施清洁生产审核的涉重企业均已公示，进入评估阶段。鄂州市对涉重企业均按国家要求开展了监督性监测，企业按要求开展了自行监测，没有监测能力的委托鄂州市环境监测站进行监测，新建项目全部配套建设了在线自动监控系统。鄂州市涉重企业在环保局网站上进行了环境信息公开工作，接受广大人民群众的监督。

五是强化了应急风险管理。鄂州市于 2011 年重新修编了环境突发事件的应急预案，全部涉重企业均按要求制定了应急预案、配备了必要的应急设施和物质，目前，鄂州市还未出现重金属风险事故发生。

三、面临的问题及解决问题的思路

一是安全防护距离问题。如鄂州市长海新能源公司是一家生产铅酸蓄电池的军工企业，在建厂之初，安全防护距离符合要求，后由于社会经济的发展，在该企业周边未经环保部门审批，建起部分住宅楼，致使该公司安全防护距离不符合要求。我们解决的思路是：在该企业异地搬迁前，由于该企业的特殊性，要求该企业将生产线中重污染工段限产或者外协生产，同时加大该企业的环保核查力度，要求该企业加快生产技术的更新换代，提高清洁生产水平，在达标排放的基础上尽量减少重金属的排放。

二是新建涉重企业的问题。由于鄂州市葛店开发区的许多企业与武汉东湖开发区企业配套，从大局出发，不能回避涉重企业的新建问题，为此，我们将对重金属行业实行严格环境准入，提高涉重项目的准入门槛，对涉重项目一律进园区，废水在各企业进行分类预处理的基础上，分种类进入园区污水处理设施作深度处理，确保达标后才能排放，危险废物严格执行“五联单”管理制度，严格清洁生产审核制度，按国家相关规定，对相关企业一律实行强制性清洁生产审核，确保涉重企业的清洁生产水平达到二级水平。

关于武汉高科表面处理工业园有限公司重金属污染防治工作的报告

湖北省鄂州市环境保护局 祝 健

现将武汉高科表面处理园有限公司（以下简称园区公司）重金属污染防治工作有关情况报告如下：

一、基本情况

武汉高科表面处理工业园是由国家级高新区——武汉东湖新技术开发区与鄂州市政府共同批准，由武汉高科国有控股集团有限公司投资，在湖北省葛店经济技术开发区建立的湖北省第一家（也是唯一一家）专业从事表面处理的工业园区，是武汉东湖高新区与葛店开发区产业对接的第一个项目。是振兴湖北省制造业、承接沿海及东部地区产业转移以及为“1+8”城市圈及“大光谷”重大产业项目提供配套服务的重要基地。

该项目总投资8.8亿元，总占地434亩。该园区由湖北君邦环境技术有限责任公司编制完成的《武汉高科表面处理工业园项目环境影响报告书》于2008年1月14日通过专家评审，于2008年1月29日经鄂州市环保局批复通过。经过公开招标与专家评审，园区公司于2009年6月29日与中钢武汉安环院华安设计工程有限公司（以下简称中钢安环院）签订污水处理站设计与总包合同，负责园区污水处理站的建设。2010年11月底，园区公司投资1 800多万元的污水处理站建成，入园企业主体设备陆续安装到位；依据园区试生产申请要求，鄂州市环保局于2010年12月7日同意园区污水处理站及园区内符合条件的企业投入试生产，自此，表面处理园进入第一次试生产阶段。

目前园区公司已完成投资1.8亿元，已建成标准厂房12栋（2.37万m^2）、配套宿舍楼2栋（1.27万m^2），已形成污水收集管网及处理等配套基础设施完善的特色园区。已引进12家入园企业（均为出租标准厂房），其中8家企业处于试生产阶段，4家企业正在装修和设备安装阶段。这12家企业均单独进行了环评，办理相关手续。

二、重金属污染防治工作措施

1. 重金属污水处理工作措施

园区公司投资1 800万元，修建了污水处理站，污水处理站由原水区、工艺区、综合区、在线监测、固废处理等功能区构成，其中园区公司原水区污水收集池有8种，分别为含铬污水池、含铜污水池、化铜污水池、含镍污水池、化镍污水池、含锡污水池、含氰污水池、综合污水池。各入园企业将各自的生产废水分质分类排入园区污水池的 8 类原水区污水收集池中，由具有环保部颁发甲类污水处理资质的武汉格林环保设施运营有限责任公司分门别类进行处理，处理达标后经葛店开发区污水管网进入长江。

2. 危险固废处置措施

一是园区公司对危险固废储存地点按国家相关规定进行处理，将危险物分类存放，建立处理台账。

二是园区公司与有相应危险废物处理资质的荆门格林美新材料有限公司及湖北汇楚危险废物处置有限公司签订危险废物的处置协议。

三是严格执行了危险废物转移处置联单制度，对“五联单”保存齐全。

3. 在线监控措施

园区公司在污水总出水口设置在线自动监测仪，对总铜、总镍、总铬、总银、六价铬、磷酸盐、化学需氧量、氰化物、氨氮、pH 值和水量共 11 项指标进行监测，当重金属离子浓度高于排放标准时将废水切换到事故池，继续处理，当其浓度低于排放标准时才能排放。该系统总投资 250 余万元，由武汉巨正环保科技有限公司设计、施工并投入运营。

4. 应急管理措施

园区公司和各入园公司均进行了“安评”，制定了环境突发事件应急预案，建设了相应应急设施，储备了必要的应急物质。

5. 环境监管措施

一是通过在线监控系统对园区的排水情况进行监控，确保生产污水达标排放。

二是现场监管人员每天到现场巡查，确保各项环保设施正常运行。

三是市环境监测站每月不少于一次对园区排水进行监督性监测，及时发现问题，解决问题。

四是园区专人负责环保工作，每天对入园企业、污水站营运单位和污水排放过程进行监督。对入园企业主要是监督其生产工艺、排污管线、是否混排漏排，对污水站营运单位主要是对操作流程、水样检测频率、运营记录和污泥转移堆放进行监管；对污水排放主要是监督在线监测数据，环境监督员每天形成详细记录，同时编制了相关应急预案，多措并举，确保危险固废不外流，集中统一处理。

五是市环保局不定期到园区进行核查，确保各项环境管理措施落实到位。

三、经验及建议

1. 领导重视是关键

该园区涉及重金属污染，各级领导对此高度重视。华南督查中心将之列为监控重点，鄂州市领导多次到现场督查，省、市环保部门主要领导经常到现场进行督查监管，对该园区的环保工作从严要求，在线监控系统完成前，要求该园区每一次排水都经省、市环境监测部门监测达标后才能外排，对在线监控系统的安装提出了比较高的要求，如在线监控项目比较齐全，设备质量要求比较高等。正是在各级领导的重视下，该园区才高标准、严要求完成各项环保设施，制定较完善的环境管理制度。

2. 专业管理是必要手段

由于该园区是湖北省第一家专业从事表面处理的工业园区，对园区的环境管理工作没有成熟的经验，一度造成入园企业排水混乱，污水处理设施运行不正常，各项环境管理制度落实不到位。经市环保局对其停产整顿后，该园区聘请具有环保部颁发甲类污水处理资质的武汉格林环保设施运营有限责任公司对其污水处理等环保设施进行管理，聘请行业专家对入园企业的生产线和生产场所进行改造，制定了严格的环境管理制度，抬高入园门槛，使环境管理走上了正轨。

3. 从严监管是保证

各级环保部门对该园区从严监管，现场监管人员每天必须对该园区现场巡查一次，做好巡查记录，环境监测部门加大监督性监测频次，环境管理部门不定期对该园区进行现场环境核查，确保了环保设施正常运行，各项环境管理制度得以落实。

建议对涉重行业进一步加强监管，对未能达到环保要求的企业坚决"关、停、并、转"。否则，严格执行了环境各项管理制度的企业因成本较高，在经济竞争中处于不利地位，失去进一步加强环境整治的积极性。

关于涉重金属企业环境监管的情况汇报

四川省资阳市环境保护局　刘应举

本文就涉重企业环境监管工作谈谈自己不成熟的认识和体会，一是现状与问题，二是工作与成效，三是设想与建议。

一、现状与问题

资阳市共有涉重金属企业 14 家，主要涉及电镀、化工等行业，其中，涉铬企业 8 家，涉铅企业 4 家，涉砷企业 2 家，纳入四川省重金属污染综合防治“十二五”规划 7 家。工业废水中六价铬产生量共计 7 651.3 kg，排放量 145.2 kg；工业废水中砷产生量 18 842.2 kg，排放量 17.5 kg（根据产排污系数计算）；工业废气中铅产生量共计 1 466.1 kg（根据产污系数计算），由于监测站无资质、无设备，排放量未检测。

虽然资阳市涉重企业少、排放量小，且布局较为分散，但防控的形势依然严峻，主要存在以下几个问题：

一是历史遗留问题较多。部分涉重企业属于 20 世纪六七十年代的老企业，规模较小，工艺设施落后，但由于搬迁的成本高，解决就业的压力大，在短时间内还无法全部关闭和淘汰。

二是风险防控意识不强。部分涉重企业环保投入少，污染治理设施简陋，不能实现稳定达标排放，自身控制和抵御环境风险的能力弱，极易酿成污染事故发生。

三是现场取证设备短缺。监察、监测虽然配备了部分常规仪器，但配置不统一、不均衡。目前，监测执法装备缺少、取证手段单一，难以适应现场取证、证据保存等查处案件和日常监管的需要。

四是环境监管难度较大。有的企业或者是政府的形象工程、重点工程，或者是当地的利税大户，或者是名人名家办的企业等，头上都戴有许多光环。对这类违法企业的监管不力，打击的底气不足。

五是缺乏相关技术支撑。由于涉重企业的现场监管工作要求较高，技术性较强，有些不法业主会找各种借口千方百计逃避环境监管。目前没有明确的现场监管规范指南，造成执法人员现场执法监管不到位，易留下环境隐患。

二、做法与成效

1. 高度重视，周密部署

近年来，涉重污染事件不断发生，已严重威胁到人民群众的身体健康和社会的和谐稳定，引起了党中央、国务院高度重视，环保部将涉重企业纳入了重点监管对象。资阳市始终保持高度的警惕性，防控的意识一直没有放松，结合每年“环保专项行动” 要求，根据资阳市的实际情况，专门制定了涉重企业的监察工作计划和专项行动方案，在局党组会、局办公会以及各类大小专题会议中，反复强调涉重企业的监管工作，主要领导经常亲自带队检查涉重企业，全局上下严防死守，认真落实监管职责，避免了重金属污染环境的问题。

2．仔细排查，加大监管

严格要求企业如实申报产生重金属的种类、数量，按照一厂一册建立污染源档案，督促企业编制、完善环境突发事故应急预案，厂区内必须建有危险废物储藏室和环境事故应急池。环保局还牵头并协调企业与有资质的危险废物处置单位签订危废处置合同，要求企业做好危险废物的储存、堆放，建立明细的处置台账，严格做到危险废物的规范化管理和处置。在日常监管中，加强了对涉重金属企业的监察频次，不定期地开展监察巡查，警示企业不要抱有侥幸心理，杜绝了违法排污行为。

3．强化执法，从严查处

历年来，环保局将整治重金属违法排污企业作为监察工作的重点，始终保持高压态势，采用多种手段、多种形式对环境违法行为从严打击，坚决做到查处一批、关闭一批、限期治理一批的执法要求，一旦发现有违法排污行为，绝不姑息迁就，一律停产整治，整治完成后，必须经验收合格后方能恢复生产，并认真落实后督察，确保整改到位；对逾期整改未完成的企业，环保局会同经信委等部门，通过采取断电断水措施，强制企业进行整改。对于新建企业，严格执行环保准入制度，从源头上规避了重金属风险事故的发生。

4．加大宣传，注重培训

坚持每年召开一次涉重金属企业专题会议，及时将有关重金属污染防控的新要求传达到了每个企业，同时，利用重金属污染事故的反面典型教育企业要充分认识重金属污染的危害性，进一步增强企业领导的法制观念，提升企业全体人员的环保意识和守法意识，促使企业自觉采取措施，建立严格的管理制度，落实各个岗位的管理责任。注重提高涉重企业环境应急能力建设，加强了企业应急预案的检查，督促涉重企业制定防范突发环境污染事故应急预案，帮助企业建立健全环境应急机制，组织了涉重企业参与的突发环境事件应急演练，增强了涉重企业应对处置突发环境事件的能力。

三、设想与建议

下一步，资阳市将严格按照环保部要求，借鉴全国兄弟市、州的经验，努力做好涉重企业的监管工作，确保环境安全。

1．在日常监管上下功夫，在现场执法检查上见成效

按照属地化管理的原则，把所辖区域的涉重企业建档立册，建立健全详实的信息资料，掌握重金属污染源动态。将每一户涉重企业的监管责任落实到每个领导和责任人，明确量化的、可操性的检查要求，确保检查巡查频次。敦促涉重企业建立健全内部环境管理规章制度和管理台账，形成完善的企业内部管理机制。建立“监管区域、监管对象、监管过程、监管责任”全覆盖的现场监管工作长效机制，提高涉重企业监管质量。

2．在专项行动上下功夫，在综合查处整治上见成效

在全国环保专项行动中，要以最严厉的措施整治重金属排放企业环境污染问题，督促涉重企业进一步完善污染防治规划，切实加强对环保设施的管理，确保污染治理设施稳定正常运行，确保污染物达标排放。要以更扎实的工作推进环保专项行动的开展，坚持查事与查人相结合，对涉重企业的典型案件进行挂牌督办，对疑难案件进行联合执法，对复杂问题进行综合整治，做到处理到位、整改到位、责任追究到位。

3．在项目监察上下功夫，在落实环保措施上见成效

新改扩涉重项目实施全过程监察，重点把握环评审批关口、项目施工期的监察、“三同时”制度的落实和督促竣工环保验收。建立新改扩涉重项目管理与环境监察、行政处罚的协调机制，实现环评审批、现场监察、竣工验收和行政处罚的高效联动，确保有效落实环评提出的预防、减缓、保护、恢复、补偿等环保措施。

由于涉重企业的监管涉及法律、技术、管理等诸多方面，建议如下：

（1）国家制订重金属环境管理专项法规、规章，或者在大气、水、固废法律法规中增设重金属篇章。

（2）国家制订重金属环境管理技术规范、监督管理指南，包括最新重金属污染治理技术，作为强制性的要求予以实施。

（3）国家制订涉重金属危险废物界定的程序、方法，明晰认定机构，明确哪些属于危险废物，避免环境监管中的责任风险。

（4）国家加大涉重金属监管投入。配备专业监测仪器，补助监测经费，统一安装在线监控设备，组织专业培训。

（5）在国家层面明确涉重金属的监管部门、监管职责和联动机制，形成合力，提升重金属污染防治监管水平。

达州市重金属污染综合防治情况

四川省达州市环境保护局 饶 兵

近年来，达州市委、市政府高度重视重金属污染防治工作，把重金属行业环境整治作为优化产业结构、改善环境质量的重要抓手，以铁合金、电镀行业污染整治为重点，编制规划，出台方案，狠抓落实，扎实推进各项整治工作。现将达州重金属污染防治工作情况报告如下：

一、基本情况

依据达州市2010年污染普查动态更新数据库、2010年环境统计报表和统计部门提供的相关资料显示，达州市工业废水废气均不涉及铅、铬、汞、镉、砷等重点重金属的产生和排放。达州市“十二五”国民经济和社会发展规划亦无产生重金属污染排放的相关产业发展的规划。

《四川省重金属污染综合防治“十二五”规划》中，达州市属于全省非重点控制区，共有7家企业列入四川省重点防控企业名录，其中电镀厂1家：达州市电镀厂；铁合金4家：宣汉宏笙冶金有限公司、四川金鹰电化有限公司、达州金源电化有限公司、大竹县升泰硅锰有限责任公司；商贸企业1家：达州市华太商贸有限公司；化工企业1家：四川运达化工集团有限公司达州分公司。宣汉宏笙冶金有限公司已于2009年关闭；达州市华太商贸有限公司于2009年自然倒闭。四川运达化工集团有限公司达州分公司于2010年10月29日依法进行了关闭。达州市电镀厂采用无氰电镀工艺，生产废水实现达标排放。四川金鹰电化有限公司、达州金源电化有限公司、大竹县升泰硅锰有限责任公司铬渣被省环保厅认定为一般工业固废（川环办函[2011]201号），同时达州市已将这4家企业纳入2011年强制性清洁生产审核。2011年全市城镇饮用水源和重点流域断面水质监测数据，达州市地表水国控断面、集中式饮用水重金属均未检出。“十一五”期间及2011年，全市无涉重金属突发环境事件和涉重金属突发公共卫生事件发生。

二、开展主要工作

1．加强领导，落实责任

一是建立领导机构。成立了以市委、市政府主要领导为组长，发改、经信、环保、工商、公安、卫生等相关部门主要负责人为成员的重金属污染防治领导小组，全面负责本辖区内重金属污染防治的组织领导和统筹协调。二是科学制定整治规划。制定了《达州市重金属污染综合防治规划“十二五”规划》，进一步明确了各部门环境管理职责和目标任务。

目前该《规划》已多次征求相关部门意见，待市政府审定后发布实施。三是认真执行联席会议制度。市委、市政府先后多次针对达州市环境问题尤其是重金属污染防治工作召开专题分析会、督查会、联席会等，查找问题，增添措施，确保污染防治工作收到了实效。四是不断完善工作机制。制定了《中共达州市委达州市人民政府关于落实科学发展观健全环境保护约束机制的意见》、《达州市各县（市、区）党政一把手环境质量考核管理办法》和《达州市进一步推进主要污染物总量减排的意见》，将重金属污染防治和环境质量改善纳入领导干部任期考核内容。五是加强宣传。充分发挥当地新闻媒体的作用，开设环保专栏，定期刊播污染防治包括重金属污染防治宣传内容，大力宣传重金属污染防治的重要性，积极营造污染防治的氛围。

2．突出重点，综合整治

一是开展排查。及时组织市环境监察执法支队对本辖区内工业企业开展拉网式排查，基本摸清了重金属企业的种类、污染因子、分布和数量，并建立了动态数据库，实时对重金属企业实行有效的监管。二是限期治理。将达州市电镀厂、四川金鹰电化有限公司、达州金源电化有限公司、大竹县升泰硅锰有限责任公司纳入省政府限期治理、生产废水、废气实现达标排放。三是依法关闭。依据国家产业政策和城市发展规划，结合市场因素，积极加大结构调整力度。对四川运达化工集团有限公司达州分公司依法实施了关闭。宣汉宏笙冶金有限公司已于 2009 年关闭；达州市华太商贸有限公司于 2009 年自然倒闭，目前企业设备已变卖，厂房已拆除。四是强制审核。将达州市电镀厂、四川金鹰电化有限公司、达州金源电化有限公司、大竹县升泰硅锰有限责任公司 4 家企业纳入 2011 年强制性清洁生产审核，督促企业加强管理，加强资源综合利用，实施清洁生产。五是严格实行排污许可证制度。对不符合产业政策的企业和治理无望或实施治理后仍不能达标排放的企业不发放排污许可证，并加大整治力度。

3．严格执法，强化监管

按照环境监察和监测要求，加大了对重金属污染企业日常监管力度，增加监察和监测频次，及时发现问题，及时查处，确保了达州市环境安全。

4．严格审批，控制源头

认真贯彻落实《环境影响评价法》，严格执行环境影响评价和“三同时”制度，凡不符合国家产业政策及“两高一资”的产业，坚决一律不予审批，切实从源头上控制污染源的产生。

5．强化建设，提升水平

一是完善应急体系。制定完善了以饮用水水源突发事件为主体的应急预案，建立健全了以应急指挥机构、技术、物资和人员保障系统为核心的应急指挥系统，加强应急管理，落实处置措施。二是突出应急能力建设。全市共投入应急能力建设资金 1 300 万元，建成了化工园区大气自动监测预警系统和园区水质自动监测预警系统以及罗江库区饮用水源地水质自动站，配备了水上流动监测船，大大提高了化工园区、饮用水源地保护的预警能力。三是加强重点污染源在线监控。投资 270 万元建成了重点污染源监控平台，对重点大气和水污染源实施动态监管，全市涉重企业已安装重点污染源在线监控设备，运行效果总体较好。

三、问题及今后工作和建议

达州虽然不是重金属污染防控的重点区域，但涉重企业的监管和涉重突发事件的处置责任重大，同时也是社会关注的焦点，十分敏感。达州市在重金属污染防治上主要存在以下问题：一是责任意识有待强化。认为当地属于非重点防控区，涉重金属企业少，排放污染物少，不会引发大的污染事件，心存侥幸，这对于重金属污染防治极为不利。二是目前重金属污染防治的技术和投入不适应当前形势。三是监测技术手段落后。市（县）环保部门监测分析预警能力、人员、装备都十分欠缺。四是监管能力不足。专业技术人员匮乏，现场执法监管的能力不够，不能够及时发现问题。为全面贯彻落实《国家重金属污染综合防治"十二五"规划》和《四川省重金属污染综合防治"十二五"规划》精神，扎实深入推进达州市重金属污染综合防治工作，切实维护人民群众身体健康和社会和谐稳定，我们将重点抓好以下工作：

一是进一步加大对涉重企业的日常监管力度，督促企业确保污染治理设施正常运行，污染物稳定达标排放。

二是督促企业加强内部环境管理，建立健全环境管理制度。完善预案，加强演练。

三是强化执法监管，加密监测，一旦发现特征污染物超标，坚决依法查处，并责令企业立即停产整改。

四是督促四川金鹰电化有限公司、达州金源电化有限公司、大竹县升泰硅锰有限责任公司、达州市电镀厂完成强制性清洁生产审核工作，认真实施中低费方案。

建议：一是加大对涉重污染防治的培训，包括对管理部门、企业、广大市民的培训。

二是加大能力建设的投入，充实专业人员，配备必要的仪器装备。

三是对涉重企业的建设应有合理的规划和布局，应考虑资源、人口、环境以及污染防治技术和能力，避免遍地开花，到处污染。

加强重金属污染综合防治　守护祖国西南生态屏障

云南省保山市环境保护局　刘学严

一、概述

云南被誉为“动植物王国”，有着良好的自然生态环境和丰富的生物多样性，是我国西南生态屏障的重要组成部分；云南也被誉为“有色金属王国”，有色金属的开发利用在成为我国重要的有色金属原料基地的同时也成为滋生重金属污染的温床。

保山市坐落于云南西部，内与大理白族自治州、临沧市、怒江傈僳族自治州、德宏傣族景颇族自治州毗邻，外与缅甸山水相连，全市总面积 19 637 km^2，有边境线长 167 km。现辖四县一区（腾冲县、施甸县、龙陵县、昌宁县、隆阳区），2011 年末总人口 252.52 万人。保山地处横断山脉滇西纵谷南端，高黎贡山和怒山山脉与怒江峡谷平行贯穿全境。地势北高南低，高低悬殊，最高海拔 3 780 m，最低海拔 535 m。全市山区面积占 92%，坝区面积占 8%，森林覆盖率 41.8%，境内由西向东分属伊洛瓦底江、萨尔温江和湄公河三大水系，均为国际河流，最终进入缅甸。由于受“三江”多金属成矿带的影响，地下藏有较丰富的矿藏资源，现已探获储量的金属矿有铁、钛、铅、锌、锡、钨、铜、汞、银、铍、铌、钽、锆、镉，非金属矿有硅藻土、硅灰石、水泥石灰石、水泥黏土、硫铁矿、高岭土等。

保山是我国面向南亚的重要枢纽城市，是滇西边境地区的中心城市，是云南省主要的侨乡。保山有着悠久的文明历史，是云南开发最早的地区之一，是古代著名“南方丝绸之路”的要冲，文化积淀丰厚，自然景观神奇秀美，总体来看，经济上的欠发达给保山留下了一个相对良好的自然生态环境。当前，保山正进入加快发展的有利时期，国家西部大开发战略深入实施，中央批准云南实施桥头堡战略，南亚通道建设加快，中国-东盟自由贸易区建设提速，兴边富民工程继续推进，沿边开放水平迅速提高，城乡统筹大力推进，资源环境要素竞争加大，加快发展面临良好机遇。但是保山发展还面临诸多压力和挑战，其中之一就是在长期的有色金属矿开发活动累积形成的重金属污染问题开始逐渐显现，并且随着经济开发活动的不断扩张，资源的快速消耗，重金属污染呈加重趋势，对生态环境和群众健康造成日益严重的威胁和影响。面对问题与挑战，如何以科学发展观为指导，牢固树立生态文明观念，深入贯彻落实近年来国务院、环保部关于重金属污染防治工作的部署和要求，强化监管，推动治理，重点解决污染严重、威胁人民群众健康的重金属排放企业污染问题，试点解决矛盾突出的历史遗留重金属污染，为保护自然生态和群众健康提供保障，是抢抓有利机遇，把握后发优势，努力趋利避害，促进地方经济社会发展实现跨越式发展，确保国家西南生态屏障安全必须要优先解决的问题。

二、保山市重金属污染防治工作重点

（一）重点防控流域、污染源

保山市涉及重金属污染重点防控流域主要有3个，即保山市腾冲县滇滩河流域（伊洛瓦底江水系）、隆阳区瓦窑河流域（澜沧江水系）、龙陵县蛮关河流域（怒江水系）。其中，腾冲县地处伊洛瓦底江上游、涉重产业相对密集、重有色金属储量较大、环境较为敏感、历史遗留问题较多、政治地缘意义较大等特点，因此腾冲县滇滩河流域被列为“十二五”重金属污染防治规划云南省11个重金属污染防控区之一，同时也是国家138个重金属重点区域之一。

全市涉及重金属排放企业有60多家，大部分是金属矿采选企业，其余的是冶炼企业2家、垃圾处理场5家、污水处理厂1家、磷肥厂1家，涉及重金属排放企业的水污染防治是保山市重金属污染防治重点。国家规划确定了358家重点防控企业，保山市腾冲县境内20家企业也在其中。同时保山市有5个项目纳入了国家规划确定的重点项目，即滇滩河流域重金属污染应急性控制工程、云南永昌铅锌股份有限公司污染综合治理项目、腾冲县恒丰矿业有限责任公司湿法冶炼废水处理及回用工程、昌宁锡矿产业开发有限责任公司尾矿干渣处置工程、保山市隆阳区金宝铜矿选矿厂选矿污染治理工程。

（二）重金属污染问题及其特点

重金属排放企业的水污染防治是保山市重金属污染防治的重点。企业工艺水平低，废水循环利用率低，外排废水排放量较大是涉重采选矿企业存在的主要环境问题；冶炼过程产生的危险废物未得到安全处置从而形成二次污染是涉重有色冶炼企业存在的主要环境问题。保山涉重企业污染问题具有以下一些特点：

1. 历史欠账较多

保山采选企业大多建设于20世纪80年代，特别是在80年代“大矿大开、小矿小开、有水快流”风潮的带动下，矿山开发经历了早期的“大冲山”、中期的“私挖乱采”阶段，早期一些没有开发资质的企业和个人，也加入了矿山开发。乱采滥挖、采富弃贫和争矿、抢矿的现象十分突出。许多采选企业早期并未建设规范的尾矿库及排土场，许多矿山几经易手、权责不分，导致许多采、选小企业遗留的尾矿库、排土场缺乏责任主体，这些固体废弃物长期处于无人看管的状态，对矿区生态环境造成了很大破坏。矿区坑道遍布、废土石和尾矿随意堆放、废水横流，诱发了塌陷、滑坡、泥石流等地质灾害；有的地方大量矿山废弃物进入地表河流，下游河道严重淤塞，河床逐年提高，洪水、泥石流灾害频繁，道路被毁，农田被冲毁，形成了“桥上架桥”和河岸道路不断抬升改道的怪异现象；在重金属污染严重的流域，部分农田引用含重金属的河水灌溉，对农业生态安全造成了隐患，直接影响了人民群众的身心健康。

2. 涉重企业点多面广规模小，整体技术水平低

（1）企业规模小，管理水平低。涉重有色采选矿企业在保山5县区都有分布，但总体生产规模小，如锡矿采选企业的采选规模主要在3万t/a左右，铅锌采选企业的最大设计

产能也仅为 1 000 t/a。同一矿区往往存在多家采矿企业进行开采的情况，缺乏技术实力强、资金雄厚的企业对矿区进行整体开发。企业规模小、资金不充沛、技术水平总体偏低、专业人员缺乏、资源利用率不高、水耗及排水量均较大、治理设施不规范，很难有能力投入资金对技术进行提升改造。企业管理水平低，开采的随意性较大，“边探边采”现象十分突出，对矿山开采及污染治理缺乏统一规划。多数重金属排放企业主要有色金属元素的回收率不高，且现阶段未对伴生的其他有价金属等资源进行回收，尾矿中含有的铅、砷等重金属随尾水进入水体。

（2）水循环利用率低，废水排放量大。保山绝大多数选矿企业未建立完整的废水回用措施，新水耗量、废水排放量大。如选矿企业的新水用量高达 5 m^3/t 原矿，大部分企业不对废水进行再利用，大量尾矿水经简易沉淀后直接进入附近的河流。特别是锡矿尾矿粒度较小，简易沉淀的效果差，受纳水体中悬浮物浓度高，影响水体灌溉功能。

（3）污染治理设施缺乏，污染物排放量较大。保山多数选矿企业尾矿设施不规范，尾矿流失量大，存在尾矿随意堆存情况；废水未进行深度处理，仅经自然沉淀后就排放，且由于山高坡陡地形条件限制，大部分尾矿库库容小，废水沉淀时间较短，随尾矿水进入外环境的重金属量较多。

3．缺乏强有力的配套管理措施，企业治污积极性差

保山水资源较为充沛，地方水务部门基本不对选矿企业耗水量进行计量，仅对相关企业征收少量的取水费，企业取水成本低，而对本厂废水进行回用的成本相对较高，企业治污积极性差，导致原本可完全利用的选矿废水直接排放，在采选矿企业集中的地方造成了区域性的环境污染。

4．重点矿区流域面源污染、河道内源污染日趋严重

在采选矿企业集中的腾冲县滇滩河和隆阳区瓦窑河流域，矿区长期无序的采矿及选矿活动，已在源头形成了许多不规范的尾矿库（沉淀池）、废石场，以及地质灾害点。在暴雨冲刷下，大量的含重金属物料进入下游水体，为水体污染提供了大量的物源。

在河道中堆积了巨大数量尾矿，尾矿中有着较高含量的 As、Pb、Cr 等重金属元素，随着水体水文形势的变化、氧化还原环境的改变，沉积在尾矿中的重金属或以悬浮物的形式或以离子态的形式进入水体，导致了河道严重的内源污染。

三、重金属污染综合防治工作进展情况和主要做法

1．加强领导、精心组织，认真贯彻学习重金属污染综合防治电视电话会议精神

市环保局多次召开专题会议，贯彻学习国家和省《重金属污染综合防治“十二五”规划》电视电话会议和《云南省关于贯彻加强重金属污染防治工作指导意见的实施方案》及《云南省 2011 年重金属污染综合防治行动计划》等会议和文件精神，传达了周生贤部长及和副省长关于做好重金属污染防治工作的重要讲话精神，以及市政府领导对我市重金属污染防治工作的多次批示要求，谋划部署保山市下一阶段重金属污染防治重点工作，将国家规划和指导意见印发各县区。通过学习国家和省工作精神，在市政府的领导下，全市环保系统进一步统一了思想认识，高度重视重金属污染防治工作，把此项工作作为重点工作，成立专门的工作组，抓紧编制防治规划，加快制定行业整治计划，加大环境执法监管力度，

切实做好保山市重金属污染综合防治工作。

2．制定并组织实施保山市重金属污染综合防治工作实施方案和行动计划

市人民政府下发了《保山市贯彻重金属污染防治工作实施方案》，《实施方案》分析保山市重金属污染现状，明确了保山市重金属污染防控的重点，提出“十二五”期间防治工作目标任务。市环保局制定并下发了《保山市2011年重金属污染防治行动计划》，明确了保山市各年度的工作目标。辖区内五县区政府也制定了重金属污染综合防治工作实施方案和行动计划。

3．完成《腾冲县滇滩河片区区域重金属污染综合防治规划》编制审批

完成了列入国家和省《重金属污染综合防治“十二五”规划》的重金属污染防治重点项目开展前期工作，并加快项目实施，积极争取国家和省重金属污染防治专项资金支持。重点河流域重金属污染应急性控制工程获得国家2 255万元的专项资金支持，其他进入国家《规划》的重点项目正在申报。

4．启动重金属污染防治专项行动

结合2011年和2012年度整治违法排污企业，保障群众健康环保专项行动，把重金属污染防治作为保山市专项行动的主要内容。市政府下发了两年度《保山市整治违法排污企业保障群众健康环保专项行动实施方案》。两年保山市环保专项行动对重金属污染问题较为突出的12个企业实行挂牌督办，着力解决存在危害群众健康、影响可持续发展的重金属污染等环境突出问题。市环保局印发了《保山市重金属排放企业环境监察工作方案》，加强了对全市重金属排放企业的日常监管和环境监察力度。市环保局对超标排放生产废水、废气污染环境的企业进行限期治理。

2011年按照国家和省政府要求，保山市开展了全市危险废物环境风险大排查暨化学品环境管理专项执法检查工作和全市选矿厂及尾矿库现状调查工作。基本摸清了保山市重金属污染治理现状，初步建立了基本信息数据库，为下步实施“一企一策”重金属污染整治行动奠定了坚实基础。

5．现场核查涉及重金属污染物排放的国控、省控重点企业

2011年初，由市县环保局联合，深入到国家《重金属污染综合防治“十二五”规划》中确定的重点防控区，对涉及重金属污染物排放的20多家国家重点防控企业逐一进行实地检查。检查组现场调阅了企业档案资料，核对了企业信息，对排污情况进行了核查，并对企业存在的环境污染问题提出“一企一策”的整改意见。检查处理意见报省厅并经报请市政府同意，将现场检查情况、存在问题和下一步整改意见函告县人民政府。将工作责任落实到县级人民政府，对20家重点防控企业存在问题尽快加以整改，并提出了分类整治措施：一是对因各种历史原因导致环保手续不完善的重金属国控企业，应先停产，后处罚。不属于产业政策淘汰类的企业，到有审批权限的市级以上环保部门补办环境影响评价审批手续，及时纠正未批先建的违法行为，环保设施经环保部门验收后可恢复生产。属于产业政策淘汰类的企业不再补办环境影响评价审批手续。二是无法补办环境影响评价审批手续和环境敏感、工艺落后、资源浪费大、无污染治理设施又没有能力进行提升改造的企业，报当地政府进行关闭。责令企业拆除生产设备，并完成本企业违法排污造成的环境污染和生态破坏恢复治理，以及尾矿库闭库工作。三是对生产装备落后、工艺落后、资源浪费大、经济效益差的企业和污染治理设施不完善的，报当地政府责令停产进行限期治理，并处以罚款。督促企业进行技术改造提升，完善尾矿库建设，做到外排污染物达标排放。限期治理各项工程通过验收合格后，重新给予审批，方能重新投入生产。四是对已经关闭的企业，要完善关闭善后工作，按相关规定注销污染源。非涉重采选企业不再纳入重金属国控企业名单。五是加强对全市涉重企业的环境监测，逐步建立涉重企业污染源日监测制度，对超标排放企业进行停产限期治理或报请当地人民政府关闭。六是建议县级人民政府继续保持对私挖滥采、非法选矿整治的高压态势，建立管理的长效机制。

6. 强化重金属监管工作

将重金属污染防治工作分解落实到各县（市、区）及有关部门，进一步强化对重点区域及重点企业的执法监管。一是从源头规范，严把环保准入关，限制审批涉及铅、汞、镉、铬和砷等五个重金属的新建项目。二是加强对危险废物经营及转移活动的管理，严格执行转移联单制度，监督重金属排放企业产生的危险废物及其他含有重金属的危险废物必须交由有资质的经营利用单位进行处置。三是切实加强环境监测和环境监察能力建设。完成了国控污染源自动监控系统的建设、第三方运行维护监管工作和市局会商监测控平台建设。市环保局筹措专项资金，启动了重污染企业在线视频监控建设工作，实现对所有重污染企业全厂生产情况视频监控。推进未建站的三县一区三级监测站建设，现在新建监测站编制、机构、人员已到位，监测业务用房已落实，正在筹措资金购置监测设备。2011 年启动怒江出境监测断面水质自动站建设和重金属污染监测。对滇滩河流域、瓦窑河流域、蛮关河流域等重点防控区和防控流域，按照国家规定的频次加大对其地表水、地下水等监测。四是配合各级政府及重金属企业要建立和完善重金属污染突发事件应急预案，建立健全应对重金属污染事故的快速反应机制，提高应急装备和技术水平。加强饮用水和备用水源建设，储备必要的应急药剂和活性炭等物资。五是加强对重点防控企业的强制性清洁生产审核，鼓励发展产污系数低、能耗小、清洁生产水平先进的工艺，鼓励现有重点防控企业采用新技术改造升级。大力发展循环经济，推动含重金属废弃物的减量化和循环利用。

四、存在的主要困难和问题

虽然保山市重金属污染防治监管取得了一定成效，但形势依然严峻。一是产业结构和工业布局不合理，粗放型发展，生产工艺技术落后，污染治理水平不高。企业点多面广，多数企业规模较小，工艺流程短、生产水平低、管理混乱。有的为生产十几年的老厂，历史遗留问题较多，环保欠账较大，有的企业环保手续不完善，污染治理设施建设滞后。二是监管体制不顺，职能交叉、职责不够明确。三是保山市重金属和涉重危险废物安全处置设施建设和重金属污染防治技术滞后，目前保山市还无有资质的专门电子和工业危险废物处置、利用单位，全省也只建成了一个有资质的工业危险废物处置中心，有资质的涉重危废综合利用企业 10 个。四是环保监管力量相对薄弱，现场执法力度不足，难以适应新时期环保监管工作需要。主要表现在人力有限，人少事多，未穿着制服现场执法没有震慑力；缺乏重金属专业知识及管理知识。五是国家重金属污染防治专项资金重点支持列入《规划》的重点项目，保山市未列入规划而又亟待解决的历史遗留问题还有很多，我们西部地区地方财政比较困难，重金属污染治理项目投资又较大，只靠地方财政支持势单力薄。

五、对环保部的建议和请求

（1）重金属污染防治和监管是一项系统而艰巨的工作，必须从生产、流通到处理各环节都加强管理，各相关职能部门互相协调配合形成合力，才能真正控制重金属污染。建议从国家层面理顺监管体制，明确各相关部门的职能、职责，改善环保部门单打独斗，压力和风险均较大的局面。

（2）加大重金属污染防治技术的推广和示范。加快适合我国国情的重金属污染防治和资源综合利用新技术推广应用，在重点防控区域、重点防控企业推广一批潜力大、应用面广的重金属污染防治技术。出台政策鼓励重点防控企业采用先进、成熟的新技术、新工艺加大技术改造和技术创新力度，增强自主创新能力。“十二五”期间继续支持和推进西部欠发达地区涉重危险废物安全处置设施建设项目。

（3）进一步加强环保监管能力建设。协调国家相关部门逐步扩充西部欠发达地区环保管理队伍，并统一配发穿着执法制服。加强二、三级监测站重金属监测能力和应急监测能力建设，以及现代化监察装备能力建设。加强重金属专业知识及管理知识培训。

（4）建议国家对纳入国家《规划》的重点项目实施动态管理，适时完善项目库，扩大国家重金属污染防治专项资金支持范围。

六、地方工作经验与感想

开展区域环境治理　建设世界城市核心区

北京市西城区环境保护局　康春涛

北京市西城区是首都功能核心区之一，是党中央、全国人大、国务院、全国政协等党和国家首脑机关的办公所在地，是国家高层对外交往活动的主要发生地，是首都“四个服务”体现最直接、最集中的地区。由于承担了以上功能，“十一五”时期，西城区的产业功能和布局不断调整，工业企业逐步减少，居民生活活动和以服务业为主的第三产业产生的污染成为辖区内的主要污染源。西城区作为中心城区，人口稠密、建筑物密集、车流量大等客观条件，造成了噪声、扬尘、尾气等污染物的大量排放。“十二五”时期，本区主要污染物总量减排指标由二氧化硫一项扩大到两项，增加了氮氧化物；减排领域在工业和城镇生活的基础上，也新增了机动车领域。这些客观因素和减排目标对西城区的环境保护工作提出了更高的要求。因此，必须采取有效措施，落实责任，确保完成减排任务，促进区域环境质量持续改善。

一、基层环保工作取得成绩

近年来，西城区坚持以抓好环境治理为主线，以改善空气质量为重点，认真落实各阶段控制大气污染措施，积极推进污染减排和总量控制，区域环境质量得到明显改善。西城区官园子站二级和好于二级的天数从 2005 年的 243 天（占全年监测天数的 67.3%）增加到 2011 年的 283 天（占全年监测天数的 77.5%），提高了 10.2 个百分点；万寿西宫子站从 2005 年的 236 天（占全年监测天数的 64.7%）增加到 2011 年的 280 天（占全年监测天数的 76.7%），提高了 12 个百分点。“十一五”期间，主要污染物二氧化硫排放量下降 37.97%，超过了北京市下达的 16.97%的目标。水环境质量逐步改善。工业废水全部实现达标排放，生活污水集中处理率为 100%，重点污染源废水排放达标率达到 100%。什刹海水质达到Ⅳ类或接近Ⅲ类水平，陶然亭湖达到景观用水标准。声环境质量保持稳定。道路交通噪声平均值保持在 67.1～69.3 dB（A），区域环境噪声平均值保持在 53.5～54.6 dB（A）。

二、基层环保工作开展情况

1.以改善能源结构为突破口，主要污染物排放总量明显下降

一是全面完成了燃煤锅炉改用清洁能源工作。自 1998 年以来，西城区对燃煤锅炉按阶段、分吨位逐一实施了改造，全区 3 669 台燃煤大灶、809 台茶炉、1 000 多台单位用土暖气和 1 587 台燃煤锅炉在 2006 年年底改用了天然气、热力、电力和轻柴油等清洁能源，实现了全区 20 t 以下燃煤锅炉全部使用清洁能源的目标。锅炉燃煤总量由 49.6 万 t（原西

城38万t，原宣武11.6万t）减少到4万t，二氧化硫排放总量削减到2010年的1 905 t。2011年，完成了裕中西里42号楼院锅炉房原有5台20蒸吨燃煤锅炉的改造，安装了4台燃气热水锅炉，预留1台燃气热水锅炉，供热面积约88.45万m^2；还完成了马连道中里二区5号的供热厂的清洁能源改造，拆除原有4台（总供热能力71MW）燃煤热水锅炉，更换为4台燃气热水锅炉，改造后总供热能力116MW，总供暖面积约154万m^2，实现了全区无燃煤锅炉。二是开展平房保护区居民冬季采暖清洁能源改造工程。自2001年开始启动平房保护区居民取暖清洁能源改造工程，截止到2011年底，共投资30.89亿元（原西城27亿元，原宣武3.89亿元），全面完成了保护区内平房煤改清洁能源工作，10万余户居民采暖用上了清洁能源（原宣武34 982户，原西城73 538户）。

2．以控制工地扬尘污染为重点，区域降尘量逐年减少

扬尘污染是影响区域空气质量的重要因素之一。一是多措并举控制工地扬尘污染。加强了对全区的各类工地扬尘污染控制工作的监督管理，明确了扬尘污染的控制标准，并将其纳入工地日常管理范畴，全面开展重点地区环境综合整治。二是采取措施减少道路扬尘污染。完善《预防沙尘暴污染工作方案》，在大风和沙尘天气，启动沙尘天气控制颗粒物污染应急预案，确保沙尘天气后道路及时冲刷和清扫。

3．加强机动车的执法检查，加快淘汰老旧机动车

为有效地减少机动车尾气排放，环保局与交通支队组成机动车尾气执法分队，坚持上路巡查、路检检测和夜间巡查相结合，开展了针对公交车、旅游车、运输车等大型柴油车的专项检查，加大对机动车尾气和施工机械冒黑烟等违法行为的执法力度，重点解决了群众反映强烈的夜间大货车尾气污染问题。从2004年到2012年上半年，共检测机动车300万多辆，其中查处超标车5 000余辆。积极推进老旧机动车淘汰工作，2011年8月开始，市政府以政府补贴和企业奖励的方式进一步促进老旧机动车淘汰更新，截至2012年7月，西城区共淘汰老旧机动车17 003辆。

4．深入开展专项行动，着力解决群众关心的环境污染问题

一是加强对群众关注的噪声污染治理。加强对施工工地噪声的管理，特别在中、高考前夕，开展了静音守护行动，严禁夜间施工，组织执法人员进行执法检查，并推广使用各种降噪技术，有效地降低了噪声扰民等群众反映的突出问题。二是开展环境专项整治行动。重点开展大气污染治理执法检查，水源防护区重点污染源排放整治，加强对医疗废物管理的检查。开展喷绘、建材加工和化工油漆、危险化学品经营等综合整治。有针对性地开展了“查处违法烧烤”、“违法使用小煤炉”和“违法违规三小”等专项整治行动，切实解决了一批多年来难以解决、居民反应强烈的环境污染问题。

5．坚持以科技创新推动环保发展，加强水污染防治

近年来，我们先后研究开展了15项试验区环保示范项目。一是运用科技手段综合治理水环境。2005年，什刹海水体富营养化问题被列入中意合作的环保项目，由意大利政府出资，在后海建起了一座处理量30 t/h的水处理厂。目前什刹海水域水华大面积暴发现象基本消除，水体质量大幅提升，基本达到Ⅳ类或接近Ⅲ类水平。2009年，通过物理、生物及生态等措施，开展对陶然亭湖水质的治理，治理后湖水透明度增加，水华得到抑制，水体质量大幅提升。二是利用新技术治理餐饮污水。2003年开始，与瑞典TTM公司合作，引进了先进的餐厅废水油脂隔离器，通过多级重力分离减少了废水中污染物的排放，经过推广使用，具备条件的餐饮业单位陆续安装油脂隔离器150余台。三是加强对辖区内医院排放污水的监控。对出水中主要项目余氯、粪大肠菌群等污染物进行不定期抽查，医院污水排放符合《医疗机构水污染物排放标准》。

6．加强干部队伍建设，环境监管能力有了较大提升

一是环境监察方面，监察大队所有人员均分期分批地参加过环境保护部、北京市环境保护局组织的环境执法培训及其他相关部门组织的执法培训，全队的环境监察力量和执法检查能力有了明显提高。二是环境质量监测方面，先后建设完成了后海水质自动监测站、金融街、月坛噪声自动监测站、什刹海、北海 PM_{10} 自动监测站、流动实验室环境应急监测车等在线自动监测站，环境质量监测数据可实时传送至环保局，为环境质量监测和环境预警提供了有效依据。三是环境应急监测方面，配备了环境应急监测车，在突发环境污染事故情况下，可以准确地为快速实施应急处置提供技术依据。四是在机动车尾气监测方面，配备的尾气遥感监测车，在车辆在正常行驶的情况下就可以通过红外线／紫外线对机动车尾气排放情况进行监测，监测效率大大提高。

三、今后环境保护工作面临的难点问题

“十一五”时期，西城区在污染治理、环境管理等工作中取得了一定的突破和进展，但仍面临诸多未得以解决和新出现的环境问题。今后北京市将进入一个新的发展阶段，在全市建设“世界城市”和“人文北京、科技北京、绿色北京”的长远发展目标和背景下，西城区的环境保护工作仍面临更高的要求。

1．区域功能定位高，对环境监管提出更高要求

西城区特殊的功能定位，对区域环境质量有着更高的标准和要求。虽然西城区加大投入，配备了一些先进的监测仪器，扩大了监测和监察队伍，但环境监测和监察能力距离社会发展和生态环境建设发展的要求，还有较大差距。特别是现在把 $PM_{2.5}$ 纳入监测范围，环境监管任务将更繁重。西城区还要继续加大投入力度，完善环境监测标准化实验室建设，特别要配备具备连续监测能力的仪器，提高精度和实效性。

2．污染排放以服务业、居民生活等为主，污染治理任务重

通过产业结构调整，西城区高污染、高能耗企业陆续搬迁，新兴产业的发展造成污染物排放总量大，削减难度大；交通噪声污染、施工工地噪声污染、生活噪声及商业噪声污染问题较为突出；大气环境质量与国家标准要求相比有一定差距。行政区划合并后，区域经济还将出现一个快速增长期，生产、生活的资源性需求不断扩大，对能源、水资源、土地资源、环境容量等资源环境承载力都将提出严峻考验，在此基础上进一步改善环境质量的任务将更加艰巨。

3．区域环境质量受周边影响较大，环境质量改善的难度加大

一是西城区地处首都城市中心区，受全市总体地理气象条件制约，不利于大气污染物扩散。二是受老城区布局的制约，绿化用地基本趋于饱和状态，要增加新的绿化面积非常困难，生态环境功能相对薄弱，承载大气环境污染容量小。三是机动车过境、停留、拥堵时间长，尾气污染严重，除直接排放碳黑形成 $PM_{2.5}$ 外，排放的氮氧化物和挥发性有机物通过化学反应也形成 $PM_{2.5}$。四是施工工地、道路扬尘和工业粉尘，气态污染物通过化学

反应形成的颗粒物污染是形成 PM_{10} 的主要来源。五是什刹海常年补水较少，富营养化加剧，“三海”水体质量虽然经过这几年的重点修复，已接近了Ⅲ类水体标准，但状况非常不稳定。

四、“十二五”时期基层环保工作主要任务

1. 积极推进污染减排

到“十二五”末，二氧化硫要在2010年2 793 t的基础上减少排放419 t，减排比例达到15%；氮氧化物要在2010年7 490 t的基础上减少排放749 t，减排比例达到10%。要进一步完善污染减排机制，按照“以新代老、增产减污、总量减少”的原则，有效控制污染物总量。

2. 持续改善空气质量

一是继续实施清洁能源改造，用两年时间完成保护区外约4.2万户平房区居民煤改电工作，基本实现“无燃煤区”的目标。二是加强扬尘污染控制示范区建设，逐年扩大控制范围，有效控制各类扬尘污染。完成对重点施工工地在线监控系统和3处区控空气质量监测子站的安装和运行使用，落实工地扬尘污染控制“五个 100%”要求。三是加强机动车排放污染防治，建立重点单位和高频次使用的公交、环卫、邮政等车辆信息台账，严查尾气超标排放，年均检测达到 40 万辆，积极促进老旧机动车更新淘汰。四是加强挥发性有机物污染控制，加强对印刷、汽修、服装干洗等重点行业和实验室的监督检查，加油站油气回收系统监测达到全面覆盖，确保油气回收系统正常运行；严格控制餐饮服务行业油烟污染，餐饮业经营场所严格按照要求安装油烟净化设施。

3. 稳步提升水环境质量

保护地下水资源，加强对地下水饮用水源防护区内的污染源单位的监督检查，防治地下水污染。加强对工业废水、医疗废水的监管，保证水处理设施的正常运行。推进科技治污，改善地表水环境质量。

4. 加强环境风险防范

加强危险废物收集、贮存、转运、利用、处置过程的监管，有效规避环境安全事故和二次污染，各类危险废物集中处置率达到 100%。完善废弃危险化学品、有毒化学品、新化学物质动态监管制度，逐步建立化学品管理体系。配合北京市环保局完成北京印钞有限公司污水在线自动监测系统的建设，掌握重金属等污染物排放情况。

5. 保障核与辐射环境安全

完善辐射安全许可证、风险评估、分级分类、安全防控等管理制度和规范，做好Ⅲ类射线装置《辐射安全许可证》审批、放射性同位素备案工作；提高放射源监管水平，加大对放射性材料的流动性监控，推进放射性同位素各流转环节和过程的全方位无缝隙监管。

6. 提升环境监管能力

一是完善审批机制。严格环境准入，继续加强高污染、高排放企业进入辖区的防控。二是完善环境监测预警体系。进一步完善大气、地表水、噪声等监测系统，形成网络化、系统化的监测体系。三是加强污染源监测。逐步完善污染源在线监控系统和主要污染物总量减排监测体系，提高环境监测预警与应急监测能力。四是加强环境监测管理。完善环境

监测管理制度，深化环境监测质量管理体系，加强环境监测管理人员培训，提升环境监测人员能力水平。五是加强环境监测标准化建设。逐步实现同市环保局信息传输与共享，提高对环境监测信息的综合分析与预警能力，加快推进环境监测网络建设。六是提升环境监察管理水平。建设环境监察管理信息系统，加强移动执法系统建设，形成现场监察执法与远程指挥管控协同，日常现场监督与应急事件处理结合的多业务协同管理机制。七是完善环境应急管理。建立与市环保局相统一的应急机构和责任体系，加强环境应急队伍建设，开展环境应急技能培训，提高环境突发事件应对能力。

改善生态环境　建设国际化新区

北京市大兴区环境保护局　邢可霞

北京市大兴区和北京经济技术开发区行政资源整合、高水平建设南部高技术制造业和战略性新兴产业聚集区、城南行动计划实施、地铁大兴线和亦庄线通车、首都新机场规划建设等机遇为大兴区国际化发展提供了前所未有的空间和平台。大兴区提出了“战略产业新区、区域发展支点、创新驱动前沿、低碳绿色家园”的总体定位，并描绘了走一体化、高端化、国际化道路，建设宜居宜业和谐新大兴的宏伟蓝图。但是，大兴区快速的工业化、城市化以及承担城区人口转移的发展也将面临资源能源的大量消耗以及污染物排放的持续增加，如何协调经济增长和环境质量持续改善之间的关系是未来大兴区国际化所面临的重要课题之一。

一、大兴区国际化所面临的生态环境问题

近年来，在市委、市政府的正确领导以及政策支持下，大兴区认真落实科学发展观，社会、经济得到了快速发展，同时在生态建设、节能减排、环境质量改善、污染防治等方面投入了巨大的人力、物力和财力，空气质量持续改善，主要污染物排放量稳步减少，万元 GDP 能耗有效下降，污水处理厂、大型集中供热厂等基础设施加速建设，顺利通过国家级生态示范区验收，生态环境质量得到明显改善，大兴区生态环境建设迈上了一个新台阶。受地理地形以及区域位置影响，大兴区的环境质量及生态建设水平与全市平均水平尚有一定差距，特别是未来一段时间，随着大兴区经济的快速发展和人口的不断增加，资源能源消耗和污染物产生量将持续攀升，环境质量改善的任务和压力进一步加大，生态环境问题将成为大兴区国际化建设道路上一大重要问题和挑战。总结起来，主要的生态环境问题包括以下几个方面：

1．环境质量改善压力增大

一是大气环境质量面临新压力。当前，大兴区大气质量主要受燃煤、地面扬尘、机动车尾气、工业废气、施工工地、餐饮油烟及周边区域等因素影响。未来一段时间，全区燃煤总量、机动车总量、工业规模、施工工地、餐饮业规模等都将有增无减，另外新机场建设、村庄拆迁等因素的加入，给大气污染防治和节能减排等工作带来了强大挑战。特别是新机场建成投运后，飞机起降航线覆盖区域大气质量将受到低空飞机排气的不利影响。二是地表水环境质量急需改善。近年来，境内主要地表水系的永定河、天堂河、埝坛水库等多年干涸无水，凉水河、凤河、新凤河、小龙河均为排污河道。大部分水体浑浊，水中污染物种类多，浓度高，水质污染严重，基本丧失使用功能。随着我区城镇建设步伐进一步加快，工业规模快速扩张，休闲旅游业进一步发展，常住人口持续增长，污水排放量将不

断增加，污水处理和地表水环境治理压力将持续增大。三是声环境质量面临新挑战。随着经济建设的快速发展、城市化进程不断加快，交通、施工、城市生活、工业生产等噪声日益突出，特别是高铁的建成通车、新机场的建成投运、京台高速路、新机场高速路等因素的逐步加入，大兴区交通流量持续增加且呈立体化发展，区域内噪声污染形势严峻。

2．社会经济发展、人口聚集对资源能源的需求压力增大

随着全区社会经济加速发展，生物医药、电子信息、汽车制造、装备制造、新能源新材料等产业逐步形成并投入生产，新航城的建成以及承接中心城人口转移等导致大兴区人口将进一步增长。工业快速发展、人口急剧增加以及新航城的建设将需要大量的水、土地资源以及煤、气、电等能源需求，目前已较为紧张的水资源、土地资源和能源供需矛盾将进一步加大。同时这些资源能源的消耗，将产生大量的废水、废气及废弃物，进一步加大了环境质量改善的压力。

3．生态环境建设有待进一步加强

虽然近几年大兴区大力推进生态环境建设，形成了一些局部绿色空间，但区域生态安全格局尚未形成：水资源紧张持续加剧，森林资源少且分布不均，区域内缺少均匀分布的大型植被斑块，整体布局上缺乏大型生态空间之间的联系廊道，未形成整体区域生态屏障格局。随着城市化进程加快，亦庄开发区的扩区，使大量农田生态系统转变为城市生态系统，生态服务功能明显下降。降水量减少和地下水资源过量开采，形成地下漏斗将威胁陆地生态系统的安全。新机场的修建将对北京野生动物园等生态绿地造成影响，区域生态平衡被打破并建立新的平衡；大兴新城城市生态系统局部出现交通拥堵、城市热岛、噪声扰民等问题。

二、生态城市成为未来城市发展的唯一选择

随着城市化的飞速发展，环境污染、资源枯竭、交通拥挤、土地紧张等城市问题纷至沓来，严峻的城市环境现状迫使人们反思以往的城市建设模式和理念。从 1971 年提出生态城市概念至今，很多世界著名的城市先后开展了这方面的实践，取得了令人鼓舞的成绩，并为人们提供了成功的经验。当前，建设生态城市已经成为国内外实现城市环境保护和可持续发展的唯一选择。

国内外的许多城市都在按生态城市目标进行规划和建设。如德国的法兰克福、丹麦的哥本哈根、意大利的罗马、美国的华盛顿、日本的东京、巴西的库里蒂巴、新加坡、法国的巴黎等。生态城市是城市生态化发展的结果，简单地说它是社会和谐、经济高效、生态良性循环的人类住区形式，自然、城市、人融为有机整体，形成互惠共生结构。生态城市的发展目标是实现人-自然的和谐，其中追求自然系统和谐、人与自然和谐是基础条件，实现人与人和谐才是生态城市的目的和根本所在，即生态城市不仅能“供养”自然，而且能满足人类自身进化，发展的需求，达到“人和”。生态城市内涵包括高质量的环保系统、高效能的运转系统、高水平的管理系统、完善的绿地系统、高度的社会文明和生态环境意识。

环境质量以及生态建设水平是一个地区与国家化接轨最直接的表观特征之一。未来大兴区经济的快速发展、新机场建设落地、人口急剧增加等也将带来环境污染、资源枯竭、

交通拥挤、土地紧张等一系列问题，因此在建设国际化大兴区的过程中必须做到超前谋划，统筹考虑好经济发展和生态环境保护的关系。

三、大兴建设国际化新区的环境保护对策

国外城市环境保护和建设做法，对大兴区有一定的借鉴意义。结合未来一段时间大兴区发展定位以及目前的生态环境状况，大兴区环境建设的重点是构建循环低碳的新型产业体系、安全健康的生态环境体系、循环高效的资源能源利用体系，在获得国家生态示范区的基础上进一步争创国家生态市，积极探索新型城市化和新型产业化道路。

1. 科学的城市规划保障

由于城市规划是城市建设的大纲，也是搞好生态城市建设的前提和保障，因此在国外生态城市实践中，首先都是对城市进行科学的规划。该规划应建立在对城市已有情况进行充分调查的基础上，并要考虑到城市建设的系统性、宏观性与前瞻性。通过将城市总体规划与各专项规划很好地衔接起来，使得城市生态系统在时间、空间结构与功能上实现最佳组合，最终保证城市在发展过程中始终具有良好的可持续性。

2. 循环低碳的新型产业体系

根据大兴区发展定位，探索低碳城市建设模式，坚持“优化一产、做强二产、做大三产”的发展思路，对于第一产业，优先发展环境农业、高效农业和特色农业，引导观光农业等传统服务型农业向高新技术、名优品牌方向发展。第二产业突出创新驱动和低碳绿色的大兴区产业特点，重点发展电子信息、生物医药、装备制造、汽车制造、新能源新材料等高技术制造和战略性新兴产业。对于第三产业，积极发展金融服务、信息服务等生产性服务业、科技创新服务业和生活服务业。形成节能环保型产业集聚区，努力构筑低投入、高产出、低消耗、少排放、能循环、可持续的产业体系。

3. 高效的资源能源利用体系

以节水为核心，建立循环利用体系，建设污水处理、中水回用、雨水收集系统，多渠道开发利用再生水等非常规水源，实行分质供水，提高传统水源使用率。控制人均生活用水指标。注重产业节能、建筑节能和交通节能，积极开发应用风能、太阳能、地热、生物质能等可再生能源，优化能源结构，提高利用效率，形成可再生能源与常规清洁能源相互衔接、相互补充的能源供应模式，构建清洁、安全、高效、可持续的能源供应系统和服务体系，建设节能型城市。

4. 安全健康的生态环境体系

（1）提高生态建设水平。一是加快大兴区园林绿地建设。加快城区周边大型公园绿地的规划编制和建设，完善城乡一体的绿化系统，推进重点生态功能组团及风沙危害治理区建设，构筑全区生态屏障。二是推进生态工业园区建设，打造循环经济示范区。组织编制重点行业和重点领域循环经济发展规划，建立循环经济发展专项资金，支持循环经济技术研发、示范推广、能力建设等。三是抓好农村生态建设工作。以环境优美乡镇、生态村和生态农业示范园区为重点，应用生态农业技术，合理配置农业资源，全面提升全区生态农业建设水平。

（2）增加城镇污水处理设施能力和水平。一是开展河道综合整治。以河道水系水质改

善为目标，在污水截留、污染源得以控制的前提下，全面展开对大兴区河道的综合整治工程。二是对污水处理设施建设和改造。新建和扩建一批污水处理厂，增加旧宫、西红门、瀛海等北部城乡结合部地区污水处理设施建设，新建、扩建相关镇级污水处理厂，加大农村地区生活污水并网处理力度；结合未来新机场建设，适时建设新机场污水处理厂。同时，根据减排任务的需要，对已有污水处理厂进行改造，增加脱氮处理工艺和设施。三是管理重点行业废水。对大兴区经济起关键作用的重点行业进行技术更新，实施清洁生产，削减污染排放量，对工业废水进行集中处理。重点工业污染源废水排放实施在线监测。

（3）大气污染治理。一是总量控制，清洁能源替代。调整能源结构，控制煤炭消费总量。以天然气工程为契机，利用天然气来改善大兴区能源结构，从源头上解决大气污染。逐步推广城市集中供热，积极发展天然气、太阳能和地热等清洁能源和可再生能源供热。二是机动车尾气控制。根据全市的统一安排，进一步提高机动车排放污染物排放标准；实施公交优先战略，大力发展公共交通，加快轨道交通（地铁、轻轨）建设，大幅提高公共交通的客运分担比重，形成以地面交通为主体，以客运轨道为骨干的城市公交体系。三是扬尘控制。扬尘存在来源广泛、可控性较差等特点，需要采取综合性控制措施，对交通、施工工地、裸露地面、料场料堆等进行控制。

（4）噪声控制。一是机场噪声控制。机场的噪声防治的重点是要做好机场周围土地利用规划和总体交通规划，针对周围的实际与计划居住区和其他噪声敏感受体，对规划选址和周围配套设施建设以及飞机的起飞和降落的路线进行确定，尽量避开居民稠密区和在机场噪声影响范围内规划居住用地。二是交通噪声控制。将交通噪声影响评估纳入建设项目规划方案，在道路建设的同时同步实施噪声治理。合理规划道路两侧用地功能，通过科学设计、布局，采取相应保护措施等，使道路两侧新建居住区室内声环境质量达到国家相关标准。

（5）固体废弃物污染防治。全面实施生活垃圾分类收集，完善分类收集体系，实现全区生活垃圾分类、密封、压缩运输。逐步构筑以堆肥为主、焚烧为辅、原生垃圾“零填埋”的生活垃圾静脉产业链，重点提高南宫堆肥厂的处理量，在南宫垃圾综合处理厂内建设生活垃圾焚烧场；优化填埋技术，提高安定垃圾填埋场服务年限，形成完善焚烧、制肥和填埋的多元化综合处理系统。

天津临港经济区推进工业园区生态化的实践与思考

天津市临港经济区环境保护局　刘廷国

工业园区是包含若干类不同性质工业企业的相对独立的区域，而这些相对集中的工业企业共同拥有一个对进入园区的企业提供必要的基础设施、服务、管理等的行政主管单位或公司。工业园区作为一种促进、规划和管理工业发展的手段，是许多国家发展战略的重要组成部分，是推动工业化、城市化的重要载体和经济增长的主要动力源，促进了地方经济发展，优化了产业结构，推动了城市化进程，成为区域经济的增长极，对国民经济发展起到了示范、带动和辐射作用。

然而，工业园区在促进地区经济快速发展的同时，由于园区内企业相对集中、产业活动强度大，面临的资源环境压力日益增加，大部分工业园区在经过快速发展期后，目前都面临着经济增长缓慢、土地资源紧缺、环境污染严重、环境质量下降等问题。为解决工业生产造成的资源环境问题，循环经济、生态工业应运而生，并逐步成为综合解决资源能源利用问题和实现环境与经济协调发展的有效途径。对工业园区进行生态化改造、建设生态工业园区为工业园区的可持续发展指明了方向。

一、对工业园区生态化的理解

工业园区生态化就是以循环经济、产业生态学等理论为依据，把生态理念融合、渗透到现有的工业园区体系中，将传统产业按照生态经济原理组织起来，通过园区内生产体系或生产环节之间的系统耦合，构建具有较高生态系统承载能力和较完善的生态功能的工业共生网络，使物质和能量形成良性循环和多级利用；并通过完善基础设施的配套，优化产业空间布局，促进重污染项目合理布局、集中治理，实现工业园区的社会经济和生态环境相协调的一个动态化过程。

工业园区生态化包括生态工业园区建设和传统工业园区生态化改造。对工业园区实施生态化建设和改造的目标就是创建生态工业园区。工业园区生态化已成为新时期我国工业园区深入发展循环经济的必然选择。

二、天津临港经济区推进工业园区生态化的主要成效

天津临港经济区位于海河入海口南侧滩涂浅海区，规划面积 200 km^2，是围海造陆而成的港口与工业一体化产业区，是滨海新区的重要功能区和国家循环经济示范区。

按照天津市委、市政府对临港经济区的定位，天津临港经济区将围绕先进制造产业，形成海陆运输、海上工程、矿山机械和起重吊装、新能源设备制造板块，努力建成中国北

方最大的重型装备制造基地。同时，建设粮油深加工基地、生态型化工基地、港口物流基地、研发转化基地和生活配套区，致力于打造中国北方以重型装备制造为主导的生态型临港经济区。

“十一五”期间，天津市将发展循环经济、建设生态城市提到了非常重要的高度。2007年9月颁布实施的《天津生态市建设规划纲要》明确提出到2015年要陆续建设5个生态工业园区，天津临港经济区即是其中之一。作为国家第二批循环经济示范试点园区，临港坚持“高水平是财富、低水平是包袱”的发展理念，坚持高端化、高质化和高新化的产业发展战略，依照产品原料最大化延伸、资源能源最大化利用和废弃物综合利用的原则，已初步规划形成了以大型、重型、成套装备制造业为龙头，以上下游关联紧密、能源资源共享互供的循环经济产业链为支撑的产业发展格局。为指导园区按照循环经济的理念建设，临港经济区响应国家和天津市要求，积极开展生态工业园区建设。

（一）主要产业生态工业建设的雏形

1. 化工产业生态工业雏形

目前，临港经济区通过延伸生态产业链条，用乙烯氧氯化法替代传统的电石法聚氯乙烯工艺，实现了氯碱石化一体化；用联碱工艺取代氨碱工艺，实现了联碱石化一体化，降低能耗，减少二氧化硫和废渣排放。以石化产品和天然气为原料，发展了工程塑料、涂料等产品链。发展了一批高附加值、低能耗产品，淘汰高耗能、高污染的无机盐产品，增加产品附加值，提高节能减排的水平。

2. 重型装备制造业生态工业雏形

目前，中船重工天津临港造修船基地、铁道部天津和谐型大功率机车造修基地、太重临港重型装备研制基地建设项目、龙净环保设备制造项目等已部分投产，天津重机装备制造项目、腾盛海洋工程项目、鑫正海工项目等正在抓紧建设，华锐风电天津临港风电装运基地等项目已签约，初步规划形成了成套、配套设备、通用设备协调发展的重型装备制造业生态工业体系。

3. 粮油储备加工业生态工业雏形

临港经济区依托港口优势，实现产业集群化发展，提升产业竞争力，大力发展粮油储备加工业。集中引进了中粮、京粮、中储粮等一批有实力、超大型的“航母型”米、面、油企业集团，提升产业发展的整体水平，促进产业规模化、生态化发展。中粮佳悦（天津）有限公司、京粮（天津）粮油工业有限公司、金天源食品科技（天津）有限公司已建成投产，ADM果葡糖浆生产项目、春金棕榈油加工精炼项目等正在抓紧建设，上古糖业等项目已签约。为促进经济效益和环境效益相统一，对于粮油储备加工产业生产过程中产生的副产品如豆粕、毛油、米糠、皂角、脂肪酸等，通过招商重点开展副产品的综合利用，以副产品为原料进行深加工，延伸粮油储备加工业产业链条，拓展与其他产业的共生关系，真正做到“变废为宝”。目前，粮油储备加工生态产业体系已初具规模。

4. 物流业生态工业雏形

临港经济区已开挖港池和深水航道到水深12.5 m，5万t级大沽沙航道已具备通航条件，建成11个码头泊位，为港口物流业的发展奠定了坚实的基础。区内物流业已初步形成了码头、船务、港务、仓储、货运代理等一条龙港口物流生态工业体系，可为用户提供多功能、一体化的综合物流活动。

（二）临港经济区推进工业园区生态化的问题分析

1．未来区域发展的资源和生态环境压力不减

随着临港经济区经济规模的逐步增大，会给区域生态环境带来一定的压力。同时，临港经济区是围海造陆而成的区域，自然基底薄弱，天然植被种类较少，覆盖率低，生物量小，因此生态建设与保护的任务也十分艰巨。在此背景下，如何通过发展循环经济，建设生态工业园区，高效、合理地分配利用有限的环境容量和资源，推进源头治污、节能减排、改善区域环境质量，因地制宜搞好生态建设，实现区域经济与环境的协调发展，是经济区面临的重大战略问题。

2．工业园区生态化建设仍处于起步发展阶段

园区道路、污水处理、能源、水资源基础设施建设还处于起步阶段，集物流、能流、水流于一体的系统共享网络尚待完善。优化产业结构和布局，全面、深入、系统地推进工业园区生态化，实现资源的高效利用和废物减排任重道远。

虽然工业园区生态化建设处于起步阶段，发展时间尚短，但围海造陆和招商进度较快，势头强劲，这也是临港经济区的潜在优势和机遇所在，更有利于按照科学的理念，加快建成国家生态工业示范园区。

3．生态产业链和基础设施体系建设仍需进一步完善

临港经济区虽然在一些产业领域初步形成了生态产业链的特征，但许多产业领域的入区项目仍处于在建和筹建期，现状投产企业数量较少的客观情况使得形成企业间上下游对接的循环型产业链条存在一定的困难，而且已有的产业链条环节也较短，彼此间更多是基于产品供求关系形成的一对一产品链，在行业间、行业内部的废物代谢方面暂时还不具备形成生态产业链的条件。

当前，临港经济区内水资源利用基础设施建设有待完善，区内污水处理、水资源基础设施建设还处于起步阶段，尚未建设雨水蓄水池；没有完善的固体废弃物回收处理体系，尚未建立区内生活垃圾分类收集系统；资源能源梯级利用系统健全程度仍需改进，围绕工业余热利用的回用系统尚未建立，这对于建设具有低碳发展特点的生态工业园区存在一定的障碍。

三、对临港经济区推进工业园区生态化的思考和建议

1．积极引导企业建立良好的产业共生合作关系

产业共生体系的构建是工业园区生态化的核心问题。在产业生态网络或产业生态链中，物质闭路循环、能量梯级利用、不向体系外排出废物，就可以实现区域性的清洁生产和经济规模化发展。这一方面是由于区域内的各生产过程所产生的废物得到了下一生产过程的充分利用，使众多的生产过程全部实现了清洁化；另一方面也是由于多个企业或产业互动，以及同步发展，促进了区域经济的规模化发展。区域内信息、资源共享，克服了线性经济发展模式中企业生产各自为政和信息不畅通的弊端，使区域内的信息和资源最快地流动，最大限度地发挥作用。

临港经济区的管理者应从不同产业或企业间存在着的物质和能量联系当中，寻找产业共生关联性和互动性。在“点”上，鼓励企业开展清洁生产、精细环境管理、生态设计等，促进单一工艺、产品和企业的优化。在“线”上，推行产业共生理念，围绕主导行业发展静脉产业，优化产业链和园区物流关系。在“面”上，开展绿色招商，从源头杜绝技术落后、耗能高、污染重的项目入区，保证新进企业符合区域循环经济发展要求；开展产业链招商，根据区内现有产业现状，有目的地引起产业链条中的空缺企业，完善产业链、产品链和废物链，大力发展生态工业；以“集团化、基地化、链条化”为策略，引进行业龙头带动企业聚集，形成产业基地和主导产业。通过制定产业规划和促进政策提高现有产业集聚水平，并以当前的主导产业、核心企业和主要产品为基础，在区内最大限度地完善配套能力，延长产业链。

2．政府应主导工业园区生态化建设

工业园区生态化不仅涵盖企业间的合作、资源的最优化利用的理念，而且还要建立园区内部诸系统的交融，找到系统地使工业园区总体资源增值、生态效益提高的途径。在现阶段的后工业社会中，工业园区需要研究如何将末端治理、清洁生产等不同技术方法加以整合，融入现代管理技术和金融运行机制。

地方政府在工业园区生态化工作中，应通过引导、参与、扶持和监管，负起计划、组织、调控和管理等重要责任，这是工业园区生态化顺利推进的关键。政府在生态管理中的作用体现为两个方面，一方面政府部门是园区生态管理的主体，必须执行有关的生态环境法律法规和规章制度；另一方面，政府又是园区的服务方，要为园区的建设发展和生态与环境治理提供特定的服务。临港经济区管委会应进一步明确自己的责任及角色，利用生态工业园区建设规划、循环经济发展规划等，制定有利于园区生态化发展的政策和措施，进一步发挥导向作用，提供资金、人力、物力等方面的支持，形成“政府搭台，企业唱戏”的局面。

3．工业园区生态化需要遵循经济规律，按照市场化原则来运作

遵从经济规律，坚持按照市场化原则来运作和实施，将会使工业园区发展循环经济保持强大的生命力。首先，资源按照市场化的模式实现合理配置，这样企业产生的废物资源能够像其他原材料一样，按照市场价格、通过市场交易来完成。其次，各种实体按照市场化的模式进行组织，企业和企业之间的产品流、废物流都按照契约关系进行组织和实施，市场行为主体自我约束、自我管理、自我激励的机制逐渐形成，最终实现区域整体效率的提高。再次，基于市场经济要求，政府努力降低交易成本，通过公开信息、开展培训和教育等各种方法，营造良好的发展氛围，使园区企业能够以更加开放、更加合作的姿态融入到园区生态化发展中来。

4．加强虚拟生态产业链的构建

生态工业园区不是一个地理上的概念，而是多个企业或产业间相互关联的概念，因此，它不受地域限制，只要存在产业间的生态关系，这个企业无论在什么地方都可以成为生态工业系统中的一个环节。临港经济区应突破园区地域限制，在更大范围内形成产业配套，构建虚拟生态产业链。

5．规划先行，制度保障

抓紧编制《天津临港经济区生态工业园区建设规划》，对临港经济区建设生态工业园区进行超前谋划，做出具体部署和安排。

政府的产业政策应强调提高资源利用效率和环境保护，对于海水淡化、再生水利用、可再生能源利用等重大项目的社会效益、环境效益比较明显而投资回收周期长的情况，运用财税、投资、价格（如土地价格、电价等）、信贷等手段，予以补贴支持，为其创造能够参与公平竞争和实现市场化运营的条件。

在资金支撑体系建设方面，首先，设立临港经济区循环经济发展资金，对入区企业开展节能、节水、综合利用、提高资源利用率、污染防治等循环经济相关项目给予资金支持。其次，鼓励和引导社会资本参与污水、废气和固体废弃物处理等公用设施的建设和运营。最后，鼓励循环经济项目单位利用产业投资基金和创业风险投资、发行企业债券、盘活存量资产等方式，多渠道筹措开发资金。

6. 公用工程岛建设是工业园区生态化应重点实施的基础设施工程

临港经济区除建设重型装备制造业、粮油储备加工业、化工产业、新型建材业四大产业共生体系外，还重点建设以热电联产为核心，以海水淡化及制盐为主线，把整体煤气化燃气-蒸汽联合循环（IGCC）发电机组和供热、海水淡化、工业制盐、污水处理、中水回用、污泥焚烧等内在关联的节点项目进行有效整合，建设公用工程岛，为工业园区内各企业提供服务，最大限度地实现物料、能量的循环和利用。

乘势而上　创新拼搏　以优异成绩迎接党的十八大

天津市东丽区环境保护局　王学新

有幸参加环保部组织的 2012 年第四期全国地市级环保局长培训班的学习，时间虽然很短，却是非常难忘。两周来，系统地学习了第七次环保大会及环保系统党风廉政会议精神、污染减排与总量控制以及农村生态环境建设等专题讲座；和各位专家及兄弟单位同仁一起探讨环境管理以及环境污染事故应急处置案例等。

通过这次学习培训，我开阔了视野，学到了知识，理顺了关系，理清了思路，明确了方向，坚定了信心。我们是新时期的环保人，我们深知，当前，我国进入了经济发展的黄金期、改革创新的攻坚期、对外开放的提速期、文化事业的繁荣期和社会建设的转型期。我们在加快经济发展的同时要加快对生存环境的治理，要正确处理环境保护与经济建设二者之间的关系，把环境的“瓶颈”变成经济发展的“推动器”。我们深知，我们面临经济发展与环境质量改善的压力，承受处于风口浪尖与防范环境风险的压力，担负群众诉求提升与环保毕竟是辅助性部门的压力。我们深知，所做的工作既是历史的传承和延续，也是未来的起点和根基，而许多战略性举措才刚刚开始，今后的工作仍将是任重道远。

下面，结合基层环保工作实际，将两周来的一些学习心得与大家共同交流。

一、十七大以来东丽区环保工作完成情况及取得成效

党的十七大以来，东丽区环保工作在区委、区政府的正确领导和市环保局支持指导下，坚持以科学发展观为统领，紧紧围绕全区工作大局，正确处理环境保护与经济发展的关系，以污染减排为重点，监管与服务并举，生态区建设初见成效，市容环境综合整治成效显著，区域环境质量逐步改善，圆满完成了区委九次党代会确定的各项环保工作目标任务。

1. 顺利完成“十一五”主要污染物减排工作

立足实际，深入分析全区污染物排放情况，大力实施工程减排、结构调整减排、管理减排。“十一五”期间，累计投入资金 7.06 亿元，完成 49 项减排工程，实现全区化学需氧量削减 6 388 t，二氧化硫削减 33 838 t，单位 GDP 二氧化硫及化学需氧量排放强度达到生态区建设指标，顺利完成“十一五”东丽区主要污染物减排任务，并为全市减排工作作出了突出贡献。

在总结“十一五”减排工作经验的基础上，“十二五”开局，结合东丽区实际，深入调研分析，研究制定了《东丽区“十二五”期间四项主要污染物总量减排规划》，确定“十二五”期间，全区 4 项主要污染物排放量分别控制在 2010 年污染源普查动态调整的总量之内，即化学需氧量和氨氮排放总量 0.97 万 t、0.147 6 万 t 以内；二氧化硫（不含电力）和氮氧化物（不含电力、机动车）排放总量 1.232 0 万 t、1.184 2 万 t 以内。重点减排工程

14 项。2011 年实现了主要污染物排放总量增减平衡，完成了污染减排年度任务。截至目前，重点减排工程已完工 7 项，在建 4 项，可研论证阶段 3 项。

2．城区环境质量逐步改善

（1）开展大气污染综合防治，改善环境空气质量。以污染减排为抓手，严格执行污染源达标排放和总量控制制度，完成了天津钢管公司、东丽区供热办、滨海国际机场等 27 台非电力锅炉，以及军粮城电厂、津源热电 6 台发电机组的脱硫改造工程。严格控制煤烟型污染，对全区 665 台 10 t 以下燃煤锅炉实施改燃、拆除、并网，加大供热燃煤锅炉监管力度，开展专项执法检查，保障污染设施正常运行。开展扬尘专项治理行动，加大对建筑施工工地、道路撒漏、拆迁工地等的监管力度，有效防治了扬尘污染，东丽区环境空气质量明显改善。

（2）严格水环境治理，改善水环境质量。严格执行水污染源排污许可证发放审查、核查制度；完善对重点排水企业的执法监控，督促企业实施污水深度治理，完成了天津天铁炼焦化工有限公司、中国民航大学等 10 余家废水处理设施改造工程，区内重点企业废水达标率明显提升。实施水环境治理专项执法检查，巩固北塘排污河专项治理成果，严肃查处违法超标排放，保障水环境质量。完成张贵庄污水处理厂、华明工业园污水处理厂、东丽湖污水处理站等污水处理设施建设，推进华明新市镇和各产业园区污水处理设施及配套管网工程建设，全区水环境质量逐步改善。

3．生态区建设取得实质性进展

结合东丽区实际，2007 年启动东丽生态区创建工作，编制完成《东丽区生态区建设规划》，细化完成《2008—2010 年东丽区生态区建设行动计划》、《2011—2013 年东丽区生态区建设行动计划》，确定《2011—2013 年东丽区生态建设重点工程项目》。分别制定了 2010 年、2015 年的指标体系，包含经济发展、生态环境保护、社会进步 3 大类共 29 项指标。各成员单位以生态建设规划为统揽，围绕各年度生态目标任务，按照《东丽区生态区建设三年行动计划》责任分工，切实加大工作力度，生态区建设呈现出强势推进、蓬勃发展的良好态势，生态宜居城区初具规模。截至 2011 年，有 21 项指标达到国家生态区建设标准，达标率为 72.4%。开展“以奖促治”农村环保专项资金项目申报建设工作。组织推动华明、新立、金钟等新市镇开展国家级生态示范乡镇创建申报工作。

4．加大环境执法监管力度，保障群众环境权益

（1）严查环境违法行为，保障群众健康。不断加大对三级重点污染源企业的监管力度，对超标排放单位坚决停产治理，严格依法查处，以确保污染物达标排放。连续 6 年开展整治违法排污企业保障群众健康环保专项行动，先后出动 6 000 余人次，对全区 6 个园区、470 余个建设项目进行专项执法检查，集中开展了对全区二级河道沿线企业的排污情况专项调查；全区中小企业环境违法行为专项整治以及对冶金、电力、化工、重金属等重点行业环保专项整治行动，立案查处 170 余家违法企业；彻底解决了一批群众反映比较强烈的环境问题。

（2）狠抓环境信访调处工作，维护群众环境权益。畅通环境信访渠道，开通投诉热线，建立和完善了信访责任制、协调反馈、跟踪回访等相关制度，信访工作切实做到“早、快、实、严”，受理率、处理率、回复率均达到 100%。环境信访案件逐年下降，切实维护群众权益，保障社会稳定。

（3）稳步推进排污费征收工作。严格按标准核定排污单位污染物排污量，规范收费程序，建立排污量和排污费缴纳情况公告制度，实行计算机软件征收排污费，提高收费透明度。重点源申报 100%完成。每年均超额完成收费任务，为东丽区的环境治理提供了有力的资金保障。

5．突发环境污染事件应急体系初步建成

全面加强公共环境突发事件应急体系建设，具备了对可能发生的突发环境事件实施预警处置和应急处理救援的能力。编制并完善了《东丽区环境突发事件应急预案》、《东丽区环境信访突发事件应急预案》，并指导全区 50 家重点企业编制环境应急预案。加强环境监测、环境监察标准化建设，目前已拥有气相色谱、液相色谱、离子色谱和原子吸收分光光度计等一批高精尖监测设备。投资 160 万元，购置了环境应急设备、防护装备。

6．环保服务经济发展水平逐步提高

认真履行环保部门职能，不断提高环境保护调控、优化经济发展的能力。一是全面实施环保规划，以环境保护优化经济增长。先后组织编制了《东丽区生态区建设规划》、《东丽区区域水污染治理方案》、《东丽区环境保护“十二五”规划》，坚持源头预防，环境优先，以保护环境优化经济社会发展。二是严格实施环保准入，积极促进产业结构调整。严格环保准入门槛，对于严重违反国家产业政策的“两高一资”建设项目坚决不予审批。逐步建立环保退出机制，加大对落后工艺技术和生产能力淘汰力度。三是采取有力措施保增长、扩内需，促进经济平稳较快发展。先后制定了《“保增长渡难关上水平”环保服务经济发展八项措施》、《“调结构增活力上水平”环保服务经济发展措施》等，进一步规范了审批模板，开辟环评审批“绿色通道”，实施跟踪服务，加强部门联动等措施，简化办事程序，提高审批效率，加快项目申报、审批、开工速度。

7．环境保护基础能力建设不断完善

按照国家环保监测、环境监察能力建设要求，投入 600 万元，分别于 2005 年、2008 年完成了东丽区环境保护监测站、东丽区环境监察支队国家二级标准化建设。利用中央专项资金及地方配套资金，投入 550 余万元加强基础设施建设，新增有机物等监测项目 35 个，先后填补东丽区环境监测中的土壤、固废、振动、室内环境监测等多项空白。建立和完善了项目审批模板、验收模板；在全市环保系统率先应用计算机软件征收排污费，制定了行政处罚自由裁量权标准、环境监察规范、环境监测诚信体系以及环境突发事件应急预案等一系列工作措施；2008 年在全市区县环保系统率先完成 ISO 9001 质量管理体系认证。

8．全民参与环保氛围逐步形成

建立了环保社会监督员制度，聘请了包括人大代表、政协委员、社区村队居民在内的 187 名环保监督员，加强面向人大代表、政协委员及社会各界的宣传。开通环保网站，搭建环保公众参与平台，实现环保政务信息公开化；不断推进绿色系列创建活动，截至目前，我区已创建绿色学校 33 所，创建率达到 48.4%；全区共创建 16 个安静居住小区；创新宣传载体，以“六进乡村”、环境日纪念活动等为契机，组织开展各种主题宣传活动及专题电视宣传片，公众对环保满意度逐年上升。

二、当前东丽环保工作存在问题

1. 污染减排形势不容乐观

进入“十二五”，污染减排指标增加了，减排的范围拓展了，增加了农业源，减排形势更加严峻，难度更大。同时随着区域经济高速发展，能源消耗增长过快，给大气两项主要污染物总量削减工作造成很大压力。尤其是大型国有企业（如天津钢铁集团、天津钢管制铁有限公司）节能降耗工艺的改进，在减少焦炭消费量的同时，增加了高炉喷煤量（仅2011年，两家公司的煤炭消费量比2010年增加了近16万t）。由于燃煤量的加大，使得东丽区大气两项主要污染物二氧化硫和氮氧化物削减很难达到“十二五”目标责任书确定的指标以及新增量和增减平衡能否实现。另外，虽然城镇污水处理厂（站）（华明工业园污水处理站、张贵庄污水处理厂等均已调试运行）已建成，但由于收水管网及配套设施滞后，水源严重达不到运行负荷要求，普遍存在运行负荷低的情况，严重影响水污染物两项减排目标的实现。

2. 生态区建设形势紧迫

生态区建设是一个系统工程，涉及面广泛。由于部门间沟通协调不畅，使得生态建设重点工程项目进展缓慢。同时，工程建设项目实施过程中扬尘防控措施落实不到位、管理不严等问题以及采暖期供热锅炉不正常运行等情况，直接影响全区空气质量二级及以上良好达标率，要达到85%以上难度很大，城市空气质量亟待提高；各园区和新市镇污水处理设施收水管网滞后及运行负荷率低等原因，导致区域水环境质量不容乐观，二级河道均为劣Ⅴ类水体，提高污水处理设施运行率从而改善城区水环境质量迫在眉睫。

三、乘势而上，创新拼搏，以优异成绩迎接党的十八大

2012年是实施“十二五” 环保规划承前启后的重要一年，也是第七次环保大会精神的贯彻落实年。环境保护事业迎来了难得的发展机遇，我们一定要以第七次全国环保大会为契机，认真思考领会环境优化经济，在发展中保护、在保护中发展，探索环保新道路等重大环保战略；把思想和行动统一到党中央、国务院的决策部署上来，统一到积极探索环保新道路的实践中来，并将大会精神不折不扣地落实到东丽环境保护工作中，乘势而上，改革创新，团结拼搏，积极探索环保新道路，以优异的成绩迎接党的十八大胜利召开！

1. 发挥环保职能作用，确保经济与环境持续协调发展

（1）发挥环境管理职能，服务经济发展。坚持把环境保护放在经济社会发展大局中统筹考虑，正确处理环境保护与经济发展的关系。在项目的环评审批上，主动服务大项目、好项目，一是程序能简化的坚决简化，无原则问题的马上批。二是提前介入，帮企业完善手续，以最快捷、最简化的方法服务企业。引导产业合理布局、空间有序开发。严格执行“三同时”规定，使环保“在发展中保护，在保护中发展”的主导作用得到更好的发挥。

（2）发挥环境监察执法职能，保障群众环境安全。加大对三级重点污染源企业及涉重企业的监管力度，制定监察、监测规范，建立一户一档管理台账，确保稳定达标排放。继续深入开展整治违法排污企业，保障群众健康环保专项行动。重点开展重金属排放企业、

铅蓄电池企业以及危险废物企业专项排查整治工作，开展环境安全百日大检查行动，严格执法坚决取缔一批影响群众身体健康、损害群众环境权益的企业。修改完善《东丽区环境污染事故应急预案》及重点企业、产业园区应急预案。认真处理群众环境信访投诉，健全首问负责制和信访回访制度，信访处理率、结案率均达 100%，切实保障群众环境权益，维护社会稳定。

（3）发挥环境宣传职能，提高公众环保意识。进一步创新方法，拓展宣传内容及途径，以群众喜闻乐见的形式，大力宣传环保理念。以聘请环保社会监督员等形式，搭建与街、园区、企业之间的环保沟通平台；每年组织开展各种主题的纪念“6·5”世界环境日大型宣传咨询活动；深入开展绿色系列创建活动。通过宣传及创建活动，提高广大环保意识，增强公众自觉维护环境的主动性。

2．强化污染减排措施，突破环境总量不足瓶颈，为经济发展腾出环境容量

不断加大结构减排、工程减排、管理减排力度，落实减排目标责任制。一要强化结构减排。完善落后产能退出机制，利用倒逼机制，全面压缩、加快淘汰落后产能。加强政策引导，积极扶持新能源新材料、低碳经济等资源能源消耗小、污染物排放量少的产业和项目。严格落实新、扩、改建设项目排放总量控制机制。继续把主要污染物排放总量控制指标作为新、改、扩建设项目环境影响评价审批的前置条件。二要细化工程减排。在全区城市化进程中，充分利用好环保“以奖促治、以奖代补”的政策，推动环保基础设施的建设，实行城乡统筹，推动污水处理厂管网配套及生活垃圾处理设施建设，积极推进实施大气污染联防联控，努力提高热电联产在集中供热中的比例。三要实化管理减排。加大重点减排项目的监督检查力度，健全完善减排项目实名制管理台账，严格落实减排目标责任制。加大污染处理设施监管，重点减排项目污染物稳定达标排放。

3．加强环保能力建设，努力造就高效廉洁的环保队伍

进一步加大环保能力建设，加大资金投入，完善环境监测、环境监察、环境宣教及环境应急标准化建设；进一步加强环保干部业务技能培训，提高干部依法行政和为民服务的能力。加强政风、行风建设，加强政务公开，增强服务意识，真正建立一支政治坚定、业务精通、作风优良、执法公正的环保队伍。

4．完善环保目标责任考核机制，形成环保共建格局

建立并完善环保目标责任分解考核机制，将减排、生态区创建等环保目标分解落实到各相关责任部门并纳入督察考核内容，定期对环保目标落实情况进行督察，全面掌握各项环保目标工作动态及进度。以污染减排和生态区建设为平台，发挥减排办及生态办协调推动职能，加强部门间协调配合，强化各部门职能，坚持例会制度、督察制度等，形成各部门齐抓共管的环保共建格局。

5．严格环境执法，强化监管，保障环境安全

继续加大环境执法监管力度，严肃查处各类环境违法行为，确保污染物稳定达标排放。继续推进环保专项行动，对历年专项行动中发现的严重污染环境和群众反映强烈的突出环境问题，实行挂牌督办，确保整治效果。完善环境应急体系建设，建立健全环境信访隐患排查制度，各项防范措施到位，确保无环境污染事故，确保群众身体健康，稳妥处理群众信访。

构建“全民”环保大格局
广泛开展普及环保知识志愿服务活动

河北省石家庄市环境保护局 田海潮

2012年，我市着力实施省会生态环境治理工作，强力推进蓝天碧水工程。为加强环境保护宣传力度，发动广大市民积极参与生态文明建设，在全社会树立环境保护和生态文明理念，为创建全国文明城市营造良好的社会氛围，在市委、市政府的正确领导下，在相关市直部门的大力配合下，在全社会共同支持和参与下，石家庄市环境保护局党组书记、局长亲自调度，主管局领导牵头策划组织，以改善环境质量为目标，以普及环保知识为抓手，在全市范围内组织开展了形式多样的环保志愿服务活动，全力营造全社会共同关爱生态环境、共同参与环境保护的浓厚氛围，在省会构建了多层次、多形式、多渠道的环保宣教大格局。

一、多部门联动，建立环保宣传统一战线

1. 借力省政协1号提案，推进环保知识宣传普及

2012年，省政协将《改善和提高省会大气环境质量的建议》列为2012年1号提案，既体现了人民政协围绕中心、服务大局的工作原则，也体现了省政协对省会环境建设的关心和厚爱。通过采取一系列措施，深入宣传，广泛发动，营造氛围，建言献策，率先行动，提高全社会关心省会大气污染治理的意识和责任，引导广大市民发自内心地关注环境。同时，省政协还定期对2012年1号提案落实情况进行视察督办，确保省政协1号提案的办理和省会大气环境治理工作取得实效。3月28日下午，省政协副主席王玉梅带领部分省政协常委、委员，对省政协2012年1号提案落实情况进行视察督办。5月9日，省政协组织部分驻冀全国政协委员，就省会大气污染治理工作和省政协2012年1号提案办理情况进行视察督办。通过省政协1号提案这个平台，形成了省会环境保护大合唱，省市区各级政府和社会各界和全体市民齐心合力，努力改善和提高省会环境质量，构建环保大格局。

2. 加强上下联动和部门互动，充分调动社会各界参与环保工作的积极性，形成了全社会共同参与的生态文明建设新格局

2012年3月26日至4月1日，我局策划组织了以“共享蓝天碧水·共建生态家园”为主题的石家庄市2012年“地球一小时”暨第三届“低碳宣传周”活动，39个市直有关部门和单位，25个县（市）区政府、管委会等64个成员单位共同参与。市政府有关领导早安排、早调度，3月9日，活动组委会主任王大军副市长召集各成员单位召开工作协调会，印发活动方案并对有关任务进行了分解，同时向世界自然基金会提出再次加入的承诺，使

我市成为全国首个以市政府名义加入“地球一小时”活动的城市。活动期间，市、县两级共开展了297项集中环境宣传，大力宣扬低碳概念和绿色理念，在全社会形成全民动员、全民参与、全民实践的浓厚氛围。

3. 建立环保统一战线，形成政府联动机制

与全市统一战线联合开展了“同心推进蓝天碧水”系列活动，充分发挥统一战线人才荟萃、智力密集、联系广泛的独特优势，大力推进石家庄市蓝天碧水工程，广泛普及环保知识，传播环保理念。市委统战部联合市环保局、林业局，在全市统一战线广大成员中开展“同心推进• 蓝天碧水”活动，活动历时一年。3月29日上午，在位于山前大道西侧的省会义务植树基地，全市统一战线“同心推进• 蓝天碧水”活动启动。市委统战部班子成员，各民主党派主委、副主委，工商联副主席，无党派人士，宗教界人士，台胞，归侨侨眷以及黄埔同学会代表人士共计80余人参加启动仪式。市委常委、统战部长高天出席启动仪式，并为“同心林”纪念碑揭幕。

二、多形式开展，创新环保宣教新模式

（一）以丰富多彩的活动形式，面向不同群体进行宣讲

1. 督办落实省政协1号提案宣传活动

3月6日上午，“共享蓝天碧水共建生态家园”暨省政协2012年1号提案督办大型宣传活动在我市省会文化广场及民心广场同时举行。此次活动由省政协主办，省环保厅协办，市环保局承办。省政协提案委员会、人口资源环境委员会，省环保厅，石家庄市政府、市政协、市环保局等有关部门领导，各新闻媒体记者，社会各界群众共300余人参加了活动。

2. 创新开展了石家庄市2012年“地球一小时”暨第三届“低碳宣传周”活动

（1）借助团市委官方微博平台，开展微博互动及微访谈活动。一是专门协调新浪网新浪河北城市频道，制作了“共享蓝天碧水 共建生态家园”专题页面，并在环保局外网建立链接，组织网友开展环保话题大讨论和生态文化知识有奖竞答活动。二是自3月12日起，团市委在新浪和腾讯官方微博上不定时发布有关低碳环保和蓝天碧水知识的微博。很多网友和粉丝对这些微博进行了转播和评论，扩大了活动影响力，让环保理念更深入人心。活动开展以来，约3万名网友积极参与，并就蓝天碧水工程进行讨论。三是3月23日，市环保局与团市委联合开展了石家庄市2012年“地球一小时”暨第三届“低碳宣传周”微访谈活动。市环保局党组书记、局长做客团市委新浪微博，就石家庄市蓝天碧水工程、生态环境治理、“地球一小时”活动等内容与广大网友进行了互动，短短一个小时，就有52个网友参与了互动并提出关于环保方面46个问题，张局长一一作了解答，取得了很好的反响。四是举办有奖知识竞答活动。3月26日—4月1日，每天在新浪和腾讯微博上开展一次“蓝天碧水知与行”有奖竞答活动，就蓝天碧水和生态文化提出三个问题，并从全部答对的网友中评出两个获奖者，颁发时尚精美调频收音机一台，广大网友粉丝积极参与，7天时间共5 000多名网友参加了答题活动。

（2）新华网公益频道高端访谈活动。2012年，石家庄市是全国首个以政府名义正式加入世界自然基金会组织的“地球一小时”活动的城市，世界自然基金会推荐石家庄市参加

在新华网公益频道进行的高端访谈活动。3月22日，石家庄市接到世界自然基金会（瑞士）北京代表处发来邀请函后，积极与新华网公益频道进行沟通，共同策划访谈内容。市政府派出2012年“地球一小时”暨第三届“低碳宣传周”活动组委会副主任、市环保局党组书记、局长张炬进行高端访谈，以此传达石家庄市的环保理念，展示环保工作取得的新成绩。3月27日15：00—16：00，张炬局长应邀参加了新华网公益频道的直播访谈。在一个小时的访谈时间里，张炬局长介绍了石家庄市环境宣传教育工作和省会蓝天碧水工程的有关情况，并与世界自然基金会中国区对外联络总监荆卉女士共同探讨了省会城市如何开展“地球一小时”活动。同时，还介绍了我市2012年“地球一小时”暨第三届“低碳宣传周”活动的整体安排，同网友们分享了石家庄市历届“低碳宣传周”活动中的精彩内容，并与广大网友进行了互动交流。

（3）利用“环保十进”活动载体，拓展环保宣教平台。一是3月26日上午10：00，由市政府主办、市环保局承办的“共享蓝天碧水·共建生态家园”石家庄市2012年“地球一小时”暨第三届“低碳宣传周”进商场活动在北国商城举行。活动现场，市人大副主任郭领域、市政协副主席韩宪章为张忠民教授颁发活动形象大使聘书和奖杯。市政府副秘书长杨智勇宣读了关于对2011年“地球一小时”暨第二届“低碳宣传周”活动的表彰决定，出席领导向获得2011年“地球一小时”暨第二届“低碳宣传周”活动优秀组织单位代表、先进个人代表颁发了奖牌和荣誉证书。著名环保人士、本届活动形象大使、河北经贸大学教授张忠民向全市公众发出活动倡议。本次活动，拉开了2012年低碳周的序幕。二是在3月26日至4月1日的“低碳宣传周”期间，由市环保局牵头，各县（市）区政府、各有关单位配合，以“环保十进”工程为主线，根据每天不同的主题，在全市多个领域大规模地开展了丰富多彩的环保宣传活动，广泛宣传低碳知识，传播环保理念，把环保知识送进商场、军营、学校、机关、医院、社区、企业、工地、农村、饭店，是环境宣教全民化的一种具体实践，取得了良好效果。3月27日上午，在新华区红鹰小学开展的“进学校”宣传活动。由市环保局组织成立环保青年讲师队伍，开展学校宣讲，自本次活动开始启动第一讲，计划全年实施。同日下午，市电视台“民生关注”栏目、市电台新闻882节目组一起组织10名热心观众参观机动车尾气检测，宣传环保知识，普及公众环境教育。3月29日上午，在鹿泉上庄污水处理厂开展的“进企业”宣传活动，组织环保志愿者到污水处理厂参观学习，座谈交流。同时，还举行了鹿泉市“蓝天碧水”工程重点企业签约暨环保义务监督员基地揭牌仪式。3月30日上午，在新乐市开展“进农村”宣传活动。新乐市是河北省“十百千”环境宣教试点工程“十二五”第一批试点市。此次活动以“十百千”环境宣教工程为契机，成立农村环保义务监督站，举行监督站揭牌仪式，向义务监督员颁发聘书。

（4）创新活动形式，开展“熄灯一小时”直播活动。在石家庄市2012年“地球一小时”暨第三届“低碳宣传周”活动期间，石家庄市新闻广播根据频率定位，多措并举营造了良好舆论氛围。一是在石家庄市电台《新闻882》节目中做好现场连线、录音、深度报道，重点宣传蓝天碧水工程、生态文明建设、低碳生活等有关知识和宣传标语，倡导低碳节约生活方式。在3月26日到30日的5天时间内，新闻广播先后走进学校、企业、商场、社区等进行环保宣传报道。活动期间，新闻广播先后播发了《“低碳环保周”走进石家庄上庄污水处理厂》、《市第三届“低碳宣传周”启幕》、《节能环保进校园助力打造“低碳生活”》、《省会文化广场熄灯一小时活动》等稿件16篇，集中报道了低碳宣传周各项活动，报道内容充分体现了活动特色。二是石家庄市电台新闻广播自3月26日起，在晚间《民生882》节目中开辟《我们的蓝天碧水》小板块，时长3～4分钟，除了每天播发记者采访的环保录音新闻，还每天选取一个角度，播发环保达人故事、环保感受以及民间环保生活体验并选播市民推荐的节能小妙招录音。特别是依托《民生882》，新闻广播面向全社会征集“写给未来城市”的一封信，邀请全市市民向市内五区指定的北国超市，投递其写给未来城市的一封信，或者一句话，并在每天18：00—19：00《民生882》节目专题板块时间连线报道信件内容。整个“低碳宣传周”期间累计收到200余封信件。三是依托石家庄市电台《城市黄金眼》节目平台，从26日起至31日每天下午16：00—18：00推出主题发现——寻找身边的环保达人、收集环保人物故事、环保生活体验、节能的小妙招并展开主题讨论，多个角度向听众诠释环保理念，宣传环保知识。据统计，整个宣传周期间，共收到参与短信和微博400余条，累计39名听众（店）获得千元奖励。四是3月31日晚8：30—9：30，市政府在石家庄广电中心直播间举办2012年“地球一小时”活动大型直播节目。副市长王大军、市环保局局长张炬，活动形象大使张忠民教授，企业代表，青年志愿者代表做客直播间。直播期间出席领导就省会蓝天碧水工程、生态环境治理工作、“地球一小时”暨“低碳宣传周”活动等内容进行访谈，并与广大听众展开互动交流。张忠民教授畅谈作为两届形象大使的参与感受。在直播期间，新闻广播还派出7路记者在电视塔、博物馆、各县市区、北国签名墙、友谊大街小学等熄灯区域安排多路记者现场连线，介绍各活动区域内熄灯节能活动情况。此外，在节目直播进行中，还充分利用短信、微博等参与方式，与听众互动交流。2012年“地球一小时”活动大型直播节目播出后社会反响强烈，许多听众积极参与节目，纷纷表达了自己对“熄灯一小时”活动和环境保护的支持。据央视索福瑞调查，节目收听市场份额达20%，在省会广播收听市场份额排名第一，节目覆盖面积9万km^2，收听覆盖人口达8 000万。石家庄电视台同时派出多路记者进行熄灯现场采访。五是除了这些报道形式之外，石家庄市电台新闻广播还制作了以“地球一小时”为题的一系列主题公益广告，向广大听众宣传了低碳的重要意义，宣传效果良好。

（5）做客河北电台新闻广播专题直播节目。3月31日晚9：00—10：00，市环保局党组成员、副局长张智华带领相关人员做客河北电台新闻广播《新闻大家说》栏目《地球一小时，永远的接力》专题直播节目。直播期间出席领导就石家庄市2012年“地球一小时”暨第三届“低碳宣传周”活动情况及我市环保工作进行互动访谈，同时，直播期间对市内熄灯现场进行现场连线。

3. 组织开展2012年纪念“世界地球日”进学校宣传活动

4月22日，在第43个“世界地球日”来临之日，市环保局、市教育局在石家庄市长征街第三小学共同主办了2012年纪念“世界地球日”进学校宣传活动。市环保系统、教育系统职工代表，桥东区学校环保小分队代表，长征街小学全体师生参加活动。该校学生通过大型环保诗朗诵《地球日之歌》及师生同台演唱歌曲《地球你好吗》的节目形式来呼吁人类共担绿色责任，保护地球母亲。据统计，当日直接受教育人数达400余人，取得了良好的效果。本次活动中，市环保局向长征街第三小学赠送环保书籍500册。通过此次活动，使广大青少年及社会各界更进一步地认识了爱护地球家园，保护生态环境的重要性与紧迫性，进一步激发了广大市民共享蓝天碧水、共建生态家园的热情。

4．联合开展各类环保大赛，丰富宣传活动手段

与市诗词协会联合开展“加快生态文明建设 共筑幸福和谐石家庄”2012年石家庄市生态文明建设诗词大赛，在全市范围内征集优秀作品，共收集参赛作品585篇；与省会蓝天碧水工程指挥部办公室、市生态文明建设促进会联合开展“共享蓝天碧水 共建生态家园”——“先河杯”环保工作建言献策征集大赛，目前已收到环保工作建言献策17条，营造了社会公众参与环保、支持环保、践行环保的良好氛围。

（二）充分发挥媒体优势，全力营造环保舆论氛围

市环保局充分利用广播、电视、网络、微博、报纸、内刊等形式，对蓝天碧水工程、各项环保宣传活动及环保知识进行全方位的宣传报道，形成良好的社会效果。目前，国家、省、市各级媒体共播发环境保护相关新闻622篇；通过市政府网站、省市环保网站不断发布环保工作动态、环保知识、低碳小常识；在新浪网等网络媒体开设专题网页，并与共青团石家庄市委共同组织开展微博互动、微访谈等活动；2012年开始，还编印了《蓝天碧水知与行》市民手册和《石家庄生态与环境》内部资料性出版物，目前《石家庄生态与环境》期刊已出版4期。

三、多渠道推进，构建环保知识普及网络

（1）以覆盖社会各个方面为目标，以“环保十进”工程为载体，建立了机关、学校、社区、医院、饭店、企业、军营、农村、商场、工地等环境宣教阵地，直接受教育群众达百万余人。在今年“低碳活动周”期间，市县两级共组织各种宣传活动297项，发放宣传资料10万余份（张），发放环保宣传袋22 000余个，制作条幅1 200条、展牌400余块，宣传群众48万人（次）。一周时间，1 700部公交车移动电视、800辆公交车后尾部LED屏、6 710辆出租车LED屏共计播放宣传口号及标语379.4万条次。3月31日晚8：30—9：30，全市25各县（市）区都分别设立熄灯会场，组织开展2012年“地球一小时”活动，充分带动了广大市民践行“低碳”，唤起了市民的环保理念，以此大力弘扬生态文明，展现全体市民携手保护生态环境、推行低碳经济的信心和决心。

（2）举办“环保大讲堂”，邀请环保专家、知名学者等面向党政机关、环保系统和社会公众讲授环保知识，传播生态文化，2012年已举办“倡导低碳生活 共建生态家园”、“省会蓝天工程暨省政协2012年1号提案学术报告会”及“石家庄市第三届学术年会——环境安全与绿色发展论坛”三期。《环保大讲堂》自2010年开办以来，凭借较高的层次和丰富的内容，已逐渐成为石家庄市环保文化的特色品牌和高端品牌，形成了普及环保知识的又一有效载体。

（3）市环保局团支部组织成立环保青年讲师队伍，开展进学校环保宣讲活动，提升广大青少年对蓝天碧水工程及环保工作的认知度，普及环保知识，树立环保意识。目前已举办四期，另有多家学校进行了约讲，受到广大师生的热烈欢迎。

（4）加强与社会力量的合作，共同开展环境保护知识的宣传普及活动，倡导国有企业、民营企业转变发展方式，处理好企业发展与环境保护的关系，积极履行企业的社会责任，一同唤起全民对我们赖以生存的地球环境的保护和改善意识，共同为建设环境保护模范城

市作出积极贡献。

（5）加强民间环保组织和生态文明志愿者队伍建设，努力建设全民环保统一战线，形成公众参与环境保护的社会行动体系，进一步建立和完善环保志愿者参与和发展机制，组织、引导环保志愿者开展多种形式的生态文明宣传和环保公益活动，更好地发挥其在环保宣传、环保监督、绿色创建等方面的重要作用。

四、存在的问题

1. 工作措施需进一步细致完善

在普及环保知识志愿服务方面，与相关职能部门、社会团体联系不够密切，社会参与积极性有待进一步提高，因此要进一步提升工作质量，增加环境宣传教育的效率，创新工作机制，采取有效措施，抓实抓细，要高标准、严要求，确保各项工作扎实推进，富有成效。

2. 活动统筹协调安排能力需不断提高

在组织环保宣教活动中，存在统筹安排不足，各自为政、环节脱节现象，因此，工作统筹性有待进一步增强。要进一步加强上下联动和部门互动，努力构建环保宣教大格局，建立环保知识普及统一战线，形成政府联动机制，统一组织开展各项宣传教育活动，践行环保志愿服务，全面普及环保知识。

3. 加强监督，提高公众参与意识

进一步加强人大代表、政协委员的环境义务监督作用，加强民间环保组织和志愿者队伍建设，更好地发挥其在环保宣传、环保监督等方面的重要作用，提升全民环保意识，树立生态文明理念，营造全社会关心、支持、参与环境保护，让环境保护成为全社会的统一行动，形成全民环保大格局。

五、下一步工作计划

石家庄市环境宣传工作坚持探索“党委统揽，人大监督，政府主导，政协支持，环保组织，部门联动，各界配合，企业履职，公众参与，舆论推进”模式，推开环境宣传“围墙”，充分联合各阶层、各单位、各团体、各组织，一起面向社会搞宣传，组织开展好石家庄市普及环保知识志愿服务活动。市环保局将在下一阶段工作中，进一步加强上下联动和部门互动，完善与各相关部门协调联动机制，加强志愿者队伍建设，建立和完善环保义务监督机制，加大领导力度，抓好工作落实；继续以蓝天碧水工程为主线，以“6·5”世界环境日、“9·16”石家庄生态日为载体，集中组织开展形式多样、内容丰富的环境宣传教育活动，不断扩大环境宣传阵地范围，提升社会环保意识，全力营造全社会关爱生态、关心环境、参与环保的浓厚氛围，在全社会树立环境保护和生态文明理念，切实做好我市普及环保知识志愿服务活动，为创建全国文明城市营造良好的社会氛围，为实现我市“十二五”时期转型升级、跨越赶超，建设幸福石家庄的宏伟目标而努力奋斗。

发挥参谋、服务、防范和管理职责 破解基层环保工作的困难和问题

内蒙古自治区赤峰市元宝山区环境保护局 李亦平

赤峰市元宝山区地处内蒙古东部，与辽宁、河北接壤，曾经是华北地区重要的能源基地，已探明煤炭储量4亿t，近几年来，区委和政府把资源转型作为发展的主线，陆续引进了氨基酸、合成氨、焦炭、季戊四醇等化工企业，这既给经济带来了新的活力，同时也给环保工作带来了新压力。结合基层工作实践，谈一点个人的学习体会。

一、存在的主要困难和问题

1. 涉及群众切身利益的环保热点难点问题突出，环境信访纠纷调处难度大

受城市规划、资源区域分布、环保基础设施等条件的影响，城区噪声、油烟、污水、粉尘扰民现象仍然突出；工业企业与周围居民环境纠纷不断，由于多年来城市规划和环保制度的不衔接，致使纠纷处理存在很大难度，环境污染事件数量呈逐年上升趋势，给基层环保部门带来很大压力。

2. 环境违法成本低成为环境管理的主要障碍

随着经济社会的不断发展，公众环保意识有所提高，但整体水平还不够，诸如大排档、无证小型餐饮等违法经营项目仍然存在。环保部门对于这些项目的违法经营只能给予罚款的行政处罚，而这些单位经营成本极低，遇到执法往往采取“游击战”、“消耗战”来与执法部门对抗。数目较小的罚款和暂扣经营设备，对他们的生产经营活动不会造成太大的影响；而数目较大的处罚，按照法律程序申请法院强制执行时，一方面环保部门将牵涉较大的人力、物力，另一方面这些单位对付法院强制执行，采取“打一枪换一个地方”的方式，易地经营，往往使得法院也无能为力。从而造成非法经营项目屡禁不止的现象，违法成本低成为城区内环境管理的主要障碍。

3. 环保执法缺乏强制手段和措施，致使环保执法难以“立竿见影”

近年来，对于一些轻微的违法行为，由于当事人未立即纠正，环保执法人员又无法当场采取措施，制止其违法行为，造成群众误解，认为环保部门不作为。这样不仅容易使群众产生违法攀比心理，无形中扩大了违法范围，同时也降低了环保部门的公信力，为日后环境监管工作带来困难。诸如：一些街边门面房改变房屋使用性质，经营餐饮、杂修的商户搞店外经营，造成噪声、油烟、气味污染等环境问题。

4. 群众维权意识越来越强，网络舆情给基层环保部门带来了新的课题

老企业污染问题没有彻底解决，新的建设项目又不公开透明，致使网络媒体更多地关

注环保问题，导致基层环保部门成了众矢之的，有时甚至是不作为的代名词。

5. 环境执法队伍建设需要进一步加强

科技进步使得环保专业化程度大幅提升，这也就对环境执法人员的专业素质的要求越来越高。但由于基层环保部门编制少，辖区面积大，企业数量多，又加之缺乏必要专业人才和应急监测装备，监管能力和取证手段不能适应日益繁重的环境管理和执法的需要。环境执法的培训渠道和培训手段单一，无法及时系统地补充“营养”，及时“充电”，现阶段环保工作面临的形势任务与社会公众的期待还有一定差距。

6. 基层环保工作面临双重压力

长期以来，受国家对各级地方政府负责人政绩考核观因素的影响，重经济发展轻环境保护的思想观念在基层还普遍存在，致使地方各级环保部门承担着保护地方区域环境工作压力的同时，还必须要面对服务于地方经济发展所带来的压力，因此基层环保部门在环境执法成效方面很大程度上仍然受制于地方经济发展。在招商引资项目中，为了发展当地经济，招商引资项目良莠不齐，为地方经济创造价值的同时，也给地方环保工作带来很大工作压力。在遇到相关环保“难题”时，环保部门在保护环境的同时又要考虑到为地方经济发展做好服务，这些都为建设项目的管理带来了极大的困难，也使基层环保部门处于两难境地。

7. 环境保护行政问责制日趋突出，现场执法人员自我保护意识淡薄

目前，我国已进入环境污染高发期，环境污染事件频繁发生，全国掀起了“环境保护行政问责”风暴。所谓环境保护行政问责制是指特定的问责主体依照一定的程序，针对各级政府及其公务员所承担的环境保护的职责和义务的履行情况而实施的，并要求其承担否定性结果的规范。现阶段，环境保护行政问责正由“问责有过”向“问责无为”、由“问责突发事故”向“问责常规行为”、由“属地问责”向“区域问责”转变的趋势。当前环境保护行政问责制存在包括立法缺陷、问责异体问责的缺位、问责客体的错位、问责层级体系缺失等问题。环境执法人员现场发现环境违法问题不够全面，监察笔录等执法痕迹不够规范，执法能力薄弱，缺乏自我保护意识，自我保护能力亟待提高。

二、发挥参谋、服务、防范和管理职责，努力做好基层的环保工作

1. 建立公众参与环境执法机制与制度，及时向社会公开相关企业的环境信息

充分发挥执法机构的执法职能、公众的外部监督和内部监督作用，形成相互制约的“三元环境执法监督体系”。通过探索新型企业环境管理体制，促进企业提高自主守法水平和能力；积极推进环境信息公开工作，将重点企业的限期整改进度和污染影响等情况及时向社会公布，引导正确的舆论导向，满足公众的知情权和参与权，增进公众对环保工作的理解与支持；广开参与途径，包括聘任行风政风监督员，加强环境保护社会团体参与制度建设，建立环境保护问卷调查制度，以建立公众参与环境执法制度。

2. 加强建设项目环境规划和环境影响评价，落实开发建设项目的管理工作

落实污染物排放总量控制工作，实施环境统计、各种污染因子的调查工作，从源头管理杜绝新污染源的产生，确保各种建设项目环评率和验收达标率达到 100%。同时积极与政府及相关部门沟通，提前进行环境规划，根据环境影响程度和承受能力，划分不同区域，

留足总量空间，作为招商引资和开发建设的依据。

3．建立并完善企业环境污染源动态电子档案库，及时掌握企业的日常生产状况和环保设施运行情况

对重点监控企业和环境风险源企业建立环境污染源动态电子档案库，主要包括企业基本概况、环保审批手续情况、按环评要求落实情况、生产工艺及排污节点、能耗、污染物排放种类、排放标准、环境风险隐患、突发环境事件应急预案编制及演练情况、主要危险化学品储存方式及环境应急措施等。环境污染源动态电子档案库主要采取幻灯片的形式，并结合实际数据和图形更加直观地进行了说明和解说，使每一位环境执法人员能快捷地了解企业、掌握企业、服务企业，便于及时发现其环境风险隐患点和环境违法行为，提高了环境执法部门应对突发环境污染事故的应急能力，为进一步摸清企业的环保守法情况奠定了良好的基础。

4．注重民生工程，多措并举，提升环保部门公信力，努力创造资源节约型社会

围绕民生工程建设，以创建国家森林城市为契机，提高环保部门公信力。基层环保部门多措并举、扎实开展区域性储煤场清理整顿专项工作，共清理非法储煤场百余家，清运煤炭数十万吨，清退土地千余亩，为民生工程建设提供了坚实的着力点，在此基础上，对涉水企业全部完成了污水处理任务，实现了水污染物的种类、数量稳定达标排放。加快国家森林城市创建的步伐。与此同时，加大宣传力度，鼓励全民参与，争取公众支持，进而提高环保部门的公信力。

5．定期组织企业开展环境应急演练，真正提高企业突发环境污染事故的处置能力

每年组织几家具有代表性的环境风险隐患企业适时开展突发环境污染事故应急演练，邀请上级环保部门和本级政府相关职能部门给予指导和帮助。同时，组织专家结合实践演练情况对企业应急预案的可操作性和完备性进行评审，并对环保部门和企业应急救援人员进行定期培训，切实提高处置突发事故预防能力和响应能力。

6．建立执法联动机制

建立环保、工商、公检法、银行、供水、供电等部门组成的强有力的减排领导协调机制，明确部门责任，建立联动信息系统平台，建立“黑名单”制度，对进入“黑名单”的单位或个人依据企业违法程度从项目审批、资金补助、银行贷款、电力供应等方面给予限制，对严重违法单位或个人责令取缔或关闭，采取强制停水、停电、停气等措施，情节严重的移交司法机关处理。

7．牢固树立环境保护行政问责的意识，提高执法人员的自我保护能力

构建环境保护行政问责文化，职责明确、权责一致，落实异体问责、强化人大问责，完善环境保护行政立法，建立环境保护行政问责层级体系。行政执法人员在日常执法过程中，按照规范、规定严格执行，更好地履行环境监管职能职责，规避执法风险，提高自我保护能力。

8．加强基层环保部门党员干部党风廉政预警教育

严格落实党风廉政建设责任制，深入推进党风廉政建设和反腐败工作。定期组织观看警示案例，特别是环保系统内部的腐败案例，进行预警，进一步增强拒腐防变能力。加强内外部监督渠道，深入推行政务公开，广泛联系基层群众，特别是民主评议监督员和环保志愿者，倾听各界意见和建议，合力推进环保事业和党风廉政建设发展。

正所谓“上面千条线，下面一根针”，环境质量改善、生态文明建设的重担最终要落在基层环保部门肩上，环境法律、法规、政策、制度最终要靠基层来落实。科学发展看环保，工作落实看基层。所以基层环保工作的好坏，不仅直接影响环境保护总体目标的实现，而且对贯彻落实科学发展观，构建社会主义和谐社会起到至关重要的作用。这就更需要我们基层环保部门要努力创新工作机制，转变工作方法，秉承“参谋、服务、防范、管理”的工作理念，及时解决群众反映强烈的环境热点焦点问题，切实维护人民群众的合法环境权益。基层环保工作的创新应着力在调查研究、参与决策、依法行政、解决问题、善抓落实上努力提升。同时，基层环保部门要将自身工作的小环境自觉地融入经济社会发展的大环境之中，有效地将环境管理寓于服务之中，积极服务于经济社会发展大局，在地方党委、政府和广大社会公众的大力支持下，努力开创基层环保工作新局面。

抓精神文明建设　培育环保工作新理念

吉林省洮南市环境保护局　贾延厚

洮南市环保局作为洮南市政府的一个职能局，下设环境监测站和环境监察大队，局机关下设办公室、计财科、业务管理科、党办，现有职工 50 人。几年来，洮南市环保局认真抓精神文明建设，坚持“内强素质、外树形象”的理念，认认真真抓管理，扎扎实实搞业务，以抓精神文明建设带动基层环保工作的整体提升。

一、领导重视是精神文明建设的关键

洮南市环保局始终把精神文明建设当作头等大事来抓，不论业务工作多么繁重，事情多么紧急，都从不忽视精神文明建设这项至关重要的工作，其具体做法是：

1．任选干部，把思想品德放在第一位

洮南市环保局任命局中层干部时，把人员的“高尚思想、积极态度、业务能力、群众威信”作为提拔中层干部的重要尺度。政治思想具有一票否决权，有力地激励和统一了员工思想，保障了环保工作的顺利进行，为圆满完成年度各项工作打下了坚实基础。

2．在繁重业务工作中，将精神文明建设放在首位

环境保护工作是我国的一项基本国策，党和政府历年来都非常重视，特别是党和政府把“重经济增长轻环境保护”转变为“保护环境与经济增长并重”；从环境保护滞后于经济发展转变为环境保护和经济发展同步；从主要用行政办法保护环境转变为综合运用法律、经济、技术和必要的行政办法解决环境问题“三个转变”的提出，标志着我国环保工作又到了一个新的时期。随着环保工作的逐步深入开展，基层环保业务工作的压力也越来越大。如何稳住阵脚，做好基层环保业务工作，洮南市环保局以加强窗口建设为突破口，以改善服务、促进执法为手段，牢牢地把经济发展和环境保护联系在一起，层层发动、逐级动员，大力加强窗口建设，全面实施政务公开。2011 年度洮南市环保局分别被洮南市委和白城市委评为“精神文明先进单位”。

3．把精神文明建设程度作为评价功绩的首要标准

如何抓好精神文明建设，政策导向十分重要。洮南市环保局实行了“两个纳入”：一是把精神文明建设纳入环保业务工作一道去做；二是把精神文明建设纳入部门和干部的考评之中。这一措施，既约束了中层干部必须抓好精神文明建设，同时又调动了他们加强精神文明建设的积极性。

二、有效的载体是精神文明建设的保障

精神文明建设不能停留在一种宣传和倡导的形式上，要赋予它一定的载体，使其既看得见又摸得着。

1. 大力开展文明窗口竞赛

我们一直坚持开展文明窗口竞赛活动，通过赛服务水平、赛服务质量、赛文明执法，不断完善窗口形象，塑造了一支作风正派、业务过硬的环保员工队伍。洮南市环境监察大队作为环保局的执法窗口，几年来一直是洮南市精神文明建设的先进单位，驻政府政务大厅审批办一直被评为“红旗窗口”。

2. 举办精神文明建设交流活动

我们通过请市精神文明办领导讲课，举办各科站经验交流会、事迹报告会、演讲会等多种形式，不断加大宣传教育力度，正确引导各部门把精神文明建设健康地开展下去。

3. 开展丰富多彩的宣传活动

洮南市环保局利用“4·22”地球日和“6·5”世界环境日，围绕环保工作，开展精神文明宣传活动，既提高了环保员工的自身素质和文明意识，同时也扩大了环保部门在社会上的知名度。

三、把环境文化建设融入各项工作当中，作为精神文明建设的重要组成部分

环保工作涉及方方面面，千头万绪，从何抓起，怎么抓，哪头重，哪头轻，我们的体会是大力加强环境文化建设，并将环境文化建设融入其他各项工作当中，这样就能起到牵一发而动全身的功效，使环境文化建设工作具有更加鲜活的生命力。

1. 把环境文化建设作为各项工作的主线

环境文化建设的目的是建设一个具有综合社会效益的、长远的、可持续发展的远景规划。我们将诸如物质文化与精神文化生产所涉及的思想政治工作、行风建设、窗口建设、队伍建设、机构改革、人员配置等一系列工作，作为环保文化建设的一个组成部分，分解出来，分工负责，再加上密切协调配合，使之成为一个工作总体，既做到统抓全局，又未忽视局部，使环境文化更具有丰富的内容，使其他各项工作都有了最终落脚点。几年来，我们依据这一指导思想，全面开动了环境文化建设工作，取得了精神文明建设和物质文明建设双丰收，圆满地完成了各项工作任务。

2. 把精神文明建设作为环境文化建设的灵魂

环境文化建设的最终目的是要实现环保人的最美好的精神追求，完成环保工作的价值取向。我们在开展各项工作中，时刻注意以精神文明建设为主基调，一切从精神文明建设角度考虑问题，不论是行风建设还是窗口建设，都从提高人的素质，调动人的积极性和创造性出发，都从提升环保队伍的整体形象，提高环保部门综合执法能力的角度考虑，一年迈一大步。在做好各项工作的同时，加快了环保精神文明建设的进程，提升了环保精神文明程度。

3．建立管理制约机制是精神文明建设的保障

2012年，我们建立健全了管理机构，重新调整了精神文明建设领导小组的人员，组建了由局长、党总支书记担任领导小组组长，副局长、党总支副书记任副组长，各科站的领导为成员的领导小组。各基层都有领导成员负责本部门的精神文明建设工作，使精神文明建设在我局有了组织保证，产生了强大的轰动效应。

形成各方合力　推动虹口区环保工作健康发展

上海市虹口区环境保护局　梁至健

2011年，虹口区环境保护局抓住后世博契机，围绕创新机制体制、促进科学发展这一目标要求，以污染总量减排和“十二五”规划为抓手，不懈维护环境安全，继续关注百姓民生，切实解决好人民群众最关心、最直接、最现实的环境问题，切实发挥环保在区域经济社会快速发展中的保障和助力作用，持续改善区域环境，促进区域环保事业又好又快发展。

一、虹口区环境保护工作现状

（一）环境质量概况

1. 地表水环境质量概况

2011年我区地表水综合水质指数（以相应功能区水质为标准）为0.93，功能区达标评价为水质达标（综合水质指数小于等于1.0即评价为达标）。与2010年同期（0.74）相比，则有所恶化。监测的6条河流10个断面中，4个点位超标，其他点位功能区达标评价均为达标，达标率为60%。

2. 空气环境质量概况

2011年我区空气污染指数年均值为61，空气质量优良天数为342天，优良率为93.7%。主要污染物为可吸入颗粒物（PM_{10}），总体空气质量保持稳定，与2010年同期相比，空气污染指数略有下降，优良率比2010年同期上升2.7个百分点（2010年我区空气污染指数年均值为65，优良率为91.0%）。根据全市18个区县比较结果显示，我区总体空气质量在全市18个区县中列第9位。

3. 声环境质量概况

2011年我区声环境质量状况保持稳定，区域环境噪声昼间和夜间均达到标准，道路交通噪声超过国家标准要求值。

（二）强化环境风险管理，维护环境安全

1. 抓源头管理，把好环境准入关

2011年，建设项目环评审批388个，试运行14个，项目竣工验收187个。按市环保局关于开展本市建设项目环保管理中“未批先建、久拖不验”等违法行为专项整治工作的部署，重点对历年未验收的“三同时”项目进行清理，监察支队去现场监理检查，做到“纵向到底，横向到边”，不留死角。对建设项目申请竣工验收进行催办督促，对其中存在的

违法行为立案进行查处。

2．深入开展环保专项行动，不断加大执法力度

制定《虹口区2011年整治违法排污企业保障群众健康环保专项行动方案》，确定重金属排放企业的整治、污染减排重点行业监管、环境安全的监督检查、深化后世博环境监管等四方面为工作重点。全年共出动监察人员412批次、1 195人次，监察单位1 214户次；“三同时”监察264户次；出动应急18批次、38人次，应急处理18起；开征排污费391 264.34元，168户数；夜间施工作业审批单位25家、291批次；查处违法案件立案10件，发出行政处罚决定书7件，罚款金额9.7万元。

进一步加强放射性物质、医疗废弃物、危险化学品等环境风险源监管力度。继续加强对放射性辐射源的监督管理，对6家重点单位做到每月有检查；进一步做好《辐射安全许可证》的延续办理工作；强化辐射项目的验收管理工作，确保我区放射性同位素利用处于安全状态，预防辐射事故的发生，确保区域环境安全。

3．抓好环境应急防范处置，扎实落实应急工作

认真组织参加区反恐办组织的反恐演练、区民防办组织的“民防-2011”网上演练以及安监局组织的应急演练，进行现场环境应急调查和监测，提出应急处置建议。妥善处理3月20日由于高化厂污染事故引起的本地区多个地方硫化氢异味的应急处置、8月20日晚江杨南路65号上海良基金属制品有限公司仓库发生火灾后散发刺鼻气体的应急处置。

（三）认真做好环境信访工作，妥善处理环保信访矛盾

关注民生，进一步树立以人为本的理念，加强环境信访的工作力度，严格落实信访工作目标责任制，坚持联络员对口指导制度，坚持每月一次的信访例会，坚持重点信访件排摸制度、领导周四接待和领导包案制度，切实加强初信初访，努力降低重信重访率，把群众的环境需求真正放在心上。全年虹口区环保局共受理信访件504件/706人次，其中主要反映噪声污染，共233件；油烟污染也占较大比重，共72件，废气类105件，废水类8件，其他58件，非环保类28件。办理人大书面意见5件，其中主办3件，会办2件；政协提案共7件，其中主办4件，会办3件。办结率、满意率均为100%。收到党代表书面意见共4件，均已妥善解决。

二、存在的主要问题

1．污染排放尤其是生活源污染排放对环境质量改善形成较大压力

“十二五”期间，随着城市化程度的提高，我区流动人口、机动车数量还将持续增长，由此带来污水、废气排放量和垃圾等废弃物产生量将进一步增加，污染物排放总量较大；其中生活污染源所产生的氨氮、总磷、氮氧化物等排放总量相对较大，改善环境质量尚存在一定压力。

2．水环境质量尚未稳定达到功能区标准

我区地表水水质尚未稳定达到Ⅴ类水环境功能区标准，尤其是虹口港水系北部地区水质不稳定，氨氮、总磷污染物排放较大，河道溶解氧偏低，全区水系10个监测断面中：凉城路桥、场中路桥监测断面水样水质常年超标。

3．大气环境质量受可吸入颗粒物污染严重

我区因旧区改造、道路及建筑工地建设项目繁多，加之渣土车运输及部分裸土未覆盖植被，造成可吸入颗粒物污染突出；由汽车排放的氮氧化物、碳氢化合物以及由一次颗粒物排放与气溶胶（二次污染物）叠加污染造成的区域性灰霾污染已成为人们关注的热点和难点问题。

4．环境信访压力仍较大，主要反映噪声污染问题

虹口区的信访矛盾主要集中在噪声扰民上。餐饮业及娱乐业噪声和轨道交通噪声扰民现象比较严重，环境信访的工作力度仍有待加强。

三、推动虹口区环保工作继续健康发展的措施和方法

环境保护看起来是个生态问题，但实际上是经济问题、是政治问题。要推动虹口区环保工作继续健康发展，就要树立“大环保”理念，形成环保工作“合力”，始终将环保放在整个社会经济发展大背景下考虑，将环保工作融入经济社会发展和管理的方方面面，树立全民参与环境保护的共识，吸引大量社会资金参与环境保护，在发展经济中捕捉保护环境有利机遇，实现了管理与服务互动、经济与环保双赢。

（一）技术措施

虹口区及周边有多家著名的高校及科研院所，有大量的环保科技成果，有多学科交叉的研究队伍，有科技创新的优势，可以为推动虹口区环保工作继续健康发展提供技术支持。区政府应加强与他们的交流合作，双方各有所需，各有所长，是优势互补、实现双赢的合作，双方可在地表水、环境空气及噪声等领域合作，共同为改善区域环境质量而努力。

1．水体生态修复技术可作为河段水体水质改善的一种经济、有效的手段

虹口区河道在经过了多轮“三年环保行动”后，基本消除了黑臭现象，水质已明显改观，但总体水质仍不稳定，特别是北部地区水质状况仍不甚理想。曝气复氧的方式可作为河段水体水质改善的一种经济、有效的辅助手段，可在虹口区北部河道实施，为下一步生态修复、提升河流的自净能力打下坚实的基础。水体生态修复技术可应用于南部河道，可视情况采用漂浮柔化修复技术、固定柔化修复技术、直接修复技术等，通过生态修复的河道将呈现水清岸绿、鸟语花香的美景，将有效改善附近居民的生活质量，为周边保护建筑及生活设施增光添彩。

2．颗粒减振技术在日常降噪中加以推广应用，逐步减少噪声污染

颗粒物减振技术是利用颗粒间相互碰撞、相互摩擦消耗振动能量的一种减振方法。该技术在航空、航天等领域已有应用，但常因施工不方便而未大面积推广。“一种柔性颗粒阻尼器”的发明及专利“一种颗粒阻尼器基本单元及相关的颗粒阻尼器”很好地解决了颗粒减振技术推广应用的难题。例如：柔性颗粒阻尼器的分支“产品”柔性带状颗粒阻尼器作为新型的减振降噪产品，应用在液压站降噪上效果十分明显，至少可降低 3 dB（A）。

3．开展源分析，大力研究、开发可吸入颗粒物污染防治技术和设备

及早开展大气颗粒物来源解析的研究工作，弄清颗粒物的主要来源及可吸入颗粒物中各类源的分担率，加快适合区情的可吸入颗粒物防治技术设备的研究、开发和应用，要积

极引进和消化国外先进的治理技术、设备。

（二）管理措施

区环保工作者要转变思想观念、转变精神、转变作风，把握动态，勤于思考、善于落实，主动与市环保局及区相关部门对接，主动服务，积极回应群众关心的热点问题，提高环保管理工作的协同性、一致性，保障环保重点工作的全局性，可采取以下管理措施来推动虹口区环保工作健康发展。

1．各职能部门要形成合力，有效遏制可吸入颗粒物的污染

控制可吸入颗粒物污染重在日常管理，所涉及的部门很多，包括环保、城建、市容、房地等行政管理部门，区政府要组织协调好各职能部门，形成工作合力，有效地遏制可吸入颗粒物污染。区政府应及时出台有关控制城市可吸入颗粒物污染配套的管理规定，以提高工作的有效性和可操作性。

2．建立多元化的环境科技投入机制

区环保部门要做好环境科技规划，建立多元化的环境科技投入机制。一是要争取将环境科技项目优先纳入地方科技发展计划，力争区发展改革委、区科委等部门的支持，加强与其他相关部门的科技合作；二是引导企业加大科技投入，维护市场公平竞争，保护企业自主开发环境技术和产品的积极性；三是积极拓展外资投入渠道，充分吸纳国外资金用于环境科研和技术开发。

3．着力推进污染减排工作，保障发展所需的环境条件

切实按市下达的减排目标要求完成化学需氧量、氨氮、二氧化硫、氮氧化物等4项主要污染物削减任务。市政府下达给虹口区"十二五"期间主要污染物排放总量控制目标（工业源化学需氧量排放总量是52.6 t，比"十一五"削减10%；氮氧化物排放量2.8 t，与"十一五"持平；二氧化硫排放总量为零，对燃煤、燃重油锅炉全部实行清洁能源替代；氨氮排放总量为8.3 t，比"十一五"削减10%），区政府对全区主要污染物总量削减、环境质量和安全负总责，作为中心城区的虹口区由于减排空间小，在削减率的完成上还是存在一定压力的。区环保局要加强与其他职能部门的通力合作，不断完善污染减排的目标责任制和长效管理机制，协调落实污染减排重点措施，降低主要污染物排放，确保完成年度减排任务。

虹口当前处于发展阶段，一批旧改基地陆续拉开，重大工程建设也已进入加快推进的关键时期，环境保护建设的困难较大。所以在推进工程减排的同时，更要突出管建并举和结构减排，要积极推进中小燃煤锅炉清洁能源替代。

2012年全市深入推进$PM_{2.5}$的监测和治理工作，对我们的环境保护建设提出更高要求。虹口区要进一步加强机动车尾气排放监督管理，加大机动车环保监测力度和机动车尾气排放监管，加强在用车辆执法检查，实行简易工况法检测，杜绝机动车辆冒黑烟。

4．以化解风险为重点，解决环境信访问题

强化环境信访调查处理。一是畅通信访反映渠道，畅通"12369"环境污染举报热线，完善夜间和节假日期间的值班制度，强化对突发性环境信访事件的应急处理能力；二是力争解决问题，摸清情况、拟订方案，将"处理问题"作为工作的落脚点，提高信访事项的处理质量，降低重复信访率，不断打击违法排污行为，保障群众合法环境权益，对敏感事

件，积极与有关部门实行联动处理，维护社会稳定。

加强固定源噪声日常监管以及新型噪声源的治理。对重点区域、重点项目等实施专项监测与报告制度，减少市民关于噪声污染的投诉。

5．抓住重点，继续加强各类环境污染源和风险源的监管与防治

目前上海正处于经济发展的转型关键期、资源环境约束的瓶颈凸显期、环保公共需求的快速增长期、环境污染事故的易发多发期，环境风险隐患依然存在，环境安全压力较大，我们必须增强危机意识、忧患意识，做好攻坚克难的准备，把握新时期新形势下环境保护工作的新特点，要进一步加大环保执法力度，维护环境安全。

环境监察部门要加大对涉重金属企业监督性和现场执法检查频次；加大对涉重金属企业环境违法行为的处罚力度，禁止偷排偷放；加大对涉重金属企业生产过程的监管，督促企业完善突发事件应急预案并加强演练，确保各类污染物达标排放，有效防止发生重金属环境污染事件。要深入开展放射性物质、医疗废弃物、危险废物、扬尘污染、河道黑臭、建筑工地施工噪声和可挥发性有机物（VOCs）的专项执法检查，抓好环境应急防范处置，扎实落实应急工作，强化环境风险管理，规范突发环境事件应急工作秩序，加强环境突发事件应急演练，提高应急能力水平，妥善处置各类突发环境事件；构建全方位、全过程的环境风险防范体系，确保虹口的环境安全。

6．进一步加大环保宣传力度，争取社会各界大力支持与配合

以宣传环保法律法规，倡导低碳生活方式为重点，以纪念“6•5”世界环境日宣传活动为契机，通过开展中小学生征文比赛、社区环保讲座、国际生态学校创建活动等，和区教育局、区青少年活动中心联合开展环保进校园系列活动，继续加大环保宣传力度，扩大环保宣传面，巩固“绿色创建”成果，开展多层次的环保培训，特别是加强针对社区居民的宣传和培训，向大众普及环保知识及绿色生活和低碳生活的理念，继续发挥各级媒体的作用，在《虹口报》设立专栏，定期宣传环保重点工作以及与老百姓生活密切相关的环保知识。

四、结语

环境保护工作是一项长治久远的事情，环保工作者要用可持续发展的眼光来对待，更要用一份持之以恒的责任心来承担，要更加注重环境安全，更加注重群众关切，更加注重科技进步和管理创新，通过各方不懈努力，通过采取实实在在的技术手段和管理措施，为改善区域人民群众的生活环境质量，促进区域环保事业健康发展作出应有的贡献。

关于加快解决影响城乡人居环境重点问题的一些想法

江苏省镇江市环境保护局　马云明

党的十七大提出了“建设生态文明”的新要求，这是我党首次把“生态文明”这一理念写进党的行动纲领，必将在建设中国特色社会主义过程中产生重大影响。如何结合本地实际搞好生态建设，是全国各地在新形势下面临的共同课题。目前，镇江市提出了“打造一座令人向往的山水花园城市”的目标定位，如何让这座城市令人向往，需要认真思索、认真实践。我认为，这座山水花园城市首先必须是一座环境良好、适宜人居的城市，同时也应该是一座城乡同治的绿色生态城市。当前镇江在大气、水、声环境方面存在一些突出的环境问题，不仅影响城市形象，也成为群众反映强烈的热点，建设山水花园城市首先就要全面治理污染，改善生态环境，让群众享受优美环境带来的幸福生活。

一、深化大气污染防治，让城市的天空更蓝

空气环境质量是城市给人的第一印象。近年来，镇江市深入开展一系列专项整治行动，显著改善了空气环境质量，环境空气优良天数占比逐年提升。但随着城市化进程的加快和城市建设力度的加大，一些新的大气污染问题正日趋严重，新一轮大气污染防治工作刻不容缓。“十二五”期间，应根据国家、省的统一部署，通过大力实施蓝天工程，进一步加强大气污染防治，建立健全联动机制和长效管理机制。一是机动车排气污染防治。尾气检测站线应加强建设与运营管理。按照机动车环保标志实施黄标车限行制度，划定限行区域严格实施限行。重点是加快推进实施机动车国Ⅳ标准的步伐。二是扬尘污染防治。应落实有效措施控制城市拆迁和建设施工扬尘、道路扬尘及物料堆场作业扬尘，加强渣土车管理，严禁非密闭渣土车、带泥车和撒漏车辆进入城市道路。三是秸秆综合利用和禁烧。一方面加强综合利用，努力拓展秸秆综合利用的领域和途径，搞好技术指导和配套服务；另一方面继续开展禁烧工作，实行网格化管理，加强督察，及时解决禁烧工作中发现的问题，严格按照有关政策实施考核奖惩。四是油库、油罐车、加油站油气回收治理。以辖市区为单位成立油气回收综合治理工作协调小组，分解职责、制定油气回收综合治理方案并组织实施。市区形成油气监测能力，市区内加油站、油罐车、油库完成油气回收综合治理任务。五是餐饮服行业整治。对不符合环保要求的饮食服务业企业下达整改通知书责令整改。餐饮服务业应加强油烟污染防治，各有关企事业单位应禁止将焚烧后能产生有毒有害烟尘和恶臭气体的物质作为燃料使用。同时，结合镇江市的特色，进一步推广得到环保部肯定的社区居民、餐饮企业、环保部门三方“圆桌对话”，加大“环保示范一条街”、“绿色饭店”

等创建力度。

二、综合治理水污染，打造明亮清澈的水环境

镇江市北临长江，古运河穿城而过，南部涉及太湖流域，全市境内大小河流纵横交错。但过去我们对水环境保护的重视不够，特别是雨污合流、畜禽养殖废水直排等情况比较严重，需要引起高度重视，加强水环境的综合治理。一是市区雨污分流工程。将雨污分流工程列入重点建设项目，制定控源截污总体计划，分年度逐步实施，实现雨污分流全覆盖。二是水功能区达标治理。进一步完善“河长制”，认真组织实施《镇江市水功能区达标考核奖惩办法》。切实加强沿岸企业、规模化畜禽养殖等重点污染源专项整治，对沿岸排污口实施封堵，对沿岸集镇工业、生活污水全部集中处理。各有关企事业单位应自觉遵守环保法律法规，认真履行环保社会责任。三是农业面源污染治理。加快农村分散式污水处理系统的推广，各自然村因地制宜地开展生活污水的收集和处理。加大集中式畜禽养殖污染整治力度，严格查处无污染处理设施、直接向水体排放污染物的规模化畜禽养殖场。四是农药化肥减量化。推广测土施肥、生物肥料等技术，积极扩大无公害食品、绿色食品覆盖面，“十二五”期间实现农药、化肥使用量大幅减少。

三、推进噪声治理，深化长效管理机制

声环境与群众生活密切相关，噪声污染在群众环境信访投诉中一直占较大比重。与其他污染不同，噪声污染是一种无形污染，治标容易，长效管理困难。因此在噪声治理上，要重视“治”，更应该重视管。各级政府都应当高度重视区域内噪声污染防治工作，做到有常年工作计划、有专人抓落实、有检查和考核。工商、城管、环保、公安、住建等相关部门应强化日常管理，对新出现的噪声污染问题严格执法。各建筑施工单位、工业企业、服务行业应增强社会责任感，杜绝噪声扰民现象的产生。重点应控制三个方面的噪声：一是控制交通噪声污染，特别是禁鸣路段的强制管理。同时辅以道路绿化隔声降噪措施，实现交通干线噪声昼夜间全面达标。二是通过优化布局、设备选型和必要的工程降噪措施，控制工业噪声污染，市区的铝合金加工点应尽快搬出，进入专门的产业园区。三是加强施工现场噪声、商业、娱乐噪声的管理，从严控制夜间施工，对沿街商店、娱乐场所的高音喇叭加强巡查和执法，对影响群众生活的噪声污染问题及时进行制止。

四、加强环境风险防范，保障群众环境安全与健康

一是加强环境基础设施建设和运营管理。应加快乡镇、园区污水处理厂和管网建设，提高污水收集率和进水浓度，污水处理厂应做到正常运行、达标排放。应建设高标准的危险固废填埋场，进一步提高固废安全处置能力。二是加快生态工业园创建。各开发区应进一步明确园区主导产业，完善污水处理、集中供热等基础设施，制订环境污染及环境风险控制规划，省级以上开发区力争全部创成生态园区。各工业企业应全部进入园区发展，走集中治理之路，没有进入园区的化工、电镀等重污染企业应逐步淘汰关闭。三是加强工业

企业环境风险隐患排查。进一步强化环境监管，加大执法检查力度，对重点企业派环保监督员直接进驻。加强重点企业环保培训，让各重点企业进一步熟悉环保相关法律法规、“环境责任险”、清洁生产、化工企业环境监管、环境应急工作等方面的知识。存在环境风险的企业应认真做好废液废渣处置等有关工作，自觉保障环境安全。四是加强环境监管能力建设。软件方面，创新完善环境管理体系，进一步强化环保基层执法人员业务培训，强化环保执法队伍效能，发扬“五铁精神”，严厉打击环境违法行为。监督企业加强自律，建立企业公开承诺制度，定期在媒体公布履诺情况。硬件方面，积极汇报争取，充实人员力量、配齐监管机构、提升装备水平。按照必需、急需的原则，优先保证环境监察、监测、应急等方面达到环境监管能力现代化建设标准。

五、做到城乡同治，构建城乡一体的生态文明

相对于城市，广大的农村在环境基础设施建设、生态文明教育、人居环境治理等方面比较滞后，普遍存在一些问题和不足，主要表现为：一是农村环境综合整治工作进展不够平衡；二是农村工业结构和布局还要优化，工业污染控制还需强化；三是农业面源污染治理要加大力度；四是农村环境脏、乱、差现象仍然存在；五是农村的绿化、改厕等工作措施要进一步加强。

笔者认为，当前农村环保工作的主要措施是，以“生态文明建设”的要求，以实施造林绿化、农村污水处理、农村改厕、农业废弃物循环利用等重点工程为手段，加快推进农村环境保护建设，促进农村生态良性循环，努力打造生态文明、生活富裕的绿色家园，为实现农村和谐发展创造条件。

必须关注的两个重点是，加强乡镇环境综合规划布局与整治管理，积极推进乡镇企业集中布局、集约发展，严格新上项目的审批，加大工业污染治理力度，对重点污染企业实施跟踪督察，全面完成全市国控、省控、市控和县控重点污染源在线自动监控装置安装和联网监控，防止污染向农村扩散转移。同时，不断巩固和完善“户分类、组保洁、村收集、镇运转、辖市区集中处理”的城乡生活垃圾收运处理一体化长效管理体制和机制，强化长效管理经费的投入，落实农村环境卫生责任区制度，积极推行生活垃圾分类处置，全面改善和保护农村生态环境。

治本之策是，按照城乡一体化的发展要求，把城市规划、建设和管理向农村延伸。农村生活垃圾无害化处理、河塘水体清淤、卫生改厕、区域供水、秸秆综合利用、化肥农药减控、畜禽养殖污染治理等治理工程要切实达标。加强推进城乡一体的水、电、供气、交通、通讯等基础设施建设，重点解决垃圾、污水处理等影响人居环境的突出问题，乡镇、农村生活污水和垃圾要真正实现全面、有效、无污染的处置。继续推进绿化工作，建设城乡一体的大型生态绿地、绕城绿地、环村林网、公共绿地及居住绿地，合理培植树种，降低绿地维护成本，形成层次多样、结构合理、功能完备的城乡生态森林系统。同时，大力提升城乡居民的生态意识，营造浓厚的生态文明氛围。要面向基层、面向青少年，抓好环保宣传教育，使生态环保成为社会共识。要突出绿色创建，力争建成一批高标准的国家生态镇、生态村、绿色学校、绿色社区。要运用各种宣传途径，不断营造具有自身特色的生态文明氛围，充分调动社会各方面的力量，共同参与生态文明建设，杜绝不文明行为，从

我做起，从身边做起，努力在全社会形成生态意识—生态生产—生态生活—生态行为—生态宜居—生态和谐的“六大生态文明循环体系”。

回顾这几年来的环保工作，笔者深感整个环保工作艰苦卓绝、考验重重，需要我们做好每一个细节，需要我们不懈探索创新。展望生态文明建设的美好未来，镇江这座“一水横陈，三面连冈”的山林城市，更呼唤着我们环保工作者再接再厉、继续拼搏，进一步改善环境质量，进一步保护自然生态，为了更蓝的天、更清的水、更幸福的生活而努力，以上是个人一些不成熟的想法，还需要在今后的工作实践中不断地学习、领会、检验和丰富，努力把自己培养成一名合格的环保工作者。

淮南市资源开发与环境保护可持续统筹发展对策研究

安徽省淮南市环境保护局　邱昌玖

淮南是中国大型煤电能源基地之一，华东地区重要的能源基地，安徽省重要的工业城市，主要以煤、电、化相关产业为主要经济支柱，以生物医药、高新技术产业、电子机械等为重要组成部分，是国家级“亿吨煤基地”、“千万千瓦火电基地”。

作为典型资源型城市的淮南，主要自然资源便为煤炭。煤炭开采对自然生态环境的影响最为严重，因此，淮南必须寻求资源与环境有效融合的方式，实现淮南市经济社会的转型发展和可持续发展。

一、加速科技创新，实现资源可持续发展

实现淮南市资源可持续发展，关键在科技创新。淮南市煤炭资源有限，存在开发过度、产业链短、综合利用率低等粗放型发展弊端，不利于煤炭资源永续发展。因此，必须通过加快科技创新步伐，大力发展高新技术产业，对煤炭资源进行合理开发和高效利用，从而实现煤炭资源可持续发展。

1．合理开发煤炭资源

淮南煤炭资源丰富，已探明储量153亿t，远景储量444亿t，但随着淮南市“亿吨煤基地”目标的实现，不到百年时间，淮南市的煤炭资源就将枯竭。因此寻求科学优化的开采方式，有序适度开发煤炭资源，成为淮南市煤炭资源可持续发展的关键。

一是科学开发。实现淮南市煤炭资源合理开发与利用，必须采取科学的开采方式。严格开采制度、规范开采程序、创新开采技术，从而提高煤炭资源的开采利用率。通过实施利益调节，解决企业间利益分配矛盾，使企业成为利益共同体，充分发挥资源优势。同时，采取绿色开采技术，做好矿区宏观规划和矿井开采规划，合理规划井田之间的布局，探索先进采煤技术，安全采掘煤柱和“三下”（建筑物下、水体下、铁路下）的煤炭资源，提高煤炭回采率和产量。

二是适度开发。煤炭资源是不可再生的资源，其形成主要受地质作用综合影响，不同地区的煤炭资源存在不同的地质条件和赋存状态，同时过度开采可能会改变当地地质条件，并造成一定的环境污染和生态破坏。因此必须对煤炭资源进行战略部署，合理规划开采规模，将煤炭开采的地质影响、环境损害和安全隐患降至最低。结合淮南情况，在产量达到1亿t后，应不再扩大产能。做好煤炭资源战略性储备，为我们的子孙后代留下足够的煤炭资源。

三是有序开发。煤炭与其他自然资源相比具有开采难度小、使用价值高的特征，是重要的战略性资源。因此，我们必须对煤炭资源实施战略性保护，并根据需要合理安排资源开采时间和力度。就淮南煤炭资源而言，应优先开采煤炭、石灰岩等优势资源，逐步加大煤层气、白云岩等潜在资源开发力度，而对深部煤炭、磷块岩等贫矿资源实行战略保护①。

2. 综合利用煤炭资源

淮南煤炭资源丰富，但煤炭产业链较短，多数煤炭资源直接外输，或仅用于燃煤发电等初级加工，综合利用率和产品附加值较低，潜在经济价值需要深度挖掘。具体来说，就是要在煤炭原始开采的基础上，对于煤炭作为动力煤以外的其他用途进行优势延伸、优势扩展、优势替代、优势再造，从而在技术理论上为煤炭资源综合利用指明发展方向②。淮南市综合利用煤炭资源的具体内容包括煤炭资源的优化利用、深度利用和延伸利用。

一是优化利用。淮南煤炭具有“三低四高”优点，优质炼焦用煤占总储量的98%左右。但目前淮南大部分的煤炭资源都仅用于动力使用，大量优质煤炭直接燃烧，既浪费了资源，又污染了环境③。因此，改变目前淮南市煤炭资源“大材小用”的尴尬境地，发挥资源优化优势，实现资源附加值最大化，成为煤炭资源综合利用重要内容之一。

二是深度利用。目前淮南市煤炭资源主要用于直接外输或燃煤发电等简单加工，产业结构单一粗放，经济发展受煤炭价格波动影响较大，煤炭下游产业发展缓慢，原煤附加值开发不够，严重影响淮南市煤炭行业健康发展和经济社会持续进步。因此，实现煤炭资源的深度加工，改变资源粗放型开采方式，是改变淮南市煤炭资源开采利用效能的关键。具体来说，煤炭资源深加工主要包括：通过洗煤、选煤等筛选方式提高原煤煤质，增加煤炭附加值；实施煤化工联产经营模式，依托煤气化、液化、焦化和甲醇转化烯烃技术，逐步发展合成氨、尿素、煤基甲醇转烯烃、煤制天然气、煤制油、煤制乙二醇、硝酸、甲醇等下游产业，延长煤炭产业链，提高加工利用率。

三是延伸利用。在当前严峻的资源短缺形势下，加强煤炭及其伴生资源的综合利用显得尤为重要。淮南市煤炭伴生资源种类多、储量大，高岭土、煤矸石、煤层气、矿井废水等每年产生量都很巨大，如何利用好这些伴生资源，做到“变废为宝”，成为淮南市实现资源可持续发展的重要课题。高岭土作为非金属矿产资源，可以被广泛应用在建材加工、造纸、冶金等行业；煤矸石可以被运用在燃烧发电和建材加工等产业，同时也可用于填充采煤沉陷区，制作新型净水剂、氧化铝、硫酸铝等产品上；煤层气作为价廉物洁的新型能源，可以作为工业、生活燃料和化工产品原料等加以使用；矿井废水经过简单清污分流后，可以进行循环利用，净化后的矿井水可替代井下开采用水，同时可以用于绿化厂区、作为冷凝水使用等。

二、加强环境保护，实现环境可持续发展

党和政府提出了“在保护中发展、在发展中保护”的科学发展战略思想，强调环境保护与经济发展之间是相辅相成、相互促进的关系，经济发展必须以环境承载力为前提和基

① 崔龙鹏，丰年. 淮南矿产资源态势与可持续发展战略思考[J]. 中国煤炭，2007（10）.

② 靳靖. 淮南市煤炭资源综合利用研究[D]. 合肥工业大学硕士学位论文，2007.

③ 吕森林，吴建光，丰年. 淮南矿产资源可持续发展途径的优化研究[J]. 中国矿业，2005，12（8）.

础，同时以环境保护优化经济增长，在更高的层次、更广的领域实现经济又好又快发展。淮南市是一座典型的资源型城市，结构型污染现状较为凸显，如何扩展淮南市的环境容量成为制约未来经济发展的约束性条件。淮南市实现科学转型发展，必须要走好“环境友好”道路，即注重发挥环境保护优化经济增长的作用，以环境容量优化区域布局，以环境成本优化增长方式，以环境管理优化产业结构，不断提高经济发展的质量和效益，实现产业发展的转型。

1．加强污染治理

通过加强环境污染治理工作力度，着力改善淮南市空气和水环境质量。具体包括深度治理全市主要废气污染源；加强机动车尾气与锅炉烟尘机治理工作；加大扬尘污染控制和治理力度；推进全市主要电力行业脱硫、脱硝和除尘工程建设，淘汰全市所有小型火电机组等。

加强水污染防治。严防“十五小”、“新五小”等企业对淮河水质污染。加强饮用水源地保护和保护区环境综合整治。同时加快城市污水管网及污水处理厂建设步伐，进一步提高污水处理厂进水浓度和进水量，从而减少生活污水对淮河水质的污染。新增的工业废水须配套建设污水处理设施，为缓解水资源不足的矛盾，在污水处理厂建设中，同步建设中水回用设施和污泥处理设施。由于我市地域宽广，城市分散，仅4座集中式生活污水处理厂难以全部覆盖全市范围。应因地制宜，多种方式并行处理。结合地形地貌，全面建设村镇生态式生活污水处理站，改善农村水环境质量。着力削减全市减化学需氧量（COD）和氨氮（NH_3-N）排放量，确保全年淮河淮南段Ⅲ类以上水质天数达95%以上。

农村全面推行改水、改厕。大力推行垃圾分类回收、分类处理，开征垃圾处理费。采用垃圾发电、卫生填埋、生化有机堆肥等多种方式，实施垃圾资源化、无害化、减量化。

2．推进污染减排

污染减排是国家政策的“高压线”、是可持续发展的“生命线”，任何人不得逾越和放松。“十二五”期间淮南市减排形势非常严峻，压力非常大，任务非常艰巨，必须同时抓好结构减排、工程减排和管理减排工作，才能完成安徽省里下达的污染减排工作任务。

一是抓好结构减排。结构减排是减排工作的核心内容，把转变发展方式与污染减排目标任务有机结合，以污染减排倒逼结构调整。把好环保准入关，把满足环境准入要求、符合产业政策等内容作为工业项目环评（环境影响评价）审批、“落地”的前置性条件，从严控制新（扩）建高耗能、高排放项目，鼓励低能耗、低污染产业发展，做到增产不增污。同时通过淘汰落后产能、优化产业结构等方式，为淮南市经济社会发展腾出足够的环境容量。

二是抓好工程减排。工程减排是减排工作的重中之重，减排工程既关系到治标，又关系到治本，必须下大气力抓紧抓好，重点抓实COD、氨氮、二氧化硫和氮氧化物等主要污染物的重点减排工程。结合“十二五”淮南市主要污染物减排目标，淮南市需要重点建设的减排工程包括：30万kW及以上燃煤机组脱硝工程，市经济开发区污水管网、西部污水管网、凤台污水处理厂等城镇污水处理厂管网拓展工程，毛集等城镇污水处理厂等。

三是抓好管理减排。管理减排是减排工作的重要保障，通过明确减排责任、加强环境执法等环境管理手段，来实现主要污染物总量控制的目标。要进一步强化责任，政府主导、部门协调配合，共同开展减排工作。环保部门还要采取黄牌警告、约谈主要负责人、挂牌督办、区域限批等措施，强化环境执法功能，促使减排目标实现。

3．统筹城乡环保

把环保工作的长远目标和近期任务统筹起来，城市和农村的环保工作统筹起来，各方面的力量统筹起来，建立完善农村环境综合整治目标责任制，落实责任，强化措施，推动工作有序开展。加强县区队伍和能力建设，在省、市级生态乡镇推行环保协管员的基础上全面铺开，建立和完善农村环境执法和监测体系，建立与村民自治相适应的农村自我管理体系，形成覆盖全市农村的环境管理组织体系。同时，以安徽省环保厅与淮南市政府签署的《共同推进城乡环保一体化合作框架协议》为契机，推进城乡环境共同发展。全面推广"后湖"等生态模式，做好全省"百镇千村万户"生态创建工程和"清洁乡村，美化家园"示范工程，重点推进农村环保"两减"（化肥施用减量化、农药施用减量化）、"三治"（农村环境连片整治、农村村镇生活污水治理和规模化畜禽养殖污染防治）等示范工程建设，形成以"清洁家园、清洁水源、清洁田园、清洁能源"为主要内容的农村环境保护系统工程。加强农村面源污染治理，促进农村环境综合整治。同时抓好村镇生态式生活污水处理工程和规模化养殖业污染治理工程建设运行。

三、打造绿色能源城，实现资源与环境可持续统筹发展

资源与环境之间是相辅相成的共同体，对资源进行合理开发利用可以减少对环境破坏的风险，对生态环境的保护和恢复也能够促进资源的可持续发展，这就要求我们以打造绿色能源城和生态文明城为目标，引入清洁生产、生态补偿和循环经济来实现两者的互动发展。实现煤炭产品每一过程的清洁生产，防止煤炭资源开发利用时可能出现的环境污染和生态破坏问题；利用生态补偿方式，对煤炭资源开发利用时已造成的环境污染和生态破坏问题进行合理的修复和还原；大力发展循环经济，从而实现资源与环境相互协调、相互促进的统筹发展模式，最终实现淮南市经济社会的可持续发展。

1．加强清洁生产，预防环境污染

清洁生产是指在工艺、产品、服务中持续地应用整合且预防的环境策略，以增加生态效益和减少对于人类和环境的危害和风险[①]。主要包括生产过程的清洁生产和产品的清洁生产两个方面，前者强调生产产品时综合利用资源和原材料，减少污染物排放，后者强调在产品生命周期内有效降低产品对环境的影响。淮南市是以煤炭为主的资源型城市，煤炭开采、加工和使用时会产生大量的污染物，严重影响淮南市的生态环境质量。因此在煤炭开采、加工和利用过程中推进清洁生产技术、加强污染防治力度，成为淮南市煤炭资源和环境可持续发展的有力保证。

2．加强生态补偿，修复生态环境

淮南市作为典型的矿业城市，资源开发利用所遗留的环境问题主要为矿山开采破坏和采煤沉陷区等问题。要通过生态补偿方式逐步实现生态环境的还原恢复。对于矿山开采出现的生态破坏问题，可以通过矿山土地复垦方式进行修复，如对矿山破坏土地采取顺序回填、覆土平整、植被重建等方式，实现矿山废弃地的复垦和矿山生态环境的恢复。对于采煤沉陷区可以"因地制宜"采取多种治理模式，如将煤矸石等废弃物填充沉陷区，实现废

---

① 联合国环境规划署，1997年。

弃物的综合利用和沉陷区的生态恢复；恢复沉陷区植被，保持沉陷区自然风光，形成城市自然生态区和湿地公园；把采煤沉陷区综合治理与现代农业相结合，用塌陷区荒废的水面和滩涂地发展种植和水产养殖业，形成集农业、生态、旅游为一体的生态园区。

3．加强低碳引领，发展循环经济

通过完善循环经济法规政策、加快循环经济规划编制、生态化改造工业园区、构筑以煤炭资源为核心的大产业链、加快农业资源综合利用、推广中水回用、加快发展环保产业等方式实现淮南市低碳经济和循环经济的发展。

一是进一步完善循环经济的法规政策。国家《循环经济促进法》已于2009年1月1日起实施。在这部法律中，规定了对循环经济项目给予的财政、税收、价格等方面的扶持和激励政策，我们要用足用活这些政策，加快淮南市循环经济发展。要充分利用地方立法权，制定地方法规，规范和鼓励循环经济发展。

二是加快编制淮南市发展循环经济规划。规划作为宏观调控的重要手段，具有很强的指导性和规范性。制定一部全市循环经济发展规划，引导产业发展和工业布局，是十分紧迫的工作。同时，要积极争取进入国家级循环经济试点城市，以争取更多的支持。

三是对工业园区进行生态化改造，促进企业间共生耦合。按照循环经济理念，在招商引资中，力促和扶持有利于形成上、中、下游物质和能量逐级传递的共生关系的企业和项目上马，统一筹划，向工业园区集中。鼓励现有企业打破壁垒，加强联系和沟通，相互开发利用对方废弃物为资源。目前淮南市经济技术开发区内的电力、化工、制药、机械等企业是具有这方面潜能的。

四是构筑以煤炭资源为核心的大产业链。原煤生产和煤炭洗选、配煤坚持以高产、高效、安全、集约化为主要发展方向。通过采用选煤技术、配煤技术、型煤技术及水煤浆技术，对原煤进行适当提质处理，提高煤炭附加值，使煤炭资源得到充分利用，仅此一项，即可减少煤炭对环境污染总量的20%。

加强沉陷区的综合整治。大力推广“后湖模式”，积极探索采煤沉陷区治理新道路。对于深度小于3 m的沉陷区进行复土还田、人工植被；3～10 m的沉陷区改造后开发养殖业；大于10 m的沉陷区作为湿地或湖泊予以保留。初步预测，可使40%的沉陷区复耕，同时可增加淮河沿岸的湿地及水域面积，改善生态状况。

五是加快农业资源综合利用。农村发展循环经济主要是开发生态型农业。目前农业面源污染是淮河水体氨氮污染的主要来源，要大力推广农业新技术，减少化肥、农药的使用量。引导发展生态种植业与生态养殖业，在凤台县、毛集实验区、潘集区建设大型绿色食品生产基地，每区至少建设一所生态示范综合养殖场，建设公司加农户的绿色食品深加工产业园，提高农产品附加值。大力推行沼气和秸秆综合利用工程，改变农业区的燃料结构，减少秸秆焚烧带来的大气污染和土质的破坏。

六是加快发展环保产业和战略性新兴产业。环保产业是一项朝阳产业，发展前景广阔。“十一五”以来，我市每年环保投入平均达2.5亿元，加快发展环保产业不仅能为淮南市带来新的经济增长点，也将有力促进淮南市循环经济发展，促进环境保护事业。要结合现有产业基础及未来产业发展导向，重点培育和发展装备制造、新能源、新能源汽车、电子信息、公共安全、新材料、节能环保、生物等八大战略性新兴产业，为淮南的转型发展、跨越发展奠定坚实的基础。

充分利用创模之力　全面推进环保工作

福建省福州市环境保护局　任义文

福州市从2002年开始创建国家环保模范城市，2004年9月获得“国家环保模范城市”荣誉称号。为巩固和提升“国家环保模范城市”创建成果，2005年即开始实施“国家环保模范城市”持续改进计划，2008年、2011年分别通过福建省环保厅按照《国家环境保护模范城市考核指标及其实施细则（第六阶段）》组织的省级复核预评估，2012年6月19日通过了环保部组织的现场复核。10年的创模历程，使我们对环保部门如何充分利用创模这一平台，突出环保部门的综合协调职能，借各方之力推动城市环境保护和污染防控工作，解决影响群众健康的突出环境问题，提升环保部门的队伍和能力建设等方面有了更深的理解和体会。

一、强化领导，建立高效创模机制

领导重视是加强环境保护和推进创模复检的关键。市委、市政府历来高度重视环保模范城市的创建和巩固提升工作，特别是2010年，我局提请市委、市政府参照创建文明城市领导小组的规格，成立市创模复查迎检工作领导小组的建议，得到市委、市政府领导的肯定，调整充实了由省委常委、市委书记为组长，市长为第一副组长，各区党委书记及市直有关部门主要领导组成的市创模复核迎检工作领导小组，下设三个工作小组，由三位副市长分别主抓宣传、城市基础设施建设、污染整治及复核迎检协调等重点工作。市委、市政府多次召开市委常委会议和市政府常务会议，专题研究部署环保模范城市持续改进提升工作。

各部门齐抓共管，全力推动各项工作的落实。抽调环保局、建委、经委、市容管理局、统计局、水利局等部门相关人员在市政府集中办公，专门负责全市复核迎检的组织协调工作。市迎检工作领导小组办公室实行例会制度，定期召开例会，及时研究解决迎检过程中发现的问题，2011年至今就召开了30多场次专题会议和例会推进迎检工作。进入复核迎检的冲刺阶段以来，市政府分管领导实行一周一例会、一周一督察，对存在的问题逐一进行解决。市监察局、市效能办、市政府督察室与市环保局等市直相关部门联合对环保重点工作多次开展督察，对督察发现的问题进行通报并要求限期整改，对整改不力的重点任务市长亲自督办，有效地促进了重点、难点问题的整改。高规格的领导小组和健全的长效管理机制为创模提供了强有力的组织保障。

二、持续整治，提升城市环境质量

福州市认真学习领会国家《环境保护模范城市考核指标及其实施细则（第六阶段）》，结合福州实际，针对薄弱环节，制定改进提升实施方案并分解落实，一些重点工作富有特色和成效。

1．完善环保基础设施建设

大力推进污水处理、垃圾处理等环境基础设施建设，市区已有7座城市污水集中处理厂投入运营，设计处理能力达64.5万t，生活污水处理率达到了创模复核要求；污水处理厂污泥采用深度脱水处理和资源化处置，实现了市区污水处理厂污泥按规范无害化处置。市区先后建成运行红庙岭生活垃圾一期卫生填埋场及扩容工程、建成红庙岭垃圾焚烧发电厂，市区垃圾处理方式向焚烧处理为主转变。积极打造垃圾处理生态工业园区，建设了填埋气体发电厂、飞灰无害化处理厂、灰渣制砖厂，2011年投入1.57亿元实施红庙岭垃圾填埋场渗滤液处理厂改扩建工程，确保实现渗滤液处理达标排放，实现了垃圾无害化、减量化、资源化的目标。

2．确保饮用水源安全

在积极实施闽江、敖江、龙江等重点流域整治的同时，将让群众喝上干净的水作为重中之重的工作。福州市区7个集中式饮用水源地主要分布在闽江、敖江，闽江饮用水源多分布在市区及交通道路沿线，敖江以农业面源为主。由于历史原因，周边人为活动频繁，保护难度较大。市委、市政府高度重视饮用水源保护工作，连续多年将饮用水源保护列入为民办实事项目，市人大常委会出台了《关于加强饮用水源保护工作的决定》，市政府制定实施《福州市饮用水源保护规划》、《福州市城市饮用水安全应急预案》，饮用水源保护工作从整治拆除排污口向水源保护区全封闭管理拓展，一级水源保护区已实现全封闭管理，投入大量资金搬迁拆迁水源保护区内的居民住宅，关停拆除与供水无关的项目。严格落实水源地巡查制度，排查清除饮用水源地安全隐患，保障全市饮用水源安全。对部分紧靠水源保护区的交通道路按照高速公路的标准建设防撞墙，在水源保护区实行危险化学品运输车辆禁行制度。为改善内河水环境，彻底解决内河对水源水质的影响，2011年全面启动了75条内河的整治工作，已投入30多亿元，采取截污、清淤、拆违、补水、绿化美化等措施，有效改善市区内河水质。将备用水源与在用水源同等管理，针对备用水源未达到占原取水量的30%以上的创模复核要求，及时提请市政府加快建设进度，完善备用水源，使备用水源建设和管理达到要求。

3．强力推进清洁生产工作

努力推动经济发展方式转变，从源头上保护好环境。2005—2011年，省经贸委、环保厅下达要求开展清洁生产审核的223家企业均已开展清洁生产审核工作，其中36家企业因停产、关闭、搬迁等原因予以调整，另外187家企业已全部编制完成清洁生产审核报告书并提交评估申请，5家因企业季节性停产以及搬迁等原因无法开展评估工作，182家已开展评估的企业，通过评估的161家，未通过评估的21家，通过验收的37家。2012年又继续开展99家企业的清洁审核工作，计划6月全面提交审核报告。同时，正在对列入环境统计名单的21个行业的所有企业进行筛选，计划近期下达实施。选聘了市环科院为清洁生产审核评估机构，集中力量开展评估工作，并及时下拨 150 万元专款作为强制性清洁生产审核评估经费。通过实施清洁生产审核，关停淘汰了一批污染严重、生产工艺落后的企业，倒逼造纸、印染、医药、化工等重点行业提升产业技术水平，促进了节能减排目标的实现。

三、乘势而上，着力提高环保能力

以巩固和深化国家环保模范城市工作为抓手，加强环境监测能力和执法监察能力建设，全面提升人员素质，构建起机构健全、体系完备、业务能力强的环境保护队伍。在新一轮机构改革中，环保机构在职能、机构、人员三个方面都得到了前所未有的加强。市环保局行政编制从 25 名增加至 37 名，事业编制从 187 名增加到了 293 名，同时为加强环境应急能力建设，2011 年 5 月成立了福州市环境应急与事故调查中心，将全市突发环境事件应急工作纳入统一管理。全市环保队伍人员编制从 2006 年底的 632 名增加到目前的 884 名，增幅达到 39.9%，每万名人口中环保队伍人员编制达到 1.36 人。市级及县（市）区环境监察机构已全部通过标准化建设验收，市级及部分县（市）区环境监测机构已通过标准化建设验收，环境监管能力得到全面加强。

"创模"使环境保护成为市委、市政府的工作重点，为环境保护进入宏观决策层面提供了重要契机，提高了环保部门在政府中的地位，环境质量不断得到改善，环保投入得到大幅提升，环保队伍的监管水平和能力建设得到加强。我们将按照环保部的最新要求持续提升改进"国家环保模范城市"工作成果。

四、"创模"工作的一些体会与建议

《国家环境保护模范城市考核指标及其实施细则》经过两次修订，对环保模范城市的考核要求也越来越高，越来越严格。现行的《国家环境保护模范城市考核指标及其实施细则（第六阶段）》共有 26 项指标，虽然已对考核要求进行了规定，但一些细节与指标的考核方式不够明确，使创模城市只能摸着石头过河，对具体该怎么做，做到什么程度并不清楚。

1．考核指标的要求和范围不明确

由于《细则》中多个指标考核要求与范围不明确，创模城市在实际操作时难以把握，没有方向。仅指标 15"重点工业企业污染物排放稳定达标"来说，就没有明确重点工业企业认定的依据与划定范围。建议今后应对 26 项指标的考核要求与范围进行明确说明，并正式下达。

2．考核要求提高后过渡衔接时间不足

不同阶段的《细则》应留有过渡衔接的时间段，不要过于频繁密集地变动。《细则（第六阶段）》是 2011 年 1 月 18 日颁布的，而按照要求原环保模范城市应在 2011 年 12 月 31 日前通过省级预评估提交复核申请。《细则（第六阶段）》要求全市域 5 个重金属污染防治重点行业、7 个产能过剩行业和其他重点行业的全部重点企业都要有提出申请前完成清洁生产审核。为了赶上提交复核申请的时间，大多数城市都得在 1 年时间内完成数百家企业

的清洁生产审核。在时间过紧及有资质的单位不足的情况下，清洁生产审核的报告质量与实际效果可想而知。各地通过政府强制企业花钱买到一堆帮助不大的报告，引起了强烈的不满与反弹。考虑到工作的实效性，建议今后统筹实际情况，留出合理的时间段制订计划、分步骤分期分批实施。

3. 考核外延不断随意扩大

创模考核应以最新颁布的《国家环境保护模范城市考核指标及其实施细则（第六阶段）》为依据。然而，实际考核时却不断扩大考核外延，提出了超出指标细则范围的要求。例如指标5“规模以上单位工业增加值能耗”，细则要求“近三年逐年降低，或小于全国平均水平”。但在现场复核时，又增加了要求按照《产业结构调整指标目标》要求，关、停、淘汰的高耗能企业未100%完成的都要扣分。对于一项全国性的考核，这样的操作方法并不够严谨。建议如果提出了新的要求应该进行修订或补充说明，下达正式文件通知创模城市。

4. 涉及其他部门考核指标与其部门要求的不一致性

在创模过程中，一些指标涉及建设、经贸、公安等部门，而我们对指标的要求与建设、经委、公安等部委对这些指标的要求并不相同，就会出现扯皮和抵触现象。而且一些考核要求于法无据，有时不同的专家所提的要求也是大相径庭，还会出现一些临时动议和变化（如生活污水处理厂的污泥处置问题，含水率要求达到50%等），作为牵头的环保部门也是感觉无所适从，为此付出了大量的时间和精力来说明解释、督促推进，却收效甚微，而外部门也对我们环保部门意见极大，认为我们越俎代庖，随心所欲。建议环保模范城市考核应着眼于环保自身工作，把大部分精力放在环保工作上，能够更好地管理和推动环保工作，取得成效。

5. 考核方式不明确

没有明确指出每一个指标软件档案应准备到什么程度，考核时具体将怎么扣分，达到什么程度可以通过。建议应有一套完整明确的验收要求，指标各创模城市规范创模工作，使创模城市对自身差距一目了然。

6. 对环保模范城市考核验收工作的建议

按照5年一复查的要求，2017年又将有几十个城市集中提交复核申请。今后将有更多的城市进入环保模范城市队伍。如果按照现行的复核验收方式（每个城市至少3天），环保部至少要用将近一年的时间才能完成所有城市的复核。因此，建议改变复核方式，按不同城市分级复核，一部分重点城市由环保部直接复核，其他城市可委托各个督察中心和省级环保部门进行复核，也可以结合日常工作检查，进行明察暗访来进行复核等。

紧密结合我市实际
努力开创环境保护工作新局面

山东省泰安市环境保护局　郭启胜

泰安市位于山东中部，北依山东省会济南，南邻孔子故里曲阜，东连瓷都淄博，西濒黄河与聊城相望。辖泰山区、岱岳区、新泰市、肥城市、宁阳县、东平县6个县市区，总面积7 762 km^2，人口559.5万。泰安历史悠久，环境优美，举世瞩目的泰山坐落在城市境内，先后荣获国家历史文化名城、国家卫生城市、中国优秀旅游城市、国家园林城市、国家节水型城市、省级文明城市等荣誉称号。

一、泰安环保工作开展情况

泰安是全国113个环保重点城市之一，全境均为南水北调汇水区域，做好生态环境保护工作任务繁重、责任重大。近年来，泰安市高度重视环境保护，全市环保工作以"改善环境质量、确保环境安全、服务科学发展"为主线，以生态泰安建设为平台，以创建国家环保模范城为动力，以水和大气污染防治为重点，全力推动环境保护和生态泰安建设，较好地完成了污染物减排等工作任务，确保了辖区环境安全，为加快推进富民强市、建设幸福泰安进程奠定了坚实的生态环境基础。

1．领导高度重视，环保大格局有效建立

泰安坚持把环境保护作为加快转变经济发展方式、调整优化布局结构的重要着力点，把改善环境质量作为保障民生，增进市民福祉的重要手段。在最近召开的泰安市第十次党代会和两会上，提出了推进富民强市、建设幸福泰安的总体目标，指出加强生态泰安建设和改善环境质量，是实现这一总体目标的重要任务，并且对改善生态环境，提出了具体要求。全市成立了以市长挂帅、各部门主要领导为成员的环境保护委员会，负责重大环保工作的协调落实。市人大、市政协定期组织视察调研，督促环保工作开展。市委组织部、市人力资源和社会保障局与市环保局联合制订出台了《党政领导干部环保实绩考核实施办法》，把环保工作纳入领导干部考核的重要内容，形成分工明确、责任到位、齐心协力、群策群力的良好格局。

2．狠抓责任落实，总量减排成效卓著

"十一五"期间，全市各级各有关部门严格落实减排目标责任，扎实推进结构减排、工程减排、管理减排三大措施，实现了主要污染物排放的持续下降。通过制定各年度减排计划，层层签订减排目标责任书，对减排项目实行一月一调度、一月一通报，对工程进度缓慢的县市区，采取约谈政府领导、区域"限批"、会同监察等部门现场督察等方式，督

促加快减排步伐。“十一五”期间，全市累计投资8.66亿元，完成COD减排项目71个，SO_2减排项目51个，削减COD1.6万t，$SO_2$4.5万t，超额完成了省政府下达的二氧化硫削减13.22%、化学需氧量削减18.20%的目标任务，被省政府评为“‘十一五’主要污染物减排目标考核突出贡献单位”。特别是2011年以来，坚持早规划、早部署，在认真总结“十一五”减排工作的基础上，深入分析泰安市“十二五”减排形势，结合泰安市转方式、调结构工作要求，科学预测减排目标，认真谋划减排思路，编制了《泰安市“十二五”主要污染物总量控制规划》和分年度总量减排计划，积极探索减排管理新办法。坚持“先算、后审、再批”的程序，严格控制“新增”，2011年以来，全市审批项目448个，拒批污染项目15个，所有新上项目均实施了总量“以新带老”措施，即通过压缩旧项目总量置换新项目增量，同时进一步完善监督检查、减排倒逼机制和年度考核奖惩机制，确保减排工作顺利实施，2008年至2011年，泰安市已连续4年荣获全省“减排奖”。

3. 突出水气重点，环境质量明显改善

始终把改善生态环境质量作为环保工作的立足点，努力建设蓝天碧水青山绿色家园。水污染防治方面，市政府制定印发了《泰安市南水北调沿线治污工作实施方案》和《南四湖生态环境试点实施方案》，召开了水污染防治工作现场会，先后对方案涉及的各污水处理厂治污设施及配套管网进行了升级改造，督促23个水污染防治项目加快建设进度，对31家废水直排环境的企业进行了限期治理。认真落实超标即应急、断面水质月通报和生态补偿制度，密切关注水质变化，对全市河流断面水质及城镇污水处理厂达标情况进行了考核，首次兑现生态补偿资金700万元。根据省厅通报的数据，泰安市王台大桥、侯店断面COD、氨氮均值分别为12.6 mg/L、0.40 mg/L和21.0 mg/L、0.86 mg/L，改善幅度位居全省第四。大气环境方面，加强了对火电、钢铁企业烟气脱硫工程运行情况的监督检查，督促完成了火电厂旁路烟道铅封工作，杜绝了锅炉废气偷排偷放。加快了机动车尾气检测线和信息管理系统建设，全市已建成泰安富达等6家机动车环保检测机构（市直2家，新泰、肥城、宁阳、东平各1家），检测能力达每年30万辆，现已检测发放环保合格标志6万余张。大力推进空气质量自动监测系统建设，投入近200万元在泰城7处空气自动监测站新增$PM_{2.5}$监测能力，目前已投入运行，新泰、肥城大气自动监测设施也在建设中，届时，全市空气质量自动监测网络将进一步完善。根据省厅公布的监测数据，泰安市城区空气三项主要污染物PM_{10}、SO_2和NO_2同比连年下降，二级以上天数逐年递增，空气质量位居全省前列。

4. 强化监督预防，环境安全有效保障

坚持污染事故无小事，绷紧环境安全这根弦，努力把好监管、预防和应急三道闸门。一是不断提升环境监管水平。投资4 000余万元的泰安市环境监控中心已于6月份投入使用，全市重点排污企业、污水处理厂、主要河流断面、城市环境空气、饮用水源地、机动车环保监测六大在线监控网络全部建成，实现了省、市、县三级监控平台联网。严格执行等级预警、“黑名单”、挂牌督办、上下联动、建立整改台账等制度，坚持人工监测与在线监控相结合、日常监管与专项行动相结合、全面检查与突击检查相结合，严厉查处环境违法行为，对群众反映的热点、难点问题实行挂牌督办，全市重点污染源排放达标率保持98%以上。二是着力构建环境安全防控体系。认真落实风险评估、隐患排查、事故预警和应急处置四项工作机制，强化已建项目环境风险管理，全市环保系统统一开展了环境安全百日大检查活动，加大了对石油、化工、涉重金属等有毒物质排放的环境风险源单位的排查力度，并对辖区的跨市出境断面、跨区出境断面、风险源聚集区下游河流断面、污水处理厂进水口、风险源单位车间排口和总排口加密监测频次，实行预警监测，及时发现和处置环境安全隐患。三是扎实做好环境应急日常管理。制定了《泰安市“十二五”危险废物规范化管理督察考核工作方案》，对全市的 51 家危险废物产生单位及经营单位进行了规范化验收考核，督促不达标企业限期整改。开展了核技术利用辐射安全综合检查专项行动，对辖区内 203 家核技术利用单位进行了全面排查，消除了安全隐患。四是强化应急演练。先后组织了水源地污染、危化品泄漏、放射源丢失等相关科目的模拟演练，开展了环保系统监测技术大比武，有效提高了应急处置能力。

5．坚持全民参与，环保创模进展顺利

泰安市创建国家环保模范城最早发起于 2005 年 8 月，2011 年 4 月重启创模工作，并列入市委、市政府的重点工程。为早日获得这一荣誉称号，市政府广泛发动，明确分工，落实责任，有效建立了各部门齐抓共管，市民积极参与，举全市之力抓环保创模的工作大格局。一是坚持“抓协调”。市政府与各部门层层签订了“创模”工作责任书，先后召开各类会议 8 次，印发文件 59 个，编发简报 20 余期，建立了一系列考核奖惩制度，定期调度、通报工作情况，加快创模进度，做到了齐抓共管。二是坚持“抓落实”。2011 年以来，共完成投资额 7.66 亿元，实施创模项目 20 个，指导 160 余家企业完成了清洁生产审核，全市初步建立了“点线面”相结合循环经济体系。三是坚持“抓提升”。根据省环保厅预评估意见和当前“创模”存在的问题弱项，围绕中水回用、污泥处置、医废处理、新老垃圾处理场的整治、河道整治等制约泰安市创模工作的突出问题，认真做好整改，并新增大型宣传板 11 块，建立完善创模档案 2 000 余盒、9 000 余卷。四是坚持“抓特色”。大胆创新，培育典型，积极探索总结在农村环保、生态建设、环境管理等方面的经验，形成多项独具泰安特色的创模思路，受到专家领导的肯定。目前，创模工作已顺利通过了省环保厅组织的预评估，即将迎接环保部技术评估和审核验收。

6．统筹城乡环保，生态建设稳步推进

在通过创模提升城市环境质量的同时，高度重视并下大力气解决好农村环保问题。坚持以点扩面，开展农村环境连片整治。按照“抓点、带线、促面”的原则，指导督促泰山区、宁阳县深入开展农村环境连片整治示范试点。其中，泰山区 2011 年 10 个示范项目累计完成投资额 1 250 万元，宁阳县 5 个示范项目累计完成投资额 1 197.8 万元。2012 年 5 月，环保部周建副部长一行对泰安市农村环境连片整治工作进行了督导检查，给予很高评价。倡导生态文明，积极推进生态乡镇（村、社区）创建工作。组织召开了全市生态村建设工作现场会，制定并出台了《泰安市市级生态村创建标准》及《生态村创建标准实施办法》，对我市生态系列创建标准和管理作了进一步完善。上半年，全市筛选出 1 个乡镇创建国家级生态乡镇，1 个村申报创建国家级生态村，并着手开展全市首批市级生态村的评选，标志着生态村创建工作已全面启动。加强区域保护，构建生态屏障。积极开展自然保护区、生态示范区、风景名胜区、森林公园“三区一园”建设，共建成各类自然保护区 6 个，总面积 168 247 hm^2，占国土面积的 21.68%以上。大力开展植树绿化和人工湿地建设，目前全市森林覆盖率达到 37.8%，高出全省 14 个百分点。建成了稻屯洼、东平湖出入口三大人工湿地，并计划在“十二五”期间投资 6.4 亿元，建设天泽湖等 11 处人工湿地，不断提高环境自我修复能力，努力构建起一道坚固的生态屏障。

二、存在的问题

尽管泰安市在环境保护方面做了大量工作，取得了积极的进展，但与各级领导的要求，离市民的期望，同先进地市工作相比，还存在一定的差距，全市环境保护压力仍然巨大。主要表现在以下几个方面。

1．环保执法监管仍存在薄弱环节

一方面，全市企业面广量大，监管任务十分繁重，而执法力量有限，监管频次和力度相对不够。另一方面，随着排放标准日趋严格，企业治污成本相对增加，"违法成本低、守法成本高"，个别单位心存侥幸，停运治污设施、私设暗管偷排偷放、异地倾倒有毒有害废物等环境违法行为时有发生。

2．污染物减排工作压力巨大

从"控新增"上看，泰安经济发展处在全省中等水平，位次求突破，经济保增长，均会对项目筛选以及总量控制带来很大的压力。从"减存量"上看，自国家开展污染物总量减排工作以来，有资金、有潜力的减排项目基本已经完成，列入"十二五"减排计划的项目数量多、个头小，很多减排项目资金困难，减排工作难度加大，后劲不足。另外，新增的两项减排指标（氨氮、氮氧化物）投入大、见效慢、技术要求高，必将成为今后减排工作的一道难题。

3．生态环境质量仍有较大改善空间

水环境方面，大汶河上游支流水质尚未稳定达到功能区要求，东平湖总氮、总磷仍存在超标现象，市内个别河段仍有污水直排。如不采取进一步措施治理污染，必然会对城市景观和南水北调造成不利影响。大气环境方面，机动车保有量持续高速增长、尾气排放逐年加剧，随着公众环保意识的增强以及 $PM_{2.5}$ 等大气监测标准的实施，空气质量改善工作任重道远。

4．农村环境问题相对突出

相对城市环保工作和企业点源治理而言，泰安市农村环保工作和面源治理仍是一块短板，农村基础设施落后、脏乱差的状况还普遍存在。主要原因在于长期以来，各级工作重点和各项环保资金、优惠政策均不同程度地向城市和企业作了倾斜，农村环保工作欠账较大。

5．跨行政区域污染问题凸显

随着各地工农业活动的增多，地处下游的泰安承载上游的污染与日俱增，特别对水源地造成一定威胁。另外，随着南水北调工作的深入，对出境水质的控制也日趋严格。

6．现有人员力量捉襟见肘

随着科学发展理念的深入人心，环保部门工作量成倍增长，但内设机构、人员编制仍维持在20世纪80年代的水平，处于"小马拉大车"的状况。比如泰安市局机关行政编制只有24人，设6个科室，多则2人，少则1人，一个科室对口省局若干处室，工作疲于应付。按照环境保护部制定的规范化建设标准，环境监察、监测、信息化建设、宣传教育、环境应急等方面，都远远达不到环保部的标准化要求。在城市集中式饮用水监测、污染事

故应急监测、生态监测等方面，仪器配置几近空白。特别是县级环保部门更是不容乐观。由于人员少，任务重，执法条件和能力落后，远不能适应形势任务的需要。

三、今后的工作思路

我们将积极学习兄弟城市先进经验，创新思路，进一步振奋精神，善于攻坚，敢于破难，确保完成创模和减排任务，不断改善环境质量，确保辖区环境安全，全力打造生态泰安。主要采取以下措施。

1. 积极借助创模平台和大格局力量推动环保

通过开展建国家环保模范城市工作，形成领导重视，市民期望，环保牵头、部门协作，全民参与的环保工作大格局，以此推进各项工作扎实有效开展。

2. 精心实施调结构转方式实现全市发展转型

按照泰安市制订的《关于加快发展经济方式转变的实施意见》，大力发展太阳能、风能、生物质能、抽水蓄能电站等新能源产业以及低碳高效循环工业。积极发展绿色农业，不断减少农药、化肥用量，提升农业附加值。积极发展高端商务、生态旅游和现代物流，不断优化产业结构。

3. 大力实施数字环保工程依靠科技进步推进环保

发挥科学技术在监督管理中的保障作用，建好全市统一的环境监管及应急平台，积极利用自动在线监测、卫星遥感定位等技术，为环保执法监管提供有效服务，增强工作的时效性。

4. 进一步发展壮大环保产业解决环保资金及技术难题

多方引进人才，大力开展治污技术攻关，扶持治污企业发展壮大，提高治污水平，降低治污成本。拓宽环保投融资渠道，努力探索出一条政府引导、企业为主、市场运作的良性发展道路，筑牢环保工作基础。

卫辉市环境保护现状与防治对策及建议

河南省卫辉市环境保护局　宋建杰

一、卫辉市概况

卫辉市位于河南省北部，距省会郑州80 km，是新乡市最近的卫星城。现辖13个乡镇，342个行政村、15个居委会，总人口49万；全市区域面积868 km^2，其中山区、丘陵、平原面积分别为258 km^2、158 km^2、452 km^2。

卫辉自然资源及能源丰富，已探明水泥灰岩储量5.3亿t、煤储量2.7亿t、白云岩储量1亿t。有四条大中型河流和四座中小型水库，全市水面面积5 900亩，其中市区古老的护城河、人工湖水面面积近1 000亩，居豫北之首，素有“豫北水城”之美誉。

卫辉工业经济基础和发展势头良好，初步形成了“食品与饮料、化学原料及化学制品、非金属矿物制品制造、印刷与造纸”四大支柱产业和“交通运输与仓储邮政、建筑业与房地产业、纺织业、机械设备制造业”四大战略产业。

卫辉农业和农村经济平稳较快发展，是全国粮食生产先进县、全国小麦商品粮基地、国家级生猪调出大县（市）、省十大无公害畜产品示范基地、省畜牧强县（市）、中原地区最大的禽蛋生产基地和林果蔬菜基地、省林业生态县。

二、卫辉市的环境工作发展情况

卫辉市是一个典型的资源型城市，以水泥、化工、矿石、造纸类行业居多，从20世纪80年代至今，卫辉市的环保工作走过了一条曲折的道路，从先前的山清水秀到污染严重，再到目前的逐步好转。特别是近年来，随着国家对环境保护工作的日益重视和对环保工作要求的明显提高，环境保护工作也日益成为各级政府和广大群众关注的焦点，卫辉市的环保工作由此进入了一个新的发展时期。

一是产业结构调整取得新突破。坚决执行国家产业政策和环境保护政策，重点加强造纸、化工、水泥、矿石等行业企业的清理整顿，促进了生产工艺、装备和产品的升级换代；近5年来，关闭整合小型采碎石企业160多家，淘汰小造纸、小印染、小水泥企业10多家，水泥立窑生产线9条。2011年至今，关闭搬迁了凤凰山森林公园、南水北调饮水工程中线可视范围内的18家大型采碎石企业，每年减少工业粉尘排放量1 800 t，有效改善了局部区域的空气污染问题。

二是环保设施建设取得新改善。针对环境基础设施建设相对滞后的现状，坚持高起点制订治污设施建设规划，多元化筹措资金。近5年来，累计投入2亿多元，陆续建成了一批对改善环境基础设施起关键作用的重大项目：建成了日处理 5 万 t 的城市污水处理厂、日处理 210 t 城市生活垃圾处理厂和 2 个空气自动监测站；2011 年至今，新建了 9 个农村环境连片综合整治项目工程和唐庄镇污水处理厂项目工程。通过环保工艺的改进和对环保设施的更新换代，工业污染物的治理取得了明显效果。

三是生态环境保护取得新进展。近年来，卫辉市新创建省级生态村 12 个，市级生态村 13 个。规划建设了 9 个农村新型住宅社区污水处理园示范工程，农村饮用水源地环境明显改善。完成了 5 家规模化畜禽养殖场污染防治示范工程建设，畜禽粪便废弃物无害化处理率达到 60%以上。秸秆焚烧得到有效控制，秸秆综合利用率达到 95%以上，农业环境连片综合整治工作取得了良好效果。

四是环境污染防治取得新成效。通过连续多年的治理，在卫辉市工业生产总值年均不断增长的同时，实现了污染物排放量的逐年下降，全市空气质量良好以上天数明显增加。截至 2012 年上半年，卫辉市 3 条省控河流出境断面水质达标率为 90%以上，均在省控目标范围内。城区环境空气质量优良天数达标 94%，城市集中饮用水源地水质达标 100%。固体废物综合利用率 100%；危险废物、医疗废物和其他危险化学品安全处置率 100%。

三、卫辉市当前环保工作面临的困难和问题

1. 工业减排能力明显不足

近年来卫辉市在结构调整、落后产能淘汰、污水处理厂建设，工业源污染治理等方面做了大量的工作，圆满完成了减排任务。但由于历史欠账原因，卫辉市目前仍存在着工业结构不尽合理、经济增长方式仍显粗放、资源能源利用效率较低、产业结构调整还未完全到位、有些应该淘汰的落后生产能力还没有退出市场等问题。另外，2012 年卫辉市境内 3 个自动在线监测断面的浓度标准较 2011 年明显提高，化学需氧量从 60 mg/L 降到 40 mg/L，氨氮从 6 mg/L 降到 5 mg/L。考核因子由以前的 2 项增加到 21 项，更为严格的监测标准和尺度，对于缺少天然径流且容纳的几乎全部为工业废水和生活污水的卫辉市河流而言，各类监测指标的达标难度进一步加大，减排形势十分严峻。特别是 SO_2 减排问题尤为突出，一方面卫辉市没有燃煤电厂，而 SO_2 减排主要是靠电厂脱硫工程形成。另一方面卫辉市 10 t 以上的燃煤锅炉数量较少，从 2011 年开始，卫辉市已对 4 t 以上燃煤锅炉进行脱硫治理，但限于工程规模，形成的减排量较少，加之经济快速增长，带来的新增量较大，减排工程项目难以支撑。

2. 农业污染基数大，减排任务繁重

卫辉市农业源 COD 和氨氮排放量占全市总排放量的比重几乎过半，每年还要继续新增，作为农业减排“大头儿”的畜禽养殖方面，卫辉市绝大多数规模化畜禽养殖场没有配套治污工程，对完成农业污染减排任务影响重大。要完成“十二五”削减农业污染物排放总量任务，有利因素是卫辉市新建了 9 个农村生活污水处理工程。但工程验收后，如何确保污水处理厂正常运行，需要结合实际探讨确定一个具体的思路和模式。

3. 环保执法权限有限，执法手段偏软

目前，环保部门的权利只是重在监管，没有强制执行的权利，发现企业违法排污，只能做到及时捕捉信息，一方面通过上报政府，让政府协调有关职能部门来执法；另一方面

通过致函违法企业，让企业自身先行整改。但是这样执法程序繁琐，且难以做到及时执法。

4．环境监管仪器装备不足，监管能力无法有效发挥

近年来，在上级环保部门的大力扶持下，卫辉市在环保仪器装备上大有改观，但仍与实际工作的要求不相适应，在装备上无论是项目、数量、档次还是效能上都需要进一步提高。污染源自动监控平台还需进一步健全和规范，监控覆盖面有待扩展，环保应急装备和快速反应能力需要进一步加强。

5．队伍建设滞后，人员素质不高

基层环保部门组建时间虽然不长，但由于把关不严，“门子兵”多，人员普遍偏多且素质低下。相当一部分工作人员不懂环保法律法规，不懂环保业务技能，既不想学也不愿干，只想白拿工资混日子，严重影响工作的正常开展，严重影响环保部门的社会形象，影响环保事业的拓展和提升。

6．企业排污费征收面临新的形势和困难

主要问题是部分企业在线监测后排污费征收额度出现较大提高，企业难以接受，交费的自觉性和主动性较差，少数企业出现拖交现象。

四、卫辉市环境保护突出问题的对策和建议

目前，在发展中保护，在保护中发展，实现“三化”协调科学发展已逐渐成为社会各界的共识，对卫辉市在发展中遇到的环境问题，我们坚持以科学发展观为指导，在积极争取党委、政府和上级环保部门大力支持的同时，认真做好以下几项工作：

1．继续抓好环评关，最大限度地从源头减少污染物的产生

突出做好总量预算管理，按照“有限总量保重点，一般项目靠挖潜”的原则，做好上大压小、以新代老、等量替换或减量替换等工作，做到增产减污；强化污染减排的倒逼机制，有效控制污染物总量；加大对政府领导的环境容量宣传，争得最大的理解和支持。

2．推进减排工程建设，确保减排项目发挥应有的减排能力

督促唐庄镇污水处理厂加快验收，形成新的减排能力；督促卫辉市污水处理厂一级A升级改造工程建设，力争9月中旬形成减排能力。

3．继续抓好环境综合治理项目建设，确保全市环境质量得到持续改善

一是继续对3条河流沿河所有排水企业实施严格监控，对不能稳定达标企业，坚决实行限产、停产治理，确保出境断面达标。二是继续开展燃煤锅炉、噪声等环境综合整治，严厉打击各类环境违法行为，改善环境质量。

4．全力推进农村环境保护

当前，卫辉市农村环保工作主要是抓好农村环境综合整治连片治理项目建设，保质保量完成9个农村污水处理厂验收任务。同时，建立健全相关配套的运行管理机制，使新建成的农村污水处理设施有人问、有人管，真正发挥防污治污作用。另一方面，要切实加强畜禽养殖业污染防治工作，加大综合整治力度，按照工作方案全面完成任务。

5．严肃查处环境违法行为，坚决打击违法排污

坚持对环境违法问题突出的企业和区域，继续实施挂牌督办、领导包场等措施，强化环境监督管理。加大对“十五小”企业监管，杜绝“死灰复燃”现象。加大对重点污染源

的监管力度，对恶意排污的企业，经济上实行“顶格处罚”，直到关停，同时追究有关人员的责任。

6．举全市之力，构建环保工作大格局

一是敞开环保执法监督渠道。邀请市人大、政协，有关企业和市电视台、《卫辉报》等新闻媒体，以及社会各界人士作为社会环境监督员，对基层环保执法人员的工作态度、执法行为、廉洁从政等情况进行监督。二是开展“我为环保献一计”活动，让环保理念走进千家万户，使环保工作得到更多群众的积极响应和广泛参与。三是开展“如何正确与媒体沟通”专题培训班，提高新形势下基层环保人员正确认识媒体、正确与媒体沟通的能力，争取媒体话语权，掌握舆论主动权。四是开辟“聚焦环保”电视专栏，加强对重要环保法律、政策的宣传，曝光环境违法企业，切实发挥电视新闻媒体的舆论监督作用，充分调动全市干部群众力量，形成全市干部群众的环保合力，强力打造“社会大环保”的浓厚氛围。

关于解决环保突出问题的几点建议：

（1）针对“环境监管仪器装备不足，监管能力无法有效发挥”问题，希望上级环保部门进一步加大对基层环保部门的支持力度。重点倾斜基层环保部门的能力建设，根据地域特点和企业特色，配齐配好必要的仪器装备，尽快解决缺项、缺量等问题。要加大污染源在线监控平台的建设力度，加大覆盖面，提高可信度。

（2）针对“环保执法权限有限，执法手段偏软”问题，希望上级部门今后在制定、修改环保法律时，赋予环保部门查封、冻结、扣押等必要的执行权力，使环保执法真正硬起来，不再依靠“口号”和“说服教育”来执法。

（3）针对“新形势下企业排污费征收难”问题，建议上级部门制定相关配套制约措施，加大监管督导力度，协助地方确保排污费按规定标准全额征收。

加强环保工作　推进“两城”建设

湖南省郴州市苏仙区环境保护局　王健堂

郴州地处湘粤赣三省接壤地带，具有突出的区位特征和重要的战略地位，中央、省委、省政府历来非常重视湘南地区和郴州市的发展。

当前和今后很长一段时间，郴州市将全面实施“一化、两城、三创、四大”的发展战略。“一化”即国际化，“两城”即湖南最开放城市、湘粤赣省际区域中心城市，“三创”即创建国家园林城市、国家卫生城市、全国文明城市，“四大”即交通大建设、产业大转型、城市大提质、作风大整顿四大活动。“两城”是新时期郴州作出的重大战略选择，具有重大的战略意义。“四大”是一个有机整体：交通是基础，产业是根本，城市是环境，作风是保障。

大发展是大机遇也是大挑战，世界各国各地区的经验表明大发展往往带来大污染。不断加强和完善生态建设与环境保护工作，是实现大发展不受大污染的重要保障和关键力量，同时也是核心任务之一。构建生态产业体系、自然资源与生态环境保护体系、生态人居体系、生态文化体系、能力保障体系这五大体系是推动产业生态转型、确保区域生态环境安全、推动新型城镇化、促进生态文明、确保生态建设和环境保护工作顺利进行的坚实基础和中心任务。

构建生态产业体系，把郴州建设成为“兴业”之城，是实现“经济大发展，产业大转型”的必然要求，是实现社会经济发展和生态环境保护“双赢”的核心支柱，是推进“四化两型”和“两城”建设的关键环节和重要基础。构建生态人居体系，把郴州建设成为“宜居”之城，是实现“城市大提质，交通大建设”的必然要求，是增强区域吸引力和民心凝聚力的核心动力，是推进“四化两型”和“两城”建设的必备条件和根本目的。

长期以来，郴州市环境保护局苏仙区分局在市环保局和苏仙区委、区政府的正确领导下，生态建设和环境保护各项工作取得显著成效，为推进“四化两型”和“两城”建设做出了应有的努力。当然，由于多方面原因，工作中也还存在许多的问题和困难。

一、生态环保工作的主要成绩

苏仙区坚持环境保护与经济发展并重的原则，抢抓先行先试和“两城”建设的有利机遇，以环保优先为方针，以污染源治理为重点，以生态创建为抓手，以改善全区环境质量为宗旨，全面开展环境污染综合整治，着力推进污染减排，各项工作取得阶段性成果。

1．加强领导，加大投入，落实工作有保障

（1）加强领导，全面落实环境保护工作职责。建立健全环境保护工作联席会议制度和环境保护目标管理制度，区政府与全区 19 个乡镇（街道）分别签订了环境保护目标管理

责任书，严格实行“一把手”负总责制和领导干部责任追究制。做到环保任务层层分解，落实到位，构筑起了横向到边、纵向到底的环保责任体系，形成了各负其责、部门联动、齐抓共管的工作格局。

（2）加大投入，全面夯实环境保护经济基础。苏仙区2011年完成生产总值179.1亿元，同比增长15%，财政总收入8.04亿元，增长30.94%，完成全社会固定资产投资114.7亿元，增长38.8%。

全区直接投入环保基础设施建设的资金达8.5亿元，占GDP比例近5%。其中企业环保设施改造资金5.1亿元，生活污水处理设施投入2.1亿元，生活垃圾处理设施投入0.8亿元，农村畜禽污染处理设施投入0.5亿元。

2．多管齐下，多方努力，综合整治工作全面开展

（1）突出重点，积极开展环境污染综合整治。以保障群众健康、维护群众环境权益为目标，持续深入开展环境污染综合整治。一是开展东、西河流域环境污染综合整治，坚决取缔关闭非法矿口、非法采选企业、非法冶炼企业和非法造纸企业。二是加强城区背街小巷管网建设，改善城镇污水质量。三是开展代号为“霹雳行动”的环境污染综合整治行动，关闭取缔了境内的非法选厂和洗沙场。四是对玛瑙山矿周边的非法洗锰行为开展集中整治行动。五是加强对挂牌督办企业和非法冶炼企业的整治力度。六是加大环境监察执法力度，有效地解决了一批涉及民生民本的环境问题，有力保障了群众环境权益。

（2）精心组织，大力开展环保专项行动。开展了整治违法排污企业保障群众健康、重金属污染隐患排查整治、危险废物环境污染专项整治等一系列环保专项行动，取得了明显成效。一是深入开展整治违法排污企业，保障群众健康环保专项行动。对全区排污企业进行环境监察监测，开展了城区环境整治、高考噪声控制等执法行动，有效保护了群众身体健康和正常生活秩序。二是加强对涉重金属污染企业的排查整治。三是积极开展取缔城区燃煤锅炉和窑炉专项行动。四是加强危险废物环境污染专项整治。

（3）强化措施，扎实推进农村环境连片综合整治。成立了苏仙区农村环境连片综合整治示范区项目办公室，由区政府主要领导亲自抓。2011年度农村环境连片综合整治项目涉及3个乡镇、覆盖6个村，完成总投资940万元。2012年申报了6个整乡整镇推进项目和5个问题村项目。

（4）把握机会，深入开展生态示范建设。以创建国家卫生城市、国家园林城市、全国文明城市、国家级低碳经济示范市、生态示范市为契机，紧紧抓住郴资桂“两型社会”示范带建设的重大机遇，突出建设白鹿洞镇、坳上镇、桥口镇和塘溪乡等乡镇。截至2012年6月30日，累计创建了10个生态乡镇、40个生态村、10个“绿色学校”和“绿色社区”，桥口镇成为全市唯一被列入全省“百城千镇万村”试点乡镇。并且以此为依托，组织开展了内容丰富、形成多样的法制宣传教育活动，进一步提高广大群众的环保意识，形成了全民关注环保、参与环保的大好局面。

3．狠抓源头，加强监管，环境质量明显改善

（1）狠抓源头，着力抓好主要污染物减排工程。2011年化学需氧量、氨氮、二氧化硫、氮氧化物、铅排放总量分别比2010年减少9.2%、9.2%、7%、43.15%和10%。为确保减排任务完成，科学制定了《苏仙区“十二五”污染物减排规划》和2011年度实施计划，将减排目标任务分解下达到具体的乡镇、部门和重点企业。

（2）加强监管，全面做好环境风险防范工作。落实排污费征收使用管理条例，依法加大征收力度。严格执行环境影响评价和环保“三同时”制度，坚持做到“六个不审批”和“三个限批”。加强污染源监督性监测和地表水常规监测，积极开展委托性监测工作，及时完成相关部门交办的各项应急监测任务。

加强环境执法检查，有效遏制了环境违法行为，保障了群众的环境权益，防止了多起群访事件发生，有效维护了社会和谐稳定。

（3）凸显成效，区域环境质量整体良好。空气环境质量明显改善，城区环境空气质量达到《环境空气质量标准》（GB 3095—1996）二级标准，空气质量优良天数达到365天，酸雨发生频率为0。水环境质量基本维持稳定，除了辖区出境断面水质个别指标间接性略有超标外，其余水域都能按《地表水环境质量标准》（GB 3838—2002）分区达标。饮用水安全稳定达标，饮用水源保护区水质达标率 100%。城区声环境质量能按照《声环境质量标准》（GB 3096—2008）分区达标。

二、生态环保工作存在的主要问题和困难

苏仙区由于特定的资源条件和产业结构，环境形势仍不容乐观，环保工作依然任重道远，具体表现在：

1. 结构性污染突出

一方面，苏仙区矿产资源丰富，采、选、冶企业数量多，生态破坏和水土流失现象一时难以根治，水资源日渐减少，水环境污染物有加剧势头，同时辖区内的非法小选矿、小冶炼、小造纸、小塑料加工等污染企业时有反弹。另一方面，随着经济社会的发展，城镇油烟、噪声和生活垃圾污染日益加剧。

2. 选矿企业整顿整合及搬迁工作难度大

随着经济社会发展，上级有关部门对污染企业的选址建厂要求越来越高，控制越来越严，导致选矿企业整顿整合及搬迁工作难度大，影响整合企业的正常生产和淘汰关闭企业的善后工作，留下污染隐患。

3. 主要污染物化学需氧量减排任务艰巨

受城区生活污水的影响，苏仙区全面完成主要污染物化学需氧量的减排目标仍然任重道远。

4. 执法装备落后，监察监测能力薄弱

虽然区委、区政府历来高度重视环保工作，并逐年加大环保投入，但苏仙区财力毕竟还十分有限，而上级专项资金也不够，导致经费投入不足，缺口较大，长期以来苏仙环保分局执法、监测设施滞后状况并未得到根本改善，监察监测仪器设备和交通工具短缺，难以适应新形势下的环境保护工作。

三、完善两大体系，推进“两城”建设

建设生态产业体系，把郴州建设成为“兴业”之城；建设生态人居体系，把郴州建设成为“宜居”之城。这是“两城”建设最重要的两大重要体系。

1. 构建生态产业体系，建设“兴业”之城

构建生态产业体系是实现“经济大发展，产业大转型”的必然要求，是实现社会经济发展和生态环境保护“双赢”的核心支柱，是推进“四化两型”和“两城”建设的关键环节和重要基础。

（1）本区域生态产业体系的基本特点。

一是大力推进新型工业化，建立生态工业体系。优先发展新兴产业，改造提升传统优势产业。从传统工业向现代工业转变、从低端工业向高端工业转变、从“两高一低”工业向绿色生态工业转变、从数量扩张型向质量效益型转变。形成了有色金属、电子信息、能源、化工、建材、加工制造等6大支柱产业，支柱产业对全区工业增长的贡献率达96.2%。苏仙区已成为全省第二大信息产业基地，产业集群发展态势明显。

二是深入推进农业现代化，建立生态农业体系。由传统种植业向种养加工相结合转变，由单一的生产型农业向休闲型、观光型、旅游型农业转变，由化学农业向生态农业、有机农业、绿色农业、无公害农业转变。形成了粮食、油茶、畜禽、水果、烤烟、蔬菜、水产、茶叶、林木等9大优势产业。建立了有机、绿色、无公害食品基地10个，生态农庄12个，农家乐和农业庄园299个。

三是全面发展现代服务业，建立生态第三产业体系。积极推动生产性服务业与先进制造业深度融合，全面提升生活性服务业，全面提升旅游服务能力和城市形象。依托湘南国际物流园和出口加工区保税物流中心，努力打造湘粤赣边界最大“无水港”、省际区域物流中心。构建“四山四水一温泉”生态旅游新格局，着力打造南国知名度假旅游目的地。

（2）生态产业体系建设中的环保工作经验。构建区域生态产业体系建设过程中，环保部门始终坚决执行“第一审批权”，严把项目准入关，当好了区域产业发展的“掌门人”。

一是明确方向不盲目。突出“两型”引领、“两源”驱动，加快发展方式转变、推进经济结构战略性调整，大力发展战略性新兴产业和现代服务业，加快承接产业转移和文化旅游产业建设步伐，建设好全国承接产业示范市、湘南承接产业转移示范区。凡是不符合生态产业发展规划、不满足环境保护要求的项目，不论投资有多么大，都一律不得进入。

二是严格要求不放松。狠抓行业节能降耗，加大淘汰落后产能；大力推行清洁生产，切实加强减排治污；推进资源综合利用，大力发展循环经济；严格管理，确保监察监测及时到位。解决当前经济系统与环境系统存在着的“具有增长型机制的经济系统对环境资源的需求以及污染物排放的无限性和具有稳定型机制的环境系统对环境资源的供给能力以及消纳污染物能力的有限性”的基本矛盾。

三是讲究科学不架空。在投入结构上，由要素驱动为主向要素和创新协同转变，从单一链条经济走向闭合循环经济，采用清洁生产实现企业的小循环；在产业结构上，由传统产业为主向传统产业与新兴产业协同发展转变，三次产业之间、企业之间、行业之间、部门之间进行横向耦合；在区域结构上，加强统筹协调，优化产业布局，从单个企业经济走向园区经济，实现区域内的生态资产正向积累、区域生态服务功能正常发挥。

2. 构建生态人居体系建设，建设“宜居”之城

构建生态人居体系是实现“城市大提质，交通大建设”的必然要求，是增强区域吸引力和民心凝聚力的核心动力，是推进“四化两型”和“两城”建设的必备条件和根本目的。

（1）本区域生态人居体系的基本特点。

一是空间结构科学布局。郴州位于珠三角城市群和长株潭城市群之间，受两大城市群双重引力作用，具备了城镇群隆起的条件。以中心城区为核心，以资（兴）郴（州）桂（阳）为东西发展轴，以永（兴）郴（州）宜（章）为南北发展轴，形成“大十字”城镇群格局，辐射整个市域范围。苏仙区作为城东新区，加速白水组团的市体育中心、市会展中心、苏仙区行政中心建设步伐，加快东河组团郴州有色金属产业园区发展，逐步形成郴州市政治、教育、交通次中心。

二是基础设施加速配套。加强以交通、能源、水利为重点的基础设施建设，全面提升现代化水平和支撑保障能力，把郴州建设成为珠三角、长株潭城市群之间的交通、能源和水利枢纽城市，融入“城市群一小时高铁经济圈”。苏仙区大力开展“城市提质攻坚”、“水利建设年”、“民生100工程”、“交通三年大会战”等工作。

三是生态网络全面对接。构建城市“绿肺”和“河湖互补”的城市水网，实现城镇化进程与生态建设协调发展，实现“林中之城、休闲之都”目标，将郴州建设成为湘粤赣省际区域城市绿化率最高、森林覆盖率最高的生态城市。

苏仙区开展“绿城攻坚”和以“两环、两沿”等为重点的“绿区攻坚”造林绿化工程，建设了白鹿洞小游园、王仙岭公园、西河带状公园等15个城区生态公园，并且将部分建设和维护工程任务适当地分配给企事业单位和周边社区。

四是生态创建深入开展。深入实施国家卫生城市、国家园林城市、全国文明城市、国家级低碳经济示范市、生态示范市等全市性的国家生态示范建设，广泛开展生态乡镇、生态村、“宜居城市、宜居城镇、宜居乡村”等系统性创建工作，扎实推进农村环境综合整治项目，创造性地推进“三年城乡绿化攻坚”行动。

五是中心城区深度提质。坚持“综合开发、配套建设、集约化经营”的发展思路，坚持扩容提质并重，继续抓好老城区提质改造，重点加快东城、西区、武广等新区综合开发，突出建设一批品质好、品位高、环境优越、节能省地的生态宜居工程。发挥武广高铁的巨大优势，吸引“珠三角”和长株潭高端客户来郴购房或居住。

六是公共服务日趋均等。社保体系不断完善，医疗卫生体制改革扎实到位，教育事业全面推进，计生工作继续保持良好态势，应急管理工作取得实效，安全生产形势平稳。社会和谐稳定，民众整体满意度在全省名列前茅。

（2）生态人居体系建设中的环保工作经验。构建区域生态人居体系建设过程中，环保部门始终坚持以人为本，严把环境质量关，当好了人民安居的“守护神”。

一是丰富内涵求全面。人居环境是人类聚居区域各要素的时空组合体，包括居室和人类活动场所内外的物理环境、生物环境、代谢环境、社会环境和文化环境等内容，体现人们生活质量、生理和心理健康状态。城乡一体化建设，要实现基础设施“融城”、产业“融城”、制度“融城”，实现城区“极核”效应和城乡“集群”效应的联动。

二是完善功能强保护。建构由“基质—斑块—廊道”组成的生态安全格局，提升人居环境生态服务功能。集约利用土地，以城市绿线形式明确禁止建设山地范围。严格保护风景名胜区内的一切景物和自然环境，保持和完善历史形成的城市空间和景观特色。依托生态示范创建和农村环境综合整治工程，加快完善城乡环保基础设施、治理环境污染，确保生态环境质量按功能分区达标。

三是明确标准讲节约。倡导各类新建建筑按照《建筑节能工程施工质量验收规范》

（GB 50411—2007）等节能省地的标准和技术设计、施工、运行。调整能源结构，鼓励和支持使用天然气、液化气、电等清洁能源，将沼气池建设、秸秆能源化综合利用、省柴节煤炉灶等农村能源技术与生态农业技术进行科学组装。

四、今后的打算与展望

继续加大环境宣教力度，加强环境管理，着力推进污染减排，进一步加大环境污染综合整治力度，全面开展环保专项行动，做好环境监测工作，进一步狠抓内部管理，促进执行能力建设。

我们相信，有了各级领导的关怀和指导、全体干部职工的不懈努力、社会各界的关心和支持，我们一定能顺利完成各项工作，为建设“开放郴州、数字郴州、森林郴州、幸福郴州”作出应有的贡献。

浅谈新形势下强化环境管理的对策建议

广东省汕头市环境保护局 蔡礼秋

随着工业的飞速发展，环境污染问题日益突出，如何强化环境管理，提升企业自身环境管理水平，是当前面临的迫切问题。近年来，我市各级环保部门虽然加大了环境执法力度，开展各项整治违法排污企业保障群众健康的专项活动，收到了一定效果，但从总体上看，环境管理仍存在许多薄弱环节。一是依法行政，严格执法的工作氛围还没有形成。二是建设项目环境管理的短期行为仍然存在，一些地方存在越权审批、乱审批的现象。三是执行环保法律法规尺度不一，管理混乱，对违规企业的处罚，达不到罚款规定幅度的下限，出现了违法成本低，守法成本高的现象。四是排污费的征收未能贯彻“依法、足额、全面”的方针，普遍存在“人情收费”、“议价收费”现象，排污收费严重滞后。按2011年全市的收费额8 427万元计，占全市工业产值的0.28‰，远低于全国平均水平。五是环境信访案件的调查处理方式缺乏科学性。六是违法案件的处罚程序繁琐，工作效率不高。

针对上述存在的问题，为强化汕头市的环境执法力度，建立环境执法的长效机制，构建政府监管、企业自律、公众参与的执法机制，本人结合多年的日常管理工作和实践，对新形势下如何强化环境管理提出以下几点对策建议。

一、整合四大手段，努力构建环保执法威慑体系

1. 加大行政处罚力度，大幅度提高企业违法成本

现有的排污收费标准偏低，远远低于对环境造成的实际损失，而且也低于企业治理污染的设施运转费用，严重制约着企业治理污染的积极性。有的企业宁愿认罚，也不采取措施防治污染，导致出现“缴排污费，买排污权”的现象。为改变环境守法成本高，违法成本低的局面，我们应该大幅度提高对违法企业的罚款额度，尽量以法律允许的最高处罚限额对违法企业进行处罚，严格按照环境收费标准，坚持足额征收排污费。对排污费的征收要实行核收分开，重点污染源排污费征收要实行集体讨论决定，防止一人说了算，提高收费的透明度和监督力度。通过高额罚款和依法全面足额征收排污费大幅度提高企业违法的经济成本，对企业环境违法恶化趋势起到一定的遏制作用。

2. 加大监督检查力度，严肃查处环境违法行为

一是吊销排污许可证，严厉打击偷排直排的违法行为。通过吊销排污许可证，企业因无法排污，不得不停止部分生产设施从而影响企业的经济效益。这一措施的实施，使遵守环保法律法规切实成为企业的“生死线”，在维护环保法规的严肃性方面发挥巨大作用。二是实现重点污染源企业在线监控全覆盖，并逐步推广到所有排污企业。通过构建污染源在线监控系统，全方位架构、强化数字环境管理模式，对污染源进行实时、准确在线监控，

实现对排污口、环保治理设施及部分生产工段的全方位监控，实现传统的监督管理方法与自动监控相结合，不断提高环境监督管理水平和工作效率。三是创新执法方式，通过开展日常巡查、驻厂监督、零点行动、假日突击等行动，对擅自停运污水处理设施、停运在线监测设施、超标排放的违法违规企业，采取挂牌督办、停产整治、企业限批、列入信贷黑名单、不出具环保证明等措施，构建环保执法威慑体系。

3．强化行政审批，从源头控制违法案件产生

联合规划、工商、质监、监察等部门，对所有建设项目实行项目联审，凡是不符合产业政策、发展规划、城市规划、环境标准以及清洁生产要求的项目，不得批准其环境影响评价文件，严格控制在饮用水源地等环境敏感地区建设重污染项目，并建立建设项目验收机制抓好项目验收。在建设项目环境管理方面，明确各部门职责、任务和责任，通过多部门联合执法，杜绝越权审批和乱审批行为的发生。牢固树立环保优先意识，狠抓项目环境准入关，防止项目未经环保审批擅自投产的违法行为，树立环保第一审批权。

4．公开曝光，增加企业违法的社会成本

坚决杜绝执法者在执法过程中的随意和人为因素，把企业排放的污染物的量和污染物对周围环境的影响定期或不定期地向社会公布，使企业在接受各级政府和监督机构监督管理的同时，接受公众的监督。同时，将部分严重违法案件的情节和拟采取的处罚措施在媒体上公开曝光，通过曝光调动相关各方的共同参与，对违法排污企业共同施加压力，提高企业环境违法的社会成本，从而取得良好的社会效果。

二、创新三项制度，全面加强和推动企业环保自律

1．全面推行环境管理报告制度

在落实“持证排污、无证取缔”原则的基础上，强化排污许可证年审制度，要求企业在年审时提交环境保护执行情况的报告，激发企业环境管理与保护工作的积极性、主动性。通过推行环境管理报告制度，能提高我们对企业排污的全过程控制与动态评估能力，强制和帮助那些因各种原因仍沿用已淘汰的轻效益重污染的工艺技术的企业进行技术改造，采用具有高效、节能、减耗的清洁生产工艺，以促进清洁生产的推广，改善资源利用条件，持续减少污染物排放。

2．开展环保诚信分类管理，建立排污企业诚信档案和黑名单制度

根据排污企业的环保行为情况，将企业分为环保诚信企业、环保合格企业、环保警示企业和环保严管企业四个等级，并依次以绿牌、蓝牌、黄牌和红牌进行标识。环保部门对不同等级的企业给予不同的监管，并定期将评定结果通报给公安、工商、海关、财政、外贸、金融、证券等单位，以及与环保部门开展绿色信贷、绿色采购等合作的金融机构和有关企业，建议有关单位和企业根据企业环保诚信评价结果分别采取相应的激励或约束措施。通过采取分级管理，提高企业的自律行为和参与环保活动的积极性。

3．创立公开忏悔和承诺制度

为了给那些屡次故意违反环保法规的企业以应有的警示，可以通过电视、报纸、网络等媒体对违法企业进行曝光，对被吊销排污许可证需恢复排污的企业实施公开忏悔和承诺制度。责令违法企业公开宣读“忏悔书”，作出环境守法的承诺，形成强大的社会舆论压

力。从而使忏悔企业以后的环保行为处于群众的监督之下，企业由于害怕公开忏悔，失去社会信用而不敢故意违反环保法律法规。

三、采取两种途径，不断完善舆论监督和公众参与机制

1．充分发挥舆论监督作用，深入开展环保执法宣传

一是坚持环境管理人员既是管理员又是环保宣传员的原则，在环境执法中，必须对环境违法者讲清他究竟违反了法律法规哪条哪款，造成的后果及危害，在环境管理的同时加大环保法律、法规的宣传力度。二是聘请一批环保监督员，通过组织检查和明察暗访等形式，监督各级政府履行国家、省和市的环境保护法律法规和方针政策情况、环保执法人员的行政执法活动和企业依法履行环保职责情况。同时，利用环保监督员广泛联系群众的有利条件，为环保工作出谋划策，反映人民群众对环境保护工作的意见和建议，以提高环境决策的科学性和有效性。三是结合每一项执法活动，开展形式多样的专项报道或系列报道，可以通过“6·5”环境保护日加强对公众的宣传，可以采用媒体曝光的形式做环保警示宣传，也可以召开现场会，做环境示范宣传，发动群众广泛参与，扩大群众知情权、监督权，在全社会形成良好的执法氛围。

2．大力推行有奖举报制度，建立广泛的环保执法同盟

为了形成全民参与环保的热潮，给环境执法工作安上“千里眼”、“顺风耳”，可以推出环保有奖举报制度，并一一兑现举报奖金，激励广大公众挺进环保监督前沿阵地，对超标排放的违法行为进行举报。通过开展有奖举报，激发公众参与环境保护的热情，促使越来越多的公众更加关注身边的环境问题，建立广泛的环保执法同盟，从而在全市营造一个“人人热爱环境，人人参与环保”的氛围。

经济欠发达地区如何在转型升级跨越发展期加强环境保护工作的思考

广东省汕尾市环境保护局　蔡振荣

当前，作为经济欠发达地区的汕尾市，在加快经济跨越发展的进程中，坚持工业立市，大兴招商引资、大力发展工业。但在发展经济的同时，环境资源的大量消耗、污染物排放量的剧增，加重了对环境的污染与破坏。面对地方财政困难，环保投入先天不足的现状，汕尾市的环保工作难度在加大，环保形势不容乐观。因此，如何有效开展环保工作，切实保护环境资源，维护人与自然的和谐相处，已成为该市在构建“清新汕尾”、“和谐汕尾”进程中必须思考的问题。

一、环保工作面临的突出问题

就汕尾市的环保工作而言，目前面临的主要是发展与保护的矛盾。一方面是发展工业经济带来环境资源危机，急需加强对环境的保护；另一方面是地方财政困难，环保投入不足，环保能力建设滞后。矛盾的凸显，给环境保护带来了如下突出问题。

1．发展工业对环境资源造成现时的冲击

“发展才是硬道理”。对于经济欠发达的汕尾市来说，最直接、最现实的就是大力发展工业，以工业的发展促进经济的繁荣。但是，在发展工业的同时，给环境资源带来沉重的压力。一是工业企业数量的增多、规模的扩大，带来了工业污染物排放种类的多元化和排污总量的剧增；二是由于该市的工业企业偏少，一些企业存在“物以稀为贵”的思想，以利益最大化为出发点，忽视环境保护，致使环保法律法规无法全面落到实处；三是缺乏统一规划，工业企业分布相对散乱，环保监管难度加大。这些问题，既是经济发展带来的产物，又是环保工作所面临的新情况。

2．错误的“政绩观”造成对环境的影响

当前，不少地方特别经济落后地区的基层领导干部的“政绩观”，主要还是着眼于经济增长的百分率，工业企业引进了多少、地方税收增加了多少、社会就业率提高了多少，才是他们最关心的问题。至于在这些“政绩”的背后，资源是不是高消耗了、污染物是不是高排放了、环境污染破坏是不是加剧了，往往被忽视。由于这种“政绩观”的误导，使一些地方的基层领导在大力发展经济的过程中，工作产生了偏差，出现了只要是项目就引进，不管它是资源高消耗也好、环境重污染也罢；只要是投资方选中的地址，不管是环境敏感区也好、生态保护区也罢；只要是投资者提出了要求，不管是不符合政策要求也好，还是根本就违反了环保法律法规也罢。所有这些，均造成了对环境的影响。

3．环境基础设施建设滞后

经济落后地区的共性，就是地方财政困难，难以投入足够的资金上马建设环境污染防治基础设施，使大量的城镇生活污水和垃圾长期处于无序化排放和简单化堆埋的状况。面对城乡一体化建设不断推进、城镇人口不断增多、城镇生活污水及垃圾含有机化合物浓度及种类不断增加、对环境影响越来越大的现状，城镇生活污水和生活垃圾处理设施建设的滞后，生活污水和生活垃圾已成为破坏城镇周边环境最直接、最大量的污染源。

4．环保部门能力建设严重不足

汕尾市由于不少地方工业污染相对不多，对环境的污染程度还不是太严重，许多污染隐患也还未凸显，往往导致一些地方对环境保护重视不够；加之地方财政较为困难，环保部门能力建设往往被摆到了次要位置，致使环保部门不论是在机构设置和人员编制方面，还是在环保设备装备和工作经费方面，都存在较大的困难。由于这些问题的存在，环保部门常常是有心强化工作力度，却无力实施。加之排污费制度改革后产生的后遗症，使得环保部门不得不把心力更多地用到如何解决干部职工的吃饭问题上，变相地降低了职能部门作用的发挥。

5．社会环保意识较为薄弱

由于经济欠发达，人民群众的整体生活水平不高。老百姓在思想上首先考虑的是如何过日子，往往忽视了对良好生态环境的要求；在行动上体现出来的是只要能够获取自身利益，至于这种行为是否会造成环境污染，则成为次要问题。在这样一种社会环保意识薄弱的状态下，作为一项需要人人参与的社会系统工程，环保工作缺少了群众基础的支撑，也增大了环保工作的难度。

以上种种问题，是该市目前所面临的比较突出的问题。而这些问题的存在，直接影响到科学发展观的树立与落实、影响到人与自然的和谐相处，影响到“绿色汕尾”的构建，我们必须予以认真思考并逐步加以解决。

二、解决以上问题的几点措施

面对社会发展过程中伴生的环境新问题及环保事业的先天不足，作为一个经济欠发达地区，汕尾市如何在当前的转型升级时期，实现跨越发展，做到“既要金山银山，又要绿水青山”，建设“清新汕尾、和谐汕尾”，我认为，重点要抓好以下五个方面来进一步加强环境保护工作。

1．加强环保宣传教育，提高社会环保意识

“意识左右行为”。生存于自然环境中的每一个人，存在于环境中的每一个工业企业，不论是行政行为、个人行为，还是企业行为，都会给环境带来影响。如果有好的环保意识指引行为，那么环境将得到有效保护。社会环保意识的提高，是建立在加强环保宣传教育的基础之上的。因此，作为环境保护的治本之策，我们要注重四个“面向”，加强环保宣传教育：一是要面向广大的青少年和儿童。他们是社会的未来，教育他们从小就养成良好的环保习惯，我们环境保护事业才可能有希望。二是要面向各级领导。各级领导是地方发展的决策者、施行者，他们的环保意识如何，将决定他们在发展决策中对环境考虑的程度，进而直接影响到自然生态环境得到的重视程度和保护程度。三是要面向工业企业。因为他们所从事的生产经营活动是影响环境最直接的因素，环境意识的高低，将决定他们遵守环保法律法规的自觉性和对污染防治的力度，进而决定着区域性的环境质量。四是要面向广大的人民群众。人民群众是社会的推动者，也是环保事业发展的促进者。当人民群众都真正加入了环保的行列，那么这种社会环保力量将是巨大的、最有效的。

2．建立和落实环保责任机制，扭转错误发展观

作为地方政府的组成部门，环保部门对维护经济与环境协调发展的影响力是有限的。因此，通过政府一级抓一级，进一步强化对地方的环保责任制考核显得极为必要。但在具体实施过程中，必须要解决好两个方面的问题，一是将环保指标真正纳入地方领导干部政绩考核内容，促进领导干部环保责任制考核机制的完善。二是进一步完善考核指标，尽快引入绿色 GDP 的评价体系，结合经济欠发达地区的实际，所制定的指标要求既不能太高，让地方政府感觉到下再大的力气也不可能完成而产生惰性；也不能太低，防止出现应付即可了事的现象发生。同时，要进一步加大对广东省纪委、监察厅出台的《关于对违反环境保护法律法规行为党纪政纪处分的暂行规定》的贯彻落实力度，特别是要强化对违反环保法律法规的领导干部的查处，形成强大的政策、法制攻势，防止因决策失误而造成重大环境污染破坏。此外，还应该尽快建立完善对经济欠发达地区的环境保护补偿机制。经济欠发达地区往往处于上游山区，他们在加大环境保护的同时，在经济发展方面将相应付出较大的代价。因此，处于下游的经济发达地区，要对经济欠发达地区在环境保护中作出的贡献有认同感，并在经济上予以合适的补偿。

3．强化监管，加大环境执法力度

依法治国，具体到环保工作中就是要依法进行环境保护。我国从 1979 年颁布《环境保护法（试行）》以来，通过 30 多年的努力，已建立并形成了较为完善的环境保护法律法规体系，这为我们依法保护环境奠定了基础。多年的工作实践表明，面对利益的驱使，对环境违法者来说，仅靠说服教育是苍白、无力的。只有强化监管，加大环境执法、处罚力度，才是最有效的方法。因此，在环保工作中，我们必须坚持“有法必依、违法必究、执法必严”的方针，首先是要认真贯彻落实建设项目环境管理的规定，把好环境影响评价、污染物排放总量前置审核和“三同时”关，将产生的新污染控制在对环境影响最低的程度，特别是要做好对污染转移的有效控制，杜绝重污染项目、违反产业发展政策项目以及淘汰项目向经济欠发达地区的转移。其次是加强对老污染源的整治，严格实行污染物排放总量控制和达标排放，治理不达标的，一律实行关、停。再次是严格执法，对违反环保法律法规和造成环境污染破坏的，坚决依法进行处罚，使环境违法者不仅无利可图，在经济上还要付出沉重的代价。最后是建立完善工作机制，强化对排污企业的长效监管，把环保监管推进到污染物排放的第一线，使排污者没有机会违法排污。

4．着眼市场，加快污染防治基础设施建设

加快城镇生活污水处理厂、生活垃圾无害化处理场的建设步伐，这对于保护并改善城镇环境至关重要。在经济欠发达地区和乡镇，由于地方财政较为困难，如仅靠政府单一投资建设，难以达到预期目标。因此必须着眼于市场，拓宽环保资金渠道，建立环保融资多元化体系。地方政府在逐年增加对环保投入的同时，还要积极推动出台相关的政策，将政府对这方面的投资机制转换为对企业在该领域投资的鼓励手段，引入公平竞争机制，吸引大量的社会资金投入环保基础设施的建设，使城镇生活污水和垃圾的处理形成产业化。这样，不但会减轻基层地方政府的财政负担，加快城镇污水和垃圾处理设施的建设，而且还能充分发挥企业在经营管理方面的优势，更好地维护环保基础设施的正常运营，进而确保城镇大量的生活污水和生活垃圾得到有效处理。

5．强化行政作为，促进环保部门能力建设

环保部门能力建设的高低，表现在环境管理能力、环境监察能力、环境执法能力、环境监测评估能力、环境宣教能力等多个领域，但最终是体现在对环境保护的有效程度上，如果仅仅停留在维持机构的正常运转及大量心力用在考虑如何解决干部职工吃饭问题上，那么环境保护工作的成效是可想而知的。要改变这种现状，环保部门要立足于自身，不断强化行政作为意识。有所作为，才能得到地方政府及社会各界足够的重视。因此，现阶段各级环保部门，必须在加强社会宣传，吸引社会广泛关注的同时，要充分发挥人的主观能动因素，着力建立一支高素质的环保队伍，培养环保工作者高度的责任意识，大力弘扬艰苦创业、无私奉献的精神，做到设备装备不足人力补、经费欠缺省着干。真正有所作为了，环保工作才会引起重视，才会加大对环保能力建设的投入。此外，上级环保部门也要对基层环保部门的工作给予足够的重视和关心，积极帮助他们协调地方政府解决能力建设不足问题。只有采取多方面的措施，汕尾市基层环保部门的能力建设才可能得到尽快加强。

总之，汕尾市的环境保护工作，目前面临的困难是比较多的，存在的问题也是比较突出的。面对这些困难与问题，需要我们勇敢面对，在实际工作中进一步认真思考，并找出切实可行的办法进行解决。只有这样，我们才能做好环保工作，才能更好地维护环境与经济、社会的协调发展，为转型升级、跨越发展注入可持续的动力，推动“清新汕尾”、“和谐汕尾”的构建，实现人与自然的和谐相处。

浅谈地市环保部门“探索环保新道路”的几点思考

四川省成都市环境保护局　翟文生

第七次全国环境保护大会明确提出：“坚持在发展中保护，在保护中发展，积极探索代价小、效益好、排放低、可持续的环境保护新道路”。这是这次大会的标志性成果，也是做好“十二五”环保工作的重要指南。在积极探索环保新道路中，作为地市环保部门，处于环境保护的前沿，承上启下，地位中坚，责任重大。那么，地市环保部门如何结合各地实际，紧扣中心工作，进一步理清思路，突出重点，推进环保事业发展呢？如何用全局视野和战略思维来统领环保工作，进一步提升和增强环境保护在全局工作中的地位与作用呢？笔者认为，应该着重从“找准结合点，突出着力点，把握落脚点”三个角度来思考，来把握，来落实，发挥其重要作用，促进本地区实现全面协调发展、可持续发展、又好又快的发展。

一、找准结合点，是探索环保新道路的重要前提

总体来说，地市环保部门应该紧密围绕“坚持在发展中保护，在保护中发展，积极探索环境保护新道路”的总体要求，着眼全局，统筹思考，强化环境监管，立足保障民生，努力寻找推进当地经济发展与环境保护的结合点。

具体地讲，应着重在“四个围绕”上寻找结合点：一是围绕中心工作找结合点，就是要站在政治和全局的高度，从地市党委提出“科学发展总体战略”和“实现又好又快发展”中去思考与把握，充分发挥环境保护对经济发展的推动作用，找准推进环保工作与服务发展、服务转型的结合点；二是围绕重点任务找结合点，就是要联系第七次全国环境保护大会和《国务院关于加强环境保护重点工作的意见》确定的重点工作，从“全面提高环境保护监督管理能力水平、着力解决影响损害群众环保权益突出问题、积极推进环保体制机制改革创新”中去思考与把握，充分发挥环境保护对经济增长的保障作用，找准优化产业结构与推进节能减排的结合点；三是围绕薄弱环节找结合点，就是要结合本地资源和环境问题依然严峻的现实，从“产业结构和布局仍不尽合理，污染防治水平仍然较低，环境监管制度尚不完善”中思考与把握，充分发挥环境保护对结构调整的倒逼作用，找准“增措施、抓整改、求提高”的结合点；四是围绕提高行政效能找结合点，就是要结合加强环保能力和队伍建设，从“全面推进监测、监察、宣教、信息环境保护能力标准化建设，争做生态环保促进经济发展的参与者、推动者和实践者、引领者”中去思考与把握，充分发挥环境保护对服务发展的支撑作用，找准为基层为群众为服务对象办事规范高效的结合点。

总之，明确方向，抓好结合，是地市环保部门积极探索环境保护新道路的重要前提。否则，就很可能事倍功半，甚至事与愿违。

二、突出着力点，是探索环保新道路的关键所在

突出着力点，就是在找准结合点的基础上分清主次、缓急，抓住关键，突出重点，务求突破，力见实效。

以成都为例，成都市环保部门在探索环境保护新道路中始终把“优化经济发展，强化环境监管，保障服务民生，强化能力建设”作为“着眼点”和“切入点”，着力于“六个扎实推进”上取得实效。一是扎实推进主要污染物减排，进一步加大工程减排、结构减排和管理减排的力度，加快淘汰火电、钢铁、水泥、电镀、煤炭、印染、制革等14类重污染、高排放行业中的落后产能，实施总量控制，力求取得突破性进展。二是扎实推进大气环境综合整治，进一步深化大气污染综合整治，突出抓好扬尘污染、机动车排气污染、燃煤污染、餐饮油烟污染专项治理，力求全市环境质量明显提升。三是扎实推进水污染综合治理，进一步明确防治目标和防控重点，力争2013年内消除全市黑臭水体，中心城区府南河和沙河达到Ⅲ类水质，2014年内岷江（外江）岳店子和沱江五凤出境断面水质达到划定水质标准，力求岷江（内江）黄龙溪出境断面水质有明显改善。四是扎实推进生态城市创建，进一步加快生态经济体系、生态环境体系、生态支撑体系、生态社会文化体系建设，力争2015年把成都建成国家级生态市，力求全市生态建设取得实效。五是扎实推进环保民生工程，进一步做好重金属、危险废物、化学品和农村面源综合污染防治，加快完善饮用水源保护法规和监管体系，着力解决群众反映最突出环境问题，力求损害群众合法环境权益突出问题有效遏制。六是扎实稳妥推进行环保改革创新，积极开展排污权交易、河流生态补偿、强制环保责任保险、绿色信贷等环境经济政策的研究与试点工作，力求用政策、信贷和市场综合手段解决环境问题有实质进展。

突出着力点，要学会“两借”：一是“借势”，就是借第七次全国环境保护大会和《国务院关于加强环境保护重点工作的意见》这个“势”，按照科学发展观特别是“促进人与自然的和谐，实现经济发展和人口、资源、环境相协调”和“全面协调可持续” 的内在要求，以此来促进本地区的环保工作；二是“借力”，就是借 “国家环保模范城”、“国家、省市生态城市”的创建与复检，《环境空气质量标准》等新标准的制定与实施，全国全省环保专项检查与专项行动这些“力”，促使地市党委政府、相关部门、社会各界在环境保护上形成共识，整合力量，上下互动，左右配合，社会参与，协同作战、有力推进全社会环保事业全面发展。

三、把握落脚点，是探索环保新道路的最终目的

探索环境保护新道路，在地市环保部门重在突出实践性，重在提高执行力，重在解决实际问题。落脚点是通过加强生态环保，提高当地发展质量和效益，最终目的是实现本地区的科学发展。就成都市环保部门而言，落脚点主要突出在“四个新”和“五个落实”上。

“四个新”：一是思想认识有新提高，就是要进一步深化对经济发展与环境保护规律的认识，增强做好新时期环保工作的责任感和紧迫感，树立“大成都”、“大环保”和“良好的生态环境是先进、可持久的生产力”等一系列的新观点新理念；二是改善民生有新成效，

就是要以解决危害群众健康和影响的突出环境问题为重点，把“让人民群众喝上干净水、呼吸清洁空气，在良好的环境中生产生活”的工作要求真正落到实处，为科学发展固本强基，为人民幸福增添保障；三是体制机制有新突破，就是要深化和巩固环保工作“党委统一领导，政府组织实施，部门一岗双责，环保统一监管，社会广泛参与”的工作机制，努力构建城乡一体的环保管理体制，加快推进全覆盖、网络化的市、区（市）县、街道（镇乡）环境保护三级监管体系建设；四是考核追究有新举措，就是要建立和完善有利于推进市委、市政府环保重大决策部署和环保工作有效落实的督察考核办法、绩效评价办法、环保行政问责制，实行环保“一票否决制”，并纳入市委选拔使用干部、管理监督的重要依据。

“五个落实”：一是在思想认识上抓好落实，把思想认识统一到对环境形势的科学判断上来，统一到对环保目标任务和重点工作的部署上来，统一到对这次全国全省环保大会标志性成果的准确把握上来，以新的认识、新的举措和新的成效推进环保工作。二是在组织实施环保规划上抓好落实，编制并实施环境保护规划及相关专项规划，明确重点工程项目责任制，确保领导到位，措施到位，工作到位。三是在推进经济结构调整上抓好落实，推进生态文明建设和可持续发展，保护优化经济发展方式转变、实施综合减排措施，加快推进环境经济政策研究与试点。四是在着力解决突出环境问题上抓好落实，深化重点流域水污染治理，实施多种大气污染物综合控制，加强生态和农村环境保护，不断改善大气和水环境质量。五是在提高环保监管水平上抓好落实，严格执行环境保护监督管理水平，继续加强主要污染物总量减排，强化环境执法监管，有效防范环境风险和妥善处置突发环境事件。

加强环境保护　改善环境质量　服务经济发展

四川省成都市龙泉驿区环境保护局　李晓龙

建设资源节约型、环境友好型社会是党章的要求，生态文明建设同经济建设、政治建设、文化建设、社会建设一样是社会主义现代化建设的目标。在全面实现现代化建设，构建社会主义和谐社会的历史时期，人与自然的和谐，发展与环保的同步是科学发展的重要标志，是社会主义现代化建设的需要。

龙泉驿区作为成都市国家级经济技术开发区及天府新区重要组成部分，多年建设和发展的实践使我们深刻认识到：生态环境作为人类社会生存发展的基本条件和基础依靠，是支撑可持续发展的重要载体和关键保障，保护环境就是保护生产力、就是保护子孙万代的生存之本，建设生态就是发展生产力、就是实现人与自然的和谐共存。多年的工作成果表明，坚持以科学发展观为统领，做到经济建设与生态建设统揽齐抓，招商引资与环境保护互促共进，在环境保护工作取得新成效的同时，推进区域经济社会又好又快发展。“十一五”期间，辖区内主要河流出境断面水质全面改善，主要污染物浓度较“十五”期间逐年下降5%，全年空气质量达到国家二级标准天数达330天以上。2010年3月，龙泉驿区被四川省人民政府命名为省级环保模范区；2010年和2011年，在全省86个县（区）参加的城市环市境综合整治定量考核中连续位列全省第一；区域综合经济实力连续3年居四川省“十强县”第2位，经开区综合实力上升到西部第2位、全国第26位（上升17位），被列为国家新型工业化（汽车）示范基地，先后获得区域经济和民营经济综合实力先进区等95项国家、省、市表彰。

一、准确定位，明确经济发展中环境保护的助推作用

多年来，我们深入落实科学发展观，按照建设社会主义和谐社会的要求，把环境保护置于党委、政府有关经济发展决策的全过程，始终坚持科学发展，服务经济发展大局，为区域建设建言献策，发挥助推作用。积极主动深入调查、认真做好分析研究，深刻分析全区环境形势，提出科学建议，在遇到重大环保事项或有关环保的重要决策上，为党委、政府决策提供科学、可行、符合环保要求的意见建议，以最大限度保证环保工作的有利政策条件。

同时，环保工作对经济的发展影响是巨大的，我们要把环境保护作为调结构、转方式的重要抓手和惠民生、促和谐的重要内容，以污染减排赢得环境容量，以环境准入促进发展方式转变，以环境监管倒逼产业结构调整，以生态建设促进区域发展，寻求主动，充分发掘工作潜力，全面提升环境保护优化发展的效力和作用，切实提升经济发展质量，深入推进世界现代生态城市建设。

二、履行职责，服务发展，以环境保护推进经济社会持续发展

在围绕“建设世界田园城市”，加快推进“两个带头”、实现“三最”目标过程中，我们的理念是“服务企业、服务项目、服务经济发展，充分发挥环保职能，把优质服务寓于严格执法的过程中”，营造经济社会持续发展良好环境。

1．以服务企业为重点，引导企业走健康发展道路

为引导企业走健康发展之路，我们经常到企业开展宣传环保政策和相关法律法规的活动，使企业业主和职工对环境保护工作由不认识到认识、由消极抵触到积极配合。努力通过“行政指导”为企业提供相关环保法律法规咨询服务，指导企业开展清洁生产、改进落后工艺、减少能源消耗，纠正环境违法行为，是我们加大执法力度、服务企业发展的独特方法。如：成都凯迈金属有限公司，以前群众经常投诉其生产时产生的废气污染环境，危害附近群众身体健康，该企业几经技术改善进也未能改善情况，还和群众发生了不愉快的纠纷。我们接到群众的举报后，主动到企业了解情况，邀请大气污染治理方面的专家一起帮助企业想办法、出主意，提出解决污染的技术方案，调和了企业与群众的矛盾，最后既严格执了法，又解决了污染问题企业的生产能力也得到了进一步的提升，使企业真正走上了健康持续的发展道路。

2．以服务项目为抓手，加快招商引资进度

在推动龙泉经济跨越式发展的过程中，我们清醒地认识到，项目建设是实现全区跨越发展的重要支撑，为此龙泉驿区环保局不但全方位服务项目建设，更是直接参与到招商引资工作中来。在一汽大众、一汽丰田、一汽专用、吉利高原等整车项目及相关配套项目落户成都经济技术开发区过程中，为提高服务项目工作质量，龙泉驿区环保局采取了两方面举措。一是主动争取参加经开区的招商引资会和项目调度会，做到提前介入项目工作，为开展有针对性的服务做好准备。二是与经开区管委会实行工作对接，确定专人、落实责任，实行全程服务，积极帮助企业选址，帮助企业办理环评手续，为项目成功引进和早日开工建设奠定了基础。

3．以服务产业为核心，促进经济发展与环保相融

按照区域经济发展总体规划，我们将经济发展与生态环境保护相融合，加快优化产业结构，积极实施节能减排行动，采用新工艺、新技术提升改造传统产业，积极推行清洁生产，提高资源利用效率。全区大力发展高新技术产业、先进制造业，做强做大以汽车整车制造为龙头的汽车主导产业，全力推动汽配制造业聚集发展和汽车服务业创新发展，狠抓整车生产扩能增效，狠抓新车项目加快建设，狠抓整车项目聚集发展，狠抓新能源车创新发展，积极引进和发展以电动汽车为重点的节能、环保新车型。几年来成都经济技术开发区共引进了一汽大众、一汽丰田、吉利沃尔沃、一汽新能源客车等 9 个整车项目、一汽大众 EA211 发动机、杰克赛尔汽车空调等 59 个配套项目和瑞华特、雷博、卡培亿等 5 个新能源整车及配套项目。

三、强化监督、加强整治，以改善民生促进经济发展

“十一五”以来，我们在党委、政府和上级环保部门的大力支持下，在同级各部门的帮助下，认真贯彻落实《国务院关于落实科学发展观　加强环境保护的决定》等文件精神，树立以人为本宗旨，努力把握经济、环保协调发展的工作重心，扎实做好环境监督和环境综合整治，全面改善环境质量，切实解决民生问题。

1．以环境整治为重点，全面改善环境质量

“十一五”以来，我区环保投资指数平均保持在2%以上，城市环保投资总计达到15亿元。根据污水处理集中程度、污水处理需求量和不同处理条件，建设了大、中、小型污水处理厂（站）。大的污水处理厂创造性地采取了将污水处理厂厂区和配套管网“打捆”进行BOT招商的建设模式，既能实现污水处理的需求，又能合理吸收利用社会资金，创造投资机会，促进经济发展。积极支持各乡镇建设小型污水处理站，既解决了山区乡镇的污水处理问题，又能增加向乡镇投资力度，同时还能增强乡镇居民的环保意识。真正做到以整治为重点，让社会参与的方式，全面改善水环境质量。全面淘汰落后产能和高污染、高耗能企业，关闭重污染厂矿企业，对无办理环评手续且不能依法办理的企业实施关停，对部分用能单位进行清洁能源改造。经过多项整治，辖区内主要河流主要污染物浓度逐年下降5%，全区空气质量优良天数保持在329天以上。

2．以生态创建为载体，全力推进总量减排

“十一五”以来，结合成都市减排办下达给我区的污染减排目标，我们以创建省级和国家级生态区为载体，通过创建环境优美乡镇，力建设生态绿地，全面打造绿色龙泉为重点，狠抓各类减排项目的落实，主要从结构调整、工程治理和新建污水处理厂（站）着手削减主要污染物。实施化学需氧量、氨氮结构调整和二氧化硫结构调整，完成了污染物减排约束性指标，收到了较好的经济、社会和环境效益。

3．以“以人为本”为宗旨，切实解决民生问题

“十一五”以来，为切实解决群众关注的民生问题，我们树立“以人为本”的宗旨，加大资金投入，加强环境监察、环境监测及环保信息自动化能力体系建设，重点建设了排污企业在线监控体系和环保投诉热线平台。与上级环保部门污染物自动监控平台联网运行，实时掌握主要行业、主要企业的污染物排放情况。以维护社会稳定、维护群众环境权益、维护企业合法利益为宗旨，认真对待每一件投诉案件。调处污染纠纷和投诉做到及时受理、公平公正调处，确保件件有落实，事事有回音。

四、巩固环保成果，提升水平，促进经济社会又好又快发展

环境保护是没有终点的民生工程，是以人为本、科学发展的集中体现。我们清醒地看到我们的环保成果仅仅是一个阶段性的成果，环境保护离现代化城乡的发展要求、离广大人民的期望还有很大的差距；环境宣传教育基础工作的力度、深度、广度和效果还不够；城乡环境建设发展还不够平衡，产业结构需要进一步优化，城乡可持续发展的综合能力还有待进一步提高。

今后，我们的工作要继续以惠民工程为基础，以全面建设和谐小康社会为目标，深入贯彻落实科学发展观，进一步探索和实施城乡环境长效管理模式，最大限度地发挥环境的财富作用和生产力作用，全方位提升城乡可持续发展综合实力，促进经济建设和地方发展。

1．狠抓主要污染物总量减排，赢取环境容量

成都市排污权交易管理规定自2012年8月1日起开始实施，按照规定，今后所有新、改、扩建项目均要在总量控制的前提下，通过有偿或无偿的方式获取排污指标，对无环境容量的区域要实施区域限批。抓好主要污染物总量控制工作，不仅是完成减排工作任务，更是为区域经济发展提供更多的环境容量，为经济发展储备容量，提高“两化”互动、统筹城乡发展的资源环境承载能力。要深入推进污染减排，切实抓好限期治理，进一步强化污染减排措施：一是制定污染物总量减排计划。扎实做好“十二五”主要污染物减排新增指标的形势分析和项目梳理，摸清污染物存量，制定我区“十二五”总量减排工作方案和2012年度总量减排计划，确保减排工作有序推进。二是落实污染物总量减排任务。加强总量减排“统计体系、考核体系、监测体系”三大体系建设，不断挖掘减排潜力，增加减排项目。三是继续抓好减排重点项目建设，确保已建成的污水处理厂（站）稳定达标运行；加快平安、西河、芦溪河、陡沟河污水处理厂的扩容提标工作，积极推进以截污、分流为重点的雨污管网建设，进一步提高污水收集处理率。

2．加强环境审评验收，把好项目准入关

按照“高位求进、加快发展”的总要求，支持发展节约产业，鼓励清洁生产。一是严把项目准入关口。对符合产业政策的进区项目提前介入，超常服务；对高耗能、高污染、高排放、低效益项目，积极做好解释与疏导工作，从严控制。二是严把验收关。在项目实施环评管理、“三同时”验收过程中，对未达到环评审批要求的项目不予验收，对未经验收擅自投运、久拖不验、试生产超期等违法行为依法查处。三是严把项目查处关。坚持对建设项目环境违法行为进行清理整治，严肃查处未批先建、擅自建设等违法行为。在环保工作实践中，要尽最大努力想点子、上措施，充分利用专家的智慧和外脑的作用，避免环境风险、降低项目污染。

3．加强大气、水等环境治理，加快建设世界田园城市

龙泉驿区依山傍水，自然环境优美，有建设田园城市的天然优势。城市规模的扩大和发展不可避免地会影响城市的环境，加强城市环境保护的工作不容懈怠。一是我们要突出抓好扬尘整治、汽车尾气治理、油烟整治以及工业废气排放整治等大气污染防治。二是围绕4大污水处理厂做文章，扎实做好相关污水处理厂扩能建设工作，加强对主要河道水质的监测和保护，保证水质质量，进一步加快配套管网建设，提高全区污水收集处理率，在管网无法覆盖的地方，充分利用现有河道，积极探索因地制宜建设人工湿地的办法，提高河道的自净能力。

4．加强环境监管力度，维护社会稳定

当前，各地因环境信访投诉引发的群体性事件呈高发态势。切实维护好群众的环境权益是当前维护社会稳定的重点之一。我们将更加重视信访投诉工作，一是进一步加强对重点行业、重点区域的环境监管，尤其是长安垃圾场、洪安化工市场、洛带垃圾发电厂、航天城“干吼一条街”以及东风渠沿岸的环境监管，确保辖内环境安全。二是认真履行法律赋予的牵头职责，积极协调相关部门和街办、镇乡进一步加强水、气、声、渣的污染防治工作，形成协同效应，提高工作实效。三是进一步完善内部管理，构建更加高效的信访、投诉处理机制，提高工作效率，让群众满意，提高“两化”互动、统筹城乡发展的环境安全保障能力。四是加强对区域环境噪声、城市功能区环境噪声、交通干线环境噪声的监测，适时掌握城市声环境质量。五是加强饮用水源地保护，完善和严格执行相关法规和监管体系，落实保护责任和保护项目，着手应急水源和备用水源建设，推进水源地保护数字化管理，提高预防和处置突发水源污染事故应急能力，确保城市饮用水源地水质达标率达100%。六是加强重金属、危险废物和化学品等污染防治。以整治违法排污企业保障群众健康环保专项行动为抓手，加强重金属污染防治，抓好铅蓄电池、皮革、电镀行业环境风险排查，强化涉汞、镉、铬、铅、砷等重金属企业的控制与监管，淘汰涉重企业落后产能，加快推进涉一类重金属特征污染物在线监测设备安装和联网工作。七是加强危险废物和化学品环境监管，严格落实危险废物申报登记、转移联单制度和化学品环境管理登记制度，建立化学品环境污染责任终身追究制和全过程行政问责制，开展化学品项目环境风险评估，依法淘汰高毒、难降解生产项目。

要巩固现阶段环境保护工作的成效，充分发挥环保工作的辐射和带动作用，加强生态环境保护和建设，积极创建环境优美乡镇，建设国家级生态示范区，努力瞄准更高的目标，努力建设“最汽车、最田园、最幸福”的“三最”龙泉驿，将城市建设成天蓝地绿、山清水秀、环境优美的“世界现代田园城市”。

浅析马边生态环境问题

四川省乐山市马边彝族自治县环境保护局 罗文宣

马边地处横断山脉东部、四川盆地和云贵高原的过渡地带，是一个坡陡谷深的山区县，马边河纵贯全境。马边立体气候明显，有许多珍稀动植物和名贵土特产资源，在大风顶国家级自然保护区内，有国宝大熊猫和一大批珍稀动植物，还有极具观赏价值的万亩珙桐林，大片杜鹃林以及高山草甸，是一座天然动植物基因库。马边是典型的少数民族聚居区，随着西部大开发的进一步推进，经济发展、人口增长与环境保护之间的矛盾日益突出，加强马边生态环境保护刻不容缓。

一、马边彝族自治县主要环境问题

目前，马边部分地区水土流失问题十分突出，现存荒山立地条件差、造林难，中幼林和低效林面积大，自然灾害时有发生。河流下泄流量减少，水环境安全隐患增多；城乡生活污水治理效率低下，城乡生活垃圾及工业污染物排放持续增加，对环境和人民健康造成了威胁。

1. 水土流失严重

水土流失已经成为制约马边社会经济发展的一个重要因素。由于电站和矿山开发，马边河中上游流域水土流失较为严重，河水下泄流量减少，部分支流甚至断流或季节性断流，部分土壤沙化，流域在逐渐减小。近几年来，政府部门高度重视环境保护，全县水土流失恶化趋势总体上得到有效遏制，生态环境得到明显改善，林草覆盖率显著提高，但马边的水土流失治理仍需大力推进。

2. 地质灾害频发

马边自然环境较为恶劣，山高坡陡，谷深流急，地质地貌复杂，地震、洪涝、泥石流等地质灾害频繁。据调查统计，全县有各种地质灾害 20 余处，严重损害了群众的生命和财产安全。

3. 农村污染加重

2011 年，马边县城区生活垃圾填埋场竣工投运，使多年来悬而未决的城区生活垃圾问题得到有效解决，城市生活垃圾无害化处理率达到88%，然而在各乡镇场镇和农村，生活垃圾并未得到无害化处理，群众环保意识差，生活垃圾随意堆放焚烧，严重影响了大气、水、土壤环境。农村生活污水未经规范处理直接排放，影响了马边河上游水环境质量，对水体生态系统造成了一定的破坏。农业污染也在不断加重，不规范和过度使用农药，导致土壤环境质量下降，土壤有机肥料成分减少。农村环境污染越来越严重。

二、马边彝族自治县生态环境问题的成因

导致马边生态环境各种问题的原因很多，既有历史原因，也有现实原因。

1. 历史原因

改革开放后，在急于脱贫致富的利益驱动下，在“靠山吃山，靠水吃水”发展观念指导下，破坏性的资源开发活动迅速演变成为全民性的发展行为，处于一种宏观失控的无序状态，马边的自然生态环境遭到严重破坏。

2. 现实原因

（1）重开发轻保护。近几年来，在西部大开发过程中，人们片面地把西部大开发理解为资源大开发、项目大发展，不计成本的层层下达招商引资数目和开发项目硬性指标，进一步助长了资源乱采滥伐行为。所有这些掠夺式的生产生活行为，使马边自然环境继续遭受到严重的破坏。

（2）人口增长迅速，传统生产方式严重破坏了生态环境。少数民族人口的急剧增长致使其赖以生存的土地资源快速减少，直接带来的后果就是粮食不足及水资源的承载负担加重等一系列问题。而且，马边属于典型的山区农业，为了解决生存问题，过度垦殖现象难以遏制，天然林地、草地不断减少，少数民族所赖以生存的独特的生态系统已经发生了巨大的改变，环境压力不断增加。相应的结果是水土流失加剧、洪涝等自然灾害频发。

（3）经济结构严重畸形，过度依赖自然资源。马边大多数乡镇以种植业为主的格局仍然没有根本改变，对自然资源的依赖性依然很大，在没有合理规划经济增长布局的情况下，盲目地以破坏环境的代价换取很低的经济收入，环境成为了经济发展的牺牲品，少数民族以其自身特有的文化和生活方式生活在良好环境中的权利，已经在日渐改变的区域环境中越来越难以得到实现。

三、马边彝族自治县生态环境保护对策

1. 贯彻可持续发展战略，坚持和谐发展原则，正确处理环境保护与经济社会发展之间的关系，实现人与自然之间的和谐有序发展

马边作为彝族自治县，地处偏僻，可持续发展能力相对较弱，经济社会发展与生态环境保护之间的冲突非常突出。因此，必须坚决贯彻落实可持续发展战略，统筹经济社会发展和生态环境保护，走出一条生产发展、生活富裕、生态良好的发展道路。加强对可持续发展战略的认识，把可持续发展的思想作为经济、社会发展的指导思想。可持续发展是我国社会主义市场经济和实施经济增长方式由粗放型向集约型转变的必然要求，也是西部民族地区实现共同富裕的根本出路。由于诸多因素的作用，马边对于可持续发展的认识和自觉性有所不足，多年来不健康的发展道路有力地证明了这一点。马边的各种环境问题，究其原因在于人口增长过快、自然资源的过度开发。应充分利用各种教育和宣传途径，加强对公民的可持续发展教育，组织专家、有关领导和人员对当地可持续发展问题进行针对性的研究，确保指导思想的科学性。

2. 弘扬少数民族传统生态文化，提升生态环境保护意识

在马边境内居住的几个少数民族中，几乎都有一些与现代环保理念有关的习俗、禁忌乃至习惯法。这些文化现象中，有的是直接出于保护民族社区或者聚落的环境的目的，更多的则是由于各个民族自身的宗教崇拜或者其他一些社会历史原因，但他们在实际上无疑都对当地的生态平衡环境维护起到了一定的作用。例如彝族的“火葬”习俗，对节约土地资源有着重要的作用，因此，有些民族习惯和观念与现代可持续发展观念不谋而合，对于促进科学发展，实现人与自然和谐相处具有一定的参考借鉴价值，可以通过认真甄别，取其精华，弃其糟粕，挖掘其现代价值。

3. 充分利用民族自治地方的立法权

结合自治县经济社会发展和生态环境保护的实践需要，加强可持续发展立法工作，制定有利于生态环境保护的自治条例和单行条例，充分发挥马边丰富的传统法律性文化资源在生态环境保护中的作用。马边少数民族尤其是彝族，在长期与自然的对话过程中，形成了一些人与自然和谐相处的朴素观念，形成和制订了一系列关于保护生态环境的习惯和规约，这些习惯和规约虽有不符合社会主义法治总体要求和目标的一面，但对本地区的生态平衡及持续发展起着积极有效的作用。因此，在不违背社会主义法治统一原则的基础上，也可以借鉴这些法治的“本土资源”。

4. 加强生态环境执法工作，再造山川秀美

一是提高环保部门的行政执法权力，国家和地方要赋予环境保护行政主管部门一些必要的强制执法手段，如查封、扣押、没收、落实对违法排污企业“停产整顿”等。二是强化环保法律责任，在法律上明确环保、发改、水务、建设、监察等部门的环境监管责任，建立并完善环境保护行政责任追究制。三是实行重大环境问题一票否决制，对出现重特大污染事故、出台与国家环境法律法规相抵触的文件、引进国家明令禁止的企业，造成污染集中反弹的，实行一票否决。

除了行使执法权力，还要加强生态环境保护投入，确保人员和经费能够满足生态环境执法的需要。马边属于经济落后地区，长期以来，在生态环境保护方面的投入严重不足，再加上人员素质偏低、地广人稀等原因，远远不能满足生态环境保护执法的实际需要。因此，加大生态环境保护投入，配备必要的装备，加强对执法人员的培训，提高执法人员素质。

履行工作职责　服务发展大局
文山州环保工作的实践与思考

云南省文山壮族苗族自治州环境保护局　邹春明

文山州环境保护工作在中共文山州委、文山州人民政府的正确领导和云南省环保厅的大力支持及各有关部门的密切配合下，全州环境保护系统认真贯彻2012年全国环保工作会议和全省环境监察污染防治、监测、环评工作会议精神，切实按照文山州第八次党代会提出各项工作目标认真抓好工作落实，各项环保工作顺利进行。目前，全州环境状况总体良好，所辖八县（市）城市空气环境质量均达到或优于国家二级标准，城镇集中式饮用水水源水质均达地表水Ⅲ类标准以上，境内纳入监测的主要湖泊、河流水质均达地表水Ⅲ类标准以上。

一、文山州环保工作的实践，主要是突出了六个抓手，工作取得了明显成效

以强化环境影响评价管理为抓手，切实增强服务质量和效能。我们紧紧围绕中共文山州委、州人民政府提出的“产业发展年、园区建设年、招商引资年”目标，要求全州环保系统从“促发展、稳增长”的大局出发，真抓实干，把投资和项目作为第一抓手，在推前期、促开工上狠下功夫，切实推进重大项目建设的环评工作落到实处。具体体现在：一是简化项目环评审批手续，缩短审批时限。按照中共文山州委、州人民政府有关“简化行政审批手续、提高行政审批效率”的要求，在申报材料齐全并出具技术评估意见的前提下，实行前台窗口受理、后台技术审查与行政审批“两会合一”，8个工作日内完成审批，极大提高了环评审批工作效率。二是开通环保绿色通道，优先保障民生工程建设项目，为民生工程顺利推进创造条件。三是对重大项目超前对接服务，特事特办，确保了重大项目的顺利开工建设。四是加强对环评单位的监管，提高了环评质量。2012年以来，州及县（市）环保部门共审批建设项目871个，投资67.78亿元，其中环保投资1.09 亿元；共协调和争取上级环保部门审批建设项目27个。

以强化环保项目的申报和实施为抓手，切实增强环保投入和改善环境质量。一是认真开展列入国家、省规划的重金属污染防治类10个重点项目的前期工作，共争取到中央环保专项资金6 360万元。完成了文山州历史遗留砷渣应急处置工程建设和水泥窑协同处置历史遗留砷渣工业试验，编制了《云南文山历史遗留砷渣水泥窑协同处置工程实施方案》上报省环保厅获得批准实施；同时，组织上报的7个重金属污染综合防治项目和2个主要污染物减排项目有望获得上级资金补助。组织编制了《云南省马关县重金属污染防治实施

方案》上报环保部，方案已通过环保部审查，可获得国家重金污染综合防治专项补助资金支持。二是积极推进农村环境综合整治。在争取上级支持，实施了7个农村环境综合整治项目的同时，组织实施了文山城饮用水水源地上游农村面源污染治理示范工程，并组织上报了一批符合中央、省专项资金支持范围的农村环境综合整治项目，有3个项目可获得上级支持，将有力改善辖区内局部地区突出的农村环境问题，重点水源保护区生态环境质量将得到进一步改善。

以强化总量减排为抓手，切实为文山经济发展提供环境容量。2012年云南省人民政府下达文山州总量减排目标确定后，文山州人民政府及时与八县（市）人民政府签订了目标责任书。为确保各项减排措施落到实处，代表州人民政府对 17 个省级减排项目开展了督察。针对4个县县城污水处理厂及配套管网工程建设存在的问题，按《中华人民共和国环境保护法》的相关规定，向管辖的县人民政府提出了整改要求，并加大了督促检查的力度，水泥行业减排开展了前期准备工作，对农业源减排开展了培训并组织减排材料及时上报。

以强化环境监管为抓手，切实保障人民群众的环境权益。一是组织开展“环保专项行动”和“百日环境安全大检查活动”，制定下发了相关文件和行动方案，并全面开展了环境安全风险大排查。二是对列入国家和省“十二五”期间重金属污染重点防控的企业，严格按照相关监察频次认真开展了现场监察，对部分企业的环境违法行为进行了经济处罚，加大了整治力度。三是加强对危险废物产生企业和化学品生产企业的类别、数量、贮存情况进行全面检查，对未按规定转移危险废物的环境违法行为给予经济处罚。四是加大对国家重点监控企业和省级减排项目的监管力度，对企业的环保设施运行情况、污染物达标排放情况、减排项目工程进度情况进行现场监察，对发现的问题及时提出整意见。五是认真受理环境投诉案件。2012年以来共受理群众来信、来访投诉环境污染案件85件，云南省环境保护厅和文山州人大、文山州人民政府、云南省环境监察总队批转督办的12件，污染纠纷77件，调解处理率100%，结案率100%，较好地维护了人民群众的环境权益。

以强化环境宣传为抓手，切实增强环保工作的社会认知度和参与率。紧紧围绕“6•5”世界环境日主题，开展了小记者采风活动、“人人争做环保小卫士” 校园环保教育实践活动，联合文山州教育局、邮政局和文山市环保局等单位举行了声势浩大的“为民服务创先争优•维护群众环境权益”大型公益活动。通过开展形式多样的宣传教育活动，广大人民群众的环保意识得到增强，社会参与率进一步提高。

以党风廉政建设和“四群”教育为抓手，切实加强干部队伍建设。把贯彻落实党风廉政建设贯穿工作的始终，创新机制体制，推进具有环保系统特色反腐倡廉惩防体系建设。工作中，以环保行政审批、环保行政执法和污染源监管等易发多发腐败环节为重点，认真查找机制制度等方面的薄弱环节，进一步健全完善制衡机制和防范制度措施，形成长效机制，促进本系统本单位权力运行和内部监管制度化、规范化，扎实推进富有特色的环保系统惩防体系建设。在开展“四群”教育活动中，把解决群众最关心、最直接、最现实的利益问题作为再创佳绩、跨越发展的着力点，2012年以来，直接用于挂钩帮扶联系点的资金已达 10 万余元，切实为挂钩联系点群众解决了一定的困难和问题。通过开展党风廉政建设、“四群教育”活动和“转变作风抓落实，改善环境促发展”主题活动，进一步创新工作机制，健全和完善各项规章制度，认真落实环境执法责任制，干部职工思想作风和业务能力得到进一步提高。

二、认清形势，深刻剖析，把握和处理几个关系，明确今后工作的努力方向

当前工作中存在的困难和问题。回顾2012年以来的工作，虽然取得了一定的成绩，但也还存在一些困难和问题，主要是经济发展和环境保护的矛盾日益突出，环保工作任务与队伍建设还有很多不适应的地方。具体表现在：一是局部地区环境污染问题依然突出，特别是重金属及危险废物污染防治任务艰巨，环境安全隐患仍然较大。二是污染减排压力大。经过“十一五”减排工程的实施，目前污染物减排的空间容量已非常有限，加之文山州“两污”项目建设配套资金不足，管网建设滞后，成为COD减排重要制约因素，污染减排的压力增大。三是能力建设滞后，全州仅有环境执法人员90名、环境监测人员79名、州环保局仅有编制（含公务员、工勤人员）18名，人员少、干部队伍的综合素质不高、装备落后、预警和应急处置能力不强的问题十分突出。这些存在的困难和问题，短期内是难以解决和消除的，除了全州环境系统加倍努力、勤奋工作、全力克服外，需要得到各级党委、政府和上级环保部门的关心支持及各相关部门的理解和配合。

把握当前形势要着重处理好几个方面的关系。按照中共文山州委、州人民政府提出“产业发展年、园区建设年、招商引资年”的要求，全州加快发展的热情很高，增投资、上项目、扩产能、求增长势头很猛，给环保工作带来很大的压力。在这种情况下，需要更好地掌握环保工作的节奏和力度，全面融入和服务改善发展环境这个大局，在保护好环境，维护好人民群众环境权益的基础上，促进经济发展更好、更快和可持续。为此，要注意把握和处理好以下三个方面的问题：

准确把握优化服务和严格监管的问题。2012年中共文山州委在全州组织开展“转变作风抓落实，改善环境促发展”主题活动，就是要把改善发展环境、再创发展新优势作为聚焦点和着力点，以此来推动科学发展，高质量发展，这是当前全州经济社会发展的大局。作为环保部门，促进发展环境改善，既是为经济发展大局保驾护航，也是改进作风、提升形象、体现价值的必然要求。在提升服务水平、改善发展环境的过程中，必须时刻保持清醒，绝不能把执法监管和优化服务对立起来。要牢固树立严格执法监管就是优化发展环境的理念。只有通过严格准入把关，才能确保把有限的环境容量资源用到好的项目上；只有通过严格公平公正的执法，才能确保公平竞争的市场环境；只有有效保障环境安全，才能确保和谐稳定的发展环境。唯有如此，才能真正吸引优质投资，才能营造良好的创业环境。否则，一时一事的优质服务是难以持续的。全州环保部门一定要把思想和行动统一到中共文山州委、州人民政府的决策部署上来，进一步找准切入点，切实提速提效，全方位全过程提升服务水平。因此，必须把握“坚持环保与发展相统一、坚持服务与监管相统一、坚持权力与责任相统一”的基本原则，在促进发展中找准环保工作的位置。生态环境是发展的基本要素，生态环境好就意味着投资创业环境有更大的优势，有利于聚集优秀人才，吸纳先进生产要素，保护生态环境就是保护发展硬环境，加强环保工作自然是改善发展环境的题中之义。要在法律法规框架下，不断丰富服务手段、形式和内容，尽可能方便企业、方便基层。任何时候都要守牢依法监管的底线，避免服务错位、监管缺位，真正守好门、把好关、履好责、服好务。都说环保很有权，但有权必有责，权力的背后更多的是责任，

必须把权力还原为责任，勇于担当而不揽权弄权，把权力实实在在用来为人民群众服务。

以效率为核心提升环保服务水平的问题。提升环保服务水平的核心就是提高效率。要着力在提高审批效率、提高容量资源配置效率、提高环保服务水平三方面下功夫。要前移服务关口，简化办事程序。对项目投资和建设要主动介入、全程指导，该告之的及时告之，该建议的主动建议，该服务的热情服务；对涉及的办事流程和办事手续，能归并的归并、能缩减的缩减，力求规范简便。要有保有压，合理调配环境容量指标，以优化环境承载，破解环境制约。在确保完成主要污染物总量减排目标和满足环境质量达标要求的前提下，优先保障先进产能、民生项目的指标需求，把有限的环境资源用活用足用好。要按照省、州重大建设项目环评推进工作会议的要求，鼓励和引导环评技术咨询、评估单位合理竞争，不断提高环评编制速度和质量，真正提高环保服务效率。

强化环境执法监管的问题。在全州加快发展的新形势下，要密切关注可能出现的放松准入监管和排放监管，导致污染反弹和环境违法行为增多现象出现。为此，服务和监管绝不能一手硬、一手软，要寓服务于监管当中，把依法监管、构建良好环境秩序作为最好的服务，始终坚持“防止污染反弹、防止环境违法行为和环境事故高发”和“严格准入、严格执法、严格防范”的“两防三严”要求，坚决避免以改善发展环境为由头放松环境监管。否则我们将“捡了芝麻，丢了西瓜”，那将是我们的失职和无能。在工作中，要立足于严格准入把关，优化环境承载。必须强调，当前形势下的环保准入把关要坚持绿色引领和环境倒逼，突出有保有压和以治促调，牢牢遵循：该进来的项目我们服务好了没有、不该进来的项目我们拒绝了没有、该淘汰的落后产能我们淘汰了没有这三条原则，这样才能优化环境承载，提高环保把关水平。第一，要把好新项目准入关，实现源头优化。严格落实环境影响评价制度，实现空间、总量和项目的三重环境管制。对有利于转型升级的实体经济项目和有利于改善民生的基础设施项目要积极支持；对不符合布局规划、产业规划和环境标准的项目，一律不予审批通过。第二，要立足于严格规范执法，营造公平公正的竞争环境。坚持零容忍、出重拳。对环境违法的容忍是对人民的犯罪。必须始终保持环境执法的高压态势，从严打击各类危害群众身体健康、威胁环境安全的违法行为，切实维护环境安全和社会稳定。对出现重大环境事故以及由环境问题引发的群体性事件，要依法依规追究有关企业、单位的刑事、民事、行政等责任，下大决心解决环保检查不到位、处罚不到位、地方保护主义等问题。要坚持联防联控结合，加强与安监、公安、工商、城管等有关部门联合执法，建立健全相应的协调平台和协作机制，切实提升环保执法效力和司法保障。要坚持公平正义的导向，打击环境违法行为，不是为了严惩企业，而是为了规范行为，是为了引导守法经营、维护公众权益。要坚持秉公用权，依法行政，对各类监管对象一视同仁，尤其要增强公信力，不能让守法的人吃亏，更不能为违法企业充当保护伞，要全力营造有利于合理竞争、公平发展的环境监管氛围，努力让市场主体和社会公众都能感受到公平正义的阳光。第三，立足于严格防范风险，保障环境安全。当前，要注意防范三重风险。一是严防在加快发展背景之下，先上车后买票、先污染后治理，以牺牲环境换取一时经济增长的风险。必须把环境容量作为硬约束，把环境质量作为目标管理导向。必须加强环境准入把关，严格源头控制，强化对新建项目的环境评估和审查，做到以环境质量决定总量排放，以环境功能区达标状况倒推环境承载，以尽可能小的环境影响支撑发展。二是严防重点领域环境污染和突发环境事故的风险。充分吸取近年来国内、州外发生的重金属、饮用水源污染等事件的经验教训，全面加强涉重行业污染整治和饮用水源安全隐患大排查大整治工作，加快解决区域性、行业性、结构性的突出环境问题，从源头上减轻环境安全压力。三是严防群体性事件和社会稳定的风险。密切把握社会脉搏和群众呼声，积极主动、毫不懈怠地抓好信访调处、隐患排查、舆情监控、应急演练和预警响应等工作，把矛盾防患于未然、化解于基层，防止因环境问题引发群体性事件，为党的十八大召开营造良好的社会氛围。

三、真抓实干，切实抓好今后全州的环保工作

通过环保工作实践，在认清形势，深刻剖析，尤其是在明确要把握和处理好的几个问题的基础上，对今后全州环保工作要抓好的重点思考如下：

服务文山发展大局，进一步加强和改进环评管理服务。必须要求全州环保系统从“转变作风抓落实，改善环境促发展”的大局出发，真抓实干，把投资和项目作为第一抓手，进一步在推前期、促开工上狠下功夫，切实把重大项目建设的环评工作放在重要议事日程，对重大建设项目，超前沟通对接，认真对照产业政策和环保要求及时进行梳理调整，确保项目的可行性和可批性，把项目和投资真正落到实处。同时，帮助和督促各县（市）完成工业园区的规划环评工作，对尚未开展规划环评的工业园区，要求尽快开展规划环评，以解决入园项目的审批前置问题。

全力保障人民群众环境权益，进一步加大环境监管的力度。以“环保专项行动”和“百日环境安全大检查活动”为契机，进一步加大环境监管执法力度，认真开展国控、省控企业、减排项目及重金属污染专项检查，建立监管台账，对检查中发现的违法行为和污染治理设施不能稳定达标或超总量排污的企业严肃查处，及时处理群众来信来访有关环境问题，全力保护人民群众环境权益。

努力拓展环境容量，进一步强化减排工作。主要是按照责任书的要求，切实督促抓好各项工作措施的落实，确保减排项目和减排量的完成。化学需氧量和氮氧化物削减方面：进一步加强对各县（市）污水处理厂日常监督检查，督促各县（市）所辖污水处理厂按照全州污水处理设施的建设规划建成投入正常运行。在督促农业源重点减排项目进行雨污分流、清粪和废弃物综合利用的同时，按照农业源减排核算的要求，鼓励和指导好各县（市）加大养殖业减排项目的编制上报工作，争取在 2012 年形成有效的减排量，并得到国家认定。二氧化硫和氮氧化物削减方面：在督促完成省级减排项目的同时，加强与工信委和各县（市）人民政府沟通对接，进一步深挖减排潜力，加大结构减排力度，为全州工业发展提供环境容量。

扎实做好环保项目申报和实施，进一步改善环境质量。重点抓好水源保护区环境保护综合整治、农村环境连片综合整治项目的组织实施工作，继续把农村环境连片整治及各县（市）城镇饮用水水源地保护等作为申报中央、省农村环境治理资金支持项目的重点，做好 2013 年农村环境综合整治项目的申报工作。在组织实施好省级支持减排项目和重金属污染综合防治项目的同时，以实施好中央支持的重金属污染综合防治示范项目和文山州历史遗留水泥窑协同处置工程为契机，进一步加大重金属污染防治项目的储备和申报力度，争取中央、省的更多支持，进一步改善文山州环境质量。

抓实干部队伍建设，进一步为文山环保事业的发展提供保障。狠抓组织、作风、制度建设，强化学习、责任意识，创新工作机制，健全和完善各项规章制度，努力造就一支思想好、作风硬、业务精、工作实的环保队伍，为各项重点工作的顺利开展提供有力的保障。

强化环保宣传，进一步为环保工作营造良好的社会氛围。强化环保宣传，加强与社会各界、有关部门、媒体单位的协调联系与合作，加大环境宣传教育力度，积极营造全社会认识环保，关注环保、参与环保的自觉行动，建设和保护好文山美好家园，进一步为环保工作营造良好的社会氛围。

加强环境保护　推动榆林发展

陕西省榆林市环境保护局　郝亚雄

“十二五”是榆林经济社会持续跨越发展的关键时期，也是资源环境矛盾凸显期，节能减排硬约束和环境风险压力持续加大。为确保全面完成“十二五”经济社会各项目标任务，实现经济社会又好又快发展。近期，我深入县区、企业进行了实地调研，并组织有关方面对榆林市环保工作存在的问题、面临的形势等进行了认真研究和深入分析，比较全面地掌握了环境保护工作情况，进一步了理清了工作思路，明确了工作重点，为全面推进我市环保工作上水平、上台阶打下了良好基础。

一、榆林环保工作面临着三大压力

在经历了“十一五”的跨越发展，市委、市政府针对资源环境矛盾凸显、环境风险压力增大等问题，2011年，出台了《关于环境保护优化经济发展的若干意见》和《关于加强农村环境保护工作的意见》两个指导性意见，全面确立了环境保护优化经济发展的理念。市政府也先后制定下发了《榆林市“十二五”节能减排综合性工作方案》、《榆林市“十二五”主要污染物总量减排实施方案》、《榆林市“十二五”主要污染物总量减排考核办法（试行）的通知》、《榆林市“十二五”及2011年环保工作目标任务及考核办法》等19个文件，进一步明确了工作任务，落实了工作责任，有力地推动了各项环保工作，促进了环境质量改善。2011年，全市二氧化硫、化学需氧量、氨氮三项指标分别削减2.2%、1.85%、4.5%，超额完成省上下达的任务；榆林城区空气质量优良天数达到334天，其中，达到一级标准的天数为42天，同比增加15天，创有监测以来最好水平。无定河、窟野河、秃尾河三条河流出境断面水质全部达到功能区划要求，其中，无定河米脂断面水质由Ⅳ类改善为Ⅲ类，城市集中式饮用水水源地达标率为100%。城市环境综合整治定量考核以95.81分历史最好成绩，在全省10个地级市中排名第二，为促进全市经济社会又好又快发展提供了强有力的环境支撑。

但是，在推进榆林经济社会持续跨越的新形势、新任务下，环保工作面临的形势仍十分严峻，任务十分繁重，也是影响我市政治、经济、社会发展的短板和软肋。概括起来有三大压力：

一是环境容量压力。“十一五”以来，榆林排污总量一直呈高位增长态势。2011年，全市工业废水排放量达4 798.75万t，比2006年增加了3 321万t；全市工业废气排放量达2 569.83亿m^3，比2006年增加1 778.17亿m^3；全市二氧化硫排放量达22.85万t，比2006年增加9.05万t；全市化学需氧量排放量达22.85万t，比2006年增加3.96万t。由于排污总量居高不下，导致环境容量越来越小，一些地区大气和水环境容量处于饱和状态。

二是污染减排压力。榆林特殊的资源禀赋造就了以高耗能行业为主的产业结构成为我市经济结构的主要特点，工业重型化趋势日益明显。随着基地建设步伐加快，一批重大能源化工项目投产，煤炭等能源消费量逐年大幅增加，据测算，预计“十二五”期间全市新增煤炭消费量达 1 亿 t。即便这些项目同步建设高效脱硫脱硝设施，还要净增二氧化硫排放 9.9 万 t、氮氧化物 8.9 万 t，占总削减任务的 80%左右，消化新增量的任务十分艰巨。加之，工程减排潜力有限，小火电等落后产能淘汰滞后，给完成减排任务带来了巨大压力。

三是环境风险防范压力。各种情况表明，经济快速发展期也是污染事故多发期和环境问题凸显期。在经济社会持续跨越发展过程中，不可避免地又产生了新的环境问题和环境矛盾。加之，榆林能源化工基地经过 10 多年的建设和发展，已进入事故高发期、频发期。据统计，仅上半年，全市就发生大的环境污染事件 4 起，尽管没有造成大的事故，但也给我们再一次敲响警钟。另外，超标排放的企业还不同程度地存在，环境违法行为时有发生，影响环境安全的不确定性因素不断增多，环境安全防范压力持续加大。

二、做好榆林环保工作需抓住四个重点

针对当前我市环保工作面临的形势和任务，着重要抓好以下四方面工作：

1．抓好大气污染防治，全面改善空气环境质量

按照省政府《关于全面改善城市环境空气质量工作方案的通知》精神，结合我市实际，尽快制定《榆林市全面改善城市环境空气质量工作方案》，《方案》要以人民呼吸清洁的空气为目标，坚持“点面结合，以点为主”的方针，实行区域联防和重点城市整治相结合、排放总量控制和大气环境质量改善相结合，实现多类污染物的控制和主要污染物的削减，着力解决危害群众身体健康、影响经济社会可持续发展的大气环境问题，不断改善空气环境质量。具体要实施好五大工程：

一是实施工业污染源防治工程。以火电、兰炭等燃煤大户为重点，加大脱硫脱硝及除尘治理力度。新建火电企业必须同步建设烟气脱硫、脱硝设施，效率分别达到 95%和 80%以上。加快现役 30 万 kW 以上机组脱硝设施建设，2012 年内建成一半，2013 年上半年全部建成投运并形成减排效益。其他燃煤机组按要求安装低氮燃烧器或采用低氮燃烧技术，减少氮氧化物排放。加快兰炭及涉兰行业整合提升，2013 年 6 月底前完成治理验收，提升行业发展水平。制定落后产能淘汰计划，加快淘汰工艺落后、能耗高、污染严重的小火电、小化工企业，腾出空间，发展优势产业。

二是实施城市大气综合整治工程。加强城市扬尘污染控制。强化施工工地环境管理，各类建筑施工、道路施工、市政工程等工地和构筑物拆除场地周边必须设置围挡，并采取湿法作业方式。禁止在城市建成区内现场搅拌混凝土、砂浆，施工现场主要道路必须进行硬化处理，易产生扬尘的物料堆置场必须采取密闭、遮盖、洒水等抑尘措施，减少露天装卸作业，严禁渣土车遗撒。强化城市主要道路及重点部位清扫保洁。实施道路机械吸尘式清扫，机械吸尘式清扫率达到 75%以上。主干道及施工工地周边实施冲刷保洁作业，确保道路不起尘。禁止露天直接焚烧秸秆、树叶、垃圾等废弃物。开展挥发性有机物污染防治。对喷漆、印刷、服装干洗、石化、电子等企业实行挥发性有机污染物排放达标治理。禁止在城市建成区内进行平面及立体广告制作的露天喷涂作业。严格控制城市餐饮服务业油烟

排放。

三是实施机动车污染防治工程。制定“黄标车”淘汰方案，采用激励、约束并举的经济调节手段，加快高污染“黄标车”和低速载货车淘汰进程。加强机动车环保定期检验，实施机动车环保标志管理，到2015年，机动车环保检测标志发放率达到85%以上；大力发展公共交通，降低机动车污染物排放。

四是实施绿色屏障工程。实施城市增绿扩水，提高自净能力。实施步行街、新建路、长城路、榆林大道、迎宾大道5条立体绿化建设，推进防风固沙林带建设，开展以防护林营造、植被恢复、退牧还草为主要内容的生态治理，构建生态安全带。

五是实施联防联控预警工程。建立“天眼”遥感空气质量监测体系，形成地面和立体相结合的空气质量监测网。2012年底前，榆林城区建成$PM_{2.5}$监测系统，并开展监测工作，2013年对外发布监测数据；2014年底前，各县城全部建成含有PM_{10}、$PM_{2.5}$、SO_2、NO_2、O_3、CO六项指标的大气自动监测站，2015年发布监测数据。

2．加强重点流域污染防治，不断改善水环境质量

以保障饮水安全为重点，加快治理力度，全面推进水污染防治和水资源保护工作，持续改善水环境质量。

一是实施饮水安全保障工程。认真落实饮用水源保护区各项管理制度，优化、调整饮用水源保护区。取缔饮用水水源一级保护区内的直接排污口，加强水源保护区水土保持、水源涵养，控制面源污染。健全饮用水水源安全预警制度，制订突发污染事故的应急预案。完善饮用水水源地监测和管理体系，定期对集中式饮用水水源地进行水质监测，及时公布水环境状况。

二是实施城市污水处理工程。加快城市污水处理与再生利用工程建设。新建30个重点镇、16个工业园区污水处理厂，扩建榆林城区等11个污水处理厂，新增配套管网铺设3 000 km，新增处理能力97万t。到2015年，所有县城、重点镇、工业园区全部建成污水处理设施，污水处理率达70%以上。加快现有污水处理厂除磷、脱氮改造，年内完成现有14座污水处理厂提升改造，出水达到一级A标准。加强污水处理厂污泥处置，实现污泥稳定化、无害化。加强运行监管，不断提高城镇污水收集能力和污水处理设施运行效率，保证污水处理厂按设计负荷运行，当年不低于设计能力的60%，三年内不低于设计能力的75%。

三是实施工业废水治理工程。严格执行水污染物排放标准和总量控制制度，全面推行排污许可证制度。抓好占工业化学需氧量和氨氮排放量80%的重点企业废水达标排放与总量削减。继续在电力、化工、煤炭等重点行业推广废水循环利用，努力实现废水少排放或零排放。以沿河化工企业为重点，全面排查排放有毒有害物质的工业污染源，并建立水质监测定期报告制度，督促其完善治污设施和事故防范措施，杜绝污染隐患，确保流域水环境安全。

3．加大农村环境综合整治，改善农村人居环境

以清洁家园、清洁水源、清洁田园、清洁能源为目标，大力开展“以奖促治、以创促治、以减促治”活动，推动农村走上生产发展、生活富裕、生态良好的文明发展道路。

一是实施农村生活垃圾整治工程。城区周边农村要依托现有城镇垃圾处理设施，逐步推广“户分类、村收集、乡运输、县处理”的模式；重点镇和规模较大的村庄建立垃圾站，对生活垃圾实现定点存放、统一收集、定时清运，提倡资源化利用或集中处理；偏远村采取就近资源化、无害化的处理方式，逐步实施集中收集、集中处理。

二是实施农村饮水安全和生活污水处理工程。科学划定农村集中式饮用水源保护地，增强村民保护水源的意识，完善水源设施，防止水源受到污染，保障农村饮用水源安全。开展农村饮用水源水质监测，逐步建立水质本底档案，指导农民选定取水水源。推进农村生活污水处理，城市周边村生活污水逐步纳入城市污水处理系统；重点镇建设污水处理站，实施统一处理；居住分散的村庄采取净化沼气池、人工湿地等简易方式处理。

三是实施畜禽养殖污染治理工程。以规模化畜禽养殖场和养殖小区为重点，大力实施“以减促治”活动，加大畜禽养殖废水治理力度，到2013年底，全市90%以上规模化畜禽养殖场和养殖小区配套建成固体和废水贮存处理设施，实现养殖废弃物的减量化、资源化、无害化。

4．加强重金属、危险废物和化学品环境监管，防范环境风险

以高度负责的精神，切实抓好重金属、危险废物和危险化学品环境安全防范，确保全市环境安全。

一是加强重金属污染防范。严格涉重行业准入门槛和环保准入条件。制定涉重企业应急预案，落实风险防范措施，完善预警监测，提升重金属监测能力，确保涉重企业排放始终处于有效监控之下。

二是加强危险废物防治。将危险废物、危险化学品、医疗废物等纳入环境风险的重点防范领域，建立健全危险废物产生、运输、处置台账和全过程监管系统，实现危险废物和医疗废物的安全处置。加快污水处理厂污泥处理设施建设，实现无害化处置。

三是加强辐射环境安全。坚持“预防为主、防治结合、严格管理、安全第一”的方针，切实落实核与辐射统一监管职责。开展辐射环境现状调查，建立健全放射源数据库，实现动态管理。建设核与辐射安全监管应急决策处理系统，提高核与辐射事故应急能力和放射性废物处置能力，保障辐射环境安全。

三、做好榆林环保工作要用好七个手段

抓好污染防治，必须注重全防全控、联防联控和群防群控，充分运用法律、经济、行政和技术等综合手段。当前和今后一个时期，应切实用好以下七个手段：

1．用好环评调控手段

健全规划环评与项目环评联动机制，在项目审批、试生产、竣工验收三个环节中，要坚持做到“七不批”、“五不准”、“七不验”。

“七不批”：未进园区的工业类项目不批；位于敏感区不符合相关规定的项目不批；配套处理设施（水、气、热）不完善的项目不批；总量审核未通过的项目不批；选址不符合相关要求的项目不批；原有违规项目未整改到位的改扩建项目不批；有搬迁要求未制定搬迁方案（风险措施、公众参与）的项目不批。

“五不准”：环保设施与主体工程不能实现“三同时”的不准试生产；项目建设地点、性质、规模、采用的生产工艺或者防治污染、防止生态破坏的措施发生重大变动且未取得原审批部门批复同意的不准试生产；未落实项目环评审批时当地政府承诺（拆迁安置、集中供热、供水等）的不准试生产；要求开展环境监理但未提供（阶段性）监理报告的不准

试生产；有信访问题、环境违法违规行为未整改到位的不准试生产。

“七不验”：“三同时”动态档案不齐全的不验，出现变更未补充评价的不验，未提交试生产意见的不验，超期试生产未批准延期的不验，违法行为处理未结案的不验，有信访问题且未整改到位的不验，要求监理但未提交环境监理报告的不验。

2. 用好总量减排手段

污染减排是改善环境质量最直接、最有效的手段，必须抓好抓实。具体来讲，要落实好结构、工程、管理、科技四大减排措施。

狠抓结构减排：紧紧抓住当前经济萧条、产业结构调整的有利时机，按照环保达标标准，对不符合产业发展要求，与推进产业转型升级相背离的，尤其是一些高污染、高排放的落后产能，坚决予以淘汰限制。按照新型工业化的要求，积极引进和发展科技含量高、附加值高、市场前景好和低能耗、低污染、低排放、符合低碳经济要求的高端产业，加快实现经济结构的战略性调整。

突出工程减排：从我市的实际情况看，要完成污染减排目标任务，扩展发展空间，工程减排是关键。要加快污水处理、脱硫脱硝、除磷脱氮等减排设施的建设，确保按期建成投用。同时，在保证建成减排设施正常运行、稳定达标排放的基础上，进一步提升处理效率，实现减排效益最大化。

严格管理减排：加大减排设施的监督检查力度，落实最严格的监管措施，确保各项治污设施稳定达标运行，稳定发挥减排效益。加强污染减排监测、统计、考核“三大体系”建设，健全减排统计监测台账，严格减排考核问责。

强化科技减排：充分运用科技在减排中的引领作用，引导、鼓励企业开展有利于节能减排的技术改造，打造一批适合榆林产业发展的环保治理典型。

3. 用好环保核查、清洁生产审核手段

以重点行业环保核查、上市企业环保核查和强制性清洁生产审核为抓手，加强执法监管和部门联动，落实企业治污主体责任。强化企业清洁生产意识和水平，将企业清洁生产的减污成效作为核发排污许可证和核算企业总量减排的重要依据。

4. 用好模范城市创建手段

创模是吸引党政领导视线、将环保工作融入主战场的重要载体，也是落实地方政府环保责任、提高城市管理水平的重要途径。在抓好榆林城区创建的同时，积极开展县级模范城市创建，不断拓展创建领域。

5. 用好现场执法监察手段

深入开展环保专项执法检查活动，狠抓一批违法典型，依法从严、从速、从重进行处理，以高压态势严惩环境违法行为，维护市场秩序，促进社会公平。

6. 用好环境经济政策

进一步发挥绿色信贷、排污权交易等市场调控作用，建立与银监、财政、金融等部门联动机制，用行政手段和经济杠杆规范行业及企业的环境行为，构建全放全控、多措并举的污染防治体系。

7. 用好媒体宣传手段

充分发挥新闻媒体作用，大力弘扬环境文化，监督曝光环境违法行为，推动全社会牢固树立生态文明理念。

关于做好基层环保工作的几点思考

青海省海南藏族自治州环境保护局　牛宝新

随着改革发展的不断深入，全民环保意识的不断加强，经济发展和环境保护的矛盾日益突出，怎样做好基层环境保护工作，加快建设资源节约型、环境友好型社会，实现经济发展、社会进步、生态文明共赢，是当前摆在基层环保部门的一项重要课题。结合州环保工作多年的实践经验和探索，就如何做好基层环保工作浅谈几点意见。

一、海南藏族自治州基本情况

1．生态环境

海南藏族自治州地处“三江源”国家级自然保护区、青海湖国家级自然保护区、贵德黄河清国家级湿地公园，“两区一园”涵盖整个全州，是生态地位十分重要的地区，也是生态环境最为脆弱的地区。全州土地总面积 44 546 km^2，其中天然草场面积 5 069.95 万亩（可利用草场面积 4 486.72 万亩）、占 76.27%，有耕地面积 123.58 万亩（其中水浇地 40.65 万亩、浅山地 58.45 万亩、脑山地 24.1 万亩）、占 2.7%，林业面积 893.19 万亩、占 13.44%，水域面积 445.06 万亩、占 6.7%，其他用地 59.49 万亩、占 0.89%。境内国家级自然保护区面积 1 274.4 万亩，湿地面积 387 万亩，是黄河上游主要的水源涵养林区。州内蕴藏着丰富的动植物资源，有野生植物资源 600 余种。黄河在州境流长 411 km，占黄河干流的 7.6%，占省境流长的 21%。黄河流域在州境增加水量 120 m^3/s，年输入黄河水量达 37.8 亿 m^3，是“中华水塔”的主要组成部分。青海湖位于自治州之北，流域总面积 29 623 km^2，湖水面积 4 392.8 km^2，湖水容量 742 亿 m^3。既是维系青藏高原东北部生态安全的重要水系，又是控制西部荒漠化向东蔓延的天然屏障。海南州又属三江源国家级自然保护区范围，包括兴海、同德两县，占自然保护区总面积的 12%，中铁、江群核心功能区面积 210 万亩，缓冲功能区 165 万亩。贵德黄河清国家级湿地公园，特殊的地理位置，丰富的自然资源，使海南州的生态战略地位显得十分重要。

2．污染源及防治

全州现有工业污染源 47 家，其中铁合金企业 2 家、碳化硅企业 1 家、矿山企业 7 家、纺织企业 2 家、水泥企业 2 家（排放污染物为废气）、制药业 1 家（排放污染物为废气、废水）、建筑用品企业 18 家（排放污染物为废气）、肉食品加工业 11 家（排放污染物为废水）、其他企业 3 家；集中式污染治理设施 6 个，其中生活垃圾填埋场 5 个、污水处理站 1 个；生活污染源 2 114 家，其中宾馆类 257 家、餐饮业类 1 101 家、洗浴类 51 家、机械修理类 317 家、美容美发类 263 家、摄影类 20 家；医疗废物排放单位 78 家；采暖锅炉 142 台，其中安装除尘设施的 31 台；农业污染源 10 家（共和 4 家、贵德 6 家）。

二、近年来环境保护工作取得的主要成效

近年来，我们紧紧围绕西部大开发战略和海南经济社会发展目标，采取有效措施，切实加大环境保护工作力度，将环境保护指标纳入州、县党政领导班子考核目标，全面推进工业污染防治和生态保护建设，全社会的环境意识和公众参与度得到提高，环保基本国策的舆论氛围初步形成。

1．污染防治工作全面推进

“十五”以来，本着突出重点、明确责任、制定目标、分类指导的原则，加强对重点流域、重点地区、重点行业的生态建设和环境污染防治，先后多次组织开展了环境保护专项整治活动，依法关闭淘汰了工艺落后、污染严重的企业，使主要污染物排放量有效地控制在省级下达指标以内。严格执行环境保护法律、法规，严把建设项目“环评”审批和“三同时”竣工验收关，全州建设项目环评执行率达 90%，“三同时”执行率达 85%。有效防止了新、改、扩建项目对环境造成的新污染。

2．生态保护和建设得到加强

多年来，我州积极实施“治理生态促发展”和“生态立州”的战略决策，按照“一湖”（青海湖）、“一河”（黄河）、“两滩”（塔拉滩和木格滩）、“十沟”（州境内生态脆弱的十条流域）的思路，把生态建设放到了全州经济社会发展的突出位置，逐步遏制土地沙化和水土流失，认真实施退耕还林、天然林保护、“三北”防护林体系建设为重点的生态建设工程，促进全州生态建设。2000 年以来，全州林业生态建设总规模 300.46 万亩，其中人工造林种草 171.66 万亩，封山育林 115.3 万亩，飞播造林 10.7 万亩，四旁植树 2.8 万亩（562 万株），全州森林覆盖率达到 6.78%，累计完成生态工程建设投资 6 亿余元。尤其海南州列入《青海三江源自然保护区生态保护和建设总体规划》项目区的兴海、同德两县，自 2004 年项目实施以来，共完成投资 10 122.4 万元，实施生态移民、能源建设、建设养畜、封山育林、鼠害防治、森林、草原防火、小城镇配套设施、人畜饮水、科技培训、饲草料补助等 11 个项目，通过实施项目，严格控制自然保护区特别是核心区人为活动，减轻了草场压力，缓解了草畜矛盾，有效保护了生态环境。

三、州环境保护工作存在的问题及原因

1．主要问题

（1）自然条件严酷，生态问题特殊，生态保护和建设点多面广，治理难度大、困难多。主要表现在：一是退化草地面积逐年增加。全州退化草场面积达 1 338.9 万亩，占全州草场面积的 26.7%。二是水土流失面积不断扩大。全州水土流失面积 982.2 万亩，占土地总面积的 14.2%。三是土地沙化日趋严峻。全州土地沙漠化面积达 1 900.5 万亩，占全州土地总面积的 28.7%。四是源头来水量逐年减少，湿地不断萎缩。

（2）基层环境保护部门人员紧缺、素质参差不齐，观念落后，业务不精，责任感不强，措施不力的问题较为突出。资金、政策上对基层环保系统能力建设支持不够，基层环境保护队伍不稳定，缺少相关专业人才，设备老化落后，环境监测实验室的建设和监管配置达

不到国家标准，造成环境监测项目开展得少，不能够全方位反映环境质量，尤其是在突发环境事件中不能保证准确及时地提供第一手资料。

（3）基层环境监察执法力量相对较弱，装备差，手段缺乏，自身建设尚不能满足形势发展的需要。加之环境监测设备仪器欠缺，工作不能及时有效开展，严重影响全局性的环境监管。

（4）城镇污水、废气等处理设施建设严重滞后。随着人口增加、工业化、城镇化进程的加快，主要污染物排放量呈增长态势，由于城镇环保基础设施建设滞后，生活污水已成为影响水环境质量的主要因素。固体废物减量化、资源化、无害化处理水平非常低下。

（5）工业企业，尤其是高耗能企业布局不尽合理，造成的局部环境污染问题引起了当地群众的强烈不满，上访事件增多；各排污企业都不同程度地存在守法成本高，违法成本低的现象，环保设施运转不正常，有偷排超排行为。部分建设项目环评和“三同时”执行不力，存在重建设轻监管、未审批就开工、不审批也建设；先建设后评价、边建设边评价、只建设不评价等问题。

2. 主要原因

一是部分地区对环境保护重视不够。发展中不同程度存在重经济发展、轻环境保护，在全面落实科学发展观上缺乏自觉性。二是产业结构不尽合理，经济增长方式粗放，工业污染结构性矛盾突出。三是环境保护执法不严，监管不力，有法难依现象较为突出。四是环境保护投入机制不完善，环保治理投入严重不足，污染治理市场化运营机制不健全，环境治理明显滞后于经济发展。五是环境管理体制机制未完全理顺。

四、针对上述问题的几点思考

基层环保工作不仅需要上级政府部门的支持，需要各行各业的主动参与，更需要每个公民的积极行动。所以，做好基层环保工作必须着重加强以下几项工作。

一要加强组织领导。积极争取地方政府的理解和支持，坚持党政“一把手”亲自抓、负总责，建立健全生态环境保护的目标管理责任制，层层签订环保目标责任书，一级抓一级，层层抓落实，严格责任考核，确保责任到位，并将其作为干部选拔任用和奖惩的硬指标，对环保工作成绩突出的要给予表彰奖励；对没有完成环保任务的要给予通报批评。要完善环保部门统一监督管理、有关部门分工负责的生态环境保护协调机制，尤其是环保部门作为政府生态环境保护统一监管的牵头部门，进一步发挥职能作用，主动与有关部门协调沟通，加强环境执法监察，做到依法行政。

二要充分发挥法律赋予环保部门的权利，对辖区内环境实施统一监督管理，增加人员力量，加大财政投入，认真研究环境管理问题，完善监测队伍，改善监察、监测设备，不断推动基层环境管理向数字化、信息化和现代化方向转变。

三要倡导树立绿色文明理念。绿色文明是实现人与自然和谐、公众幸福指数提升的现代文明。倡导树立绿色文明理念，打牢深入贯彻落实科学发展观、推动可持续发展的思想基础。在各级党政班子中树立绿色政绩观，不断健全完善科学考评办法，把资源消耗、环境质量、生态投资、绿色产业等纳入目标考核指标体系，以绿色发展推动科学发展。在各类企业中树立绿色生产观，严格绿色管理，推广绿色技术，发展绿色产业，打造绿色品牌，促进经济的"绿色化"。在全社会树立绿色消费观，引导公民、家庭和单位绿色消费，营造自然、健康、适度、节俭、生态的绿色消费环境和氛围。建立健全环境保护、绿色发展等地方性法规、规章体系，提供强有力的法制保障。加强绿色文明教育，普及生态伦理价值、生态道德文化，形成生态文明新风尚。

四要切实加强能力建设，提高环境监管水平。从提高队伍素质入手，广泛开展环境执法监察、环境监测技能和突发环境事故应急响应大练兵活动，通过经验交流、业务培训、树立典型等形式，造就一批环保业务骨干，组成一支机动灵活、骁勇善战的污染防治队伍。

五要在"环评"和"三同时"管理上严格把关，对一些违法企业向农村转移的问题，环保部门应建议当地党委、政府在决策时要有前瞻意识，树立环境优先的理念，从决策和规划的源头综合考虑经济发展与资源环境保护之间的关系，统筹考虑经济行为对资源环境可能造成的现时影响和潜在的长远影响，把战略环评作为科学决策的依据和必然选择。加大环境监管和打击力度，对未经审批、严重污染当地环境的违法企业坚决予以查处，要"心狠"、"手硬"、"动作快"，发现一个查处一个，只要事实清楚、证据确凿，对违法排污企业绝不心慈手软、姑息迁就。

六要充分发挥舆论监督作用。舆论监督是发现环境违法行为、维护公正执法最好的见证者，能大力促进环保事业的健康发展。因此，基层环保工作必须依靠新闻媒体来宣传政策法规，传递环境信息，宣传动员群众，提高全社会的环境法制意识和公众的环境保护意识、环境维权意识，使广大群众了解自身的环境权利和义务，从而增强热爱环境、保护环境的自觉性和积极性，充分行使宪法赋予的知情权、参与权、表达权、监督权，对各类环保公共事务进行深度参与，积极支持环保工作的开展。同时大力开展绿色学校、绿色社区、绿色乡镇、绿色企业等创建活动，积极推进环境宣传教育社会化进程。建立新闻报道快速反应和协调发展机制，通过发挥媒体自身的优势，曝光企业环境违法事实，制造强大的社会舆论压力，迫使企业积极配合环保部门对违法项目进行整治。

总之，环境问题要从大处着眼，小处入手，目前国家正在大力宣传和倡导节能减排，要求全社会和全民迅速行动，积极参与。基层就更需要政府、民众和企业同心协力做好污染防治和生态保护工作，才能把节能减排的目标任务落到实处，加快建设资源节约型、环境友好型社会，实现经济发展、社会进步、生态文明共赢的目的。

坚持“绿色发展” 实现环境保护与经济发展“双赢”

青海省海北藏族自治州环境保护和林业局 刘光远

海北是青海湖和湟水、黑河、托勒河、大通河的水源涵养地，与青海省三江源地区一样，是具有生物多样性的重要地区，也是维系青藏高原东北部与河西走廊生态水系安全及控制西部荒漠化向东蔓延的天然屏障。同时，海北地处经济欠发达地区，面临着发展经济的巨大压力。只有坚定不移地实施“绿色发展”道路，实现环境保护与经济发展“双赢”，是符合生态脆弱的经济欠发达地区的实现经济发展的道路。

一、海北州实施“绿色发展”的重要性

我州属高原大陆性气候，平均海拔 3 100 m，雨水蒸发量大于降水量，无绝对无霜期，环湖地区的沙漠化趋势持续蔓延，森林分布极不均匀，主要分布在祁连县黑河和门源县大通河中下游峡谷地区，刚察、海晏仅有少量灌木林分布，且乔木林少，灌木林多，生态环境极其脆弱。矿产资源丰富，但开采加工过程中的生态安全隐患严重。湟水、大通河、黑河和托勒河等 4 条跨省界河流，是下游地区重要的水源地，和青海湖共同构成全省重要的生态屏障，全州生态环境好坏直接影响到全省乃至全国。同时，海北州下辖门源回族自治县、祁连县、刚察县、海晏县和青海湖农场，总人口 27.8 万人，有藏、汉、回、蒙、土等 27 个民族，少数民族人口 17.9 万人。民族成分众多，经济相对滞后，实现跨越发展和长治久安，是迫切面临的任务。必须紧紧围绕发展这根主线，结合海北特点，着力推动跨越发展、绿色发展、和谐发展和统筹发展。

二、生态环境保护现状

建州以来，我州的森林资源管理经历了从大量采伐到全面封育造林的过程。随着加快林业发展和西部大开发等重大政策措施出台，全州紧紧抓住难得的历史机遇，把生态环境保护和建设放到了经济社会发展的突出位置，陆续实施“三北”防护林生态建设工程、天然林保护工程、国家重点公益林建设工程和退耕还林还草工程，全面停止了一切形式的天然林采伐。落实了国家生态公益林建设及森林生态效益补偿基金制度，林木种苗基础建设取得长足进步，全民义务植树蓬勃开展，森林防火、森林病虫害防治和野生动植物体系进一步健全，野生动物种群数量呈现增加趋势，持续 39 年无重大火灾发生。天然林得到恢复发展，森林蓄积快速增加，林相逐渐变好。土地沙漠化和水土流失面积得到一定控制，生态恶化的趋势有所减缓。森林覆盖率由“九五”末期的 11.16%提高到目前的 15.2%。

环境保护事业走进社会经济发展和人民生活的各个领域，开始发挥越来越重要的作

用。围绕重点区域、流域和重点行业，规范管理程序，完善管理制度，严把建设项目“环评”、“三同时”和竣工验收等环节，扎实开展工业污染防治工作，实现了污染防治由末端治理向事前预防和过程控制的根本转变。已持续开展多年的整治违法排污企业保障群众健康环保专项行动切实维护了广大公众的环境利益。西海镇垃圾填埋场、建成鸟岛管理区污水处理和垃圾填埋场、全州医疗废物处置、州辐射环境监护监测前沿站、原海北化工厂水污染治理、西海镇和海晏县污水处理厂等一批项目相继开工，有力推动了全州污染防治工作的开展。在线监控、自动监控等现代化监控手段，进一步提高了监管水平。环境保护宣传教育广泛深入开展，全民环境保护意识普遍提高。

三、“绿色发展”思路

我州在“绿色发展”的进程中，要实现“主要污染物排放得到有效控制，生态环境质量明显改善”的目的，林业生态建设和环境保护是两个重要抓手，发挥林业和环保在森林和湿地保护、防沙治沙、治理水土流失、野生动物保护、减少污染物排放等方面的重要作用，牢牢守住生态安全这条底线。在此基础上，积极利用清洁能源和可再生能源，采用先进工艺减少能源消耗，加强自然资源保护区建设，为“绿色发展”建设夯实基础。

1．在全社会树立“绿色发展”理念

广泛传播“绿色发展”知识，将“绿色发展”的理念渗透到生产、生活的各个层面和千家万户，增强全民的生态忧患意识、参与意识和责任意识，在全社会形成热爱自然、节约资源、保护环境的新风尚，增强公众环境意识，才能为“绿色发展”提供强大的思想保证、精神动力和智力支持。建成完整的环境宣传教育网络、群众喜闻乐见的工作机制和较为完善的公众参与机制。为推动“绿色发展”步伐奠定坚实的社会舆论和意识基础，提高公众参与积极性。

2．继续大力实施天然林资源保护工程、“三北”防护林工程、国家重点公益林保护工程、退耕还林工程

一是加大森林管护力度，保护现有森林和野生动植物资源，增加和恢复林草植被，加快森林植被及其生态系统的恢复，提高水源涵养功能和森林覆盖率。二是实施人工造林，提高林业工程质量，加大治理水土流失治理，进一步完善生态防护林体系，改善人居生态环境，保障江河及区域生态安全。

3．加快城乡绿化，改善人居环境

州、县城镇、村庄周边及干线公路、铁路两侧实施人居森林建设和绿色通道工程，推动实施农村环境综合整治项目，动员开展义务植树活动，鼓励农牧民群众的房前屋后、农田林网和灌溉渠旁的植树绿化活动，美化环境，促进人与自然和谐。

4．加大草原沙漠化治理力度，保障生态安全

以青海湖北岸沙化地区为重点，加大禁牧、封山（沙）育林（草）、人工造林、鼠害防治力度，推广沙地柏容器苗植苗造林、青杨截杆深栽造林等已经比较成熟的经验，控制沙丘流动，防止草地继续沙化，保护、培育、恢复和发展林草植被。同时，治理入湖河流，整治河道，河流两岸栽植灌木，改善流域生态状况，减少水量损失，增加入湖流量，控制湖滨风沙蔓延，遏制生态环境恶化趋势。

5. 加强自然保护区建设

在环青海湖国家级自然保护区和祁连山省级自然保护区，以水源涵养地、野生动物栖息地、高原湿地和生物多样性保护为核心，健全保护机构，加强能力建设，完善基础建设，采取禁牧、封山（沙）育林（草）、人工造林、种草、黑土滩治理、荒漠化土地治理、植被保护等措施，保护青海湖流域湿地和祁连山河源沼泽区，加快植被恢复和生态治理力度。

6. 进一步强化执法监管

继续开展部门联动和专项执法检查活动，加大环境巡查频次和执法力度，通过采取经济、法律、行政手段，强化区域限批、限期治理、挂牌督办、环保约谈等措施，推进工业企业建立完备高效的治污体系，督促企业自觉履行环境污染治理的主体责任，抓好清洁生产，不断提高污染治理水平。调整重污染行业结构，加强环境监管，淘汰落后生产工艺，推进清洁生产，促进企业稳定达标排放，建立循环经济的技术创新和技术服务体系，确保实现“十二五”时期主要污染物排放总量目标任务。进一步完善污染源在线监控网络，扩大监控覆盖面，防止各类违法排污和突发环境污染事件的发生。

7. 进一步严格责任考核

继续加强各地党政部门对环境保护工作的领导，严格执行环境保护目标责任考核和问责制度。将环境保护目标任务分解落实到各地及企业，并签订环境保护目标责任书。同时将环境保护目标任务完成情况作为各级党政领导干部考核的重要内容，实行“一票否决”，推动各项环保工作措施的落实，确保环境保护各项目标任务的完成。

8. 提高环境监管能力

按照“主动服务、提前介入、源头参与、全程监督”的要求，围绕全州环境保护目标，建立健全监测网络系统，加快能力建设步伐，更新监测仪器设备，充分利用现代科技手段，为环境保护决策提供可靠的依据，为深化污染物排放总量控制和环境管理提供技术支持。严格落实环境建设项目审批、验收制度，加强经常性督促检查。借助环保倒逼机制，推进企业进行工艺技术升级改造，减少污染排放，严格限制“两高一资”项目建设。全面落实国家环境保护和污染减排各项政策措施，促进全州经济发展方式转变和产业结构调整，实现全州经济的跨越发展、绿色发展、和谐发展与统筹发展。

如何加强地区环保工作　构建和谐幸福大美塔城

新疆维吾尔自治区塔城地区环境保护局　热木汗·巴依达阔什

一、塔城地区概况

塔城地区位于新疆西北部，横跨准噶尔盆地西北部及西部山区。西北与哈萨克斯坦接壤，边境线长524 km；东北与阿勒泰地区相连，东隔玛纳斯河与昌吉回族自治州相望，南以天山山脉依连哈比尔尕山分水岭为界，西与博尔塔拉蒙古自治州毗邻。

地区辖塔城市、额敏县、乌苏市、沙湾县、托里县、裕民县、和布克赛尔蒙古自治县，有61个乡（镇）场，780个村（队），辖区总面积10.5万km^2。行政区域内有新疆生产建设兵团农七师、农八师、农九师、农十师所属的36个农垦团场，与克拉玛依市、独山子石化总厂、奎屯市、石河子市毗邻。地方总人口94.3万人，其中农村人口50.4万人。

塔城地区水土光热资源丰富，全年日照时数2 800～3 000 h，无霜期130～190天，北部塔城盆地年平均降水量282 mm，蒸发量1 700 mm，南部乌苏、沙湾、和布克赛尔年均降水不足150 mm，蒸发量2 100 mm；全地区有额敏河、白杨河、和布克河、玛纳斯河、奎屯河五大水系，共有大小河流共计107条，地表水年径流量54.74亿m^3（地区实际控制24.9亿m^3），地下水可开采量12.35亿m^3（含兵团）；拥有宜垦土地1 200余万亩，现已耕种621万亩，农村人均耕地10.5亩，户均耕地35亩；可利用草场1.06亿亩，林地面积1 363万亩，是新疆重要的商品粮、优质棉、油料、甜菜和畜产品生产基地，大农业优势突出。

2011年完成生产总值353亿元，增长17.1%，其中工业增加值113.4亿元，增长21.8%；地方财政一般预算收入25.8亿元，增长40.7%；全社会固定资产投资203.1亿元，增长34.4%；城镇居民人均可支配收入13 700元，农牧民人均纯收入突破万元大关，达到10 080元，比上年增加1 218元。

二、生态环境保护和建设基本情况

1. 草原生态建设投入加大，草原生态恶化趋势得到初步遏制

牧草地占总地区土地面积的63.34%，保护好牧草场生态对地区生态环境影响重大，“十一五”以来，我区投资5亿元，大力实施国家天然草场恢复与建设、草场围栏建设、天然草场退牧还草等一系列草原生态建设项目，累计完成围栏天然草场2 000余万亩。初步遏制了草原生态恶化趋势，局部区域草原生态趋于好转。

2. 农村环境保护工作力度加大，农村生态环境逐步改善

2009年以来，大力开展中央及自治区农村环境综合整治“以奖促治”和生态村镇创建

“以奖代补”等项目工作。地区成立了农村环保项目工作领导小组，切实加强领导，完善工作机制，强化落实执行。2009—2012年，我区农村环境综合整治项目总投资5 441万元，其中争取国家和自治区农村环境保护专项资金3 631万元，支持66个项目村开展农村环境综合整治，6.8万农牧民直接受益。创建自治区级生态乡镇1个，国家级生态村2个。举办农村环境保护工作培训班5期，有 40多个乡（镇）场的200多名领导干部受训，有力保障农村环保项目工作有序实施。加大投资开展乡村清洁工程。加大农田地膜回收利用力度，建设区域性地膜回收站，建立农业生物资源监测站，实施沙化土地治理工程，“十二五”期间预计投资2.27亿元。我区农村环保工作已打开局面，农村生态环境质量得到有效改善。

3. 林业生态建设积极推进

“十一五”期间，我区完成造林面积83.23万亩，其中人工造林54.73万亩，封山（沙）育林28.50万亩。全民义务植树6 838万株。退耕还林工程完成31.63万亩，其中退耕地造林1.4万亩，宜林荒山地造林26.13万亩，封山（沙）育林4.1万亩。2011年末，我区森林覆盖率由“十五”末的6.27%提高到6.42%，绿洲森林覆盖率由“十五”末的15.76%提高到16.45%。实施的“三北”四期工程、退耕还林工程和重点公益林管护工程涵盖了平原绿洲、绿洲边缘荒漠区和山区的广阔区域，有效加快了林业生态建设步伐，使我区区域生态状况明显改善，绿洲抵御自然灾害的能力显著提高。

4. 以国家级自然保护区甘家湖梭梭林和自治区级自然保护区新疆巴尔鲁克山自然保护区保护为重点，加强区域特殊物种保护

编制《新疆巴尔鲁克山自然保护区总体规划（2011—2020年）》，对自然保护区的位置、保护目标、类型、范围和措施进行必要的补充、完善和调整。加强对现有自然保护区的建设和管理，开展自然保护区管护状况调查，完善管护功能，提升管护能力，提高管护质量。目前新疆巴尔鲁克自然保护区（野巴旦杏自然保护区）正在申请升格为国家级，已完成自治区环保厅和林业局评审工作，正等待国家林业总局和环保部审批。

5. 加强环境保护监督与管理

地区环保局作为地区环境保护工作行政管理的职能部门，于1992年成立，1998年机构改革中升格为正县级单位，核定行政编制7个，内设办公室（挂环境应急与核辐射管理科牌子）、污染控制科（挂生态建设管理科牌子）2个科室，下设环境监测站、环境监察支队2个事业单位，核定事业编制24个。2008年，增设事业单位1个（环境宣传教育办公室），并一次性为3个事业单位增编13个。

（1）完善机构设置，增加人员配置，加强监察监测等能力建设。通过近年来的发展，地县（市）两级监察、监测机构已全面建成，编制数已达163个，其中，监察编制95个，全部实行参照公务员管理，监测编制 68 个，全部实行全额预算管理，实有在岗人员 136人。地县（市）两级监察、监测机构都具有一定面积的独立办公场所，设备装备不断充实更新，基础性监测仪器不同程度得到配备，已初步具备常规性监察监测工作开展能力。环境执法逐步走向规范化、程序化。

（2）以污染减排防治为重点，稳步推进总量控制工作。2011年，科学谋划、措施有力、狠抓落实，完成化学需氧量减排3 696.322 t，二氧化硫减排2 313.3 t，氮氧化物减排339 t，氨氮减排11.13 t，全年任务完成率分别为101.5%、 101.1%、 103.7%和100%。2012年，地区按照《塔城地区“十二五”总量控制规划》的任务要求，制定下发了年度减排计划，对各县（市）4 项主要污染物减排任务进行了分解落实，并组织了多次专项督察，在各县（市）人民政府及环保部门的推动下，各减排项目污染治理设施均已按照要求开工建设。

（3）加强建设项目管理，提升建设项目环境管理水平。严格执行环境影响评价制度，实施源头管理。把建设项目环评审批作为项目建设的前置条件，严格履行环评程序；建立健全规划环评和项目环评联动机制，加快了工业园区开展环评工作进度；推行环评公示制度，充分征求社会公众意见。完善建设项目管理联动机制，实施过程和跟踪管理。

（4）保障环境安全和群众环境权益，提升环境执法水平。以整治违法排污企业保障群众健康、工程建设领域突出环境问题整治两个专项行动的持续开展，进一步加大了排查、整治力度，加大了处罚、惩治力度，2011 年至今，环保部门先后出动 4 300 人次，检查企业 1 350 家次，限期 8 家企业整改，约谈 7 家违法排污企业，行政处罚 2 家企业，有效纠正了环境违法行为。

通过我区社会各界共同努力，我区环境质量持续改善，2012 年 4 月中国环境规划院公布的专题研究报告《基于空气污染指数的中国城市大气环境承载度评估》显示，在全国 333 个地级以上城市大气环境承载力排名中，新疆仅有塔城市名列前 10，位列第 8 名。地区的环境保护工作连续三年被自治区人民政府通报表彰，2011 年塔城地区环保局被评为全国环境保护系统先进集体。地区环保工作取得一定成绩，但由于受起步晚、底子薄等因素影响，还存以下主要问题。

三、存在的主要问题及解决办法

1．环保行政机构编制不能适应环保工作实际需要

环保行政机构建设比较滞后、队伍人员严重不足、借调混编混岗现象普遍存在。

建议：新一轮机构改革中，加强环保机构和队伍建设，完善环保行政机构设置（设置自然生态管理科）、规范环保机构编制使用（解决混编混岗，明确职责分工），逐步解决目前环境监管人力严重不足的现状，实现机构设置和人才队伍规范化。为社会公众享有良好的环境权益奠定坚实的基础。

2．环保部门办公场所、装备不能满足生态环境监管实际需求

近几年来，自治区、地区不断加大投入，地区及县市环保部门逐步增加了业务用房、设备、仪器、车辆等基础设施，基础条件都有了一定改善，但与国家标准化建设要求和实际工作需要还存在较大差距。环境监测、监察等基础设施滞后，装备水平较差、技术力量弱，现场监测、调查取证、污染事故预警和应急反应等管理手段已不适应环境监管的需求。

建议：各级党政和上级主管部门能够在经费保障、装备保障、技术投入等方面加大支持，帮助不发达地区加速实现环境监察、监测、宣教、信息与统计能力标准化，为社会公众拥有良好的环境服务提供有力支撑。

3．完善和加强政府各部门、各地环保协调机制

“十二五”期间是我区处于加快发展的重要阶段，经济总量不断增长，主要污染物排放总量控制、自然生态保护和建设工作压力巨大。污染物增量激增与减量有限的矛盾日益凸显，要实现增减平衡、稳重求降的目标面临巨大压力；自然生态保护和建设工作线长面

广点多，要实现自然生态环境持续改善面临严峻挑战。这些目标的实现都需要政府各部门、兵团系统各部门凝心聚力，共同努力。

建议：自治区各级人民政府、新疆兵团系统加大工作力度，建立健全环境保护协调联动机制，进一步明确各级环境保护工作委员会各成员单位职责分工，确定责任人及联系人，建立联席会制度，形成环保部门牵头，环委会各成员单位鼎力配合，提高协调解决环境问题时效，确保环境保护各项目标任务顺利完成。

4．继续加大生态保护和建设力度

随着我区优势资源转换战略进一步深化，实现资源开发可持续、生态环境可持续压力巨大。同时受气候变化、牧区水利设施建设滞后、水资源利用率低，超采地下水、超载过牧、农业面源污染加剧等因素影响，使我区草场、湿地、耕地等资源退化的趋势不能得到根本性遏制。

塔城地区老风口生态环境建设工程，是“国家级重大生态工程”、涉及塔城、额敏、托里、裕民四个贫困县的部分区域，1993 年立项至今，全地区共出动义务劳工数 53.3 余万人次，基本完成了一期、二期工程，综合治理面积 12.6 万亩，但农牧民搬迁、草场转移等补偿问题一直尚未彻底解决，所以三期工程受生态拆迁、资金困难等主要因素影响尚未启动。建议：国家、自治区加大对生态环境建设重点工程支持力度，加大生态补偿力度。

农村环境连片整治“以奖促治”政策深入推进是改善农村生态环境的有力武器，建议：国家、自治区延续并继续加大力度实施农村环境连片整治“以奖促治”政策，并逐年增加投资额度、扩大整治覆盖面，让更多农村老百姓享受这项惠农利民政策、尽早享受到改革发展的成果。

农村环境连片整治“以奖促治”政策中资金配套等有关问题。由于新疆是落后地区、各村镇农村经济发展不均衡，大部分农村环保项目配套资金保障难度较大，影响了项目的有效实施和项目的示范作用。建议：今后中央及自治区农村环境连片整治“以奖促治”项目申报应进一步考虑具体实际做一些政策调整，一是农村环境保护“以奖促治”项目作为政府行为，应把项目建设纳入政府政绩考核内容，逐级进行政府层面的部署，改变目前财政和环保部门单打独斗的被动局面。二是要结合新疆实际，实现“五个为主，五个结合”。“五个为主”，即以连片整治为主，重点整治为辅；以城镇、乡镇周边村队为主；以交通沿线为主；以旅游线路周边为主；整治内容以垃圾处理、畜禽粪便处理为主。“五个结合”，即与社会主义新农村建设、富民安居工程、富民兴牧工程、文明村队创建和辽宁援助塔城民生项目相结合。三是考虑我区县域财政情况和农村经济现状，原有政策需地方配套 0.5 的比例大部分县（市）根本无法实现，应调整地方配套资金比例，建议应明确自治区财政 0.2，地市财政配套 0.15，县级财政配套 0.15。四是简化项目申报审批和验收程序，重点做好项目实施过程督察和实施效果考核。

综上所述，为有效我区加强环境保护工作，不仅需要社会各界广泛支持和参与、环保系统广大干部职工凝心聚力、甘于奉献、敢于争先；更需要进一步加强环保机构和队伍建设，加大硬件设施建设，畅通沟通协调机制，加大自然生态补偿和建设投入，完善环保政策法规。力争早日实现地区环保工作规范化、标准化、现代化，为构建和谐幸福大美塔城作出积极贡献。

达坂城区发展生态环保型效益经济的对策研究

新疆维吾尔自治区达坂城区环境保护局　郭　强

随着全球经济快速增长，人类对资源的需求与日俱增，而较低资源利用率所导致的污染与浪费，致使生态环境不断恶化，甚至威胁人类生存。生态环保型效益经济则要求资源、环境、经济效益作为一个整体，在合理开发、综合利用资源、保护生态环境的基础上，实现经济增长。达坂城区将建立生态环保型效益经济格局作为发展目标，这是对区情深入审视，结合本区特色实施可持续发展战略的必然选择。

随着全球经济快速增长，对资源的需求与日俱增，而较低资源利用率所导致的污染与浪费，致使生态环境不断恶化，甚至威胁人类生存，更成为经济可持续发展的制约因素。生态环保型效益经济是以可持续发展为理论基础与依据的，因此发展生态环保型效益经济是符合国际、国内发展趋势的。

一、生态环保型效益经济的概述

生态环保型效益经济是一种将经济规律与自然规律相结合，通过科学技术和管理方法来提高资源利用率，最大限度节约资源与能源的同时有效控制污染，获得最佳社会效益、经济效益和环保效益，真正实现经济持续快速健康发展，环境与资源有效利用，生态保持平衡，社会再生产良性循环发展的一种经济形态和发展模式。其特点包括以下几个方面：

（1）生态环保型效益经济是一种讲求效益的绿色经济。其核心是在生产过程中，将各种资源与要素在先进技术作用下，产生高附加值。与传统经济不同之处在于，生态环保型效益经济与生态系统、社会效益密切联系，有机结合，形成一体，而不是以牺牲环境成本为代价的传统落后经济。这就要求对现有经济结构进行调整，构建新的经济增长模式，大力发展绿色产品、绿色产业、绿色经济，增强产品的竞争力与市场占有率，实现经济增长方式根本性转变，最终实现绿色经济效益最大化。

（2）生态环保型效益经济首先是一种平衡经济。即经济发展与生态环境始终处于相对平衡的稳定状态，两者实现协调共生，相互结合与统一，以高质量、少污染、低能耗的生产方式取代以牺牲环境为代价的高污染、高能耗、低效益的“粗放型”经济增长方式。在发展生态环保型效益经济过程中，生态环保与经济效益两者相互促进、相互发展。单独追求经济效益，会使得生态环境因经济发展而受到破坏，单独发展生态，不重视经济建设，生态建设成果也难以维护。

（3）生态环保型效益经济是一种循环经济。生态环保型效益经济以生态办法为基础，倡导直接采取低能耗、高利用、再循环的原理，使再生产各环节与生态系统的物质循环与能量流动保持合理转换。也就是通过不断改进设计，使用清洁能源，采用先进的工艺技术与设备，综合利用资源，从源头削减污染，提高资源利用效率，减少或避免生产、服务、消费过程中污染的产生与排放，使污染达到最小化，具体而言，包括绿色消费、资源循环再利用、各类废弃物回收等。

二、达坂城区发展生态环保型效益经济的条件与不足

生态环保型效益经济要求资源、环境、经济效益作为一个整体，在合理开发、综合利用资源、保护生态环境的基础上，实现经济增长。达坂城区确定了建立生态环保型效益经济格局的目标，是对区情深入审视，对产业结构特色重新认识，结合本区特色实施可持续发展战略的必然选择。

我区发展生态环保型效益经济存在一些问题。长期以来，我区仍沿用以大量消耗资源和粗放经营为特征的传统发展模式，重视发展的速度与数量，轻视了发展的效益与质量；重视资源开发，轻视资源保护，导致环境污染，生态破坏。据初步估算，目前达坂城区资源循环利用率不到 10%，在一定程度上制约了生态环保型效益经济的发展；农村种植业生产过程中，化肥、农药大量使用，生态环境受到一定的破坏。除此以外，劳动者素质相对偏低，农业生产依赖传统经验，新技术、新成果得不到广泛利用，都是制约我区生态环保型效益经济发展的原因。

三、我区发展生态环保型效益经济的对策

1. 依靠技术进步与创新

科学技术是生产力中最活跃、最有创造力的因素，发展生态环保型效益经济最重要的手段就是依靠科学技术。针对我区劳动力素质偏低的现状，应加大对教育、人才、创新方面的支持，通过不同形式的教育与培训，提高技术人员的培训力度，尽快改善劳动力文化、技能水平偏低的状况；同时在各行业、各领域普及创新知识，培养创新精神，开展创新活动，使新成果新技术得到推广与利用，结束依赖传统经验的生产模式。只有通过技术进步与创新，才能使得资源开发利用不断趋于科学与合理，从而实现经济增长方式从粗放型向集约型的转变，此时的经济才是真正意义上的生态环保型效益经济。

2. 发展环保产业

环保产业是指以防治环境污染，改善生态环境，保护自然资源为目的而进行的技术产品、商业流通、资源利用、工程承包等活动的总称，具体而言，包括了生产中环保产品的开发技术、清洁技术、节能技术，产品的回收，安全处置与再利用，是对产品从“生”到“死”的全程绿色呵护，在很多国家被称为“朝阳产业”。随着各国经济的持续快速发展，环境污染日益严重，对环境保护的重视程度也越来越高，作为将经济活动与环境保护融合的环保产业，具有广阔的市场与良好的发展前景。

我区环保产业还未起步，尽管潜在市场大，但绩效小，整体实力不够。我们应尽快改变环保产业发展的现状，在所有产业、企业和生产、生活的各个领域倡导绿色标准，大力推广高效、清洁、安全、无污染的高新技术和先进适用技术；逐步关闭质量低劣、污染环境、浪费资源的“五小”企业，切实治理污水、废气、垃圾、固体废弃物等，实现经济发

展与环境治理的良性循环；瞄准环保产品的巨大市场，加大先进环保工艺、设备的开发力度，规模，形成新的经济增长点。

3．加大政府支持

发展生态环保型效益经济离不开政府的支持，政策的扶植是其发展的重要依托。通过完善和落实扶植政策，优化生态环保型效益经济的软环境，贯彻落实国家关于加强生态建设和环境保护的精神，实施可持续发展战略，实现经济、社会、人口与环境的协调发展。根据我区的优势与不足，制定发展生态环保型效益经济的发展政策与策略；同时加快基础设施的建设，完善发展生态环保型效益经济的硬环境。加大白杨沟、艾维尔沟治理，加强生活污水、生活垃圾治理力度；按照生态型一体化城区的要求，搞好中心城区的规划与建设，大力倡导绿色消费；同时加大小城镇绿化、美化、亮化、净化力度，提高城区品位。

发展生态环保效益型经济战略的制定与实践，进一步拓宽了区域经济社会发展的思路，把区域经济放在一个范围更广、层次更高的时间和空间范畴里加以思考，使区域经济发展思路更加符合本地的实际，更加适应经济发展区域化、全球化的要求。正是在发展生态环保效益型经济战略的指导下，达坂城区经济才能走上持续快速发展的轨道。

阿勒泰地区环保工作现状分析及对策

新疆维吾尔自治区阿勒泰地区环境保护局　陈晓波

党的十七届五中全会明确提出了“坚持把建设资源节约型、环境友好型社会作为加快转变经济发展方式的重要着力点”，强调“要加快建设资源节约型、环境友好型社会，提高生态文明水平，提高发展的全面性、协调性、可持续性，实现经济社会又好又快发展”。这样完整地提出科学发展观，是我党对社会主义现代化建设指导思想的新发展。新疆自治区党委书记张春贤在自治区第八次党代会中提出：一切开发建设必须坚持“环保优先、生态立区”，必须遵循资源开发可持续、生态环境可持续，必须对历史负责，对人民群众和子孙后代负责。2012年在阿勒泰召开的自治区生态环境保护工作座谈会，更加明确指出了我区环境保护工作的重点。通过参加环保部举办这次岗位培训，更加清楚地看到我国目前面临的环境形势、首要任务和具体的管理措施和对策，对如何处理好经济发展和环境保护的关系有了更深层次的理解。同时，通过与先进地区的交流和专题讨论等形式，更加感觉到当前西部边远地区环境保护工作的紧迫感和使命感。通过比、对、学、查，认识到阿勒泰地区环境保护工作还有相当大的差距和不足，现就新疆阿勒泰地区开展环保工作存在的问题和不足进行剖析。

一、阿勒泰地区环保工作现状及问题

1. 阿勒泰地区环保能力建设情况

环保能力建设是实现环保工作目标的重要保障；面对不断出现的新情况、新问题，必须努力推进环保工作历史性转变，着力加强环保系统能力建设，才能不断适应新形势下环保工作需要。阿勒泰地区所辖六县一市，按照现有环保能力与所承担工作任务相比就相差甚远。目前，阿勒泰地区环保机构核定人员编制数为138个，现有环境保护工作人员150人，占全地区总人口（64.5万人）的0.23‰。地区环保局在2002年在地区人事制度改革过程中，核定行政人员编制只有9人。六县一市环保局单位性质属事业单位或参照公务员执行单位负责辖区内环境保护监督管理工作。

按照目标与手段相匹配、任务与能力相适应的要求，地区环保能力建设还有较大的差距。首先是地区、县（市）环保局编制严重不足。随着阿勒泰地区经济社会的迅速发展和环保领域的不断拓展，环境监管的任务愈加繁重，环保部门人员数量明显滞后于环保工作的需要；环境监察、监测机构人员设置与标准化建设相距甚远，无法担负地区环境监察、监测正常工作，尤其是各县市环境监察大队与环保局属“两块牌子，一套人马”，甚至一人身兼数职，工作效率难以保证。其次是环保工作人员知识结构不合理，缺乏专业管理人员。虽然人员学历状况总体上看层次较高，但实际工作能力不足，缺乏相应的专业知识，工作疲于应付，无法应对日益复杂的环境保护工作，乡镇目前仍然是一无机构二无人员，“头重脚轻”的问题比较突出。第三是环保业务用房，环境监察、监测装备仍然十分滞后。地区环保办公用房陈旧，办公设备老化，不能满足办公自动化的需求，监测站业务用房不能满足监测工作需求。由于阿勒泰地区环境执法、环境监测装备、设备主要依靠上级拨款购置，自筹资金购置装备设备有限，距离环境监察、监测标准化建设标准有较大差距，无法满足正常的执法、监测要求，部分工作甚至无法开展。

2．污染物总量控制与减排工作

落实污染物总量控制和污染减排是贯彻落实科学发展观的具体行动，是实现可持续发展，建设资源节约型和环境友好型社会，构建社会主义和谐社会的重要保障。阿勒泰地区党委、行署把节能减排作为落实科学发展观和构建和谐社会的重要举措，对阿勒泰地区总量控制工作提出了明确要求并进行了部署，各项工作取得了一定成效。一是完成主要污染物排放总量控制目标。“十一五”期间，阿勒泰地区 COD 实际削减量 4 541.33 t。SO_2 削减量 22 108.88 t，完成国家及自治区重点污染物减排既定任务。二是重点落实污染物减排计划。按照自治区环保局的统一部署，以 2010 年为基准年，制定了 2012 年度总量控制及减排计划，严格按照分配指导意见的要求，将主要污染物削减任务分解落实到排污单位，重点确定了 5 家减排企业，加大了对重点监控企业的监测监察力度，并督促其落实减排任务。

尽管阿勒泰地区“十一五”期间两项主要污染物排放总量控制完成了预定目标，但受经济发展水平的影响，从客观上决定了“十二五”阿勒泰地区总量控制工作形势依然严峻。一是现有工业企业污染治理水平不高，污染物超标排放现象较为普遍，受当前全球经济危机的影响，企业经济效益普遍下滑，污染治理工作难度将会进一步加大，重点企业污染治理设施落实缓慢。二是近两年阿勒泰地区新建项目数量增长较快，污染物新增量压力将会越来越大，上级下达的主要污染物排放指标明显不足。三是城镇污水处理设施和运行管理不完善，处理设施及配套管网同步建设程度不高，阿勒泰市污水处理设施运行已超出设计能力，30%污水得不到有效处理。其他县均采用简易氧化处理，城市基础设施明显滞后。

3．环境执法工作情况

近几年，阿勒泰地区结合国务院、自治区关于开展整治违法排污企业，保障群众健康环保专项行动电视电话会议精神，结合实际制定切实可行实施方案，组织各相关部门开展执法检查，取得了一定成效。一是按照环保部统一部署开展了百日安全大检查。阿勒泰地区矿山企业较多，为了有效地防止尾矿库突发事件的发生，对地区重点企业尾矿库、环境安全和污染防治设施运转情况及环境突发应急预案落实情况进行了全面的检查和规范。二是开展了对重点污染减排企业实施挂牌督办及后督察工作。将 2011 年未完成自治区、地区限期治理任务的 3 家污染企业和 2 家存在突出环境问题的企业作为 2012 年地区重点挂牌督办企业。同时对督办整改情况及案件处理情况开展后督察工作，有效地保障了污染减排的顺利实施。三是开展饮用水源地环境安全整治。对生活饮用水地表水源保护区内的现有的污染源根据排污情况分别给予责令关闭、限期搬迁、限期治理等措施，从而确保人民群众的饮用水安全。四是对规模化畜禽养殖大检查。对辖区内规模化畜禽养殖场数量、环评及“三同时”制度落实、污染治理及污染物排放等情况进行了全面整治。2012 年完成规模化畜禽养殖场和养殖小区治理 1 个，“十二五”期间计划完成 6 个规模化畜禽养殖治理。

五是以排污申报审核为依据，加大排污费征收力度。按照排污费相关程序认真开展排污企业排污申报登记、核定和征收工作，确保排污费依法全面足额征收，2011 年全区收缴排污费 1 835 万元。

阿勒泰地区地域辽阔，企业分布较分散，按照国家和自治区相关要求开展环境执法工作确有较大难度，一是环境执法人员严重不足，执法人员素质参差不齐，专业水平较低，缺乏驾驭实际工作的能力，迫切需要建立一支思想好、作风正、懂业务、会管理的环境执法队伍；二是执法装备、应急能力、车辆等严重短缺，使执法工作无法向纵深方向延伸，随着环境监管工作日趋专业化、复杂化，部分执法人员素质不高、装备落后的现状，势必造成有法难依、执法不严的局面，与当前环境管理的要求很不适应。三是执法处罚难。按照国家赋予环保部门环境监管的权限，对违法排污企业本应严格执法，但因地方保护主义的影响，处罚时往往大打折扣。四是执法权限不足。环境保护虽然被定为国策，但因未赋予环保部门强制执行权，致使对不法排污企业执法时手段不硬。

4．农村生态环境保护依然薄弱

长期以来，地区环境保护工作重城轻农，农村生态建设和环境保护工作始终没有得到应有的重视，加快农村发展和保护生态环境之间的矛盾仍然十分突出。农业和农村经济增长方式还很粗放，存在资源消耗大、浪费严重、污染加剧等问题；乱采滥挖造成水土流失、土地沙化、生态功能退化等状况还在发展；农村饮用水源没有从根本上得到保护；农村生活污染没有得到有效控制，生活垃圾无序堆放，生活污水随意排放，造成农村水体污染；农村畜禽养殖规模化程度低，许多小型畜禽养殖场在空间布局上呈现随意性，无序发展，污水横流、恶臭扰民现象较为普遍；农村面源污染形势日趋严重，农田污水灌溉、过量施用农药和化肥，导致农作物品质下降、减产甚至绝收，影响农民增收等，严重制约着阿勒泰地区的可持续发展。

5．环境影响评价和“三同时”制度执行情况

阿勒泰地区目前在环境影响评价工作中，继续加强与部门之间协作、配合、信息沟通，严把环境准入关。把地区制定的总量削减计划指标作为建设项目审批的前置条件，控制新增污染源总量指标；完善建设项目竣工环保验收管理制度；继续加大对竣工建设项目的“三同时”验收力度和项目建设环评的执行。2011 年全区共审批建设项目 904 个，对 904 个建设项目提出了审批意见；对 12 个项目提出了预审意见；环评执行率达 100%，“三同时”验收率达 75%。

近年来，阿勒泰地区结合环保专项行动虽然加大了对建设项目环评和“三同时”执法力度，但依然存在一些问题，主要表现在：一是“有法不依、执法不严、违法不究”的问题在一定范围内仍然存在。尤其是有的企业片面追求经济增长，项目环评文件未经报批就开工建设、项目竣工后未经批准就投入试生产、未经竣工环保验收就正式投入运行，“先上车，后买票”、“边上车，边买票”甚至“只上车，不买票”的违法行为不同程度地存在。二是重审批、轻监管和验收的现象不同程度地存在。由于建设项目“重准入，轻退出”的机制不完善，导致施工期环境监察和监理、试生产申请和竣工环保验收执行情况不好。有的建设项目在建设过程中性质、内容、规模、场地、选线等发生了重大变化、擅自改变了防治污染和生态破坏的措施，而环保部门却不掌握情况，致使一些项目建成投产之时便成限期治理之日。三是环评单位编制的环评文件质量不高，环评效率低下。有的建设单位对环评前期工作重视不够，不及时委托环评，或者委托后所提供的环评依据材料不全、深度不够，不能满足环评分析预测的需求。有的环评单位存在接受委托后敷衍了事，不深入现场、分析研究，不能实事求是地提出预防和减轻不良环境影响的对策和措施。

二、原因分析

1．政府对环保工作重视不足

各级政府对环境保护在建设生态文明进程中的战略地位没有足够的认识，还没有摆脱重经济轻环保的传统观念。环境污染整治的重要性和紧迫性认识不足。没有摆正政府是辖区环境责任主体的观念，不能从长远的战略眼光对待环境保护工作，仍然是“听起来、讲起来重要，做起来不重要”，不把环境保护当回事，工作流于形式，认识上存在偏差，态度不端正，存在抵触情绪，缺乏自觉性和主动性，不愿抓、不真抓、不实抓，致使环境保护工作滞后。

2．环境管理体制不顺，环保部门难以发挥统一监管作用

我国的每一部有关环境保护的法律、法规和规章中几乎都有管理体制的规定，而最基本的管理规定模式就是“××行政主管部门对某一事项进行统一监督管理”，“××部门结合各自的职责对××事项进行监督管理”。到底怎样统一？统一监督管理的部门对结合自己职责进行管理的部门可以提出什么要求？分管部门不履行职责时统管部门怎么处置？都没有作出规定。这就使得统管部门想统统不起来，得不到有关部门的有效配合。而分管部门总感觉自己是处于配角的地位，因而缺乏管理的积极性。在生态环境管理上存在多头交叉，一些生态环境保护工程由农业、林业、环保、国土资源等多个部门管理，责任不明，缺乏统一有效的环境监管机制，难以实施。

3．城乡环保基础设施投入严重滞后

由于阿勒泰地区环保工作起步较晚，加之地方经济实力有限，提供环保基础设施等公共服务的能力薄弱，城乡环保基础设施建设总体上处于空白状态，加之政府对城乡基础设施重视不够，地方财政投入不足，致使阿勒泰地区城乡治污设施严重滞后。

4．环境意识差，环境影响评价和公众参与流于形式

由于阿勒泰地区公众环境意识较低，特别在环境影响评价工作中表现尤为突出，一些建设单位及执法部门对环境影响评价工作的重要性认识不够，仅把它作为一项任务来完成，导致实际工作中的环境评价流于形式。另外，一些地方为了更多地吸引外资，片面强调简化环境影响评价手续，缩短审批时间或减低评价等级；有的项目甚至不进行环境影响评价就直接上马，这种现象在阿勒泰地区的许多地方尚有存在。由于公众的环境意识不够，不会或不愿意主动参与对自己可能造成切身利益损害的项目的环境影响评价工作。有时，即使出于某种原因参加了，也完全是为了应付，敷衍了事。这在很大程度上为一些不达标的项目上马开了绿灯。

5．环保能力建设亟待提高

随着阿勒泰地区逐步进入经济大发展的时期，环保部门面临的任务日益繁重，环境形势日趋复杂。这就需要建立坚强有力的环保管理、执法队伍才能满足服务经济发展的需求。目前各级政府对环境能力建设投入，环保部门对管理人员、执法人员、专业技术人员的培

训跟不上，致使环保系统整体工作效率不高，难以应对新形势下的环保工作。

三、对策措施

1．建立“政府主导、环保牵头、部门协同、联合推进”的工作机制

要逐步强化政府环境质量行政首长负责制，实行年度和任期目标管理。开展环境质量考核，定期公布考核结果，并将考核结果作为干部政绩评定、选拔任用的依据之一。对在环境保护中作出突出贡献的单位和个人，上级政府应予以表彰和奖励。逐步打破行政区划限制，进行跨区域垂直监管，以生态特点为主要依据划分管理区域，废除以往环境管理中的双重领导体制，实现国家对整个环境管理工作的垂直领导。有利于扩大管理幅度、缩减管理层次，也有利于降低管理成本、提高管理效率。

2．建立健全环保投入机制

在环境基础设施等公益性较强的领域，政府担负主要责任，在统一规划的基础上，建设、交通、水利、供水、绿化、治污等任务应落实到各相关部门组织实施。各级政府用于环境保护的财政预算和投资应逐年增加。重点支持公共水源地保护、环境公用设施、城市污水处理设施、生活垃圾处理厂建设等示范工程。逐步完善环境保护投入机制，制定出台相应政策进行扶持，推行有利于环境保护的经济政策。

3．加大环境教育力度，提高公众环境意识

要求各级政府部门加强自身环境保护知识的学习，提高环境意识，切实起到模范带头作用，形成坚强有力的领导核心。通过环境教育，提高公众的环境意识，可以使公众自觉加入到环境保护行列中来，公众的监督、举报、宣传、督促，将为我国环境保护事业的发展起到重要作用。另外，公众环境意识的提高必将大大促进环境科学技术的发展，壮大环境保护专业队伍。

4．强化农村生态环境保护力度

逐步完善农村环境保护投入机制和农村生态补偿机制，引导农民发展农业循环经济，提高农业生产技术水平；建立健全农业环保技术推广服务体系，引导广大农民革除陋习，鼓励农户采用清洁生产方式，帮助农民走“生产发展、生活富裕、生态良好”的文明发展道路。把保障饮用水安全作为农村环境保护工作的首要任务，加强饮用水源保护区的监测和监管，制订科学合理的农村饮用水源保护规划，依法科学划定农村饮用水源地保护区。

5．完善环境影响评价管理体制，强化环境影响评价管理工作

正确处理好当地经济发展与环境保护的关系，严格把守环境影响评价审批关。对不符合编写要求、质量差的环境影响报告书，要求重写；对经过环境影响评价后认为不可行的建设项目，严卡不放，执法人员要顶住压力，把好人情关，绝不心慈手软。建议各级环境保护机构成立专门的环境影响评价事后监督管理中心。定期对投产项目排污情况进行监测；全天候接受群众检举。

6．加强队伍建设，落实机构编制，增加环保投入

应有计划、分步骤地为基层环保监测站、监察大队增加人员编制，逐步达到国家的有关标准。对进入环保队伍的人员必须采取“逢进必考”和“择优录取”制度。积极选送环保管理干部和技术人员到有条件的地方跟班学习，通过岗位练兵提高业务素质，采取末位淘汰制，对不符合要求的监管和执法人员实行末位淘汰，强化在岗在职人员的基本素质。鼓励在职人员参加各类进修班，不断改善和提升环保队伍的文化结构和业务水平。环保部门要学习站在政治、经济和社会的层次上进行思考和整体把握，努力实现行政管理模式升级、环境监察和监测水平升级和执法力度升级。

七、环境应急处置

关于地方环保部门处置环境突发事件的几点思考

广东省汕尾市环境保护局　蔡振荣

一、典型案件

（一）陆丰市大安自来水厂锰超标事件

1. 基本情况

陆丰市大安镇自来水厂位于陆丰市大安镇螺河边龟山仔，始建于 1992 年，由大安镇外出乡亲集资建立。供水范围主要是大安村和大安社区，涉及用水人口 13 000 人。2010 年 8 月 2 日上午，负责水厂日常水质检测工作的陆丰市疾病预防控制中心向水厂出具了 2010 年 7 月 19 日抽检取样的分析报告。出具的分析报告中锰的浓度为 1.2 mg/L（正常值≤0.1 mg/L），超标 11 倍。当日下午 3 时，大安镇自来水厂贴出公告，告知居民停止饮用自来水。8 月 4 日早上，有关新闻媒体对这一事件进行了披露。8 月 4 日下午，陆丰市在大安镇大安村和大安社区附近设立了 3 个临时供水点，解决群众临时用水问题。另外，从 8 月 4 日上午至 8 月 6 日上午，有关部门组织开展环境应急监测和污染源排查工作。综合分析后断定整个螺河流域水质正常，只局限于大安水厂的两个取水井内水中的锰超标且呈明显下降趋势（目前大安镇自来水厂两个取水井中锰的浓度分别为 0.354 mg/L、0.265 mg/L）。8 月 6 日下午，陆丰市把大安镇南溪村自来水厂符合标准的自来水引到大安镇区，保证部分群众的饮用水需求。同时，环境保护部华南环境科学研究所、广东省环境保护厅、水利厅、地质局等单位的 5 位专家抵达我市调查事件原因。专家通过现场勘察和调阅有关资料，认为大安镇自来水供水井锰超标是特殊的天气条件，加上人为扰动了地下水土层，造成自来水厂的补给水层的锰含量异常所致。可以说，这一事件的原因已经查明，事件已经得到了妥善处理，没有给人民群众的健康造成危害。这一事件处置措施得当、反应快速、措施及时有效，把损失降到了最低限度。

2. 事件处理所采取的措施

陆丰市大安镇发生自来水锰超标事件经新闻媒体披露后，中央政治局委员、广东省委书记汪洋，环境保护部部长周生贤，副省长林木声，省环境保护厅厅长李清，汕尾市委书记戎铁文，市长郑雁雄等领导均及时做出了重要批示和指示。环保部华南督察中心、省环境保护厅及时派出执法人员和监测队伍到现场指导、支持我市做好调查处理工作。市委常委、副市长魏友庄第一时间赶赴现场指挥。市环保局以及陆丰市委、市政府、大安镇委、镇政府及陆丰市相关部门领导和专业技术人员积极参与应急处置工作。根据省环境保护厅和我市政府的请求，李容根副省长、林木声副省长还及时指示省有关部门派出环保、地质、水文等专家到我市帮助查找事件原因。

在处理这一事件中，我市采取的措施主要有：一是组织开展应急监测。从8月4日开始，市环保监测站启动应急监测预案，技术人员根据现场情况，在螺河及其支流三渡溪上布设了11个监测断面，严密监控螺河及沿河自来水厂取水口水质情况，并对大安水厂取水井、出厂水、管网水及大安镇生活污水排污口进行取样监测。同时还采集了大安水厂取水井及附近螺河的底泥送深圳市环境监测中心站化验分析。截至8月6日，共监测水样60多个，底泥样品4个。二是全面排查污染源。环保、经贸、国土等部门分别派出执法队伍对大安镇涉锰污染源和矿山开采项目进行全面排查。三是妥善解决群众的饮用水问题。8月4日下午，在大安村和大安社区附近设立了3个临时供水点，解决群众临时用水问题。8月6日下午，把大安镇南溪村自来水厂符合标准的自来水引到大安镇区，保证部分群众的饮用水需求。四是停止河道采沙作业，防止采沙对水质造成影响。五是做好群众思想工作，确保社会稳定。通过召开群众座谈会，把锰超标的情况和相关知识向群众作科学的解释。由镇村干部进村入户做好群众的思想工作。由公安部门加强临时供水点的秩序维护，做好社会稳控工作。

（二）陆丰牛角隆水库污染事件

1. 基本情况

2012年6月22日13时许，陆丰市环保局来电向我局报告，陆河县河口镇与陆丰市大安镇交界处，疑因陆河县稀土开采污染水源，致附近群众围堵道路，造成交通阻塞。接到电话报告后，我局高度重视，派出由局相关领导带队，相关环境执法人员和监测人员组成的专案处理小组赶赴现场，并及时将相关情况通过电话向汕尾市人民政府及省环境保护厅汇报。

据现场了解，2012年6月22日8时左右，在陆丰市大安镇新村与注贝村交界处的新村路口，约有100多名大安镇村民围堵住陆丰市通往陆河县的公路，要求解决因稀土开采污染水源的问题。群众诉求的环境问题是，在陆河县河口镇高潭村与陆丰市大安镇新寮村交界处有非法开采稀土矿点，开采废水严重污染牛角隆水库及相关河流水质的问题。

经陆丰市政府领导和相关工作人员的反复劝说，并表示会尽快解决非法开采稀土矿等问题后，在当天下午5时30分左右，围堵道路的村民终于离开，公路交通恢复正常。

2. 事件处理所采取的措施

堵路事件发生后，我市各级政府、有关职能部门反应迅速，科学处置，主要采取了以下措施。

一是及时取缔非法稀土矿开采点。事件发生后第二日，即2012年6月23日，陆丰市政府迅速组织当地镇政府及相关职能部门对群众反映的非法开采稀土矿点进行了拆除、取缔。

二是环保监测部门及时制定应急监测方案，开展应急监测。汕尾市环境保护监测站迅速启动了《汕尾市环境事件应急监测预案》，制定了《陆丰市大安镇牛角隆水库地表、螺河水质应急监测方案》，从2012年6月24日开始，开展应急监测。监测结果显示，除了氨氮超标4～6倍外，牛角隆水库地表水进出口、库中心水质中其余指标均满足相应水质标准要求。

氨氮超标的原因，经现场调查，非法开采稀土矿点已被捣毁，现场残留有两个过滤池，被破坏的植被有1 000多m^2，被捣毁的非法开采稀土矿点距离牛角隆水库比较远，采矿点远离水库有 2 座山头以上，不在水库集雨区内，且无发现沟渠流往水库方向，基本上排除了稀土矿开采导致牛角隆水库氨氮超标的可能。通过对牛角隆周边环境勘察发现，水库库区水域范围内存在着养鱼、养鸭，水库集雨面积范围内存在着经济林种植等活动，养殖污水以及经济林施肥残留的化学肥料能随雨水流入水库，是引起牛角隆水库地表水水质氨氮超标的原因之一。

三是召开座谈会，消除村民疑虑。2012 年 7 月 1 日，陆丰市大安镇政府在该镇政府二楼会议室组织召开座谈会，市环保局技术人员对自 2012 年 6 月 24 日开展牛角隆水库及下游河流水质监测以来的监测结果向陆丰市大安镇汢贝村、河二村的村干部和村民代表进行详细解释。就村干部和村民代表关心的牛角隆水库水能否用于农用灌溉的问题，市环保局技术人员认为，从监测数据上来看，牛角隆水库水质满足农用灌溉用水的要求，可以用于农用灌溉。

二、地方环保部门处置环境突发事件的几点思考

1. 环境突发事件容易引发群体性事件，影响环保部门正常处置环境突发事件

分析陆丰大安自来水厂锰超标以及牛角隆水库污染事件的起因，除事发地发生污染情况外，事发地基层政府执政能力不强，加大了事件处置的难度。由于基层政府的职能转变跟不上形势需要，一些农村基层组织的社会控制力明显弱化。同时，一些村民法制观念淡薄，一旦发生利益争端，不是寻求正当的渠道来解决，而是采取聚众闹事等不正常的途径。如在处置陆丰大安自来水厂锰超标以及牛角隆水库污染事件中，由于少数人员的煽动挑唆，群众情绪激化，出现了围攻政府工作人员、堵路等行为，干扰了环保部门正常处置突发环境事件。

2. 上级环保部门的压力，加重了基层环保部门处置环境突发事件的难度

在处置陆丰市牛角隆水库污染事件中，我市、陆丰两级政府和相关职能部门行动迅速，陆丰市第二日即取缔关闭了群众反映的非法稀土矿开采点，汕尾市环境监测部门迅速开展了应急监测，监测结果也表明牛角隆水库水质污染与稀土矿开采并没直接关系。但一些别有用心的群众对此并不满意，连续在省环保厅门户网站投诉达 100 多次，使个别领导误解地方处置不力，对参与事件处置的人员情绪上造成了很大的压力，加重了地方处置突发环境事件的困难。上级环保部门应充分理解基层环保部门处置突发环境事件所面对的困难，在技术力量上加大对基层环保部门处置突发环境事件的支持，在环境突发事件发生后，及时派出技术专家赴现场进行指导地方科学处置，协助地方处置突发环境事件中碰到的技术难题。

3. 基层环保应急能力建设滞后，影响科学应对环境突发事件能力

基层环保应急机构普遍存在人员少、装置缺、取证设备落后、没有专用应急车辆等困难，且环保机构通常只设置到县一级，乡镇一级没有设置环保机构。我市近年发生的几件突发环境事件，大部分发生在农村地区。乡镇一级环保机构的空白，对掌控信息、现场取证、快速查处造成非常不利的影响，有必须尽快设立乡镇一级环保派驻机构。同时，要加强环保队伍自身建设，不断提高环境执法人员的综合素质和行政执法能力。加强环境监察执法队伍和环境质量监测监控系统的标准化、规范化、现代化建设，不断提升环保队伍快速反应能力、应急处置能力和监督执法水平。

从广西华银铝业有限公司龙山排泥库泥浆泄漏事件看环境应急与处置

广西壮族自治区百色市环境保护局　覃志坚

近年来，我市环境突发事件呈现高发、频发现象，据统计，仅2008年以来，我市共发生35起涉及环境污染的突发事件，其中属于我市辖区企业违法排污而引发的5起，安全生产事故次生的6起，排泥库泄漏引发的10起，过境车辆因交通事故引发的11起，其他3起。其中广西华银铝业有限公司靖西龙山排泥库泄漏污染事件还受到了党中央和国务院的高度关注，胡锦涛总书记、李克强副总理就污染事件的处置工作专门作了重要批示，环保部张力军副部长和自治区政府林念修副主席还亲临事故现场指导处置工作。

如何科学应对和及时、有效地加以处置环境突发事件，是我们各级环保部门必须面对的一项重大任务。现谨以龙山排泥库泄漏事件的处置为例，浅析我市当前环境应急管理工作的现状和发展趋势。

一、事件背景

广西华银铝业有限公司（下称“华银铝公司”）项目于2005年1月经原国家环保总局批准建设（环审[2005]64号），同年6月18日开工建设。项目一期建设规模为年产氧化铝160万t，主要包括氧化铝厂建设和矿山建设两部分。该项目氧化铝厂建设在百色市德保县马隘乡，两个矿山分别建在百色市德保县和靖西县，矿山建设主要包括露天采选场、洗矿场和排泥库等内容。两个矿山采选的排泥库分别设在德保县马隘乡和靖西县新甲乡。其中，靖西县的农林选矿厂排泥库位于该县新甲乡新荣村古杰、坡珠两个屯东北约1 km处，该库四面环山，设计为南、北两库，总库容2 293万m^3，服务期为12年。华银铝项目一期工程于2007年底建成，受原国家环保总局委托，自治区环保局经现场核查后于2007年12月26日同意该厂试生产。

2012年5月26日14时许，位于靖西县新甲乡境内的广西华银铝业有限公司农林选矿厂龙山排泥库由于连日遭大暴雨的侵袭，地下河水位涌涨，顶破库底。库内泥浆从靖西县新甲乡新荣村坡珠屯、古杰屯附近三个泉眼冒出，流入下游农田，造成泉眼周边坡珠屯58户240人受灾，大部分民房受淹；古杰屯出行道路中断，32户135人受困；经核实，共有438.389亩农田被泥浆覆盖，群众生产生活受到很大影响，财产受到一定损失。

在环境保护部，自治区党委、政府领导和专家的指导下，当地政府积极组织协调，经过自治区、市、县三级党委、政府及环保部门共同努力下，历经13天，有效地控制了此次排泥库泄漏事件的污染影响范围和程度，污染影响得到及时消除。

二、应急处置过程地方各级政府及环保部门应急响应情况

（一）地方各级政府应急响应情况

5 月 27 日，我市及时启动应急预案，成立了由市长谢泽宇、百色军分区司令员李政、广西华银铝业有限公司董事长管跃庆为指挥长，副市长陶荣铅、广西华银铝业有限公司总经理甘国耀为常务副指挥长，市委、市人民政府、市直相关部门、广西华银铝业有限公司有关领导和靖西县四家班子领导为成员的应急处置指挥部，指挥部下设综合协调组、堵漏组、群众安置组、交通治安组、后勤保障组、医疗卫生保障组、宣传组、专家指导组、水文水质和气象监测组等九个工作组。市委、市人民政府领导始终亲临现场指挥抢险，市委书记赖德荣深入一线组织研究部署各项处置工作，市长谢泽宇、百色军分区司令员李政、副市长陶荣铅由始至终、日夜坐镇现场指挥，市委常委、副市长韦瑞灵，市委常委、宣传部长、副市长范力，市委常委、政法委书记周武红，市委常委、秘书长黄建宁，副市长李建文等领导轮流参与抢险指导。市环保、安监、水利、国土、水文、气象等部门深入现场指导处置，市环保局、市安监局及时对企业下达停产整改书面通知。指挥部始终坚持执行每天“早部署、晚总结”的工作例会制度，有序、有力、有效开展抢险救援处置工作。

与此同时，我市市、县两级党委、政府迅速组织开展处置工作并及时向上级汇报。中央、自治区领导高度重视，国务院副总理李克强作出重要批示，自治区党委书记郭声琨、主席马飚、副主席林念修多次作出重要批示和指示，林念修副主席亲临事故现场指挥处置，并派出以自治区人民政府副秘书长檀庆瑞为组长、有关部门领导组成的自治区工作组赶到现场指导处置。自治区环保厅、国土资源厅、水利厅、水文水资源局、地矿局、安监局等部门分别派出领导和专家近 70 人赶赴现场参与事故处置。经过广大抢险人员九天八夜的连续奋战，截至 6 月 3 日 17 时 30 分，整个应急抢险处置工作共组织市县干部职工 6 000 多人次、部队官兵和预备役民兵 5 000 多人次、公安干警 800 多人次、华银铝公司员工 6 000 多人次，共计 18 000 余人次投入抢险，出动运输抢险车辆 2 100 多辆次，投入抢险物资 128 批 21 380 件，应急抢险处置工作取得了阶段性成效。已确定的排泥库泄漏点得到有效封堵，泥库水位保持稳定；坡珠屯附近 3 个冒泥点已全部停止冒泥，只有少量清水流出；已泄漏的泥浆全部沉淀在拦截坝内，没有流入下游河流；水质保持正常状态，下游群众饮用水未受影响；受灾群众全部得到妥善安置，群众思想情绪稳定。事故从发生到整个应急抢险过程实现自治区领导提出的“不出现伤亡、不出现垮坝、不发生跨界污染”工作目标。

根据现场抢险工作的实际情况，鉴于目前排泥库泥浆泄漏点已查明并进行有效封堵，受灾群众得到妥善安置，指挥部会议研究，经征求专家组意见，并报自治区工作组同意，指挥部决定宣布现场应急抢险处置工作基本结束，解除事故应急响应，转入事故处理的善后工作阶段。

（二）环保部门开展的主要工作

在百色市环保局党组的领导下，全体参加环境应急的干部职工始终奋战在一线，不畏艰险，团结协作，竭尽全力开展应急处置，将事件造成的环境污染影响降到了最低限度。

1．责令企业立即停止生产和排泥，防范泄漏量的扩大和发生次生环境污染事件

为防止泥浆泄漏引发次生环境事件，百色市环保局主要领导及分管领导第一时间做出部署：企业立即停止生产，全力投入应急抢险工作中。

2．立即启动环境应急预案，及时开展环境应急监测

5月26日22时接警后，百色市环保局立即启动了环境应急预案，由局长和分管副局长带领10余名环境监测、监察人员迅速赶赴事故现场，不顾天黑路滑，沉着冷静地开展应对工作。监测人员在到现场2小时内就出具了第一份水质监测报告，为抢险救援工作提供了技术参考。市环保局连续15天组织对泄漏现场以及主要河流开展应急水质监测，并及时向应急指挥部报送应急监测快报。

3．科学制定河流水质监控方案，为政府决策提供依据

从5月27日起，百色市环保局、靖西县环保局每天出动20多人，4辆监察车，沿30 km的庞凌河上游支流和干流开展河流和岸线污染情况调查，并绘制出污染物在河流中的污染分布图，为应急指挥部做出筑坝截污决策提供准确资料和科学依据。同时与水利部门一起组织制定了《水文水质监测组应对泥浆进入庞凌河应急工作预案》，为事态进一步恶化的应急工作做好准备。

4．做好材料报送，及时上报信息

为使现场应急指挥部与上级领导及时了解泄漏事件处置进展情况，我局专门设立材料、信息收集编报工作组，及时收集事故处置信息，做到工作信息每日报、紧急信息随时报。同时，向上级环保部门报送应急处置情况。

5．及时总结处置经验，完善环境风险防范措施

“5·26”事件应急结束后，百色市环保局认真分析和总结事故案例，进一步完善了环境应急防范措施和管理制度。一是强化对辖区所有尾矿库的环境风险防范工作，补充完善尾矿库环境风险源基本情况信息表，为应对突发环境事件提供了必要的基础信息。同时，结合环境安全百日大检查和全区重点行业企业环境风险安全隐患大排查，对有色冶炼、电解锰、造纸、制糖、酒精、淀粉等六行业和沿河湖库的化工、油品储存类等环境风险较高的企业作为环境应急管理重点企业，对其风险源状况、预案编制、风险防范措施落实、物资储备、联动救援等五方面工作进行排查和规范。

三、经验和启发

1．各级领导高度重视，是此次突发环境污染事件得到妥善应对的根本保证

事件发生后，国务院领导，环保部、广西党委和政府领导都高度关注此事，并分别作了重要批示。

2．认真做好群众工作，维护社会稳定，是我们应对处置此次突发环境污染事件工作的出发点和落脚点

有关部门和当地政府切实维护群众利益，及时妥善解决了群众的生产生活问题。同时也耐心细致做好群众宣传教育和解释工作，保证群众情绪稳定，争取了群众对应急处置工作的理解和支持。

3．信息畅通，响应及时，才能抓住应对处置突发事件的有利时机

各级环保部门在接到此次突发环境污染事件报告后，均及时赶赴现场调查核实情况、研判发展趋势、采取果断措施，并按规定向政府和上级主管部门报告了有关情况。

4．做好应急监测工作，是妥善应对突发环境污染事件的前提和保障

本次突发事件应对处置过程中，百色市环境监测站投入近 20 人，同时，广西环境监测中心站也派来了 10 名监测人员，确保了应急监测的需要。但同时也暴露了广西县级，特别是边境地区县级环保部门监测能力严重不足等问题。

5．地方各部门、军民紧密配合，是有效控制事件恶化趋势的有力保证

在这次应急处置中，得到了当地各级政府各相关部门、部队和民兵的全力支持和配合，使污染事故得到迅速而有效的控制，避免了进一步恶化的趋势，如水利部门开展了河流水文监测工作，为决策提供了基础数据，并指导了拦坝的建设，为工程实施提供了技术支持；卫生防疫部门开展了饮用水源水质监测工作，确保了群众的饮用水安全；农业、畜牧水产部门开展农作物和畜禽保护宣传工作，确保了群众农作物生产和畜禽养殖安全；武警和边防部队组织部队官兵和预备役民兵 5 000 多人次有力地支援筑坝拦污工程建设。

6．企业积极应对是事件妥善处置的关键

在处理事故的过程中，华银铝公司组织本公司职工、总承包方、施工单位人员 6 000 多人次，调用了 4 台挖掘机、2 台装载机、两部消防车和一部洒水车参加应急处置工作，确保了污染范围和污染程度的妥善处理。

四、当前我市环境应急管理工作存在的主要问题

从这几年多起突发环境事件的防范和处置看，我市环境应急管理工作仍然存在许多不足和亟待解决的问题。

一是辖区内一些企业污染治理设施和突发环境事件应急配套设施不配套或陈旧；突发环境应急预案未编制或编制不符合规范，可操作性不强；甚至少数企业社会责任感不强，偷排、直排、超标排污的现象时有发生；少数企业因城镇扩展的原因，企业周围敏感点多。以上原因，导致污染事故发生的隐患突出。

二是我市场处大西南出海的重要通道，加上辖区内交通等级差，污染事故防范设施建设滞后，境内因交通事故引发污染事故的频率加大。

三是市、县两级环境监测和环境监察专业技术人员偏少，处置装备缺乏，专业化的现场处置队伍建设滞后，一旦出现重特大污染事故，仅靠我市自身能力难以担负处置任务。

四是个别地方和部门对污染事故的防范和处置工作重视不够，一旦出现事故，反应不够迅速，人、财、物调动不到位，现场组织、处置措施不力，甚至个别地方发生了污染事故不及时上报，也不采取果断措施加以处置。

以上困难和问题，有待我们采取措施，加以解决。

五、下一步工作考虑

1．高度重视排泥库泄漏和生产安全事故引发的突发环境事件

近5年，我局接报并妥善处置突发环境事件35起，其中因排泥库泄漏引发的10起，生产安全事故引发的突发环境事件6起，占突发环境事件总数的45.7%。为此，我市各级环保部门要高度重视排泥库泄漏和生产安全事故引发的突发环境事件，认真贯彻落实国务院《关于加强环境保护重点工作的意见》提出的“有效防范环境风险和妥善处置突发环境事件”要求，采取有效措施切实保障环境安全、维护社会和谐稳定。

2．落实“两个责任”，强化环境风险防控

各级环保部门要督促企业严格落实环境风险防范主体责任，制定环境应急预案，强化生产安全事故泄漏物质的收集、截流、导流设施和外排闸门等防范措施，一旦发生生产安全事故，确保能够将泄漏物质控制在企业内部。强化地方政府环境安全监管责任，督促地方政府完善流域、区域环境风险防控措施。对因生产安全事故引发的突发环境事件，要从立项、审批、验收、监管、应对等各个环节，依法依规追究地方政府及其有关部门、企业和相关人员的责任。地方环保部门要绘制辖区重点企业敏感信息平面图，对企业风险源、排污口、污染物总类及工艺进行标注，为突发环境事件应急工作做好准备。

3．健全环境风险防范工作机制

要完善环保内部工作机制。环评审批和“三同时”验收要对环境风险防范提出明确要求；日常执法监督、隐患排查要督促企业落实环境风险防范措施；应对突发环境事件时，环境应急、监测、科技、监察、宣教等部门要各司其职，密切配合。要完善外部应急联动机制。积极与安全监管、公安消防、交通运输、纪检监察等部门建立应急响应联动机制，提高综合应对效能。

4．妥善处置各种类型的突发环境事件

接到突发事件报告后，要立即责令企业或责任单位采取有效措施，防止泄漏物质排出厂界和外环境引发突发环境事件。要督促地方政府严格履行环境安全监管责任，采取有效措施最大限度地减轻、降低和消除环境影响。环保部门重点做好应急监测、信息报告、事态预警、处置方案、事件调查和损失评估等工作。

从某糖厂突发环境污染事故应急处置中得到的启示

广西壮族自治区来宾市环境保护局　陈　林

随着工业化、城镇化进程的快速推进，我国环境污染问题日益突出，突发环境事件呈现高发态势。特别是非高危行业发生的突发环境事故也屡见不鲜。在预防和应对各种突发环境事件中重点是涉重金属、石化等高危行业，而往往忽视了诸如制糖这类环境风险相对不是很高的行业。但是，像糖厂这类企业废水产生量较大、污染物浓度较高，一旦发生突发性环境污染事故，如果得不到及时有效的应对处置，将可能造成严重的恶果。如何有效应对此类突发环境污染事故呢？下面从 2012 年 4 月 5 日发生在广西来宾市清水河上游某糖厂违法排污引发环境污染事件的应对处置中，谈谈个人从中得到的启示。

一、“4・5”来宾市清水河上游糖厂环境污染事件概述

2012 年 4 月 5 日，广西壮族自治区来宾市兴宾区清水河河段水质出现异常，沿河网箱鱼和野生鱼大量死亡，经过调查核实，造成此次污染事件的原因是清水河上游南宁市宾阳县辖区内的一家糖厂高浓度有机废水违法偷排所致。排入清水河的废水量约 10 000 m^3，生化需氧量浓度超过 10 000 mg/L。由于清水河的流量较小（约 30 m^3/s），河水中的有机物浓度急剧增高，水中溶解氧迅速降低，污染团所到之处有大量鱼类因缺氧窒息而死。经测算，造成网箱养殖直接经济损失 51 万元，野生鱼类损失约 200 万元，被污染河段的生态环境受到严重破坏，短期内渔业生态系统难以修复。这是一起跨市污染事件，被定性为较大突发环境事件。

2012 年 4 月 5 日 18 时，来宾市环保局接到群众电话反映称来宾市清水河河段网箱养鱼和整个河段出现大面积死鱼，接到电话后，来宾市环保局立即向市政府作了汇报，来宾市委、市政府高度重视，立即启动应急响应，迅速组织市环保局、市水产畜牧兽医局等有关部门第一时间赶往现场开展调查处置工作，并立即通报了南宁市环保局、南宁市水产畜牧兽医局等部门。首要任务是尽快查明并切断污染源，经过 6 个多小时的排查初步锁定了污染源是清水河上游南宁市宾阳县境内的某糖厂，当即采取措施切断了污染源。第二天一早自治区工作组赶到现场并统一协调指挥，经过分析，立即成立了技术、监测、清赔、后勤、材料、舆情等 7 个工作小组，迅速开展工作。由于指挥得当、部门联动、应对及时、处置科学，经过 5 天时间就妥善处理完这次较大突发环境事件，把损失降到了最低，得到了上级领导的充分肯定。

此次污染事件的应急处置给了我几点启示：

（1）完善突发环境事件应急响应机制是应对一切突发环境事件的最有力武器。应急响应机制是一根指挥棒，有了它才能有条不紊地开展工作，才能获得预期效果。

（2）第一时间启动应急预案，部门联动协同作战，是有效应对突发环境事件的根本保证。特别是跨界污染事件的处置，涉及的地方政府以及相关部门必须在上一级政府的统一指挥下，分工负责、协同作战，才能赢得最终的胜利。

（3）良好的技术装备和专家技术队伍，为准确判断、科学处置突发环境事件起到了关键性的作用。

二、环境应急防范工作中存在的问题

从这起污染事件的发生和处置的整个过程看，我们在日常环境风险应急监管、环境应急队伍建设等方面还存在一些不足，特别是对制糖、再生纸或无制浆造纸等这类企业，虽未涉及重金属、危险化学品，但由于其污染物产生量较大，环境风险源较多，污染隐患依然存在，不容忽视。此类企业在环境风险防范上主要存在以下几个方面的问题：

1. 环境安全意识淡薄

该事件是某糖厂在发现污水处理站调节池提升泵出现故障时，未采取应急措施加以防范，反而把高浓度有机废水直接排入清水河，从而引发污染事故。这说明企业环境安全意识比较淡薄，认为企业不涉及重金属，不涉及有毒有害、易燃易爆等危险化学品，在环境安全防范上思想麻痹。

2. 环境应急预案不完善

企业环境应急预案不完善，或千篇一律，未与企业自身的实际情况相结合，没有对环境风险环节进行认真分析，应急措施没有针对性或是落实不到位，可操作性不强，形同虚设。或者没有设立机构，没有开展应急演练，一旦出现突发事件，不知所措。

3. 环境风险防范责任主体不明确

企业是防范和处置突发环境事件的第一道防线，风险防范和事故处罚主体责任没有完全落实，“企业生病，社会受害，政府包办，部门担责”的现象普遍存在。一些企业由于自身风险防范措施缺失，环境应急准备不足，事故发生后控制不住事态，一旦酿成重特大环境污染事故，被问责的往往是政府监管部门。环境污染事件的发生很多时候是由于企业自身的认识和管理方面造成的，目前对于出现的污染事故，政府层面的行政责任追究机制已较为完善，而对企业的民事责任追究、刑事责任追究还较滞后。由于企业环境风险防范及处罚追究责任主体不明确，导致企业在环境风险防范方面主动承担责任的意识不强，尤其是环境风险相对低的行业企业责任认识更加欠缺。

4. 基层环境应急管理综合水平亟待提高

在整个环境污染事件处置过程中，深刻感受到基层环境应急管理综合能力不强，地方环境应急管理队伍建设严重滞后。一是应急机构不健全。环境保护部高度重视环境应急建设，成立了环境应急与事故调查中心，同时要求各级环保部门成立环境应急机构。但由于地方环保部门缺少人员编制，应急机构难以落实，环保应急机构往往只能是由一些内部机构代管或兼职。二是环境应急科技支撑能力不足。重大危险源、重金属等特殊污染因子的监控监测技术能力缺乏，不能满足环境应急预警预报的要求，对多种环境基体不同污染物应急监测和分析的科技水平薄弱，应急装备不足，严重滞后于应急管理需求。三是基层应急队伍业务水平不高。由于没有专门的应急机构，缺乏专业队伍和专业人才，环境应急方面的专业培训较少，致使基层环境应急队伍整体水平不高。

三、企业环境风险防范与应急管理对策

1．加强环境风险防范宣传教育

环保部门要加强对企业的环境风险防范宣传教育，提高企业环境风险意识，监督企业做好环境风险防范工作，使其主动承担起风险防范责任。同时企业应加大对员工的培训力度，以主要负责人、环保管理人员为重点，进行强制性环境安全培训，使其熟练掌握应急应对措施。

2．完善企业环境应急预案

在日常监管中，环保部门要加强对企业环境应急预案编制和适时补充、修改、完善应急预案的监管和指导，使应急预案适应新情况、新要求，提高企业环境应急预案的科学性、针对性及可操作性。

3．完善环境污染事故责任主体的追究机制

首先，针对目前环境污染事故追责环保部门较重的情况，建议完善环境污染事故处罚机制，将各种环境监管情形加以细化，使环境监管责任更加明了，避免出现“监管不到位”的情况。其次，要进一步完善以企业为主的环境风险防控体系，落实企业在环境风险防范中的第一责任，提高企业环境风险责任意识，增强企业风险防控能力，从根本上改变企业被动应对环保部门监管的局面。

4．建立环境风险责任保险机制

通过建立和完善环境污染责任保险制度，可以降低企业破产带来的风险和政府处理环境事故的成本，使环境污染损失赔偿及时兑付，保障污染受害者权益，维护社会稳定。同时，通过经济杠杆，提高企业开展环境风险防范的动力和能力。

5．加强基层环境应急能力建设

一是在人员、仪器设备配置以及业务能力建设等方面全面推进应急能力标准化建设，实现应急处置、应急监测能力、综合分析能力和新形势下环境应急管理要求的对接。二是加强应急队伍培训和演练。邀请专家针对不同环境污染类型组织多元化应急培训，提高应急指挥水平和处置能力。三是根据本地区特点，有针对性地组织开展应急演练，不断提高应急队伍实战能力和水平。

八、环境行政执法

狠抓环节管理
提升丰台区环境行政执法水平

北京市丰台区环境保护局　隆　重

环境保护行政执法是加强环境管理的重要内容，关系环境保护权威、地位的确立，关系政府部门良好形象的树立。多年来，丰台区环保局认真贯彻落实《国务院全面推进依法行政实施纲要》及《北京市人民政府关于全面推行依法行政的实施意见》，以明确行政执法责任制为重点，以完善规章制度为依托，以行政执法案卷评查为抓手，增强行政执法人员责任感和使命感，不断提高环境行政执法水平。

一、基本情况

丰台区位于北京市西南，东邻朝阳区，南接大兴区，西与房山、门头沟 2 个区相连，北与东城、西城、石景山、海淀 4 个区为邻，属首都城市功能拓展区，是典型城乡结合部地区。辖区面积 305.87 km^2，东西最长 34 km、南北最宽 17 km，横跨城市二环路到六环路，横贯南北的永定河将全区分为河东、河西两个部分，常住人口 211 万人。丰台区环保局设办公室、环境综合管理科、法制宣传科、环境影响评价科、辐射安全管理科 5 个行政科室，下设环境监察支队、机动车排放管理站、环境影响评价评估中心和环境监测站 4 个事业单位。全局在编人员 127 人，其中 107 人取得行政执法资格。环境监察支队、机动车排放管理站、辐射安全管理科主要承担对外执法和处罚任务。2011 年全年共出动执法人员 4 975 人次，检查单位 4 656 家次，下达限期治理 37 件，处罚 45 起，处罚金额 92.9 万元；共检查涉源单位 300 余家次，启动辐射应急处置 5 次；共检查加油站 945 家次，抽检 94 家，处罚 12 家，处罚金额 5.1 万元；共检查各类机动车 27.5 万辆，通过简易程序处罚超标排放车辆 536 台。未发生因处罚不当引起的行政复议和行政诉讼。

二、主要做法与取得成效

（一）狠抓事前环节，对执法工作统一部署

1. 领导重视，机构健全

局党组高度重视行政执法工作，在不同场合多次做出强调，要求各部门严格落实行政执法责任制，常抓不懈。调整充实重大案件审查领导小组，局主要领导任组长，副局长任副组长，各主要执法科室负责人为成员。领导小组办公室每年年初、半年、年底分别向局

领导班子专题汇报全局行政执法工作情况。遇有特殊情况及重大、复杂执法问题，随时发现，随时报告，随时研究解决。

2．明确依据，细化责任

2011年重新梳理所执行的42部法律法规、219项执法依据，重新明确执法主体、执法依据，通过网站对外公布，接受社会公众监督。同时，分解执法职权，进一步细化岗位责任，修订《丰台区环保局行政执法岗位责任制》，理顺科室的职能，使执法权限、执法标准、执法程序、职责范围和执法责任更加准确，使每一项职能都细化到具体执法岗位，确保考核目标细化、量化、实化。

3．完善制度，规范程序

在区政府法制部门的指导下，先后制定和修改《行政执法责任制实施办法》、《丰台区环保局重大案件审查制度》、《行政执法检查制度》等20项规章、制度和办法，实现以制度管理人员，以制度规范流程，以制度限制环节，确保每一个执法步骤都有明确的行为准则和依据，确保行政执法工作合法、规范，有序开展。

4．强化培训，提升素质

坚持将干部依法行政学习纳入全年工作重点，重视新任执法人员的岗前培训。年初制定行政执法培训计划，建立个人学习（培训）记录，每周自学时间不少于2学时，严格实行培训考勤和备案制度，培训前有考勤、培训后有备案。邀请区法制部门、法院、市环保局等开展法律知识培训，增强全局干部依法行政的责任心和使命感。坚持选派业务骨干参加环保部、市环保局举办的行政执法及相关培训，促进业务水平的提高。对执法人员组织《行政强制法》、《北京市水污染防治条例》以及行政处罚案卷评查办法、环境监察工作程序等轮训。2011年共组织培训10次，1 200余人次参加。通过开展各类培训，人员业务素质不断提高，行政执法能力不断增强。

（二）狠抓事中环节，对执法工作统筹推进

1．采用信息化手段，确保行政执法工作留痕

依托局域网建立行政执法网上系统，从立案、调查、处罚、执行、整改、结案等环节规范处罚流程、时限、文书和证据要求，记录审批及修改过程，将每一个环节的责任落实到每一个岗位、每一个人。通过纸质案卷与电子案卷“双轨制”运行，行政处罚程序进一步规范，杜绝了其他因素影响行政处罚的公正性。

2．严格限制自由裁量权

制定《丰台区环保局行政处罚自由裁量指导意见》，从违法性质、违法内容、违法后果等方面对处罚额度做出详细规定，行政执法队员将违法企业的情况直接与指导意见进行比对，确定处罚额度及限期治理期限，大大压缩了自由裁量空间。如遇特殊情况，必须经局重大案件审查领导小组集体讨论研究决定，通过会议纪要并记录入卷。通过规范行政处罚自由裁量权，对提高环境监管水平，打击环境违法行为，保障人民群众健康发挥了重要作用。

3．实施查处分离，确保执法公平

在环境执法现场检查、排污收费、行政处罚等直接影响相对人权益的执法环节上，进一步健全对行政权力的内部监督和制约机制。按照“权力与责任挂钩、权力与利益脱钩”

的要求，由局执法部门负责检查、调查、取证，文书证据及手续齐备后，转交局法制部门进行审查，做出处罚意见，报局领导批准，实现调查、处罚部门独立运行，实现调查、处罚分离，确保执法工作公平有序运行。

4．注重细节，不断提高案卷水平

制定完善了案卷评查和案卷管理工作规范，按照《北京市环境行政执法案卷评查标准》要求，每季度对行政处罚案卷进行评查。不定期组织各执法单位开展互评互查活动，实行互评互比，既能发现问题，又能相互交流。评查中发现的问题，由法制部门汇总，请示上级部门后，集中培训，限期整改。2011 年丰台区环保局处罚案卷代表丰台区参加北京市评比，名列前茅。

（三）狠抓事后环节，以监督机制促进执法工作

1．内外结合，加强监督

局党组对行政执法工作以及各执法部门工作态度、工作作风、廉洁自律情况进行重点检查。一方面，局纪检监察和法制监督部门对执法人员的执法行为进行明察暗访，及时征求被查单位的意见，填写执法检查反馈表；另一方面，聘请外部廉政监督员，不定期召开座谈会，听取意见和建议，逐项落实整改，确保每个环节运转规范，不出问题。通过内外结合的全方位监督，2011 年全年在执法过程中未发生违法违纪现象。

2．实行行政行为过错终身负责制

制定《行政行为过错追究制度》，明确规定执法过错的性质、追究范围、追究程序、追究方式、责任量化等细节。过错追查工作由局纪检监察部门和法制部门联合开展，独立调查，直接向局党组负责。无论是谁，只要触碰了环境行政执法的红线，将坚决追究，绝不姑息。由于制度严格，我局未发生因行政执法过错被追责的事件。

3．将行政执法工作纳入干部绩效考核

修订完善《行政执法工作报告制度》和《行政执法考核制度》，坚持做到年初有计划，落实有过程，半年有总结，年底有考核，各种情况及时报告，确保行政执法考核落到实处。目前，每月对执法人员进行执法工作目标考核，从德、能、勤、绩、廉 5 个方面进行打分，一级考核一级，考核成绩直接与收入挂钩，通过考核促进工作开展。

4．注重宣传教育引导

坚持以环保“四进”工作为抓手，围绕中心工作，全面开展行政执法宣传。让行政相对人充分了解国家法律法规及相关政策，理解环保行政执法工作。引导社会公众全面参与、配合、监督行政执法工作。让群众既成为行政执法队员的眼睛和耳朵，又成为监督行政执法工作的监察员，不断促进环保行政执法工作迈上新台阶。

三、面临的新情况、新问题

1．环境保护考核指标发生重大变化，要求更加严格

从 2012 年开始，不再考核二级和好于二级天数指标，而是考核空气中主要污染物年均浓度值，2012 年指标是比 2011 年均下降 3%。主要污染物总量减排指标由二氧化硫、化学需氧量 2 项变为 4 项，新增了氮氧化物、氨氮 2 项指标；减排领域在工业、城镇生活的

基础上，新增了农业和交通（机动车）2 个领域。北京市将治理 $PM_{2.5}$ 列为为民办实事的一号工程，加大了考核力度。市政府将污染物总量控制、环境质量改善等主要环保指标纳入各级政府绩效考核，并且严格实行环境保护行政问责制和一票否决制。

2．丰台区正处于经济社会发展关键时期，主要污染物减排和空气污染控制任务相当繁重

“十二五”时期，丰台区人口、能源和资源消耗仍然保持较快增长态势，进一步减少污染物排放将面临着“增量”持续增加和“存量”削减空间收窄的双重压力。2012 年是丰台落实城南行动计划的决战之年，也是丽泽金融商务区建设、第九届园博会等重大项目全面建设之年，区域内共有各类工地 383 个，开工面积达 2 000 万 m^2，创历史新高。2012 年 1—8 月区域内主要污染物浓度均升高，可吸入颗粒物、二氧化氮、二氧化硫的浓度同比分别上升 10.4%、15.8%、19%，与浓度均降低 3%的目标相差甚远。经济社会快速发展与环境质量改善要求矛盾突出。

3．环境管理机制体制有待进一步创新和完善

丰台区域内的上万个污染源自 2009 年以来已全部实行属地管理，项目审批权限和监测任务下移，人员编制和技术水平矛盾日益突出，加之环境监察等人员素质参差不齐、基层环保工作薄弱，“小马拉大车”的状况导致很多工作难以有效落实。从长远来看，不适应环境保护工作的发展形势要求，环境管理机制体制还有待进一步创新和完善，需要各方面加大投入和能力建设力度。

四、下一步工作打算

紧紧围绕“依法行政、严格管理，持续改善环境质量、保障群众生命安全和身体健康”的要求，以环保行政执法和服务保障为切入点，抓好以下几方面工作：

1．加强培训，稳步提高人员素质

既要坚持邀请市、区相关部门进行业务授课，又要积极推荐业务骨干参加国家、市、区组织的各类专题培训，同时，加强与兄弟区县环保局的交流学习。进一步加大考核力度，以考核促进学习，推动执法人员综合素质不断提高。

2．扩大范围，加大监督、奖惩力度

进一步加强监督检查，扩大明察暗访的范围，发挥投诉电子信箱作用，确保执法人员廉洁公正。加大奖惩力度，对于在行政执法工作中成绩优异、表现突出的同志给予通报表扬，以先进带落后，促使全局上下形成积极提高执法水平的良好氛围。

3．规范程序，不断提高执法案卷水平

继续以行政处罚信息化为依托，通过纸质案卷与电子案卷的“双轨制”运行，进一步规范程序，严格把关，将每一个环节的责任落实到人，提高对执法案卷的细节把握能力。

4．强化宣传，营造良好的环境保护工作氛围

继续加大宣传教育力度，开展更有针对性的系列主题宣传活动，不断增强环保宣传工作的深入性、广泛性、持续性，引导广大企业和群众熟悉法律法规，理解和支持环保执法工作，不断增强社会公众的环保知识和环保意识，培养和引导社会力量参与环境保护，共创美好家园。

浅谈严密刑事法网仍需解决严重污染环境定性难和完善刑事立法

山西省大同市环境保护局　郝仕扬

新《刑法》已于2011年2月25日通过实施，新《刑法》第三百三十八条与原《刑法》第三百三十八条相比，一个重大变化，就是将重大环境污染事故罪变更为严重污染环境罪，删去了“向土地、水体、大气”的规定，扩大了受保护的环境要素的范围；将“排放、倾倒……或者其他危险废物”，修改为“排放、倾倒……或者其他有害物质”。“有害物质”的范围，要广于“危险废物”的范围；将“造成重大环境污染事故的”改为“严重污染环境的”；删去了“致使公私财产遭受重大损失或者人身伤亡的严重后果”的规定。这意味着，行为人只要造成了严重污染环境的后果，无论是否致使公私财产遭受重大损失或者人身伤亡以及程度如何，均不影响定罪。显然，通过这四个方面的修订，调整了犯罪的构成条件，降低了入罪门槛，方便了司法操作，有利于发挥《刑法》这道防线的功能，体现了严密刑事法网，有效打击环境犯罪的思路。这在我国当前环境状况日趋恶化，环境违法行为猖獗的背景下，这种修订是有积极的现实意义的。

但是，就实际操作和应用而言，新《刑法》严重污染环境罪，仍存在严重污染环境定性难以及环境罪立法上罪名单一的缺陷，需要在司法实践中加以修订和完善。下面我就实际工作中遇到的问题，谈一下如何解决严重污染环境定性难以及从何处完善环境罪的刑事立法问题。

一、案件的主要事实经过

2011年11月28日，环境保护局接到群众举报，称有不明罐车在我市某县某村附近倾倒不明液体，执法人员赶到时，倾倒液体的罐车逃逸不知去向。我市某县某村村东南301省道的桥涵下有液体倾倒痕迹，取样分析显示：表层残留物主要为废酸及盐类物质，同时检测出大量的有机污染物。该残留物的pH值为0.15、COD的浓度为2 630 mg/L、动植物油的浓度为28.9 mg/L、氨氮的浓度为1 600 mg/L，均高于GB 8978—1996工业废水排放标准中规定的pH值在6～9、COD的排放浓度为150 mg/L、动植物油的排放浓度为10 mg/L、氨氮的排放浓度为1.0 mg/L。同时残留物中含有大量有机污染物，其中苯的含量为1.517 mg/L，对人体有较大伤害。12月1日晚，环境保护局再次接到群众举报，称有不明罐车准备在我市某处污水管网内倾倒不明液体，执法人员经过蹲守，于2011年12月2日凌晨将正在向大同市某处污水处理厂进水井倾倒液体的一外地罐车截获，同时截获手机一部，罐车车主或司机逃逸。环境保护局执法人员对事发现场进行了拍照取证，并关掉倾倒液体的阀门，拨打110报警，并在110警察护送下，将罐车开回环境保护局院内。

对于两次非法倾倒有毒有害物质事件，环境保护局认为，违法倾倒有毒有害物质性质恶劣，且远不止两次，背后有很深的利益链条，危害极大，后果不可预测，决定立案查处。因案件涉嫌违反《刑法》的规定，随将案件移送市公安机关。

经公安机关侦查，抓获嫌案罐车车主某某。通过对某某询问得知，该罐车倾倒的是某外地农药厂废液，对罐车内废液监测分析，硫酸盐的浓度达到了 156 g/L、氯化物的浓度达到了 43 g/L、钠离子的浓度达到了 96 g/L、pH 值为 0.12，且含有大量有机污染物，因此确定该废液主要为废酸及溶解于废酸中的药厂残渣。倾倒的废液 pH 值为 0.12、COD 的排放浓度为 6 600 mg/L、动植物油的排放浓度为 66.3 mg/L、氨氮的排放浓度为 1 170 mg/L，远远高于 GB 8978—1996 工业废水排放标准中规定的 pH 值在 6～9、COD 的最高排放浓度为 150 mg/L、动植物油的最高排放浓度为 10 mg/L、氨氮的最高排放浓度为 1.0 mg/L 的排放标准。根据 GB 5085—1996 中危险废物鉴定——腐蚀性鉴别规定，pH 值小于或等于 2.0 时属于危险废物，据此判断两次倾倒废液为危险废物。废液中的有机氯农药的含量为 1.586 mg/kg，剧毒物质二氯苯氧乙酸的含量高达 96 mg/kg，对人体健康有较大风险。

案件发生后，大同市环保部门立即将情况上报市人民政府并省环保部门，市长作出“此案性质恶劣，应予严惩”的批示。市公安部门对此案也高度重视，局长作出“认真研处此案，依法从重从严打击”的批示，公安执法人员积极行动，到事发现场及与案件有关联的外地进行调查取证，做了大量的工作。市检察院也介入其中。对于如此严重的环境污染破坏案件，最后，公安部门仅仅依据《中华人民共和国治安处罚法》第三十条的规定，只对被雇佣运输、倾倒危险废物的罐车车主某某某给予行政拘留的处罚。如此处理，不足以杜绝类似事件的再次发生。如此处理，显系避重就轻，是否是公安执法人员的有意袒护所为？回答应当是肯定的，不是。

因为这里涉及一个重要的案件定性问题，何为“严重污染环境”？何为“后果特别严重”？这些亟待明确。同时，由于环境罪在立法上罪名单一的缺陷以及调查取证上涉及深奥的科技专业知识，需要有资质的专业评估机构才能完成，费时费力，通常情况下很难实现，这就使得公安部门立案难、调查取证难、提起刑事诉讼难，结果只能是让行为人逃避刑事法网，得不到应有的制裁。

二、从犯罪的构成条件看，新《刑法》环境罪虽降低了入罪门槛，但严重污染环境仍然是定性难

原《刑法》第三百三十八条（重大环境污染事故罪）是环境犯罪中最基本也最典型的一个罪名，此罪以“致使公私财产遭受重大损失或者人身伤亡的严重后果”为犯罪的构成要件，这样，此罪的认定须证明环境违法行为与财产损失或人身伤亡的严重后果之间的因果关系，而由于环境污染因果关系的复杂性，容易让行为人逃脱刑事制裁。另一方面，只关注“环境犯罪所造成的有形财产及人身损害后果”，使得《刑法》的定罪圈过于狭小。

新《刑法》第三百三十八条（严重污染环境罪），是指违反国家规定，排放、倾倒或者处置有放射性的废物、含传染病病原体的废物、有毒物质或者其他有害物质，严重污染环境的行为。该罪构成条件是行为人因排放、倾倒或者处置“有毒物质或者其他有害物质”

行为，违反了国家保护环境的规定，造成严重污染环境的后果。也就是说行为人违反国家规定的行为必须造成了严重污染环境的后果。

以上可以看出，原《刑法》以“致使公私财产遭受重大损失或者人身伤亡的严重后果”为犯罪的构成要件，只关注“环境犯罪所造成的有形财产及人身损害后果”。新《刑法》虽调整了犯罪的构成条件，降低了入罪门槛，但构成犯罪的条件也必须造成严重污染环境的后果。用结果定性的本质没有变，只不过是把“财产及人身”转化为“严重污染环境”。

就本案而言，非法跨界倾倒危险废物，明知有巨大的社会危害性，但危害结果是由于非法跨界倾倒行为和倾倒危险废物的作用机制共同完成，即先有非法跨界倾倒的污染行为，然后是倾倒的危险废物同周围环境进行作用的过程，在此期间发生了各种化学物理反应和作用，这不仅给确定危害结果带来困难，在认定非法跨界倾倒的污染行为与造成严重污染环境因果关系时，也容易发生偏差；其次，非法跨界倾倒的污染行为是持续作用的，潜伏期很长，这样一方面使非法跨界倾倒的污染行为与造成严重污染环境因果关系表现出不紧密性和隐蔽性，另一方面查明非法跨界倾倒的污染行为与造成严重污染环境结果之间的连接方式费时费力，确定严重污染环境涉及深奥的科技专业知识，需要有资质的专业评估机构进行评估。但专业评估机构在我国目前少之又少，且费用高很难满足。这就使得本案因缺少足够的证据，出现立案难，起诉难，最后不得不让行为人逃脱刑事法网，得不到刑事制裁。

以结果定罪，结果是什么？结果是生命的伤失、财产的损失和环境污染。长期以来，这种只有当人类生命和健康及财产因环境污染受到损害后，才可以考虑以刑法处罚，只惩罚结果犯的刑事立法，必将放纵许多可能对环境造成严重危害并且理应受到刑事制裁的危害环境的犯罪行为，大大降低了刑法在预防环境污染和保护生态环境方面的重要作用。因此仅靠在刑法中惩治结果犯，打击环境犯罪往往力不从心。况且，环境违法犯罪者多是资本薄弱的小企业为降低生产成本而实施了破坏犯罪的行为。就是委托了有资质的专业评估机构，通过复杂的评估，付出了高昂的费用，得到了损害结果，由于小企业其本身不具备恢复环境、赔偿受害者的能力。环境仍得不到恢复，受害者得不到应有的赔偿，昂贵的评估费用也得不到补偿，得不偿失，只能默认违法犯罪的发生。

为了保护社会公共利益，无须等危害环境的实害发生，对人民群众的生命财产及人类赖以生存的环境负责，有必要明确严重污染环境的定性问题和进一步完善刑事立法。

三、为严密刑事法网，有效打击环境犯罪，就严重污染环境的定性及环境罪的立法谈几点建议

（1）国家应当出台司法解释，就“严重污染环境”的定性，可以设定以“量”或以“污染因子超标的浓度值”来定，即违反国家规定，排放、倾倒、处置有毒有害物质的数量，只要达到一定的“量”就可以认定为造成“严重污染环境”或违反国家规定，排放、倾倒、处置有毒有害物质的“污染因子的浓度值”，只要达到一定的“浓度值”就可以认定为造成“严重污染环境”。这种定性方式，既可以提高调查取证效率，减少行政执法成本；又可以解决立案难，使环境犯罪分子得到应有制裁，受害人得到及时救助；而且又不失科学，避免了无休止拖延诉讼时间，提高了诉讼效益，并且使潜在犯罪人减少侥幸心理，从而更

好地预防犯罪，保护环境。当然，这种定性方式，还应当设定一定的犯罪构成要件，如排放、倾倒、处置有毒有害物质的区域限定等。

（2）立法增设“投放危险物质罪”，现在的严重污染环境罪，多数指的是过失犯罪，但实践中经常有故意排放有害物质的行为，法律上存在漏洞会放纵环境污染犯罪，也达不到防范环境污染发生的目的。为此，建议立法上应当明确故意排放、倾倒或者处置有放射性的废物、含传染病病原体的废物、有毒物质或者其他有害物质的行为，即构成“投放危险物质罪”。这样立法，在环境犯罪中能起到威慑，提高刑法在预防环境污染和保护生态环境方面的重要作用，从而降低环境罪的犯罪率。

（3）立法增设“环境危险行为罪”行为人只要实施了违反国家规定，排放、倾倒或者处置有放射性的废物、含传染病病原体的废物、有毒物质或者其他有害物质的行为，这种行为虽尚未造成实际的危害后果，但有危险状态，即构成“环境危险行为罪”。立法上增加“环境危险行为罪”，可以防患于未然，把环境犯罪遏制在危险状态刚刚露头之际，使环境得到及时的保护，有利于发挥刑法的预测、指引作用。这样立法，符合科学发展观的要求，能充分体现以人为本在刑事立法上的具体应用。

总之，随着经济的发展，我国环境污染也日益严重，环境问题已成为社会普遍关注的热点，只有运用行政的、民事的、刑法的综合手段来保护环境，才能杜绝环境污染。新《刑法》“严重污染环境罪”的确立，标志着我国保护环境工作已进入到一个新的发展阶段，但所确立的制度并非十全十美，还需要进一步探讨和完善。不能以一成不变的僵化观点来看待问题。刑法为环境保护保驾护航，必须在环境犯罪的立法上有所突破，这必将是大势所趋。

九、其　他

关于对镜泊湖水质保护状况的调查和对策

黑龙江省牡丹江市环境保护局　李慧章

镜泊湖是我国最大的高山堰塞湖和国家级风景名胜区，也是牡丹江市的代表性景观，其水质的好坏不仅关系到牡丹江市旅游业的发展，而且直接涉及下游沿岸200万人的饮用水安全。近几十年来，由于湖区周边乡镇及上游敦化市工农业迅速发展，农药、化肥使用量的增加，使得牡丹江干流上游入湖水质逐步恶化。2003年以前，每年夏秋季节湖水里蓝藻疯长，水质富营养化问题严重。这些情况引起了省市领导的高度重视。牡丹江市环保局针对湖水污染严重问题，从长远着眼，近处入手，制订了科学治理规划，对湖区点源和面源进行了积极治理。

"十一五"以来，镜泊湖水质明显好转，连续多年夏秋季节没有大面积蓝藻生成。针对湖水水质的变化，牡丹江市环境监测站经过实地调查和监测，具体情况如下：

一、镜泊湖水质状况

1."十一五"水质状况

镜泊湖水质监测共设老鸹砬子、电视塔、果树场三条垂线，每年监测8次，监测24个项目，水体执行国家《地表水环境质量标准》(GB 9898—2002)中Ⅱ类水体标准，从监测结果看，多年来超标项目均为总磷、总氮和高锰酸盐指数。"十一五"镜泊湖主要富营养化指标监测结果见表1。

表1　"十一五"期间镜泊湖主要污染物年均值统计表　　单位：mg/L

污染物项目	年份	老鸹砬子	电视塔	果树场	镜泊湖
高锰酸盐指数	2006	6.23	6.17	5.63	6.01
	2007	6.60	5.54	5.44	5.86
	2008	6.73	5.99	5.51	6.08
	2009	5.48	5.58	5.18	5.41
	2010	5.70	5.59	4.79	5.36
总氮	2006	0.49	0.46	0.43	0.46
	2007	0.76	0.96	0.82	0.85
	2008	0.78	0.59	0.81	0.73
	2009	0.61	0.66	0.79	0.69
	2010	0.79	0.75	0.73	0.76

污染物项目	年份	老鸹砬子	电视塔	果树场	镜泊湖
总磷	2006	0.020	0.022	0.015	0.019
	2007	0.095	0.065	0.037	0.066
	2008	0.053	0.015	0.014	0.027
	2009	0.039	0.037	0.035	0.037
	2010	0.044	0.045	0.051	0.047

从表 1 监测结果可以看出："十一五"期间，镜泊湖为Ⅲ类水体，未达到水环境功能区划标准。老鸹砬子垂线污染相对较重，水期污染变化不明显。主要超标项目为高锰酸盐指数、总磷和总氮。"十一五"期间镜泊湖水质中高锰酸盐指数呈下降趋势，并且果树场垂线下降趋势明显。总氮、总磷呈上升趋势，但趋势不明显。

2. 同期对比

"十五"期间与"十一五"期间相比，镜泊湖水环境质量状况有明显好转。高锰酸盐指数和总磷的年平均值有所降低。其中高锰酸盐指数降低 0.74 mg/L，总磷降低 0.041 mg/L。总氮的年平均值有所提高，上升了 0.15 mg/L。详见表 2 和图 1～图 3。

表 2 "十五"、"十一五"期间镜泊湖主要污染指标平均浓度对比 单位：mg/L

	高锰酸盐指数	总磷	总氮	水质类别
"十五"期间	6.48	0.080	0.55	Ⅳ
"十一五"期间	5.74	0.039	0.70	Ⅲ

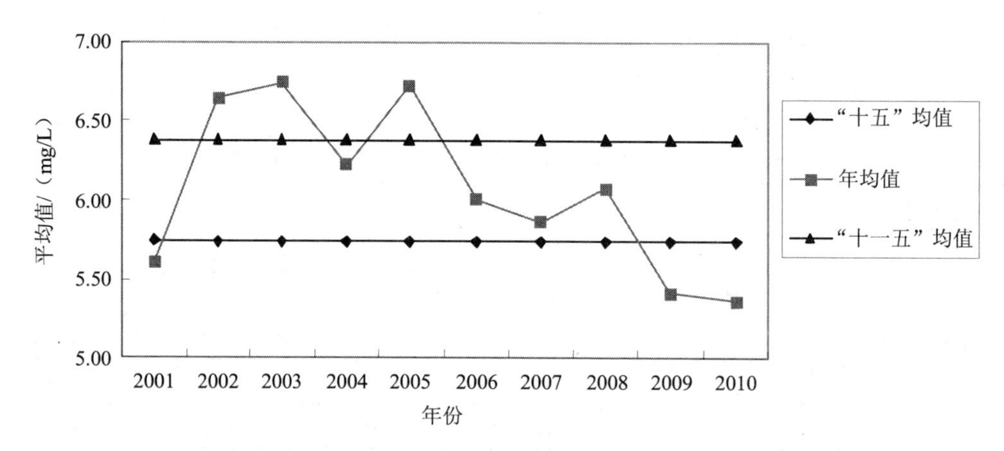

图 1 "十五"、"十一五"期间镜泊湖高锰酸盐指数年平均值图

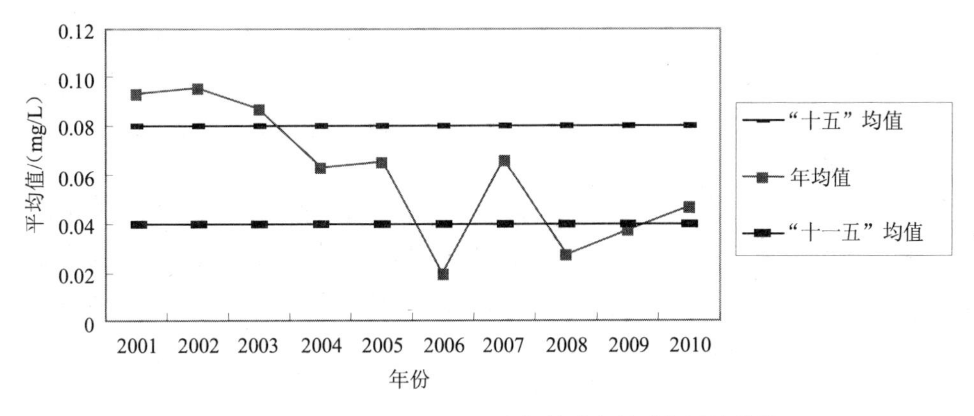

图 2 “十五”、“十一五”期间镜泊湖总磷年平均值图

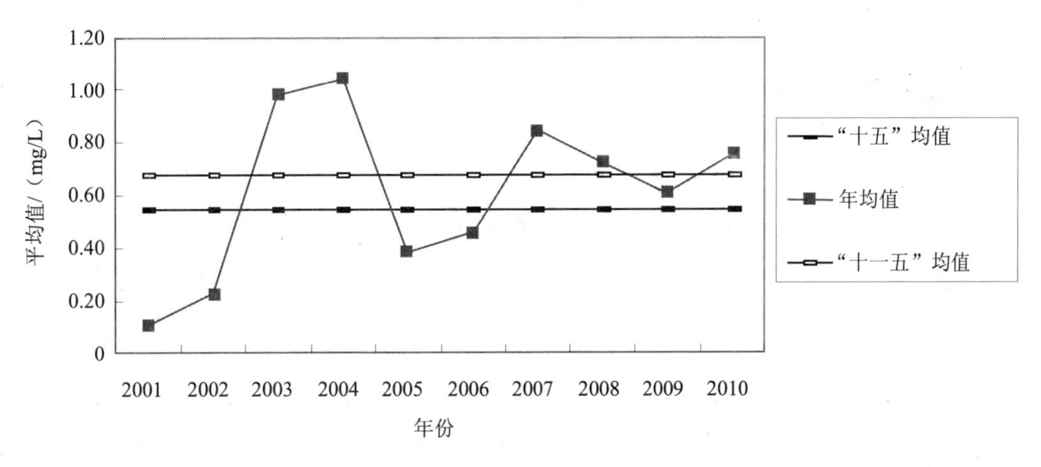

图 3 “十五”、“十一五”期间镜泊湖总氮年平均值图

3. 镜泊湖富营养化状况

“十一五”期间镜泊湖各年度富营养状态指数见表 3。

表 3 “十一五”期间镜泊湖各年度富营养状态指数表

指标	年份				
	2006	2007	2008	2009	2010
TLI（Σ）	46.38	47.73	50.45	49.96	49.95
营养状态	中营养	中营养	轻度富营养	中营养	中营养

“十一五”期间只有 2008 年镜泊湖的富营养状态指数超过了 50，为轻度富营养，其余年份均为中营养，但营养指数非常接近 50。镜泊湖的富营养化有上升趋势。

二、镜泊湖水质近年来的水质情况

近两年来镜泊湖水质有所好转，分析原因主要有以下几个方面的原因：

1．加强湖区点源治理工作

近年来，湖区经过环保部门的治理，60多家宾馆、疗养院新建了污水处理设施。根据监测结果，这些污水处理设施处理前污水中COD浓度平均为380 mg/L，处理后COD浓度为41 mg/L；总磷处理前3.93 mg/L，处理后0.6 mg/L；氨氮处理前为26 mg/L，处理后为4.6 mg/L；动植物油处理前为17.7 mg/L，处理后为1.5 mg/L。

2．对湖区面源污染采取了有效监管措施

近几年来，湖区全面实施生态保护和治理工程，湖区附近的两个乡、三个林场共退垦还林2万亩，湖区迎湖面耕地全部还林，在一定程度上减少了水土流失，减轻了化肥、农药对湖水的污染。湖区全面取缔网箱养鱼，禁止投放鱼饲料。每年减少鱼饲料70 t，降低了湖水中营养物质的含量。

3．梯级水库的修建改善了上游来水水质

牡丹江干流镜泊湖上游的城市是吉林省敦化市，敦化市区距离省界监测断面（大山咀子断面）约100 km，坡降110 m，2002年以前共有三座具有发电功能的水库，即西崴子电站水库，库容5 300万 m^3；红石电站水库，库容为650万 m^3；黑石电站水库，库容为670万 m^3。因为建库时间较长，三个水库都已经被敦化市区排出的污水污染，对镜泊湖前置库净化的作用已不明显。这三个电站水库上游，敦化市下游20 km处，牡丹江干流上新建的上沟水电站水库大坝合龙，库容1 500万 m^3。据9月份现场监测结果，牡丹江干流流过敦化市后，进入上沟电站水库前，江水高锰酸盐指数为12 mg/L，氨氮为3.65 mg/L，总磷为0.322 mg/L，而流出上沟电站水库后，江水高锰酸盐指数为6.67 mg/L，氨氮为0.306 mg/L，总磷为0.139 mg/L，稀释净化率分别为44%、91%和57%。由此可见，上沟电站对敦化市的污水净化稀释作用十分显著。

4．上游敦化市污水处理厂的建设运行

敦化市污水处理厂于2008年8月末建设工程完工，2009年正式运行。该污水处理厂的运行极大地减轻了镜泊湖入水水质（尤其是高锰酸盐指数），2008年高锰酸盐指数由6.73下降到2009年的5.48，降幅高达20%，对改善镜泊湖水质起到了积极的作用。

三、镜泊湖面临的主要环境问题

1．镜泊湖富营养化程度有加重趋势

“十一五”期间，镜泊湖作为风景旅游区旅游人数逐年增长，随之增加的就是风景区内的宾馆、酒店数量，尽管采取建设集中式污水处理站、小型污水处理设施等措施控制污染物的排放浓度，但污水排放总量加大，污染物排放总量也增加。同时这些污水处理设施只是普通二级污水处理，对排水中的氮、磷基本没有处理效果，造成镜泊湖、莲花湖富营养化也有上升趋势。

2．湖区周边及上游地区生态的破坏，面源对湖水的污染

敦化市全市水土流失面积为 88 087 hm^2，大部分分布在市区下游，牡丹江干流两岸水土流失严重。另外，宁安市镜泊湖乡 8 万余亩耕地分布在南湖头湖区周围，对于湖水的污染更直接。

3．日本遗留毒弹的潜在危害

调查中我们获悉，镜泊湖上游现有四处日本遗留毒弹的散落点和一处集中埋藏点。据有关资料介绍，第二次世界大战后期，日本军国主义为垂死挣扎，于 1945 年 4 月至 7 月，陆续从各地向敦化运来 160 万发左右化学毒剂弹，主要有四种类型：

① 糜烂型：芥子气（C_4H_8ClS）、路易斯气（$C_2H_2Cl_3AS$）

② 窒息型：光气（$COCl_2$）、双光气（$C_2O_2Cl_4$）

③ 刺激型：苯氯乙酮（C_8H_8OCl）、亚当氏气（$C_{12}H_8NASCl$）

④ 全身中毒型：氢氰酸（HCN）等化合物

这些毒弹不仅品种多，数量大，而且无任何防泄漏、防污染、防引爆等安全措施，时至今日已近 60 年，现已开始腐烂泄漏，日方现正准备对集中埋藏点进行处理，但四处散落的毒弹能否全部找到，并集中处理还不得而知。随着毒弹泄漏程度的加重和泄漏面积的扩大，必然给下游的地表水、地下水、土壤、植物和大气等带来无穷的污染危害。尤其是镜泊湖距大山咀子镇仅 20 多 km，湖水一旦被毒弹污染，不仅使这一绝世名胜毁于一旦，而且化学毒剂危害水生生物和动植物，并通过食物链造成人体基因的改变，会残害几代人。

四、采取的应对措施

为了更好地保护镜泊湖的水质，“十二五”期间还需加强严格管理，并提出以下治理污染建议：

（1）在入湖牡丹江干流段上，增设自动监测站，随时监控毒弹的泄漏情况，及时、准确、全面地掌握上游来水水质和水量的变化规律。保障下游居民生产生活用水安全。完善湖区水质监测系统，及时对湖库水质进行监测。科学划分功能区，全面了解湖库污染负荷的输入和水质变化规律。对镜泊湖藻类的种类、成长条件与水质化学成分之间的关系作出科学的分析，提出可行性便于操作的治理办法。

（2）通过省际沟通与协调工作，加大牡丹江源头治理，促使敦化市城市污水处理厂新上脱氮除磷工艺，改善下游镜泊湖湖库区水质的富营养化程度，提高湖库区水质级别。

（3）大力推进镜泊湖上游及周边地区乡镇和林场退耕还林工作，建立绿色生态农业系统。提高村镇居民环保意识，鼓励参加环保活动；随着农村畜禽养殖量的增加，探讨湖区周围村屯畜禽养殖场的清洁生产技术推广使用；对生活垃圾收集、贮存和运输系统进行研究和应用推广，用以保护湖库区水质。

（4）由于镜泊湖上游及湖区周边生态环境恶化，湖库水量调控必须符合水资源综合规划、防汛抗旱和生态保护的要求，按近期和长远兼顾，因地制宜的原则做好调控，把湖库水量调控可作为改善湖库水功能的辅助性手段。

（5）对处于高寒地区的高山堰塞湖，政府可组织进行充分的多学科调查，做一次详细的湖库富营养化机理研究和污染治理效果评价。

（6）2003年以前，镜泊湖湖库区网箱养鱼，夏秋季节湖水里蓝藻疯长，水质富营养化很严重。近期湖库区网箱养鱼又有抬头之势，这些情况要引起高度重视。湖库区水面要坚决全面取缔网箱养鱼，禁止向湖库区投放鱼饲料，降低湖库水中营养物质的含量，防止水环境再次恶化。

（7）湖库区水电站，在生产发电时水位下降，进水又少，对湖库区水环境起到破坏作用，应予以关停或取缔，保护镜泊湖水环境。

（8）湖库区建立的污水处理设施，要保证安全有效的运转，不能摆样子，建而不用做摆设。要加大查处污水处理设施不运转的力度，加大处罚，保证湖库区水质达标。

（9）建立法律处罚手段和制度，用于对有环保污水处理设施，而不有效运转和不使用的从重处罚。

（10）加强生态环境监测评估预警机制，提升技术水平，为生态环境建设提供科学决策的依据。

创新环境信访问题排查处理举措和办法

——泰州市力解环境热点难点问题的实践与启示

江苏省泰州市环境保护局 史 卫

近年来，泰州市坚持以维护群众环境权益为出发点和落脚点，不断适应创新管理的新要求，围绕经济社会发展大局，对重点行业和区域环境信访举报现状和趋势进行综合分析，完善信访工作责任制，综合运用政策、法律、经济、行政等手段和教育、协商、调解等方法，依法及时合理地处理群众反映的问题，建立社会舆情汇集和分析机制，畅通社情民意反映渠道。在全国首开环境信访听证先河，率先在全国举行圆桌会议等一系列特色创新信访处理举措，探索处理重大、疑难和复杂环境信访问题的新路子、搭建多方参与平等对话的新平台、架构处理疑难复杂环境信访问题的新机制、形成了群众赢得环境、企业赢得发展、政府赢得民心的新局面，促进政府部门依法规范行政行为，密切党群干群关系。整合各方力量，开展突出环境问题综合整治，创新了泰州市环保专项行动“泰州经验”，解决了一大批群众身边的环境热点难点问题。全市环境信访总量保持下降态势，实现了越级访和重复访“双下降”，信访回复率和满意率“双提高”，在探索和处理重点环境信访方面取得了新突破、迈上了新台阶、创造了新特色。

一、工作成效

近年来，泰州市高度重视环境保护工作，坚持以人为本，将化解重大、疑难、复杂的环境信访难题，解决区域性、流域性、行业性以及群众反映强烈的突出环境问题，切实维护人民群众的环境权益作为工作的重点，认真探索新思路，积极创新新机制，着力解决突出环境难点和热点问题。

拓宽环境信访处理有效渠道。2006年，泰州市在认真调研、建立制度的基础上，选择唐仁公司环境信访问题开展了首场听证处理会，让环保部门、当地政府、企业、群众四方坐到一起，面对面协调，最终形成当事人双方满意的听证处理意见并付诸实施，首开了全国环保信访听证工作的先河。此后，泰州市又不断探索引导公众参与解决区域环境问题的新途径，率先在全国举行圆桌会议等一系列特色创新信访处理举措，先后召开了 36 次环境问题圆桌对话会议，处理和解决难点信访达 80 多件。该市就圆桌会议工作还应邀参加了世界银行、国家发改委、国家环保总局组织的城市管理研讨会和“AECEN 亚洲环境执法论坛”北京会议。《人民日报》、《半月谈》、《中国环境报》等媒体相继介绍了该市开展环境信息对接与圆桌对话会议的成功做法。

创造环境专项整治“泰州经验”。为整治违法排污企业保障群众健康，该市连续 7 年在全省乃至全国率先开展环保专项行动，创新了“党委领导、政府实施、纪检监察牵头督察、相关部门各负其责”的领导机制和“专项整治、挂牌督办、部门联动、公众参与、责任追究”的工作机制，建立健全了联席会议、联合执法、案件报告和移送、监督检查、责任追究和百分考核等六项制度，深化了督察督办、暂缓工商年检、停电停水、停止危化品申购等工作措施，先后挂牌督办了378件案件（涉企2 607家），关停取缔污染严重、治理无望企业2 167家，投入整治资金12.1亿元，削减COD年排放量近9 000 t，解决了一大批群众反映强烈的环境问题，专项整治工作得到了国家监察部、原国家环保总局和江苏省纪委、监察厅、环保厅的高度肯定和积极评价，并被誉为“泰州经验”在全省推广。原国家环保总局副局长祝光耀就泰州的信访听证和专项行动工作作了重要批示，肯定了泰州的做法。人民日报、中国纪检监察报、中国环境报、新华日报、江苏卫视等中央、省新闻媒体组团进行集体采访报道。

环境信访工作走在全国前列。泰州市特别注重加强环境信访问题排查、有效处理和跟踪监督，组织开展“局长接待日”、“全省环保局长大接访”、“环境信访问题集中整治月”、“环保执法月”等系列活动，着力解决好群众反映强烈的环境问题。两年多来，全市共办理各类环境信访4 525件，办理率、回复率100%。全市信访总量连续四年保持下降，越级访、重复访得到有效遏制，公众满意度明显提高，环境信访工作走在了全省和全国的前列。泰州市环保局被环保部表彰为“全国环境信访工作优秀集体”，被江苏省环保厅表彰为“全省环境信访工作先进集体”，被泰州市政府办公室表彰为“市长信箱和市长公开电话办理工作先进单位”，被泰州市信访工作领导小组表彰为“市级机关信访工作先进单位”，泰州市委办连续三年表扬该局办理“张雷书记信箱”信访工作取得的成绩。

二、工作做法

泰州市始终把群众信访投诉作为第一信号，通过机制创新和思路创新，不断加大环境信访排查处理工作的推进力度，促进企业环保意识和自律意识的增强，推动环境污染治理措施的落实，发挥公众参与和社会监督的作用，维护社会和谐和环境安全的局面。泰州市勇于工作实践，突出开展以下三方面的创新工作。

1．推行环境信访听证，搭建环境信访处理平台

如何在经济快速发展的同时，解决影响人民群众生活的重大、疑难、复杂的环境问题，是新时期加强环境管理工作的一项重要课题。泰州市积极探索解决环境信访问题的新方法，研究制定《泰州市环境保护信访听证处理暂行办法》，成功举行全国首例环保信访听证会，取得了较好的效果。

一是强化“三种意识”，增强信访听证处理工作动力。强化“创新意识”。环境信访听证处理是一项全新的工作，没有先例可循。海陵区唐仁公司建于20世纪70年代初，企业先后投入200多万元新上了废气、废水、噪声等污染治理设施，基本实现达标排放，但由于功能区划的先天不足等原因，难以从根本上消除对居民生活的影响，投诉举报持续不断，集访、越级访不断发生。泰州市选择唐仁公司环境信访问题开展了首场听证处理会，寻求最佳的、最彻底解决问题的办法，达成了工厂实施搬迁的信访听证处理协议，长期的环境遗留问题得以彻底解决。强化“示范意识”。环境信访听证处理工作在泰州试点，目的是

取得解决环境信访复杂、疑难问题的经验，在更大范围内推广。泰州始终坚持高起点、高标准开展这项工作，立足于把听证处理工作做成精品工程，为处理复杂疑难的环境信访问题提供经验做法。强化“应用意识”。环境信访听证处理是环保部门解决环境问题的创新手段，需要在实践中运用和不断完善。在第一个案件召开听证处理会后，泰州市及时加以推广应用，对所辖四市二区久拖不决的环境疑难问题进行了认真排查梳理，相继召开信访听证会，海陵区苏陈镇晨光化工有限公司环境污染等一批老大难信访问题均得到有效解决。近年来，该市又进一步简化听证方式，使听证工作简单化、常态化，更具有操作性和实用性。

二是整合“三种力量”，形成信访听证处理工作合力。坚持以党委、政府重视为依靠。环境信访听证处理工作的开展离不开各级党委、政府的重视，只有在政府的精心组织和统筹协调下，才能使环境信访听证处理工作步入规范化轨道。坚持以纪检监察部门为后盾。泰州市纪检监察部门深度介入，直接参与环保重点难点问题和重大环境违法案件的查处，增添信访听证工作的“底气”，推动难点问题的解决。坚持以部门协调配合为支撑。环境信访听证是一个“多边会谈”的平台，环境信访问题的听证和处理牵涉到信访、规划、建设、法制等许多部门以及企业主管部门，特别需要多部门的配合与支持。在落实唐仁公司搬迁工作中，规划部门主动派员全程参与，国土部门提前介入，及时调整用地计划，安排指标保障，确保信访听证的各项工作落到实处。

2. 创新专项整治机制，破解环境信访难点问题

泰州市创造的环保专项行动“泰州经验”被省纪委监察厅和环保厅在全省推广应用后又不断得以丰富和延伸，这个经验的核心就是机制的创新和措施的管用，解决了一大批群众反映强烈的历史遗留、长期难以解决以及经济发展过程中滋生的环境问题。

一是创新组织体系，强化环境整治组织领导。泰州市根据中央、中纪委把整治企业违法排污工作列入各级党风廉政建设责任制重要内容的有关精神，纪检监察部门牵头组织开展环保专项行动，专门成立纪委书记亲任组长、19个部门单位负责人为成员的专项行动领导小组，在全市范围内形成了“党委领导、政府实施、纪委牵头、部门联动、挂牌督办、全面整治”的环保专项行动执法格局。

二是创新工作机制，增强环境整治工作合力。为整合各方力量，增强环保执法合力，泰州市积极探索环境联合执法机制，推动专项行动取得实效。建立目标考核机制，将环保专项行动列为党风廉政建设责任制和政府工作目标责任制的重要内容进行严格考核；建立部门联动机制，制定领导小组工作制度和联席会议、联合执法等六项制度，明确各成员单位职责；建立责任落实机制，对挂牌督办单位明确整治责任人和督办责任人，加大责任落实和责任追究力度。2008年兴化市委、市政府召开了环境保护责任追究大会，对在“小造纸”监管工作中存在失职行为的有关镇、村和部门7名责任人追究行政责任，开创了全省环境保护责任追究的先河。

三是创新执法手段，着力解决重点环境问题。泰州市每年对辖区内的环境问题进行排查梳理，列出重点案件进行挂牌督办，督促按期整治到位。组织开展明察暗访和“零点执法行动”，严厉查处各类环境违法行为。一是突出解决区域性环境问题。兴化市420户废旧橡塑加工企业分布在34个乡镇，小型废旧橡塑经营加工无污染处理设施，废水直排，每年人大代表建议、政协委员提案均达10件以上、群众来信来访40多件。兴化市决定在该市范围内打响一场废旧橡塑专项整治攻坚战，采取各种必要的手段全面取缔了420家废旧橡塑经营加工户。贯穿于兴化市城东、西鲍、昭阳、垛田4个乡镇的废品市场集聚了365家塑料造粒企业、361条废塑料加工经营船只，规模庞大、年产值达10亿元、从业人员达2 000多人，市场内环境和安全问题日益突出，群众怨声载道。2008年，兴化市决定用半年左右的时间对废品市场进行集中整治，取缔所有塑料造粒加工企业，清理船只1 000多条，整治后的白涂河变宽了，水变清了。二是突出解决行业性污染问题。姜堰市蒋垛、顾高镇的小砂粉行业曾是两镇的传统支柱产业，大部分属分散式小作坊生产，粉尘、废水污染严重，严重影响周围群众正常的生产、生活。泰州市将此问题列为市级挂牌督办案件后，姜堰市关闭了72家企业。按照“标本兼治、堵疏结合”的原则，投资3 000多万元，建成两个小砂粉集中区，将具有一定规模的37家小砂粉企业集中入园，实行统一管理、集中生产、集中治污、废水回用，助推了两镇传统产业的优化升级。泰州市环保局与海陵区政府联合行动，对市区酸洗、电镀行业进行专项整治，先后依法关停了污染严重的26家酸洗和22电镀加工企业。三是突出解决热点环境问题。通过加大查处力度，推动热点、难点问题的解决。素有“中国自行车配件之乡”之称的九龙镇是海陵区的经济强镇，但在长期的发展过程中，对环境造成了污染，大寨河的水污染问题引发200多人集体上访。泰州市环保局进一步加大执法力度和监管频次，督促企业新建和规范治污设施；督办海陵区和九龙镇开展4条骨干河道综合整治，当地群众称之为“民心工程”。泰兴市飞天化工有限公司原址位于该市广陵镇兴宁村，被居民住宅区、学校包围，废气污染问题一直是群众投诉的热点和焦点，多次发生周边农田小麦出现受损死亡污染事故。泰兴市政府积极协调相关部门，实施企业搬迁，于2009年6月将该企业搬迁至泰兴经济开发区，彻底消除了群众的心头之痛。

3. 发挥民间组织作用，化解厂群环境信访纠纷

近年来，姜堰市创新社会管理，不断探索引导公众参与解决区域环境问题的新途径，引导群众环境自治，构建社会大环保，在培育发展民间组织等方面迈出了较大步伐。2008年6月，全国首家镇村级民间环保社团——姜堰市乡村环保生态家园协会在民政部门登记注册成立，协会由民间德高望重的老同志、人大代表、政协委员、学校师生和青年志愿者等社会各界人士组成，协会下设分会16个，正式会员300多人，同时在各村均设立了环保义务监督员，协会触角延伸至该市所有社区和村组。协会秉承“源于基层、植根乡土、辐射全市、服务环保”的理念，在法律框架内，因地制宜地开展形式多样的环保公益活动。

一是发挥生态文明宣传作用，开展环境教育，提高群众意识。协会利用重大环境节日，农闲季节，通过走家串户、设立宣传台等形式，发挥协会内艺术人才众多的优势，依托各镇文化中心、学校和社区编排环保文艺节目，用群众喜闻乐见的形式，宣传环境保护，树立民间环境道德标杆。

二是发挥环境监管协管作用，实施全天候监督、无障碍检查。遍布在该市各镇村的协会会员，增添了几百双移动式“环保千里眼”，他们进入企业可不受地方政府条规的约束，能够实施无障碍检查，24小时监控。协会定期组织协会内人大代表和政协委员到企业视察，与企业主沟通，督促企业依法排污、守法经营。2010年，协会共组织会员1 500多人次，走访企业300多厂次，及时发现和纠正各类环境问题。

三是发挥环保纠纷调解作用，化解社会矛盾，促进和谐稳定。协会成员积极参与环境信访的调处工作，对于能够现场解决的，他们主动做好解释说服工作，当场解决。对于一时难以解决或是久拖未决的环境信访，协会组织召开圆桌对话会议或协调会，让利益各方坐到一起，共同协商制定让大家都能接受的解决问题的方案。协会成立以来，先后组织召开姜堰镇磨子桥河污染、顾高镇玻璃制品企业环境整治、福田普浴环保审批听证等圆桌会、协调会、座谈会、现场会等 36 场次，涉及企业环境污染、餐饮娱乐扰民、畜禽养殖污染、项目选址等各类环境问题，协助处理环境矛盾、纠纷 114 起，及时介入疏导了老百姓的激烈情绪，有效地预防和避免了群体性环境事件的发生。

三、几点启示

近年来，泰州市通过创新信访排查处理工作措施的落实，深入开展环保专项行动，有效解决了一些群众关注的热点难点问题，之所以能解决这些问题，而且让群众满意，关键在于该市信访工作机制创新、措施扎实、取信于民。

一是信访听证的成功推行，得益于机制创新管用。泰州市善于创新、大胆实践，积极推行环保信访听证和圆桌会议制度，发挥民间组织的桥梁纽带作用，搭建多方参与、平等对话、协调协商的平台，为解决经济发展和环境保护之间、企业生存和群众生活之间的矛盾找到了突破口。将环境问题及环境纠纷解决在基层，有利于钝化社会矛盾，促进复杂疑难信访的尽快解决，也有效地促进了各级政府及职能部门科学决策、依法行政，实现公众和政府之间的良性互动，对维护社会稳定和政治安定发挥了积极的作用。

二是环境整治的成功经验，得益于部门强势联动。泰州市 6 年多来开展得有声有色、有影响力的环保专项行动工作，创造了专项整治“泰州经验”并在实践中得到升华，最大的特色是创新了纪委牵头、部门联动的领导机制和工作机制，最大的看点是勇于打破常规，突破体制机制障碍，强势推进，解决群众身边的突出问题，最大的成效是挂牌督办的一大批群众反映强烈的重点环境问题在市（县）两级的共同推进下得到了有效解决。

三是信访处理的成功效果，得益于铁腕执法手段。泰州市不断适应社会管理的新要求，始终坚持以人为本，将群众的信访诉求作为环保执法的第一责任是做好新形势下环境信访工作的关键。该市注重创新工作思路，强化铁腕执法，严格执行科学有效的环境信访工作制度，常态化开展环境信访排查处理工作，突出环境信访的源头控制和管理，坚持第一时间赶赴现场、第一时间调查信访、第一时间查处环境违法行为的做法，树立了环保执法权威，得到了群众的赞成、社会的认同和上级的肯定。

加强辐射监管　确保环境安全

四川省宜宾市环境保护局　周永富

核与辐射环境安全涉及社会稳定，日本福岛核事故表明，一旦发生核与辐射安全事故，将会引发民众恐慌，造成严重后果，带来巨大损失。近年来，宜宾市对核与辐射环境安全越来越关注，对辐射环境质量也越来越关心，根据国家、省的有关要求，在核与辐射环境安全上，将始终坚持安全第一，做到心中有数，并切实加强监督管理，确保核与辐射环境安全万无一失。

一、宜宾市核与辐射源基本情况

宜宾市核技术利用单位具有点多、面广、量大、危高等特点，根据现场调查结果，对每个单位进行编号建档，同时依据日常检查情况及时更新档案库，确保运行中的放射源、射线装置、移动通讯机站、输变电线路及变电站均在监控范围内。

1. 放射源单位基本情况

纳入宜宾市人民政府监管单位共有201家，涉及放射源的共41家，在用放射源的共102枚，其中Ⅲ类及以上放射源和乙级及以上非密封放射性物质场所5家；使用丙级非密封源性物质场所1家；使用Ⅳ、Ⅴ类放射源的35家；使用医疗X射线装置的医院160家。

2. 电磁辐射单位基本情况

（1）宜宾市移动、联通、电信三家移动通讯公司共建有4万余台（套）移动通讯机站。

（2）向家坝—上海、溪洛渡—浙江（西）属“西电东送”国家级项目的2条±800 kVA特高压直流输变电线路。

（3）宜宾市民生工程多条110 kVA以上的输变电线路及变电站。

二、宜宾市核与辐射源监管工作

以开展“辐射安全监督执法专项活动”为载体，以监督执法和高效服务为抓手，以制度建设为根本，以能力建设为重点，以公众宣传为基础，坚持抓执法、抓基础、抓重点，始终坚持核与辐射事故零发生为底线，确保辐射环境安全。

1. 加强建设项目监管工作

严格按照国家法律法规的要求，进一步优化完善建设项目环境影响审批程序，认真执行核磁单位新建项目环境影响评价制度和“三同时”验收制度，严把核磁单位新建项目准入关。同时始终保持环保高压态势，“未批先建”、“建非所批”的坚决严查重罚，并实行党政“一把手”环境安全责任制。

2．加强电磁规划环评研究

以控制电磁辐射水平和确保电磁辐射项目建设有序发展为目标，努力将辐射规划环评作为高压输变电及移动通信工程建设立项时的必要条件。积极推动将此类工程纳入城市建设规划，合理布局，从源头上化解建设项目和公众的矛盾，逐步使之科学有序的发展。

3．加强核磁单位监督检查

完善新增放射源建档工作，对核磁单位实行信息网络化监管，及时更新放射源编码和数据库。采取定检与抽查的方式，对放射源实行全过程监管。督促涉核单位建立健全安保制度，制定环境安全应急预案，加强废弃放射源监管、清理和收贮工作，严格执行废弃放射源安全贮存制度，对放射源退役项目进行全面跟踪，对企业废弃放射源安全收贮进行全过程监管。认真抓好电磁辐射投诉、信访案件的处理及违法案件的调查处理，促进社会和谐发展。

4．加强应急处置能力建设

已建成宜宾市辐射环境监测站，市编委核定为正科级全额拨款事业单位，人员编制数15人，并取得环境监测认证和计量认证，具备法定资质，达到监测有效的要求。同时印发了宜宾市核与辐射安全事故应急预案，加强应急指挥系统建设，购置辐射监测、防辐装备等，每年定期开展核与辐射事故应急演练，全面提升应急处置能力。

5．加强核磁安全宣教工作

将核与辐射的政策、法规和安全知识进行广泛宣传，印发辐射知识漫画册，提高各单位和公众对辐射安全重要性的认识，普及核安全与电磁辐射科学知识，开展辐射安全知识竞赛，进机关、进社区、进学校举办丰富多彩知识讲座。积极组织核磁单位管理人员参加国家、省、市举办的放射性专业管理人员集中培训，对培训到期的开展复训，进一步提高一线从业人员辐射安全意识和操作水平，实现持证上岗率达100%。继续加强辐射监管人员业务技能培训，切实提高实际监管水平和应急处置能力。

三、宜宾市核与辐射源监管存在困难

1．辐射安全形势的严峻性与监管基础薄弱之间存在矛盾

宜宾八县二区目前存在无机构、无编制、无专业技术人员等问题，辐射环境监测自动化和预警能力低，对照《全国辐射环境监测与监察机构建设标准》的要求，差距甚大。

2．社会对环境服务需求的高涨性与环境管理水平之间存在矛盾

近年来，随着公众对辐射环境，特别对电磁辐射环境越来越关注，对当地政府的形势分析、科学决策、规范管理、纠纷调处及宣传服务能力提出的要求越来越高，难以满足。对企业而言，在宏观经济形势不利的大环境下，亟需降低运行成本，渴望政府进一步提高审批效率和质量。

3．各项工作的深入推进与基础研究相对滞后之间存在矛盾

核与辐射安全监管工作越深入推进，越需要技术和人才的支撑，越需要及时总结并加以创新。目前还缺乏技术过硬的学术带头人，科研水平和影响力有待提高，相对滞后的基础工作对辐射安全监管的制约越发明显。

四、宜宾市核与辐射源监管工作方向

为进一步加强核与辐射安全监管，严防风险事故，确保环境安全，宜宾“十二五”核与辐射监管工作将以下六个方面为工作方向。

1．完善体制机制

进一步理顺应急管理体制，加强市直部门互动和沟通，定期研究新情况、新问题，推动定期联席会议、信息通报、联合执法制度化。通过体制机制的完善，形成持续有效监管合力。

2．强化监管基础

机构队伍建设方面，县级要配备专职、专业人员从事辐射安全监管工作，并保持人员稳定。能力建设方面，进一步完善辐射监测、执法、应急等仪器设备，提高应急监测处置能力。

3．创新监管模式

探索运用先进制度和高科技手段，进一步提高监管效能。一是建立企业辐射环保信用制，实行风险管理，定期向社会公布。二是根据宜宾实际，选择重点放射源单位安装在线监控系统。

4．优化环境服务

对既符合产业政策，又满足标准要求的新建项目，开辟绿色通道，提高审批效率。对于敏感的电磁类辐射建设项目，主动加强与住建部门及企业沟通，提前介入，在规划选址阶段，预留走廊或控制距离。在新建项目环评阶段，督促、帮助企业做好宣传疏导工作，努力在事件萌芽阶段化解矛盾，为企业排忧解难。

5．严格监督执法

不定期开展专项执法检查，建立健全执法责任追究制度，对长期拒不履行环保手续或存在“未批先建”行为的，坚决予以社会曝光，并定格处罚。按照“一企一档”的工作要求，健全辐射工作单位动态管理台账，推动执法监督关口前移，强化事前、事中监督，建立“执法检查、整改落实、跟踪督察”的隐患排查治理机制。

6．狠抓基础工作

制定切实可行的人才培养计划，培养一批技术骨干和学科带头人，促进人才结构更加合理。建立核与辐射安全监管月度分析报告制度，每月总结、每季调度、每年考核，提高分析问题、研究问题和解决问题的综合能力。

浅析夹江县环境污染矛盾纠纷及其应对措施

四川省夹江县环境保护局　刘　军

近几年来，我县在污染源治理、城市环境综合整治、节能减排及主要污染物总量控制等方面虽然取得了明显的成效，但随着科学技术与经济的不断发展，人们消费水平和健康意识的逐步提高，人们对环境的要求也出现了空前的高要求、高标准，环境问题已成为当前社会主要矛盾的诱因之一，已经影响到社会和谐稳定不可忽视的重要因素。如何有效地解决因环境污染而产生的民事纠纷是值得我们思索的问题，因为这不仅关系到当事人能否妥善地得到救助，还关系到社会的和谐和稳定。对此，我们结合夹江的环境地理、工业结构及类型、环境污染物特征和环境日常监管工作，针对可能引发环境风险的主要行业、重点区域和环境污染因子，对防范和化解因环境污染问题引发矛盾进行分析和探讨。

一、当前影响社会稳定的环境污染突出矛盾纠纷现状、特点和趋势

夹江县地处四川省西南部，有“中国西部瓷都”之美誉。全县现有陶瓷企业101家（规模以上陶瓷企业47家），陶瓷生产线196条，生产能力达5.5亿m^2，占四川省的80%，占全国的8%。2011年陶瓷产业集群实现年销售收入达110亿元，对全县税收贡献率达60%。当前，我县正处于工业化、城镇化加速发展时期，各种自然灾害和人为活动带来的环境风险不断加剧，突发环境事件的诱因更加多样、复杂。资源能源需求日益增大，发展和环境的矛盾日渐凸显。全县产业结构总体层次不高，部分行业存在较为严重的污染隐患，企业环境违法行为屡禁不止，全县突发环境事件数量逐年增长。同时，我县环境管理体制、机制、能力与环境形势的要求还有不相适应的地方。一是环境风险异常突出。近年来全县有27个企业建成煤气发生炉54座，煤气发生炉是环保监管的重中之重，煤气发生炉产生的酚氰废水和煤焦油对环境易造成严重污染，特别是酚氰废水和焦油渣作为危险废物，危害较大。当前部分煤气站还存在措施落实不够，制度台账不健全、处置不规范等问题。除煤气站外，我县还有造纸、化工、供排水、危险化学品运输、危险废物处置等行业存在较大环境风险。二是事件危害大、处置难、社会关注度高。环境事件一旦发生，动辄威胁几万人、甚至几十万人的饮用水安全，导致一方空气污染，严重危害群众健康和社会稳定，造成巨大的经济损失。处置难度极大，成本极高，特别是一些危险化学品、重金属污染事件等处置难度非常大。特别是流经我县境内的青衣江设有夹江、峨眉山、乐山等4处饮用水水源取水口，青衣江水质的优劣，直接影响到全市近50万人的饮用水安全，环境监管责任极其重大。三是事件诱因复杂，预警防范难。受经济利益驱动，企业违法排污、放松环境风险管理导致的事件不断出现。污染物长期累积，导致污染事件不断增多。此外，人为抛弃污染物等因素引发的事件也呈上升趋势。例如2010年发生在我县的驻乐山某部队废

弃化学品氯化苦异常排放事件，就是因为部队管理松懈，一批20世纪70年代入库的化学品被遗弃在废旧仓库内，时间一长，外包装破裂，产生了有害气体，万幸的是被周边的村民及时发现，及时报告，省市县三级环保部门及时予以了连夜处置，未造成人员及财产安全损害。四是环境监管工作还有较多不完善之处。突出表现在思想认识不够到位，部门之间工作合力尚未形成，企业环境风险防范意识淡薄、防范水平低，无应急预案或者可操作性差，应急救援力量薄弱。

二、产生环境污染矛盾纠纷的主要因素和深层次原因

随着经济的发展和公民环境自我保护意识的不断提高，环境污染纠纷日趋增多，成为影响社会和谐稳定的重要因素，围绕近年的污染纠纷处理工作，夹江的环境污染纠纷引发原因主要是：

1．排污总量大

据统计，我县现有燃煤建陶企业34家，年排放二氧化硫3 311 t，现有燃气建陶企业45家（含分厂），喷雾干燥塔81座，年排放烟粉尘1 914 t。造纸企业6家，年排放工业废水306万t。环保工作面临形势更加严峻，所承受的压力也越来越大。

2．环保意识差

部分企业“重利益、轻环保”。有些业主社会责任感差，不主动承担污染治理的法律主体责任，一味追求自身利益。个别企业擅自停用、限制使用或故意不正常使用污染治理设施，环境监察人员来了“开机欢迎”，监察人员走了“关机欢送”，企业变成了“黑白厂”、“开关厂”，欺上瞒下，故意偷排，手段更为隐蔽；一些乡镇的中小陶瓷企业黑烟污染也时有反弹。

3．群众要求高

发展经济的最终目的是提高人民的生活质量。随着我县社会经济的发展，全县人民群众在充分享受发展成果的同时，对生活环境的要求越来越高，对环境问题越来越重视，对环境保护工作越来越关注。2011年环保部门受理公众投诉环境事件多达80多件。近年来，因环境污染等问题诱发的矛盾纠纷逐年增加，由此引发的群体性事件给社会和谐稳定带来了较大冲击，环保问题已经引起了社会各界的高度重视和关注。

三、近年来在调处化解环境污染突出矛盾纠纷工作中积累的主要经验做法及其成效

当前，环境污染纠纷日趋增多，不同类型的环境污染纠纷成因不同、责任主体不同、相应的预防处理方法也不同。除对污染追究责任以外，还应对环境污染纠纷做深入分析，有效地从源头以下几方面入手：

1．重组织，强领导

成立由局长任主任的局行政调解中心，开设调解室窗口。在全县22个乡镇设立环境保护办公室，设主任、副主任、环保员各1名，协助县环保局调解处理环境污染事故和纠纷。成立由县国资办等10个相关部门为成员的环境污染矛盾纠纷调解工作组，建立工作

联席会议制度，负责全县环境污染的联合排查、研判、防范、化解和督察考评，联席会议办公室设在县环保局，组织开展煤制气、黑烟、粉尘等专项环境执法行动及环境纠纷调处工作。各乡镇环境保护办公室配合联席会议办公室做好本辖区环境污染事故和纠纷的调处。各部门加强协调配合，不断完善定期协商、联合办案和环境违法违纪案件移交、移送、移办制度，充分发挥部门联动优势，切实形成了政府统一领导、部门联合行动、公众广泛参与，共同解决环境问题的工作格局。

2．重认识，强机制

在维护社会稳定，环境纠纷排查调处过程中，注重对当事人法律法规、信访条例、方针政策的宣传，通过开设宣传栏、发放宣传册、开展图片展览、上法制课、开展大型法律咨询活动等形式，切实将调解工作与法制宣传教育相结合。同时，有针对性地到企业、村社、社区等矛盾纠纷多发地，宣传调解基本知识，使环境污染调解工作家喻户晓、深入人心。2011 年，共发放宣传资料 12 000 多份，接受咨询 300 多人。进一步建立健全环境污染矛盾纠纷调解机制，严格执行环保信誉考核制度、企业约见谈话制度、机动延伸执法制度等，充分利用“12369”环保热线值班平台，加强巡查监管和环保纠纷调处，做到防患于未然，环境污染矛盾纠纷在第一时间发现、第一时间处置，把矛盾纠纷消灭在萌芽状态。

3．重排查，强调处

当前，纠纷调解是摆在部门、乡镇、企业面前的一项紧迫而繁重的工作任务。在污染纠纷调处工作中，我局把群众呼声作为第一信号，坚持“依靠乡镇，统筹兼顾，建立机制，利于长远”的原则，做到接访一起，排查一起，调处一起，化解一起，不留后患，维护了人民群众的环境权益。

一是实行领导干部包案负责。严格落实领导干部接待日制度，每天都要安排一名领导值班，接待群众来访，各部门负责同志要到信访量大，重信重访多、污染纠纷多、发生群体性环境信访事件的地区督促处理重点信访案件。疑难复杂信访问题，都要签订领导包案处理责任书，由领导同志包案、牵头处理重点矛盾纠纷案件。信访股室为信访工作第一责任单位，切实负起责任，最大限度地把矛盾化解在基层，解决在萌芽状态。确保不发生越级访和集体访。

二是强化纠纷调处限时办结。在调处社会矛盾纠纷和污染排查工作中，对直接受理组织调处的重大复杂的环境纠纷或跨部门、跨县（市）的环境纠纷，在 15 日内办结；特殊情况可适当延长调处时间，但最长不超过 2 个月。直接受理调处因环境纠纷引发的重大复杂的行政争议，原则上在 20 日内办结；特殊情况可适当延长办理时间，但最长不超过 3 个月。单位对分流调处的一般环境纠纷，应在 10 日内办结；调处的一般行政争议，应在 15 日内办结；特殊情况可适当延长办理时间，但最长不超过 2 个月。

三是矛盾纠纷定期集中排查调处。抓住敏感时期及重大节假日活动时期的集中排查调处，全面掌握本辖区环境污染源和矛盾纠纷的总体情况。在抓好一般性污染源和矛盾纠纷排查调处工作的基础上，定期开展矛盾纠纷和不稳定排污隐患集中排查调处专项行动，对列出的重大矛盾纠纷及不稳定问题，实行领导挂帅。对重点排查可能导致突发性环境污染事件的矛盾纠纷按照“统一受理，集中梳理，归口管理，依法调解，限期处理”的原则，层层分解任务，逐级落实。每次排查调处有完整的记录，归类梳理、归档备查。坚持“边排查、边调处”和“滚动排查、连续化解”的指导思想，增强排查调处的工作实效。认真抓好重点区域、重点群体和重点污染源的纠纷排查工作，分片区、分范围、逐个企业进行摸排梳理，确保把已经发生和可能发生的矛盾纠纷搞清楚。对排查出的矛盾纠纷中的重点人、重大污染问题，密切注意动态，加大调处和稳控工作力度，并分别制定具体可行的调处方案，明确责任部门、责任人和调处工作期限。

四是重大环境污染纠纷信访问题督察督办。县环境监察执法大队每月对群众来信来访的处理情况进行一次分析梳理，对重大信访案件及时协调处理。对一些涉及面广、人数多、协调处理难度大或情况特殊的信访，列为重大信访问题，原则上每月进行一次督办。

四、当前调处化解矛盾纠纷存在的主要问题

1. 环保执法手段欠缺，缺乏刚性

我国的环保法律法规较多，据统计，目前我国已经制定了9部《环境保护法》、15部《自然资源法》、1 600余件各地环境规章。但这些环保法律大多是在计划经济年代制定的，其中不少内容和规定已明显难以适应当今时代与社会的需要，尤其是，不少环保法律对各种违法行为设定的处罚方式和措施明显偏软，对环境违法行为处罚规定普遍不严，处罚额度少，约束力差，没有相关部门的查封、冻结、扣押权，违法成本低、守法成本高、执法成本高的问题依然存在，环保执法难以到位。

2. 部门协调不够，没有形成合力

环境保护具有宏观性、社会性和综合性的特点，涉及很多部门，要做好环境保护工作，彻底改善环境质量，必须依法落实各级各部门的环保责任，形成各负其责、密切配合、齐抓共管的环保工作格局。但是，在实践中环境保护部门的统一监督管理职能仍然显得相当的脆弱。目前，很多环境要素的监督管理权分属不同的执法部门，而又没有建立相应的监督约束机制，各部门执法越位或缺位的现象时有发生。先上车后买票，甚至不买票，先生产后治理，先发展后规范的现象还比较严重。

五、对今后做好源头防范及化解环境污染突出社会矛盾纠纷和问题的主要措施和建议

1. 着力构建完善有力的环保法律法规体系

环境法律法规不完善、刚性较差是造成基层环保部门执法工作困难的重要原因之一。今后应着力加强环保法律、法规的修订和完善工作。要重点突破长期困扰环境执法的“老大难”问题，强化体现环境与发展综合决策的宏观制度，重点解决“违法成本低、执法成本高、守法成本高”的突出问题，着力解决饮用水安全等严重影响群众切身利益的环境问题。

2. 加强部门协调，构建分工负责、齐抓共管的环保联合执法新格局

发改、国土、工商、水利、农业、林业、财政、监察、公安、城管、电力等部门要按职责范围严格执行环保法律政策，做到任务明确，责任到人，真正构建有关部门积极参与，密切配合，齐抓共管的环保联合执法工作格局。加大责任追究力度，制定环境违法行为责任追究办法，坚持查事与查人相结合，对未履行环保职责和义务的责任人要按干部管理权

限进行严肃追究，使环保第一审批权和环保一票否决权真正落到实处。建立环保执法部门联席会议制度，定期通报环境违法案件，对构成环境犯罪的重点案件，要及时移送司法机关追究刑事责任。

3．加强自身建设，提高执法能力

以人为本，内强素质，外树形象，开展行政执法和岗位业务培训，强化党风廉政建设和执政为民的教育，全面提高执法人员的综合素质和执法水平，努力打造一支思想好、作风正、懂业务、会管理的环保执法队伍。加大财政转移支付力度，改善基层执法条件，增强执法能力。对重点污染源要建立自动智能化监控体系，实现对企业污染设施运行、污染物排放的远程连续监控，确保环境安全，维护好人民群众的根本利益。

在加强中改进　在创新中提高
——中国浦东干部学院“第十期骨干教师培训班”学习体会

环境保护部宣传教育中心　刘之杰

2012年11月6—20日，我受环境保护部人事司委派，参加了中组部委托中国浦东干部学院举办的“第十期骨干教师培训班”。有来自全国国家级干部培训机构、省区市委党校、行政学院、国家机关有关部委、中管企业培训机构共54名骨干教师参加了为期两周的培训活动。在培训班上，重点学习了中国共产党第十八次全国代表大会的报告、中国特色社会主义理论体系、现代干部培训教育理念方法、推进干部教育培训改革创新、提高增强业务工作能力与教学水平等内容。我从事干部教育培训工作已近10年，也曾参加了一些为培训管理者及教师举办的培训班，但此次培训则令我有完全耳目一新的感受，党建理论高水平大家的授课，国际前沿先进培训理念的介绍，亲临现场模拟教学方式的运用，全面系统培训方式方法的诠释，底蕴深厚的中浦讲坛，学学相长和教学相长的组合讲坛，学院领导专家面对面的座谈交流等，这些精心设计的形式多样的培训课程，不仅使我对党的理论知识学习和认识有了更大的提升，同时也使我完全认同并感受到了“不是出国、胜似出国”的境界。学院完善的教学服务设施和精心到位的后勤保障，更使我感受到了什么是真正的“学习无障碍”。参加此次培训前，我就带着“学习知识、提高认识、改进工作”的想法，临近培训结束，收获已大大超过我的预期，当然，改进工作的实现，还需要回到工作岗位后的继续努力。以下从三个方面对这次培训进行总结。

一、培训班的收获

1. 对中国特色社会主义理论体系的认识进一步提升

本期培训班对党的理论以及中国特色社会主义理论体系的学习，是贯穿全过程的，不仅体现在专门安排的观看十八大报告、分组讨论、高端讲座中，也体现在每一门课程的教学活动之中，每一位授课教师及教学组织者都会针对某一个角度，对十八大报告进行解读。此外，我认为，学员之间非正式场合的交流，特别是一些专门从事中特理论和党建教学研究工作的学员的认识，是使我对十八大报告加深理解的一个重要方面。

培训班举办期间，正值党的十八大召开，培训班首先组织我们观看了十八大开幕式上胡锦涛总书记的讲话，当天下午就开始分组讨论。这样的安排，使我们对十八大报告的内容就有了比较清楚的了解和初步的认识。接下来安排了中央党校李君如教授关于中国特色社会主义理论体系若干问题的报告，从理论层面对中国特色社会主义理论体系进行了清晰的阐述，这对于更透彻地理解十八大报告起到了很好的作用。对理论认识得到提升的另一个重要教学安排就是组合式讲坛的交流，在这个教学活动中，有中浦院的教师及学员代表共8位，从不同视角对十八大报告的内容阐述了各自的理解。这些教师的发言，基本覆盖了报告的全部内容。每一位教师都是国内该领域具有较深造诣的专家，而且，再加上主持人精准的点评，这就使我对十八大报告的理解进一步得到了提升。

2. 对中浦院的办学特色及管理方式的认识和感悟

在培训班的开班仪式、座谈交流及教学的各个环节中，中浦院的领导和有关教师，贯穿了中浦院办学的功能定位“忠诚教育、能力培养、行为训练”，这对于参加培训的学员而言，印象很深，收获很大。对于干部培训，首要任务当然一定是要教育干部对党、国家、岗位的忠诚，其次是培养干部的各方面的能力，最后，对于干部的行为及技能的训练是必不可少的。在师资队伍建设上，理想的兼职与专职教师比例为7∶3，在国内和国际范围内选聘能代表该领域最高水准的名师作为兼职教师，努力培养专职教师，促进教师将学术研究领域和干部教育培训研究领域“双领域”有机结合起来，努力培养兼具培训策划与专业教学两方面特征、能用外语授课的“双师双语型”教师。中浦院作为国内干部培训的顶级学院，其做法无疑是值得其他干部学院和培训机构借鉴的。就我们所做的环保部干部培训工作而言，我认为有些班次应该与中浦院的功能定位靠拢，在教学模式上设计菜单式和模块式教学与自主选学。就培训的管理者，更应该把中浦院对教师的定位作为我们的方向，努力打造环保领域的“双师双领域型”教师队伍。

3. 对新的培训方式方法的认识进一步得到加强

本期培训班中，在教学方式上综合运用了讲授式、体验式、研讨式、案例式等多种教学方法，特别是在现场体验式教学和实验室情景模拟教学方面做出了品牌和特色，在国内率先建设了媒体沟通情景模拟室、危机管理情景模拟室、领导心理调适实验室、金融创新实验室、“智慧城市”教学演示中心、党性教育主题教室等 6 个主题实验室，通过情景模拟、角色扮演、案例研讨、学员交流等方式方法，不断增强培训的针对性和实效性，提升了学员的领导能力。

在现场体验式教学方面，充分利用并挖掘长三角地区改革开放和现代化建设的实践经验，把现场变课堂、经验变教材、实践者变教师。

以中浦讲坛为代表的一系列高端讲座令人开阔视野。中浦讲坛、干部选学、高端讲座等教学安排，拓宽了学员的视野。本期培训班安排了中国工程院邬贺铨院士介绍的大数据时代的机遇与挑战，邀请了中央党校李君如教授讲中国特色社会主义理论体系，安排了自主选学的哲学与人生、健康保健、第三次工业革命等专题讲座，专家们渊博的知识，精辟的讲解，拓宽了学员视野，增长了各方面的见识，对整个培训班起到了锦上添花的作用。这些讲座的安排，几乎得到了全体学员的好评。

二、对培训工作的改进

在培训中，我时刻感受到了环保部所做的培训工作仍有许多需要改进的方面。结合两周的学习收获，我认为今后的培训工作尚需要在以下方面加以改进。

1. 对传统的讲授式的教学方式的改进

在我们承办的各级各类培训班中，讲授式仍然是最主要的教学方式，这也是目前国内绝大多数干部培训中所广泛采用的形式。传统的讲授式具有其他方式所不能比拟的优势，但同时也有其缺陷性。今后在仍把讲授式作为最主要的培训方式时，也要对其加以改进。如教师在讲授中，结合基本理论和政策，增加一些案例分析，既讲道理，又摆事实；既讲政策，又讲应用。另外，适当增加课堂交流讨论的时间，也是今后进一步改进讲授式教学方法的重要方面。

2．加强情景模拟式教学方式

当前我们所做的培训工作，也在运用一些培训新方式方法，如情景模拟式教学，自2004年就开始在全国地市级环保局长岗位培训班中运用，一般主题都是环境事件的公众听证会的组织与实施。培训效果和反响一直很好，但多年来一直没有更多的改进。今后，可以在前期准备上下功夫，把材料准备和角色分工做细，这样使现场模拟的效果更好。此外，对于教学环节中，要加强整个过程中的组织技巧和能力，既不能放任学员自行开展，也不能每个环节都做过多干涉与评议。最后，还要加强情景模拟教学的总结评议环节，使学员真正能感受到不仅亲身参与实践了，而且最终在理论上也有所收获，通过体验，他们知道了不该做什么说什么，通过总结评议，他们也要知道应该怎么做怎么说。此外，可以充分利用外界资源，如国家行政学院及北京市委党校的媒体沟通与危机管理情景模拟实验室，在某些班次中引入，加强学员媒体沟通与危机管理的能力和实际工作水平。

3．对现场教学方式的改进

在我们以往的各级各类培训班次中，几乎都会采用现场教学的方式，可以使学员直观地了解掌握实践情况及相关信息，起到了较好的培训效果。但目前仍存在一些问题，如现场教学设计与教学点选取的随意性，是一个最突出的问题。当然，每次变换现场教学地点，也是与当前我们尚没有固定的培训场所直接相关的。但就目前的条件下，可以在举办培训相对较多的省市，如北京、河北省北戴河等地，精心设计现场教学环节，与被选取的单位签署现场教学合作协议，颁发现场教学示范基地的牌匾，并提前与对方做好教学环节安排的设计工作，以使这种教学方式不会流于形式，发挥更大的作用。

三、对培训工作的创新

在中浦院培训期间，我一直在思考如何改进并创新我们的培训工作，以下仅从四个方面简要说明对工作的创新。

1．组合式讲坛的运用

中浦院的培训一般都运用组合式讲坛的方式，邀请学员代表及教师代表，针对某些主题，分别演讲。本期培训是针对十八大报告的内容开展的。在地市级环保局长岗位培训班中，同样可以提前请几位工作经验丰富、在环境领域中的某个方向卓有成效的学员代表做好准备，同时邀请有关授课教师或专家，共同开展组合式讲坛。这种组合式讲坛，不仅使培训的作用体现在教学相长，更多的是体现在学学相长，促进学员相互之间的学习与探讨。

2．研究并探索案例教学

案例教学的方法已在工商管理及公共管理的教学中普遍使用，特别是在哈佛大学肯尼迪学院，更是运用案例教学的鼻祖。就案例教学而言，正如中国浦东干部学院教务部主任郑金洲教授所言，国内很多自认为是案例教学的，其实只不过是举例说明，距离案例教学还有很大差距。显然，这种被称为案例教学的效果，也远没达到预期。鉴于当前环境污染事件与因环境问题引发的纠纷案件的增加，在环保干部培训中引入案例教学，更具有十分重要的现实意义，可以直接指导干部今后的工作。同时，由于很多案例都来自于环保领域，这又使得我们在环保培训中开展案例教学具有其他培训所无法比拟的优越性。但就目前来说，培养我们自己的师资，深入研究并选择案例教学中的案例，精心设计教学方案，是我们培训工作中必须要突破的问题，如果我们做到了，那么在案例教学方面也就真正走到了国内前列，可以说也算是实现了环保干部培训跨越式的发展。我个人认为，这是非常必要的一件事情。此外，应该更好地利用全国干部培训教材编审指导委员会组织编写的“生态文明主题案例”《生态文明建设与可持续发展》教材，针对其中一些可用的案例，研讨如何将案例与培训、案例与教学相结合，最终实现环保干部培训案例教学的目标。

3．环保干部培训的教学体系建设

规范化现有的环保干部培训的教学管理体系，参照中浦院的 3+X 的教学模块设计思路，制定各级各类的环保干部培训的模块化教学方案。基本模块可大致包括：党员廉政建设、依法行政、领导力等内容的基本素质模块；环境管理基础知识、环保法律、环保各领域的基本政策等的专业模块；媒体关系、危机管理、公众听证会等内容的能力模块；以及就某个培训班专题的主题模块。另外，环保系统各类培训班尚没有教学大纲，为了规范各类培训，使培训达到预期目标和效果，制定各类培训班的教学大纲是非常必要的。

4．培训管理制度与模式的问题

当前，环保部的培训工作是由人事司的统一管理、项目策划和实施由各个业务司及相关直属单位负责的局面。一方面，由于环保系统国家与地方没有直接隶属关系问题，尚缺乏有效的培训激励机制，不能从制度上对学员进行管理与约束。学员是否参加培训，培训效果如何，尚缺乏有效的手段。另一方面，虽然每年的培训班次和人数也达到了一定规模，但在培训的组织与管理、干部培训规律的研究等方面，仍有很大差距，仍存在着各部门“单打独斗”、资源人员分散的情况。国家机关有关部委都有各自的培训中心、干部学院、干部培训学院等实施培训的专门机构，不仅在硬件设施上为干部培训工作提供了保证，同时，也有一大批专业人员和专业教师，在很好地研究并实施干部教育培训工作，中浦院更是国家层面培训机构中的翘楚。环保系统干部培训工作，应该借鉴相关的经验和做法，从管理制度和管理模式上实现环保培训工作的跨越式发展与变革。

5．关于干部教育培训

党的十六大以来，中央提出要“大规模培训干部，大幅度提高干部素质”；十七大报告中明确指出，要继续推进“两大战略”；在党的十八大报告提出，“加强和改进干部教育培训，提高干部素质和能力”。从表面上看，似乎篇幅和文字有所减少，但我理解，这并不意味着中央对干部教育培训工作力度的削弱，相反，十八大报告中提出的“加强和改进”正是我们干部培训工作的方向，而“提高干部素质和能力”则是我们工作的目标，在过去大规模培训的基础上，落脚点转变为提高素质和能力。显然十八大报告对干部教育培训的要求更高了。

如何做到十八大报告中的要求呢？就环保干部培训而言，我认为，首先要提高培训针对性和实效性，提高培训质量，实现干部培训工作从“外延型”向“内涵型”的转变；其次，要苦练内功，“打铁还需自身硬”，只有培训工作者自身的能力和素质提高了，才有可能将培训工作做好；最后，对于环保系统培训而言，应该整合系统内培训方面软硬件的资源，包括整合已有的培训基地硬件设施，整合直属机构中从事培训管理工作的人员，组建环保部干部学院，研究并策划实施环保干部教育培训，全面提升环保系统机构及干部的能力和水平，培养和造就高素质的环保干部，更好地为环保中心工作服务。

针对局长需求　完善岗位职责

——2012年全国地市级环保局长岗位培训班工作体会

环境保护部宣传教育中心　惠婕 刘旻 聂小佳

为了深入贯彻落实十七届三中、四中、五中和六中全会及全国环保“两会”精神，进一步提高全国环保系统、特别是地市级环保部门领导干部的综合素质和业务能力、为提高生态文明水平、探索中国环保新道路提供坚强保障。由环保部人事司主办，宣教中心具体承办了4期（总第85期～88期）2012年全国地市级环保局长岗位培训班。经过精心组织和周密安排，培训班取得了圆满成功，达到了预期培训效果。2010年至今，共培训了来自全国31个省、自治区、直辖市和新疆生产建设兵团的836名学员，其中包括地市级环保局正职、副职、书记、纪检组长、调研员、总工等680人，占学员总数的81%。通过对以往地市级环保局长培训工作的总结和思考，现将个人的体会和理解总结如下。

一、地市级环保局长岗位培训的性质和特点

1．领导重视、师资雄厚

环保部历来高度重视地市级环保局长培训工作，部党组成员及人事司领导多次出席了培训班开班式和结业式并做了重要讲话。

在培训师资方面，人事司也是十分重视并且严格把关。每期班开班前人事司人力资源处都会努力协调部领导出席，并向各相关业务司局发函邀请各司局领导。在人事司的大力支持和协调下，2012年全年环保部党组成员胡保林同志先后两次为培训班授课，部各业务司局及直属单位领导及全年总计30人次到班授课。此外，培训班还先后邀请到了国务院新闻办、清华大学、北京大学等单位的领导及专家学者为学员授课。授课人员层次高、水平高是2012年参加地市级环保局长岗位培训班学员的共同感受。

此外，人事司对于培训教材也是精心挑选。除了《环境保护基础教程》之外，还为学员准备了《机遇与抉择》、《生态文明建设与可持续发展案例选编》以及《从参与共治到地方分治》等书籍作为辅助教材，深浅结合并扩大了教材内容覆盖面。

在培训经费方面，人事司也是给予了重点保障。作为地市级环保局长岗位培训的承办单位，环保部环境发展中心和环保部宣教中心始终把局长岗位培训列为重点工作，并在人力、物力上给予全力支持，使这项工作得以顺利实施。

2．精心组织、妥善管理

全国地市级环保局长岗位培训班，已成为宣教中心历年的重点工作，不仅委派素质高能力强的业务骨干负责具体实施培训，而且在培训中一直实行规范化管理。在环保部人事

司的指导下，培训项目主管人员对培训班的教学计划、参观考察、生活管理等细节反复讨论，逐一敲定，并做出周密安排。针对局长班学员人数多、分布地域广等特点，以及交流讨论、外出考察等实际教学安排的要求，每期培训班都会根据学员人数的具体情况进行分组，并选出由班长、副班长、小组组长及学习委员和文体委员组成的班委会，激励学员进行自我管理。针对局长班班期长的特点，培训期间，会务组都会联合班委会为学员组织乒乓球比赛、棋牌比赛和联欢会等文体活动，丰富学员们的课余生活，不会在漫长的培训期间感到枯燥和无聊。

3．前期调研、后期评估，不断完善、精益求精

为了更好地服务科学发展、服务干部成长，增强“十二五”期间局长培训工作的实效性和针对性，使全国地市级环保局长们通过培训，能够为探索中国环保新道路、建设生态文明作出更大贡献，在环保部人事司指导下，宣教中心在2012年初特别设计、开展了对于往年参训学员的问卷调查。并且对反馈回来的问卷进行了深入细致的分析研究，为更好地开展局长培训工作打下了坚实的基础。

每期培训末尾我们都会组织参训学员就本次培训进行系统的讨论，听取多方面的意见和建议，从而了解学员的诉求点、薄弱点、兴趣点。并针对学员的需求进行适当的调整，使各个环节更贴合局长们的切身需要。

目前，与国培网合作开发的培训信息数据库平台也在试运行阶段，其学员反馈信息在线收集统计功能将使培训的后续评估环节更加的便捷、高效。

二、学员的收获、培训的成果

1．增强了做好地区环保工作的责任感、紧迫感和自信心

通过深度解读第七次全国环保大会精神，一方面，学员们对新形势下环保工作面临的形势、任务、困难和问题有了一个清醒的认识，倍感使命光荣、责任重大，从而增强了“坚持在发展中保护，在保护中发展”，“走代价小、效益好、排放低、可持续的环保新道路”的责任感和紧迫感。另一方面，也让学员们看到了党中央国务院对环境保护工作的重视程度及支持力度，从而增强了做好基层环保工作的信心和决心。

四川省达州市环保局副局长饶兵表示：“通过培训，体会到当前环保工作是党委、政府重视，群众关心，媒体关注的难点、热点、焦点问题，环保工作者唯有以科学发展的眼光和思路，紧紧围绕中心工作，依法履职尽责，扎实工作，认认真真研究和解决影响科学发展和群众健康的突出问题，才能赢得群众的信赖和支持。”

云南省保山市环保局局长刘学严表示：“这次学习培训是从事环保工作10年来又一次学习提高的‘充电’机会。提高了我在局长岗位上自觉履职的自觉性，增强了从事环保工作的使命感、荣誉感，增强了突出抓好重金属污染防治的责任感、紧迫感。”

2．提高了环保业务能力和政策水平

通过专题讲座，学员们对环保业务工作有了更加深入的认识和体会，无论是业务能力还是政策水平都有了一定程度的提高。

湖北省黄石市环保局局长王刚表示：“通过本次培训，对重金属污染防治的形势、任务、措施和考核要求有了全面的了解；对如何加强监管，防止发生环境安全事故，维护环境安全有了充分的把握；对于环保新标准、媒体应对也学到了许多新知识、新技能。”

广东省河源市环保局局长黄福平表示：“环境保护是一项复杂工程。通过学习，基本弄懂了环境执法程序和公众参与的要求，了解媒体和善用媒体，学习了如何积极应对和处置环境突发事件。所以，自己在学习中提高了认识，增强了能力，从而增强了做好本地区环保工作的信心和决心。”

3．开阔了视野、拓宽了思路

学员们通过课堂学习，实地考察，同时结合所在地区的工作实际交流经验，沟通情况，取长补短，在学习中提高水平，在思考中深化认识，在交流中得到启发。

广东省清远市环保局总工程师赖付标表示：“作为一名在基层工作30多年的环保工作者，虽然有一点点环保专业知识和实践经验，但缺乏从更高的层面看当前的环境保护形势，从更广阔的视野思考环境问题。通过聆听环保部有关领导解读第七次全国环保大会精神，深深体会到坚持在发展中保护、在保护中发展，积极探索环保新道路的深远意义。”

四川省广安市环保局局长张晓峰表示：“通过各位专家领导对环境保护领域专业知识的讲解，使我更加明白，作为一名环保工作者不仅要做好环境执法，综合监管等工作，更重要的是要进一步增强宏观意识，更好地立足服务转型发展、服务民生改善的需要，用全局视野和战略思维考虑环保工作，在宏观经济政策的制定、转变经济发展的方式，调整优化布局等方面发挥重要作用。同时，也要进一步完善项目环评、规划环评、区域限批、总量减排、污染防治等措施。健全环境保护的综合决策机制、理顺环境监测和督察机制，努力做好环境保护的各项工作，为当地经济发展和环境保护作出积极的、更大的贡献。”

4．提升了党性修养、为官素养

通过环保系统党风廉政建设、中国古代官德现代启示等课程，使学员们受到了深刻的教育，进一步提升了他们的党性修养和廉洁自律的意识，也使他们对廉政建设的紧迫性，如何通过机制创新监督约束权力运行有了更深刻的思考。

河南省平顶山市环保局副局长苏改铭表示：“张国良局长对环保系统廉政建设、反腐倡廉提出了独到见解。环保队伍就是要注意工程领域腐败现象发生，不以权谋私，执法中，要做到不失职渎职，时刻牢记宗旨意识。”

四川省成都市环保局副局长林建良表示：“深入学习了党风廉政建设和官德修养的相关要求，增强了用权为公和修身养性的自觉性。”

5．明确了今后工作的努力方向

大家通过学习，对我国局部有所改善，总体尚未遏制，形势依然严峻，压力继续加大的环境形势有了更加清晰的了解。同时，也看到了差距，增强了工作动力，对如何着力解决影响本地区科学发展和损害群众健康的突出环境问题，有了比较深入的思考，明确了工作方向。

内蒙古自治区巴彦淖尔市环保局局长尹兆明表示：“作为来自欠发达地区的我，听完讲座对照工作实践找差距，我觉得我们在总量减排、环境影响评价、环境监测、综合执法等工作方面距离党和国家、特别是环保部的要求还相距甚远，在环保队伍建设、基础设施等能力建设方面还与我们所担任的工作职责、任务有较大差距。因此，我要以这次学习为契机，变压力为动力，不断提高工作水平和能力建设，不辱使命、不负众望。”

重庆市丰都县环保局副局长梁万红表示培训结束回到工作岗位后，“一是要进一步加大宣传力度，解决政府领导、企业老板和老百姓的认识问题，让全面、协调和可持续发展战略深入人心；二是要进一步加大环保知识的普及力度，解决环保基础性、全面性、系统性的知识普及问题，营造公众广泛参与，自觉投身到环境保护的良好社会氛围；三是要进一步加大监管力度，达到统一思想、提高认识、认真履职、严格执行环保‘三同时’制度，确保人民群众喝上干净的水，呼吸上清新的空气。坚决遏制重特大环境污染事件，为经济社会发展保驾护航。”

6．进一步交流了经验，增进彼此间的了解和友谊

作为系统内全国范围的培训班，为环保部与地方、地方与地方之间提供了良好的工作交流平台。

一是上下交流的平台。通过局长班建立了环保部各级领导与地市级环保部门主要负责人之间沟通交流的渠道。对于部里授课的领导来讲，是一个直接了解一线环保部门实际情况机会；对于学员来说，在一期培训班中有多位环保部司局长、处长来讲课的机会更是非常难得，除了认真听讲外，提问环节以及课间、课后和司局长、处长们面对面的沟通交流也使他们受益匪浅。

二是横向交流的平台。我国幅员辽阔，各个地方之间差异很大，环保工作开展的情况也是千差万别。通过培训班安排的讨论、交流和考察等环节，以及课余时间的交流，学员们有充足的时间互通信息、交换看法，从而达到了相互借鉴、取长补短和共同提高的目的。

山西省吕梁市环保局副局长薛雨珍表示：“这次学习互相交流了体会、感受以及工作的经验、做法，大受启发，颇受教育。他山之石可以攻玉。回去以后，一些好的经验和做法必将大受裨益。”

辽宁省鞍山市环保局副局长孙彬彬表示：“全国各地经济发展不同，面临的环保工作形势不同，这给大家的交流提供了机会。我与其他地区的领导同学就实施排污许可证、农村环境连片整治心得、应急事故的处理等工作进行了充分的交流。感觉在实际工作上非常有借鉴。”

7．提供了表达工作体会、抒发内心感想的平台

2012年5月第一期局长培训班上共收集了以“重金属污染防治”为主题的论文20余篇，9月第四期局长培训班上共收集了各地区以不同环保领域为主题的论文60余篇。后期将会把这些文章加以审核、排版后汇集成册，以此作为2012年全国地市级环保局长岗位培训优秀论文集的核心内容。局长们的论文普遍具有高度的理论性和一定的指导性及创新性，对当前工作开展情况和未来工作思路有充分的叙述，能够较为全面地反映当地环保工作的形势和特点。局长们的真情实感正是通过局长班这一平台得以表达。另一方面，外界也可以以此来更加透彻地了解到面向基层工作的环保局长们的岗位职责和工作状况。

三、未来工作方向

1．因材施教，继续实行分类培训

局长培训于2011年首次采取了分类培训方式，将培训班分为三个层次，分别是基础班、提高班和研讨班。从2011年的试行情况看，效果很好，也得到了学员们的一致认可。因此，2012年延续了这种做法。并且在2011年试行的基础上，根据调研的意见进行了相应的调整，将分类的年限从原有的任现职 2 年以下、2～10 年及 10 年以上调整为任现职 2 年以下、2～5 年或参加环保工作 10 年以上及任现职 5 年以上三大类，以期更加符合学员们的实际需要。2013 年将会继续采取分类培训方式进行培训工作，并且不断完善相应主题、方向等细则，使其更加科学合理。

2．推进课件标准化

配合人事司，推进课件标准化。根据对近年来培训情况的总结，实行课件标准化对于提升培训效果是十分必要的。从目前的情况看，一是各业务司局领导在讲授中均会涉及我国当前环保形势的相关内容，造成了重复；二是每期授课的教师人选并不固定，不同教师的课件内容也往往因人而异。实行标准化课件后，可以将共同的内容加以整合，开设当前环保形势的专题讲座，以便各业务司局领导能够有更充分的时间讲授专业内容。每节课的主要内容也可以基本固定，不会因为授课教师的改变出现大的偏差。

3．增加现场教学，针对培训专题深层挖掘

借鉴党校和干部学院的先进做法，争取早日开设现场教学环节。目前全国地市级环保局长岗位培训的考察模式为：确定培训主题、选定培训地点，结合主题和地点的实际情况安排考察的内容，考察具有一定的针对性和实用性。但是由于都是临时性安排，对于专题内容的研究往往不够深入、系统，使培训效果打了折扣。在今后，我们将致力于开设现场教学环节，针对当前环保的重点、热点内容，选定合适的基地和讲师，将考察内容做深、做精，更好地提升考察的效果。

4．增加模拟教学，身临其境、增强互动

随着近年来党中央、国务院以及社会大众对环境保护越来越重视，地市级的环保局长们也渐渐从不受关注到时常被推到风口浪尖，这就要求现在的环保局长们除了精通环保业务工作之外，还需要具备多方位的能力素质。针对这一需求，我们拟在今后的培训中加重模拟教学这一方式的比重，例如召开模拟新闻发布会、答记者问、模拟听证会等，让学员们身临其境，更好地掌握面对公众时的需要的技巧和能力。

5．运用网络平台推动和促进全国地市级环保局长岗位培训的发展

一方面是启动远程教育。首先，开展远程教育有利于扩大地市级局长岗位培训的规模，在一定程度上解决工学的矛盾。其次，远程培训能够通过培训信息系统更为科学、直观地对学员参加培训的情况有一个整体管理，便于进行学员培训分析和评估。最后，地市级环保局长可通过远程教育系统，加强自主学习，针对自身情况自选课题，做到因材施教。

另一方面也可以作为现有面授培训的支撑和补充。可以将课件、优秀论文发布到网上，供学员查阅、参考。